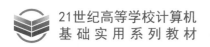21世纪高等学校计算机
基础实用系列教材

U0152718

离散数学

黄健 曹宏举 郭巧丽 主编

清华大学出版社

北京

内 容 简 介

依照教育部 2018 年 1 月颁发的《普通高等学校本科专业类教学质量国家标准》,在近 20 年的"离散数学讲义"基础上,精心整理,编撰成本书。在编写过程中,充分考虑了重点高校和普通省属院校等各类学校的学生基础、教学特点和教材改革经验,以增强本书的适用性。

本书分为数理逻辑、集合论、代数系统和图论 4 篇,内容包括命题逻辑、谓词逻辑、集合、二元关系、函数、代数系统基础、群/环和域、格与布尔代数、图论基础、特殊图与应用共 10 章。各章的每节都配有习题,重要术语均有相应的英文表述。

本书可以作为计算机科学与技术、软件工程、网络工程、信息安全、物联网工程等相关专业的本科生教材,也可以作为从事计算机软件、硬件开发和应用的工程技术人员的参考书,还可供教师参考或自学者使用。

图书在版编目(CIP)数据

离散数学/黄健,曹宏举,郭巧丽主编.—北京:清华大学出版社,2024.5
21 世纪高等学校计算机基础实用系列教材
ISBN 978-7-302-66197-9

Ⅰ.①离…　Ⅱ.①黄…②曹…③郭…　Ⅲ.①离散数学-高等学校-教材　Ⅳ.①O158

中国国家版本馆 CIP 数据核字(2024)第 086699 号

责任编辑:黄　芝　李　燕
封面设计:李召霞
责任校对:李建庄
责任印制:宋　林

出版发行:清华大学出版社
　　　　网　　　址:https://www.tup.com.cn,https://www.wqxuetang.com
　　　　地　　　址:北京清华大学学研大厦 A 座　　　邮　　　编:100084
　　　　社 总 机:010-83470000　　　邮　　　购:010-62786544
　　　　投稿与读者服务:010-62776969,c-service@tup.tsinghua.edu.cn
　　　　质量反馈:010-62772015,zhiliang@tup.tsinghua.edu.cn
　　　　课件下载:https://www.tup.com.cn,010-83470236
印 装 者:三河市铭诚印务有限公司
经　　销:全国新华书店
开　　本:185mm×260mm　　印　张:20　　　字　　数:487 千字
版　　次:2024 年 5 月第 1 版　　　印　　次:2024 年 5 月第 1 次印刷
印　　数:1~1500
定　　价:59.80 元

产品编号:082170-01

前　言

离散数学是计算机科学中基础理论的核心课程之一,为计算机学科的研究和应用提供了有力的数学工具。随着计算机科学的发展,离散数学将扮演越来越重要的角色。离散数学提供了计算机学科专业必要的基本概念、基本理论和基本方法,这些概念、理论及方法大量地应用在数字电路、数据结构、数据库系统、算法分析与设计、人工智能、计算机网络等专业课程中,它可以为后续课程的学习奠定良好的理论基础。作为现代数学的一个分支,离散数学以研究离散变量的结构和相互关系为主要目标,除给计算机科学提供必要的知识支撑外,它也是培养学生缜密思维和综合分析能力、提高素质的核心课程之一。

2018 年 1 月,教育部发布《普通高等学校本科专业类教学质量国家标准》(下称《国标》),这是我国首个高等教育教学质量的国家标准。依照《国标》关于计算机类专业知识体系和核心课程体系的建议,本书在编写过程中注意吸纳《国标》中对离散数学相关知识的有关要求,内容上涵盖数理逻辑、集合论、代数系统和图论 4 篇,共 10 章。

本书的特色有以下几个。

(1) 考虑到我国高等教育与国际接轨的需要,本书给出了重要概念和术语的英文表述,为读者进一步阅读英文文献提供便利。

(2) 在编写过程中,注意吸收国内外经典教材的优点,从理论论述到例题讲解,精心选择,以增加内容的知识性和趣味性。

(3) 本书中的重要定理和结论均有详细论述,同时也为读者预留部分练习,使其在可望可及的训练中逐步培养逻辑思维能力。

(4) 本书注重通过代数的角度来整合有关内容,使读者可以宏观地体会各章节间的相互关联,从而加深有关知识的理解。

(5) 离散数学内容较多,为了突出概念和定理等内容,书中将所有定义、定理和推论等均加阴影,便于读者查找有关知识。

本书是在大连海事大学"离散数学讲义"的基础上整理而成,本书之所以能够得以与读者见面,离不开大连海事大学众多教师的辛劳,特别是赵广利副教授、薛大伸教授、赵焕忠工程师,在此向他们表示诚挚的感谢和崇高的敬意! 在本书的编写过程中参考了大量的相关文献,也从中汲取了不少经验,在此向这些文献的作者、译者表示感谢。同时,本书得到了清华大学出版社的大力支持及帮助,对此深表感谢。此外本书的出版也得到辽宁省教育厅 2023 年高校基本科研项目(JYTMS20230556)和辽宁省教育厅科学研究一般项目 (2019JYT06)等的资助。

在使用本书时,教师可以根据不同教学要求进行适当选择,建议用 64～72 学时完成全书的教学计划。

尽管作者长期从事离散数学的教学工作,在编写过程中也力求完美,但由于水平有限,书中难免有不足之处,恳请广大读者批评指正。

作 者

2024 年 1 月

目　录

第1篇　数　理　逻　辑

第2篇　集　合　论

第 3 篇　代 数 系 统

第 4 篇 图 论

第1篇
数理逻辑

数理逻辑与计算机科学有着十分密切的关系,为机器证明、自动程序设计、计算机辅助设计、逻辑电路等计算机应用和理论研究提供了必要的理论基础。所以,数理逻辑是计算机科学相关专业的重要基础,是计算机科学相关专业学生必须掌握的知识。

那么,什么是数理逻辑呢?数理逻辑又称符号逻辑,它是用数学方法研究思维规律和推理过程的科学。它的主要目的是探索出一套完整的规则,使人们可以按照这些规则判断某一论证是否有效,这种规则通常称为推理规则。

本篇首先研究数理逻辑中符号化体系的建立,然后介绍其在命题逻辑推理理论中的应用,最后将其扩展到谓词逻辑的推理理论中。

第1章 | 命 题 逻 辑

1.1 命题与逻辑联结词

1.1.1 命题逻辑的基本概念

任何基于命题分析的逻辑都叫作命题逻辑。命题逻辑研究的对象是命题,所谓命题是指一句能够分辨真假的语句。众所周知,语句可分为陈述句、疑问句、祈使句和感叹句等,其中只有陈述句能够分辨真假(当然有例外),其他语句均无所谓真假,由此可得命题的定义。

定义 1.1.1 一个具有确定的真假意义的陈述句称为**命题**(proposition)。

一般用大写英文字母 A,B,C,$\cdots$,P,Q,$\cdots$ 或者带下标的大写英文字母 P_1,P_2,$\cdots$,P_n 来表示命题。

在命题的定义中包含了以下三大要素。

(1) 只有陈述句才有可能成为命题,而其他的语句,如感叹句、祈使句、疑问句等都不可能成为命题。

(2) 能判断真假的陈述句才是命题。虽然是陈述句,但不能判断其真假的也不是命题,即一个命题要么是正确的(真的),要么是错误的(假的)。

(3) 要求命题能判断真假,但并不要求现在就能确定真假,如果是将来才能确定真假的也可以是命题。

要判断一个陈述句的真假有时也不是一件容易的事,它与人的思想感情、语句所处的环境、判别标准、认识程度等诸多因素有着密切的联系。但是,尽管如此,只要是能分辨真假的陈述句均是命题。

其实,判断一个句子是不是命题,并不一定要知道它的真假值,只要它本身具有真假值,且无论它的真假值是现在还是将来知道,也无论它的真假值是否因人而异,都认为它是一个命题。

【例 1.1.1】 判断下列语句是否为命题,若是,请判断其真假。

① 禁止吸烟!

② 今天你吃了吗?

③ 天气多好啊!

④ 这盘菜太咸了。

⑤ $1+1=10$。

⑥ 我们这个地区四季如春。

⑦ 三角形的 3 个内角之和等于 $180°$。

⑧ 存在外星人。

⑨ 本命题是假命题。

⑩ 我正在说谎。

解 ①②③不是命题；④⑤⑥⑦⑧是命题；⑨⑩是悖论。

因为：①是祈使句，②是疑问句，③是感叹句，均不是陈述句，所以不是命题。

虽然"这盘菜太咸了"这个语句的真假似乎不能唯一确定，但是，可以认为这个语句的真假取决于说话人的主观判断，即可以认为是"我认为这盘菜太咸了"的缩写。

"1+1=10"的真假值依赖于上下文，若语句中的数是十进制数，则命题是假的；若语句中的数是二进制数，则命题是真的。

"我们这个地区四季如春"的真假值随地区而定。

"三角形 3 个内角之和等于 180°"，此命题是真的。

"存在外星人"本身是具有真假的，只是目前人们尚无法确定其真假而已。但在人类知识发展的历史长河中，总有一天可以确定这个语句的真假。

"本命题是假命题"虽然是陈述句，但是却无法确定它的真假，当"本命题"假时，它是真；当"本命题"真时，它是假。

"我正在说谎"虽然是陈述句，但却无法确定它的真假：如果他确实是在说谎，那么"我正在说谎"便是真，于是就会得出"如果他是正在说谎，那么他是讲真话"；另一方面，如果他确实讲的是真话，那么"我正在说谎"便是假，于是就会得出"如果他是讲真话，那么他是正在说谎"。由以上分析可以得出结论："他必须既不说谎又不讲真话"。这显然是矛盾的，也就是说，对于陈述句"我正在说谎"已无法确定它的真假，则称这样的陈述句为悖论，不是命题。

对于一个命题是"真"的还是"假"的，用真值来描述：如果一个命题是"真"的，就说它的真值为**真**(true)，用 1 或 T 来表示；如果一个命题是"假"的，就说它的真值为**假**(false)，用 0 或 F 来表示。

前面介绍过通常用大写英文字母或者带下标的大写英文字母来表示命题，则该大写的英文字母或带下标的大写英文字母称为该命题的命题标识符。

(1) 如果命题标识符表示一个具体、确定的命题，称为**命题常量**(propositional constant)。

(2) 如果命题标识符表示任意一个命题，称为**命题变元**(propositional variable)。

命题变元的真值是不确定的，根据它所代表的命题不同，它的真值也会随之在 T(或 1)和 F(或 0)之间改变，即命题变元的真值 $\in \{0,1\}$ 或 $\in \{F,T\}$。

【例 1.1.2】 命题变元是命题吗？

解 命题变元不是命题。根据命题的定义可知，命题是具有确定的真假意义的陈述句。而命题变元可以代表任意的命题，其真值 $\in \{0,1\}$，具有不确定性。

当命题变元 P 用一个特定的命题来取代时，P 的真值也就确定了，称对 P 进行**真值指派**(assignment)。

命题可分为两类：一类是原子命题；另一类是复合命题。前面所列举的命题都是些最简单的命题，在语言学中它们都是些简单的陈述句，在命题逻辑中把这样的命题称为**原子命题**(atom proposition)。原子命题是命题逻辑中的基本单位。有些命题是由几个简单的陈述句(即原子命题)通过**联结词**(connectives)构成的复合语句来表示的，这种由原子命题通过联结词构成的新命题称为**复合命题**(compound proposition)。例如,命题"如果他病了,那么他就需要休息",它是由"他病了"和"他需要休息"这两个旧命题(或原子命题)通过联结词"如果……,那么……"而构成的新命题(或复合命题)。但新命题的真值完全由旧命题的真值决定。再如,"他身体好并且学习好",这个复合命题是由"他身体好"和"他学习好"这两个原子命题通过联结词"……并且……"构成的复合命题。显然,在日常语言中由一些简单的陈述句通过"联结词"可以组成较为复杂的语句。原子命题与复合命题均称为命题,即它们均可分辨真假。

在自然语言中常用的联结词有:"如果……,那么……""……并且……""……或……""并非……""……当且仅当……"等。

例如,用 P 表示"今天下午有篮球赛";用 Q 表示"北京是我国首都"。

利用联结词否定($\neg$)、合取($\wedge$)、析取($\vee$)、单条件($\rightarrow$)、双条件($\leftrightarrow$)等可分别组成新的命题如下。

$\neg P$:今天下午没有篮球赛。

$P \wedge Q$:今天下午有篮球赛,并且北京是我国首都。

$P \vee Q$:或者今天下午有篮球赛,或者北京是我国首都。

$P \rightarrow Q$:如果今天下午有篮球赛,那么北京是我国首都。

$P \leftrightarrow Q$:今天下午有篮球赛,当且仅当北京是我国首都。

一个复合命题的真假完全是由组成它的各原子命题的真假所决定的,这是逻辑的概括和抽象。这与自然语言中的"如果……,那么……"等是不完全相同的,前者不考虑各原子命题之间的众多联系。这样的概括和抽象对研究逻辑来说是必要的,不可能把命题之间的多样联系与词语的丰富含义都包括进来,就逻辑角度而言只能把复合命题与原子命题之间最一般的联系概括到逻辑中来。这种最一般的联系就是指原子命题的真假关系,由原子命题的真假来决定复合命题的真假。数理逻辑中的联结词就是依这样的含义来明确规定的。因此,一开始就必须注意按正确途径来理解数理逻辑中的联结词,绝不能和自然语言中的相应词语混为一谈。

数理逻辑中的联结词是反映复合命题与原子命题之间真假关系的联结词,故称为真值联结词或逻辑联结词。下面对数理逻辑中常用的几个联结词及其代表符号给出严格的定义。

1.1.2 逻辑联结词

1. 否定(negation)——"$\neg$"

> **定义 1.1.2** 设 P 是一个命题,P 的**否定**是一个复合命题,记为 $\neg P$,读作"非 P"或"P 的否定"。$\neg P$ 的真值定义为:若命题 P 的真值是 T,则 $\neg P$ 的真值是 F;若 P 的真值是 F,则 $\neg P$ 的真值是 T。

在复合命题中,对命题变元的所有可能的真值指派,其复合命题都有一个确定的真值与其对应,这样就可以得到一张表,称为**真值表**(truth table)。

(1) 若一个复合命题有两个命题变元,则共有 $2^2 = 4$ 组可能的真值指派,即二进制的 $0 \sim 3(00, 01, 10, 11)$。

(2) 若一个复合命题有 n 个命题变元,则共有 2^n 组可能的真值指派,即二进制的 $0 \sim 2^{n-1}$。

"¬"可以看作**逻辑运算符**(logical operator),它是一元运算符。对于 ¬P,只有一个命题变元 P,所以共有两组可能的真值指派,P 和 ¬P 的关系可以用表 1.1.1 表示。

【例 1.1.3】 否定下列命题。

① P:王强是一名大学生。

② Q:大连的每条街道都临海。

解 ¬P:王强不是一名大学生。

¬Q:并非大连的每条街道都临海。

或者:¬Q:大连的每条街道不都临海。

表 1.1.1 "¬"的真值表

P	¬P
0	1
1	0

但是,需要注意的是,¬Q 并不表示大连的每条街道都不临海。也就是说,如果在一个命题中包含类似"所有的、任何一个、都、每一个"这样的词,则对这类命题的否定是部分的否定,而不是全盘的否定,这个结论在第 2 章谓词逻辑中将会得到一个很好的解释。

"¬"通常与自然语言中的"非""不""无""没有""并非"等表示否定意义的词相对应。

2. 合取(conjunction)——"∧"

定义 1.1.3 设 P,Q 是两个命题,于是"P 合取 Q"是一个复合命题,记为 $P \wedge Q$,读为"P 与 Q"或"P 并且 Q"。它的真值是这样定义的:当且仅当命题 P 和 Q 的真值都是 T 时,$P \wedge Q$ 的真值是 T;否则,$P \wedge Q$ 的真值是 F。

"∧"也可以看作逻辑运算符,它是二元运算符。

对于 $P \wedge Q$,有两个命题变元 P 和 Q,所以共有 $2^2 = 4$ 组可能的真值指派,$P \wedge Q$ 的真值表如表 1.1.2 所示。

表 1.1.2 "∧"的真值表

P	Q	$P \wedge Q$
0	0	0
0	1	0
1	0	0
1	1	1

"∧"通常与自然语言中表示并列、转折、递进的词相对应,如"与""且""和""又""并且""既……,又……""不但……,而且……""虽然……,但是……"等。

【例 1.1.4】 使用"∧"表示下列命题。

① 我虽然生病,但我仍去学校。

② 张明和李华在学习。

解 ① P:我生病。Q:我去学校。$P \wedge Q$:我虽然生病,但我仍去学校。

② P:张明在学习。Q:李华在学习。$P \wedge Q$:张明和李华在学习。

再例如,P 表示"今天有雨",Q 表示"王平是三好学生",则 $P \wedge Q$ 表示"今天有雨并且王平是三好学生"。在自然语言中,此命题是没有意义的,因为 P 和 Q 毫不相关。但是,在数理逻辑中,P 和 Q 的合取 $P \wedge Q$ 仍可构成一个新的命题,只要 P 和 Q 的真值给定,$P \wedge Q$ 的真值即可确定。

3. 析取（disjunction）——"∨"

> **定义 1.1.4**　设 P、Q 是两个命题，于是"**P 析取 Q**"是一个复合命题，记为 $P \lor Q$，读为"P 或 Q"。其真值是这样定义的：当且仅当 P 和 Q 的真值都是 F 时，$P \lor Q$ 的真值是 F；否则，$P \lor Q$ 的真值是 T。

"∨"也可以看作逻辑运算符，它是二元逻辑运算符。

对于 $P \lor Q$，有两个命题变元 P 和 Q，所以共有 $2^2 = 4$ 组可能的真值指派，$P \lor Q$ 的真值表如表 1.1.3 所示。

表 1.1.3　"∨"的真值表

P	Q	$P \lor Q$
0	0	0
0	1	1
1	0	1
1	1	1

析取运算又称"或"运算，而"或"运算又分为"**可兼或**"（inclusive or）和"**不可兼或**"（exclusive or）两种。

"不可兼或"又称"异或""排斥或"，用符号"$\overline{\lor}$"表示，它所表示的含义是：存在一种或另一种可能性，但二者不能同时存在；否则为假。

> **定义 1.1.5**　设 P 和 Q 均为一个命题，则 $P \overline{\lor} Q$ 的真值定义如下：当且仅当 P 和 Q 的真值相同时，$P \overline{\lor} Q$ 的真值为 F；否则，$P \overline{\lor} Q$ 的真值是 T。

"$\overline{\lor}$"也可以看作是逻辑运算符，它是二元逻辑运算符，其真值表如表 1.1.4 所示。

表 1.1.4　"$\overline{\lor}$"的真值表

P	Q	$P \overline{\lor} Q$
0	0	0
0	1	1
1	0	1
1	1	0

"$\overline{\lor}$"通常与自然语言中表示选择、相容的词相对应，如"或者……""要么……""大概""可能"等。

【例 1.1.5】　使用"∨"或"$\overline{\lor}$"表示下列命题。

① 灯泡有故障或开关有故障。

② 今天晚上 7 点他要么去体育场看足球赛，要么在家看电视的实况转播。

解　① P：灯泡有故障。Q：开关有故障。$P \lor Q$：灯泡有故障或开关有故障。

解释　或者灯泡有故障，或者开关有故障；或者二者都有故障，显然是"可兼或"。

② P：今天晚上 7 点他去体育场看足球赛。Q：今天晚上 7 点他在家看电视的实况转播。$P \overline{\lor} Q$：今天晚上 7 点他要么去体育场看足球赛，要么在家看电视的实况转播。

解释　或者是在体育场看足球赛，或者是在家里通过电视看同一场足球赛的实况转播。

但是,同一个人是不可能既在家里同时又在体育场看足球赛,也就是说,如果一个人既在家里同时又在体育场看足球赛,一定是假的,显然是"不可兼或"。

4. 单条件(conditional statement)——"→"

> **定义 1.1.6** 设 P,Q 是两个命题,于是"**如果 P 则 Q**"是一个复合命题,记为 $P{\rightarrow}Q$,读为"如果 P 则 Q"或"如果 P 那么 Q"。其中 P 被称为**前件**或**前提**(hypothesis),Q 被称为**后件**或**结论**(conclusion)。$P{\rightarrow}Q$ 的真值是这样定义的:当且仅当前提 P 是 T、后件 Q 是 F 时,$P{\rightarrow}Q$ 的真值是 F;否则,$P{\rightarrow}Q$ 的真值是 T。

逻辑联结词单条件(→)也可以看作逻辑运算符,它是二元逻辑运算符,其真值表如表 1.1.5 所示。

表 1.1.5 "→"的真值表

P	Q	$P{\rightarrow}Q$
0	0	1
0	1	1
1	0	0
1	1	1

在自然语言中,对于像"如果……,则(那么)……"这样的语句,当前提为假时,无论结论是真是假,这个语句的意义都无法判断。但在逻辑学中,单条件又称为"善意的推定",即当单条件的前件为假时,无论单条件的结论是真还是假,整个单条件的真值均为真。

例如,学校规定,如果期末考试成绩超过 90 分,那么你将获得奖学金。在你期末考试考了 90 分时,你就会期望获得奖学金,当你期末考试考了 90 分,但没有获得奖学金,这时你才会感到被骗。但如果没有超过 90 分,学校没有给你奖学金,你也不会感到被骗。

如命题:"如果月亮出来了,则 3 乘 3 等于 9",这在自然语言中显然是毫无意义的,但由于它满足真值联结词单条件的定义,因而在逻辑学中则是完全可以接受的。

"→"通常与自然语言中表示条件、因果关系的词相对应,如"如果……,则……""如果……,那么……"等。

【**例 1.1.6**】 使用"→"表示下列命题。

① 如果他学习用功,则他成绩优秀。

② 如果天不下雨,则草木枯黄。

③ 如果雪是黑的,则太阳是圆的。

解 ① P:他学习用功。Q:他成绩优秀。$P{\rightarrow}Q$:如果他学习用功,则他成绩优秀。

② P:天下雨。Q:草木枯黄。$\neg P{\rightarrow}Q$:如果天不下雨,则草木枯黄。

③ P:雪是黑的。Q:太阳是圆的。$P{\rightarrow}Q$:如果雪是黑的,则太阳是圆的。

解释 ①、②符合自然语言的逻辑,不会有什么疑问。而③则不同,前提和结论没有必然的因果关系。但在逻辑学中,无论前提和结论有没有必然的因果关系,只要前提和结论的真值确定了,则整个单条件的真值就能确定下来,不管在自然语言中是否有实际的意义。③中命题 P 的真值为假,由"善意的推定"可知,复合命题 $P{\rightarrow}Q$ 的真值就为 1,而不管命题 Q 的真值是真还是假。

另外需要注意的是,通常原子命题表示一个肯定的命题,对于一个否定的命题通常会使用逻辑联结词"¬"。例如,例 1.1.6 中的②,习惯上使用 P 表示"天下雨",而不是使用 P 表示"天不下雨"。

5. 双条件(biconditional statement)——"↔"

定义 1.1.7 设 P、Q 是两个命题,于是命题"P 当且仅当 Q"是一个复合命题,记为 $P \leftrightarrow Q$,读为"P 当且仅当 Q"。$P \leftrightarrow Q$ 的真值定义为:当且仅当 P 和 Q 的真值相同时,$P \leftrightarrow Q$ 的真值是 T;否则 $P \leftrightarrow Q$ 的真值是 F。

逻辑联结词双条件(↔)也可以看作逻辑运算符,它是二元逻辑运算符,其真值表如表 1.1.6 所示。

表 1.1.6 "↔"的真值表

P	Q	$P \leftrightarrow Q$
0	0	1
0	1	0
1	0	0
1	1	1

逻辑联结词双条件表示的是一个充分必要的关系,与前面单条件所述相同,也可以不必顾及其前因后果,而只根据联结词的定义来确定其真值。

"↔"通常与自然语言中的"充分必要""当且仅当""等价"等词相对应。

【例 1.1.7】 使用"↔"表示下列命题。

① 四边形是平行四边形,当且仅当它的对边平行。

② 雪是黑的,当且仅当太阳从西边升起。

解 ① P:四边形是平行四边形。Q:四边形的对边平行。$P \leftrightarrow Q$:四边形是平行四边形,当且仅当它的对边平行。

② P:雪是黑的。Q:太阳从西边升起。$P \leftrightarrow Q$:雪是黑的,当且仅当太阳从西边升起。

解释 ①符合自然语言的逻辑,不会有什么疑问。②则不同,"雪是黑的"和"太阳从西边升起"没有必然的关系。但在逻辑学中,只要这两个原子命题的真值确定了,则整个双条件的真值就能确定下来,不管在自然语言中是否有实际的意义。因为"雪是黑的"的真值为 0,"太阳从西边升起"的真值也为 0,所以命题"雪是黑的,当且仅当太阳从西边升起"的真值就为 1。

上面讨论了 6 个逻辑联结词:"否定(¬)""合取(∧)""析取(∨)""异或($\bar{\vee}$)""单条件(→)""双条件(↔)",其中除"否定(¬)"是一元运算外,其余均为二元运算。一元运算是一个联结词作用于一个命题;二元运算是一个联结词作用于两个命题。用它们可以构造出许多复杂的复合命题。至此,也可以这样来定义原子命题和复合命题:不包含任何联结词的命题叫作原子命题;至少包含一个原子命题和一个联结词的命题叫作复合命题。

【例 1.1.8】 试用符号形式写出下列命题。

(1) 如果明天上午 7 点下雨或下雪,则我不去学校。

(2) 如果明天上午 7 点不下雨且不下雪,则我去学校。

(3) 如果明天上午 7 点不是雨夹雪,则我去学校。

(4) 当且仅当明天上午 7 点不下雨并且不下雪时,我去学校。

解 设 P 为明天上午 7 点下雨；Q 为明天上午 7 点下雪；R 为我去学校，则：

(1) $(P \lor Q) \to \neg R$。

(2) $((\neg P) \land (\neg Q)) \to R$。

(3) $\neg(P \land Q) \to R$。

(4) $((\neg P) \land (\neg Q)) \leftrightarrow R$。

对于给定的命题，首先用符号(称命题标识符)表示它所包含的简单命题，然后用这些命题标识符和上述定义的联结词把给定的命题表示出来，称为命题符号化。

命题符号化的方法有以下几个。

(1) 找出所有的原子命题。

(2) 使用命题标识符表示原子命题。

(3) 使用正确的逻辑联结词，将自然语言变成与之等价的符号化语言。

习题 1.1

(1) 判断下列语句是否为命题，如果是命题，请讨论其真值。

① $3x - 2 = 0$。

② 吸烟对身体有害。

③ 如果雪是白的，那么太阳从西边出来。

④ 明天我去看电影。

⑤ 如果 a 是偶数，那么 a^2 是偶数。

⑥ 你认识他吗？

⑦ 学习一定要刻苦！

⑧ 不存在最大的素数。

⑨ 所有的素数都是奇数。

⑩ "离散数学"是计算机科学与技术学院的一门必修课程。

⑪ 5 能被 2 整除。

⑫ 2 是素数，当且仅当三角形有两条边。

⑬ 2049 年 10 月 1 日天气晴。

⑭ 太阳系以外的星球上有生物。

(2) 试否定下列命题。

① 所有的学生都是优秀生。

② 每个人都是科学家。

③ 有些学生不爱学习。

④ 有些整数是奇数。

(3) 将下列命题符号化。

① 如果天下雨，那么地就会湿。

② 人不犯我，我不犯人；人若犯我，我必犯人。

③ 我没看见张三或李四。

④ 一个关系是等价关系，当且仅当它是自反的、对称的和可传递的。

⑤ 或者你没有给我寄包裹,或者包裹在途中丢失了。

⑥ 或者这个材料有趣,或者这些习题很难,并且两者恰具其一。

⑦ 两数之和是偶数,当且仅当两数均为偶数或两数均为奇数。

⑧ 说逻辑枯燥无味和毫无价值,这是不对的。

⑨ 指南针永指南,除非它旁边有磁铁。

⑩ 如果老张和老李都不去,那么我就去。

⑪ 太阳明亮且温度不高。

⑫ 仅当我有时间且天不下雨,我才去看球赛。

⑬ 如果你明天看不到我,那么我就是去北京了。

⑭ 如果公用事业费用增加或者增加基金的要求被否认,那么,当且仅当现有计算机设备不适用的时候,才需要购买一台新计算机。

(4) 令 P 表示"Marc 富裕",Q 表示"Marc 快乐"。写出下列语句的符号形式。

① Marc 穷困但快乐。

② Marc 既不富裕也不快乐。

③ Marc 或者富裕或者快乐。

④ Marc 穷困或者他富裕而不快乐。

(5) 用 P 表示语句"天气很好",Q 表示语句"我们去郊游"。将下列语句翻译成汉语,如果可能则进行化简。

① $P \wedge \neg Q$。

② $P \leftrightarrow Q$。

③ $\neg Q \rightarrow \neg P$。

④ $\neg(\neg P \vee Q) \vee (P \wedge \neg Q)$。

1.2 命题公式与真值表

为了用数学方法研究命题,就必须像处理数学问题那样,将命题公式化,并讨论对于这些公式的推理(或演示)规则,以期由给定的命题公式推导出新的命题公式。

在 1.1 节中曾指出:不可再分的命题,即不包含任何逻辑联结词的命题称为原子命题,至少包含一个逻辑联结词的命题称为复合命题。通常用大写英文字母表示一个命题,如果该大写英文字母表示的是任意一个命题,则称其为命题变元。显然命题变元没有确定的真值,而是在{0,1}这个域上变化的。

由命题变元、联结词和圆括号所组成的字符串叫作**命题公式**(proposition formula)或**合式公式**(well-formed formula),记为 Wff。下面给出命题公式的递归定义。

定义 1.2.1 一个**合式公式**是按下列规则生成的字符串。

(i) 单个命题变元是合式公式。

(ii) 如果 A 是合式公式,则 $\neg A$ 也是一个合式公式。

(iii) 如果 A 和 B 是合式公式,则 $A \wedge B$,$A \vee B$,$A \rightarrow B$ 和 $A \leftrightarrow B$ 都是合式公式。

(iv) 只有有限次地应用(i),(ii),(iii)所得到的包含命题变元、联结词和圆括号组成的符号串才是合式公式。

离散数学中经常使用这种递归定义方法,其中(i)称为递归定义的基础,(ii)和(iii)称为递归定义的归纳,(iv)称为递归定义的界限。

按照上面的递归定义,下面的字符串都是合式公式。

(1) $\neg(P \vee Q)$。

(2) $\neg(P \wedge Q)$。

(3) $P \rightarrow (P \wedge \neg P)$。

(4) $((P \rightarrow Q) \wedge (Q \rightarrow R)) \leftrightarrow (S \leftrightarrow T)$。

下面的字符串均不是合式公式。

(1) $(P \rightarrow Q) \rightarrow (\wedge Q)$:"$\wedge$"是二元运算符,应该联结两个命题变元。

(2) $(P \rightarrow Q$:括号不匹配。

(3) $(P \wedge Q) \rightarrow Q)$:括号不匹配。

众所周知,在算术的四则运算中,$+$,$-$,$\times$,$\div$运算有其运算的优先顺序:先乘除后加减。既然逻辑联结词是逻辑运算符,所以在逻辑运算中也有优先级的问题。规定逻辑联结词的优先次序是 $\neg$,$\wedge$,$\vee$,$\rightarrow$,$\leftrightarrow$,即 $\neg$ 的优先级最高,而 $\leftrightarrow$ 的优先级则最低。值得注意的是,$\wedge$ 的优先级要比 $\vee$ 的高,而不是同级的。

为了减少圆括号的数量,使得命题公式看上去更简单、清晰,可以将一些不必要的括号去掉。

(1) 最外层的圆括号可以去掉。

(2) 根据 $\neg$,$\wedge$,$\vee$,$\rightarrow$,$\leftrightarrow$ 的优先级由强到弱,有些圆括号也可以去掉。

例如,合式公式 $((P \wedge Q) \rightarrow P)$,可将圆括号去掉,写成 $P \wedge Q \rightarrow P$。

通常所遇见的命题公式只是合式公式,故常将合式公式简称为公式。

有了合式公式的概念后,命题变元一般就指原子命题变元了;否则就按公式来考虑。当然,相应的原子命题变元也可以看作一个公式,是原子公式。

定义 1.2.2 给定合式公式 A,设 A' 是 A 的任何部分,如果 A' 也是一个公式(可能是合式公式或原子公式),则公式 A' 叫作 A 的**子公式**(subformula)。

例如,设 $A = (P \vee Q) \rightarrow (Q \vee (R \wedge \neg S))$,则公式 $P \vee Q$、$R \wedge \neg S$、$Q \vee (R \wedge \neg S)$、$\neg S$、P 等都是 A 的子公式。

命题变元没有真值,在命题逻辑中它不代表一个命题,只有用一个确定的命题取代它时,它才有确定的真值,相应的命题变元转换为命题。同理,公式也没有真值,只有当用确定的命题去取代公式中所包含的所有原子命题变元时,公式才有了确定的真值,公式也相应地转换为命题。公式中所有原子命题变元的一组确定的取值(真值)叫作公式的一组**真值指派**(assignment),含有 n 个原子命题变元的公式有 2^n 组不同的真值指派,对每组真值指派,公式都有一个相应确定的真值,称使公式成真的真值指派为该公式的**成真指派**,使命题公式成假的真值指派为**成假指派**。公式与原子命题变元之间的真值关系,可用真值表来表示。

定义 1.2.3 设 A 是一个合式公式,$P_1, P_2, \cdots, P_n$ 是出现在公式 A 中的 n 个原子命题变元,所有原子命题变元的真值指派的全体和公式 A 的相应的真值列成表,叫公式 A 的**真值表**(truth table)。

构造真值表的步骤如下。

（1）找出合式公式 A 的所有原子命题变元 $P_1, P_2, \cdots, P_n$，列出其所有的 2^n 组真值指派。

（2）按照联结词运算的优先顺序及公式 A 中的括号层次（从最接近原子命题变元的括号开始，递次写到最外层），列出 A 的所有子公式。

（3）对应每组真值指派，计算所有子公式的真值情况，并最终计算出公式 A 的真值。

【例 1.2.1】 构成公式 $P \vee \neg Q \rightarrow R$ 的真值表。

解 （1）命题公式 $P \vee \neg Q \rightarrow R$ 共有 3 个命题变元，因此所对应的真值表应该有 $2^3 = 8$ 组真值指派。

（2）根据逻辑联结词的优先关系，命题公式 $P \vee \neg Q \rightarrow R$ 的运算顺序是 $\neg Q$，$P \vee \neg Q$，$P \vee \neg Q \rightarrow R$，其真值表如表 1.2.1 所示。

表 1.2.1　$P \vee \neg Q \rightarrow R$ 的真值表

P	Q	R	$\neg Q$	$P \vee \neg Q$	$P \vee \neg Q \rightarrow R$
0	0	0	1	1	0
0	0	1	1	1	1
0	1	0	0	0	1
0	1	1	0	0	1
1	0	0	1	1	0
1	0	1	1	1	1
1	1	0	0	1	0
1	1	1	0	1	1

【例 1.2.2】 构造公式 $P \rightarrow Q$，$\neg P \vee Q$，$\neg(P \wedge \neg Q)$ 的真值表。

解　命题公式 $P \rightarrow Q$，$\neg P \vee Q$，$\neg(P \wedge \neg Q)$ 的真值表分别如表 1.2.2～表 1.2.4 所示。

表 1.2.2　$P \rightarrow Q$ 的真值表

P	Q	$P \rightarrow Q$
0	0	1
0	1	1
1	0	0
1	1	1

表 1.2.3　$\neg P \vee Q$ 的真值表

P	Q	$\neg P$	$\neg P \vee Q$
0	0	1	1
0	1	1	1
1	0	0	0
1	1	0	1

表 1.2.4　$\neg(P \wedge \neg Q)$ 的真值表

P	Q	$\neg Q$	$P \wedge \neg Q$	$\neg(P \wedge \neg Q)$
0	0	1	0	1
0	1	0	0	1
1	0	1	1	0
1	1	0	0	1

由这 3 个表可知,对 P 和 Q 的每组真值指派,公式 $P{\rightarrow}Q$,$\neg P \vee Q$ 及 $\neg(P \wedge \neg Q)$ 的真值表相同,称这样的命题公式是逻辑等价的。

14

定义 1.2.4 给定两个命题公式 A 和 B,$P_1,P_2,\cdots,P_n$ 是出现于 A 和 B 中的所有命题变元。若给 n 个命题变元 $P_1,P_2,\cdots,P_n$ 指派 2^n 组可能的真值,命题公式 A 给出的真值都等于命题公式 B 给出的真值,也即 $A{\leftrightarrow}B$ 为永真式,则称公式 A 与 B 是**逻辑等价的** (logically equivalent),并记为 $A{\Leftrightarrow}B$ 或 $A{\equiv}B$,读作“A 等价于 B”。

注意:“$\Leftrightarrow$”和“$\leftrightarrow$”是两个完全不同的符号。“$\Leftrightarrow$”不是联结词,而是两公式间的等价关系符,$A{\Leftrightarrow}B$ 不是公式,它表示公式 A 与公式 B 之间有等价关系;“$\leftrightarrow$”是联结词,$A{\leftrightarrow}B$ 是公式。但将会在 1.5 节看到 $A{\Leftrightarrow}B$ 与 $A{\leftrightarrow}B$ 之间有着密切的联系。

【例 1.2.3】 使用真值表方法证明公式 $P{\leftrightarrow}Q$ 与 $(P{\rightarrow}Q) \wedge (Q{\rightarrow}P)$ 是逻辑等价的。

证 目前证明两个命题公式等价只有一个方法,即根据定义列出两个命题公式的真值表,并检查它们所有的真值指派所对应的真值是否完全相同,如果相同则等价,否则不等价。$P{\leftrightarrow}Q$ 和 $(P{\rightarrow}Q) \wedge (Q{\rightarrow}P)$ 的真值表如表 1.2.5 所示。

表 1.2.5 $P{\leftrightarrow}Q$ 与 $(P{\rightarrow}Q) \wedge (Q{\rightarrow}P)$ 的真值表

P	Q	$P{\rightarrow}Q$	$Q{\rightarrow}P$	$P{\leftrightarrow}Q$	$(P{\rightarrow}Q) \wedge (Q{\rightarrow}P)$
0	0	1	1	1	1
0	1	1	0	0	0
1	0	0	1	0	0
1	1	1	1	1	1

由表 1.2.5 的最后两列可知,对任意一组真值指派,公式 $P{\leftrightarrow}Q$ 与 $(P{\rightarrow}Q) \wedge (Q{\rightarrow}P)$ 具有相同的真值,故这两个公式是逻辑等价的,即 $P{\leftrightarrow}Q{\Leftrightarrow}(P{\rightarrow}Q) \wedge (Q{\rightarrow}P)$ 成立。

习题 1.2

(1) 写出下列命题公式的真值表。

① $P{\rightarrow}(Q \vee R)$。

② $(\neg P \wedge Q) \vee (Q{\rightarrow}R)$。

③ $\neg(P \vee Q){\leftrightarrow}(\neg P \wedge \neg Q)$。

(2) 利用真值表方法验证下列命题公式的逻辑等价性。

① $(P{\rightarrow}Q) \wedge (P{\rightarrow}R){\Leftrightarrow}P{\rightarrow}(Q \wedge R)$。

② $(P{\rightarrow}Q){\rightarrow}(P \wedge Q){\Leftrightarrow}(\neg P{\rightarrow}Q){\rightarrow}(Q{\rightarrow}P)$。

③ $P{\rightarrow}(Q{\rightarrow}R){\Leftrightarrow}Q{\rightarrow}(P{\rightarrow}R)$。

(3) 一个同学在物理课上说“客观存在的、能够被观测的并且不断变化的叫作物质”。后来他又改称“客观存在的、能够被观测的叫作物质,物质是不断变化的”。请问他前后的描述是否相同,试从公式的逻辑等价上进行分析。

1.3 永真式与永假式

通过前面公式真值表的讨论可知,含有 n 个命题变元 P_1, P_2, $\cdots$, P_n 的公式 $A(P_1$, P_2, $\cdots$, $P_n)$ 有 2^n 组不同的真值指派,对每组真值指派,公式将有一个确定的真值。但有一些公式,无论原子命题变元的真值取什么,公式总是取值为"真"或为"假"。

【例 1.3.1】 列出公式 $\neg(P \wedge Q) \leftrightarrow (\neg P \vee \neg Q)$ 的真值表。

解 构造真值表如表 1.3.1 所示。

表 1.3.1 $\neg(P \wedge Q) \leftrightarrow (\neg P \vee \neg Q)$ 的真值表

P	Q	$\neg(P \wedge Q)$	$\neg P \vee \neg Q$	$\neg(P \wedge Q) \leftrightarrow (\neg P \vee \neg Q)$
0	0	1	1	1
0	1	1	1	1
1	0	1	1	1
1	1	0	0	1

由表 1.3.1 可见,给定公式的真值不依赖于原子命题变元的真值指派而取值恒为"真",即这种公式的真值独立于组成该公式的原子命题变元。这种独立性取决于公式自身的特殊结构。这是一种很有用的性质。

定义 1.3.1 设 A 是一个合式公式。

(i) 如果 A 对任何一组真值指派取值均为 T,则称公式 A 为**永真式**或**重言式**(tautology)。

(ii) 如果 A 对任何一组真值指派取值均为 F,则称公式 A 为**永假式**或**矛盾式**(contradiction)。

(iii) 如果 A 至少存在一组真值指派取值为 T,则称公式 A 为**可满足式**(contingency);否则,称公式 A 为**不可满足式**(即永假式)。

在有限步骤内判断一个给定公式 A 是永真式、永假式或可满足式的问题称为公式类型的判定。显然,用真值表方法可以实现公式类型的判定。

【例 1.3.2】 试判定公式 $P \vee \neg P$ 和 $P \wedge \neg P$ 的类型。

解 构造真值表如表 1.3.2 所示。

表 1.3.2 $P \vee \neg P$ 和 $P \wedge \neg P$ 的真值表

P	$\neg P$	$P \vee \neg P$	$P \wedge \neg P$
0	1	1	0
1	0	1	0

由表 1.3.2 知,公式 $P \vee \neg P$ 是永真式, $P \wedge \neg P$ 是永假式。

【例 1.3.3】 试判定公式 $(P \leftrightarrow Q) \wedge (\neg Q \rightarrow R)$ 的类型。

解 构造真值表如表 1.3.3 所示。

表 1.3.3 $(P \leftrightarrow Q) \wedge (\neg Q \rightarrow R)$ 的真值表

P	Q	R	$\neg Q$		$(P \leftrightarrow Q) \wedge (\neg Q \rightarrow R)$	
0	0	0	1	(1)	0	(0)
0	0	1	1	(1)	1	(1)

P	Q	R	$\neg Q$	$(P \leftrightarrow Q) \wedge (\neg Q \rightarrow R)$		
0	1	0	0	(0)	0	(1)
0	1	1	0	(0)	0	(1)
1	0	0	1	(0)	0	(0)
1	0	1	1	(0)	0	(1)
1	1	0	0	(1)	1	(1)
1	1	1	0	(1)	1	(1)

由表 1.3.3 知,公式 $(P \leftrightarrow Q) \wedge (\neg Q \rightarrow R)$ 既非永真式也非永假式,而是可满足式。

结合上面的讨论,易得以下结论。

(1) 永真式的否定是永假式;永假式的否定是永真式。

(2) 任何两个永真式的合取、析取、单条件、双条件仍是永真式。

(3) 永真式必为可满足式;反之则不然。

永真式是特别有趣的,因为不论原子命题变元表示什么命题,也不论原子命题变元表示的命题是真的还是假的,该合式公式总是真的。永真式所反映的是命题逻辑中的逻辑规律,由永真式可以产生许多有用的等价式。为此,这里只着重研究永真式。

习题 1.3

判断下列公式的类型。

① $(P \rightarrow Q) \leftrightarrow (\neg Q \rightarrow \neg P)$。

② $Q \wedge (P \rightarrow Q) \rightarrow (P \rightarrow Q)$。

③ $(P \rightarrow Q) \wedge (Q \rightarrow P) \rightarrow (\neg P \wedge Q)$。

④ $(P \vee \neg Q) \rightarrow Q$。

⑤ $Q \wedge (P \rightarrow Q) \rightarrow (P \rightarrow \neg Q)$。

⑥ $(P \leftrightarrow Q) \rightarrow (P \wedge Q \rightarrow P)$。

⑦ $\neg (P \rightarrow Q) \wedge Q$。

⑧ $(\neg P \wedge (P \vee Q)) \rightarrow Q$。

1.4 代入规则与替换规则

在一个公式中,如果用另外的公式来代换其中某个或某些原子命题变元,将会得到一个新的公式。新公式与原公式间有什么关系呢? 本节就来研究这个问题。

定义 1.4.1 给定一个公式 $A(P_1, P_2, \cdots, P_n)$,其中 $P_1, P_2, \cdots, P_n$ 是原子命题变元,如果:

(i) 用某些公式代换 A 中的某些原子命题变元。

(ii) 若用 Q_i 代换 P_i,则必须用 Q_i 代换 A 中所有的 P_i。

由此得到一个新公式 B,称为公式 A 的一个**代换实例**(substitution instance)。

根据定义知,只要同时进行所有的代换,用某些公式代换多个原子命题变元也是可行的。

【例 1.4.1】 给出下列公式的代换实例。

(1) $P \to (P \land Q)$,用 $R \leftrightarrow S$ 代换其中的命题变元 P。

(2) $P \to \neg Q$,用 $Q \land \neg S$ 代换其中的命题变元 P,$M \land N$ 代换其中的命题变元 Q。

解 (1) 根据代换实例的定义,用 $R \leftrightarrow S$ 代换公式 $P \to (P \land Q)$ 中所有的 P,得到的公式 $(R \leftrightarrow S) \to ((R \leftrightarrow S) \land Q)$ 就是 $P \to (P \land Q)$ 的一个代换实例。

但是,$P \to ((R \leftrightarrow S) \land Q)$ 和 $(R \leftrightarrow S) \to (P \land Q)$ 均不是 $P \to (P \land Q)$ 的代换实例,因为它们都没有用 $R \leftrightarrow S$ 代换公式 $P \to (P \land Q)$ 中所有的 P,而是只代换了其中一个 P。

(2) 如果是用多个命题公式来代换多个命题变元,需要注意的是,这种代换是需要同时进行的。

用 $Q \land \neg S$ 代换其中的命题变元 P,同时用 $M \land N$ 代换其中的命题变元 Q,得到公式 $P \to \neg Q$ 的代换实例就是 $(Q \land \neg S) \to \neg (M \land N)$。

如果这种代换不是同时进行的,而是先用 $Q \land \neg S$ 代换其中的命题变元 P,得到一个公式 $(Q \land \neg S) \to \neg Q$,然后再用 $M \land N$ 代换其中的命题变元 Q,得到的公式 $((M \land N) \land \neg S) \to \neg (M \land N)$ 就不是原来公式 $P \to \neg Q$ 的代换实例。

还应注意,在同时代换过程中,只能代换其中的原子命题变元,绝不能代换其中的复合命题。

定理 1.4.1(代入规则,rule of substitution) 若公式 A 为一个永真式(永假式),用同一个公式 A' 代换公式 A 中所有的同一个命题变元 P 后,所得到的新公式 B 仍是永真式(永假式),即任一永真式(永假式)的任何代换实例仍为永真式(永假式)。

证 因为公式 A 为一个永真式(永假式),即对命题变元 P 和其他命题变元(如果有的话)的任何真值指派,A 的真值均为真(假),因此无论 A' 的真值是真还是假,将所有的 P 用 A' 代换后,都不会影响到 A 的真值,即公式 B 和公式 A 的真值完全相同,因此任一永真式(永假式)的任何代换实例仍为永真式(永假式)。 ∎

【例 1.4.2】 分别用 $P \lor S$ 和 $(P \to Q) \land S$ 来代换永真式 $P \lor \neg P$ 中所有的 P,以验证代入规则的正确性。

证 (1) 用 $P \lor S$ 代换永真式 $P \lor \neg P$ 中所有的 P,得到的代换实例是 $(P \lor S) \lor \neg (P \lor S)$,它的真值表如表 1.4.1 所示,可见该代换实例仍是一个永真式。

表 1.4.1 $(P \lor S) \lor \neg (P \lor S)$ 的真值表

P	S	$P \lor S$	$\neg (P \lor S)$	$(P \lor S) \lor \neg (P \lor S)$
0	0	0	1	1
0	1	1	0	1
1	0	1	0	1
1	1	1	0	1

(2) 用 $(P \to Q) \land S$ 代换永真式 $P \lor \neg P$ 中所有的 P,得到的代换实例是 $((P \to Q) \land S) \lor \neg ((P \to Q) \land S)$,将其记为 A,它的真值表如表 1.4.2 所示,可见该代换实例仍是一个永真式。

若能判断一个给定的公式是某个永真式的代换实例,就可以断定该给定公式也必是个永真式。同时,可以写出一个永真式的大量代换实例,它们肯定也都是永真式。

表 1.4.2 $((P \to Q) \land S) \lor \neg ((P \to Q) \land S)$ 的真值表

P	Q	S	$P \to Q$	$(P \to Q) \land S$	$\neg((P \to Q) \land S)$	A
0	0	0	1	0	1	1
0	0	1	1	1	0	1
0	1	0	1	0	1	1
0	1	1	1	1	0	1
1	0	0	0	0	1	1
1	0	1	0	0	1	1
1	1	0	1	0	1	1
1	1	1	1	1	0	1

一般来说,如果给定公式不是永真式(或永假式),它的代换实例并不能保证和原给定公式等价。下面就来介绍等价代换的概念。

定理 1.4.2(替换规则,rule of replacement) 给定公式 A,设 A' 是 A 的子公式,B' 是一个公式。如果 $A' \Leftrightarrow B'$,并用 B' 替换 A 中的 A' 而得到公式 B,则 $A \Leftrightarrow B$。

证 因为公式 A 和 B 中除替换部分外均相同,且对公式 A 的任何一组真值指派,A' 和 B' 的真值相同,用 B' 替换 A' 后,公式 A 和 B 在相应真值指派下真值完全相同,故 $A \Leftrightarrow B$。 ∎

例如,在 1.2 节,曾经利用真值表(表 1.2.5)证明了公式 $P \leftrightarrow Q$ 与 $(P \to Q) \land (Q \to P)$ 的等价性,即 $P \leftrightarrow Q \Leftrightarrow (P \to Q) \land (Q \to P)$。再令公式 A 为 $(P \leftrightarrow Q) \lor R$,用 $(P \to Q) \land (Q \to P)$ 替换 A 中的子公式 $(P \leftrightarrow Q)$ 而得到新公式 B 为 $(P \to Q) \land (Q \to P) \lor R$,根据替换规则应有公式 A 和 B 等价,即 $(P \leftrightarrow Q) \lor R \Leftrightarrow (P \to Q) \land (Q \to P) \lor R$。仍可利用真值表来验证所得结果是正确的。显然,利用替换规则可以由原始的等价式来证明一些较为复杂的等价关系式;利用代入规则可以由原始的等价式推导出新的等价关系式(详细讨论见 1.5 节)。

关于代入规则和替换规则的使用必须注意以下几点区别。

(1) 代入规则:被代换的是命题变元。

替换规则:被替换的可以是命题常量(T、F)、命题变元、合式公式。

(2) 代入规则:代换和被代换的合式公式不要求等价。

替换规则:替换和被替换的合式公式必须是等价的。

(3) 代入规则:若对合式公式中的命题变元 P 进行代换,则必须对合式公式中所有的 P 均进行代换。

替换规则:若对合式公式中的命题变元 P 进行替换,不必对合式公式中所有的 P 均替换。

(4) 代入规则:得到的新公式不一定与原公式等价(永真式、永假式除外)。

替换规则:得到的新公式必与原公式等价。

习题 1.4

请用给定的代换产生下列公式的代换实例。

① $((P \to Q) \to P) \to P$;用 $P \to Q$ 代换 P,用 R 代换 Q。

② $(P \to Q) \to (Q \to P)$;用 Q 代换 P,用 $P \land \neg P$ 代换 Q。

1.5　等价与蕴涵

公式间有两种基本的关系,即等价关系和蕴涵关系。

> **定义 1.5.1**　设 A 和 B 是两个公式,如果 $A \leftrightarrow B$ 是个永真式,则称 A **等价于** B(logically equivalent),记为 $A \Leftrightarrow B$。

显然,若 $A \leftrightarrow B$ 是个永真式,则在任何真值指派下公式 A 和 B 都具有相同的真值,故这条定义和定义 1.2.4 是一致的。有时也把等价式称为逻辑恒等式。

公式间的等价关系具有以下 3 条性质。

① 自反性:对任意公式 A,有 $A \Leftrightarrow A$。

② 对称性:对任意公式 A 和 B,若 $A \Leftrightarrow B$,则 $B \Leftrightarrow A$。

③ 传递性:对任意公式 A、B、C,若 $A \Leftrightarrow B$、$B \Leftrightarrow C$,则 $A \Leftrightarrow C$。

要判定两个命题公式是否等价,经常会用到一些简单的等价公式,称为基本等价式。牢记这些基本等价式并灵活运用它们是学好数理逻辑的关键之一。下面将基本等价式分成 9 组列出,以便于记忆,并且以下的所有基本等价式均可以用真值表的方法加以验证。其中的符号 P、Q、R 为命题变元,符号 T,F 分别代表永真式和永假式。

(1) 交换律(commutative laws):逻辑运算 $\wedge$,$\vee$,$\leftrightarrow$ 满足交换律,即

$$P \wedge Q \Leftrightarrow Q \wedge P$$
$$P \vee Q \Leftrightarrow Q \vee P$$
$$P \leftrightarrow Q \Leftrightarrow Q \leftrightarrow P$$

(2) 结合律(associative laws):逻辑运算 $\wedge$,$\vee$,$\leftrightarrow$ 满足结合律,即

$$P \wedge (Q \wedge R) \Leftrightarrow (P \wedge Q) \wedge R$$
$$P \vee (Q \vee R) \Leftrightarrow (P \vee Q) \vee R$$
$$P \leftrightarrow (Q \leftrightarrow R) \Leftrightarrow (P \leftrightarrow Q) \leftrightarrow R$$

(3) 分配律(distributive laws):逻辑运算 $\wedge$ 对 $\vee$,$\vee$ 对 $\wedge$,$\rightarrow$ 对 $\rightarrow$ 满足分配律,即

$$P \wedge (Q \vee R) \Leftrightarrow (P \wedge Q) \vee (P \wedge R)$$
$$P \vee (Q \wedge R) \Leftrightarrow (P \vee Q) \wedge (P \vee R)$$
$$P \rightarrow (Q \rightarrow R) \Leftrightarrow (P \rightarrow Q) \rightarrow (P \rightarrow R)$$

(4) 否定深入。

$$\neg \neg P \Leftrightarrow P \qquad \text{(双重否定律,double negation law)}$$
$$\neg (P \wedge Q) \Leftrightarrow \neg P \vee \neg Q \qquad \text{(德·摩根律,De Morgan's laws)}$$
$$\neg (P \vee Q) \Leftrightarrow \neg P \wedge \neg Q \qquad \text{(德·摩根律)}$$
$$\neg (P \rightarrow Q) \Leftrightarrow P \wedge \neg Q$$
$$\neg (P \leftrightarrow Q) \Leftrightarrow \neg P \leftrightarrow Q \Leftrightarrow P \leftrightarrow \neg Q \Leftrightarrow P \ \overline{\vee} \ Q$$

(5) 变元等同。

$$P \wedge P \Leftrightarrow P \qquad \text{(等幂律,idempotent laws)}$$
$$P \vee P \Leftrightarrow P \qquad \text{(等幂律)}$$
$$P \wedge \neg P \Leftrightarrow F \qquad \text{(补余律,negation laws)}$$

$$P \vee \neg P \Leftrightarrow T \qquad\qquad\qquad\qquad\qquad (补余律)$$
$$P \rightarrow P \Leftrightarrow T$$
$$P \rightarrow \neg P \Leftrightarrow \neg P$$
$$\neg P \rightarrow P \Leftrightarrow P$$
$$P \leftrightarrow P \Leftrightarrow T$$
$$P \leftrightarrow \neg P \Leftrightarrow \neg P \leftrightarrow P \Leftrightarrow F$$

（6）常值与变元的联结。

$$T \wedge P \Leftrightarrow P \qquad\qquad\qquad (同一律, identity\ laws)$$
$$F \vee P \Leftrightarrow P \qquad\qquad\qquad\qquad (同一律)$$
$$F \wedge P \Leftrightarrow F \qquad\qquad\qquad (零律, domination\ laws)$$
$$T \vee P \Leftrightarrow T \qquad\qquad\qquad\qquad\quad (零律)$$
$$T \rightarrow P \Leftrightarrow P$$
$$F \rightarrow P \Leftrightarrow T$$
$$P \rightarrow T \Leftrightarrow T$$
$$P \rightarrow F \Leftrightarrow \neg P$$
$$P \leftrightarrow T \Leftrightarrow P$$
$$P \leftrightarrow F \Leftrightarrow \neg P$$

（7）逻辑联结词的化归。

$$P \wedge Q \Leftrightarrow \neg(\neg P \vee \neg Q)$$
$$P \vee Q \Leftrightarrow \neg(\neg P \wedge \neg Q)$$
$$P \rightarrow Q \Leftrightarrow \neg P \vee Q \Leftrightarrow \neg Q \rightarrow \neg P \qquad\qquad\qquad (逆否律)$$
$$P \leftrightarrow Q \Leftrightarrow (P \rightarrow Q) \wedge (Q \rightarrow P)$$
$$\Leftrightarrow (\neg P \vee Q) \wedge (\neg Q \vee P) \Leftrightarrow (P \wedge Q) \vee (\neg P \wedge \neg Q)$$

（8）吸收律。

$$P \vee (P \wedge Q) \Leftrightarrow P$$
$$P \wedge (P \vee Q) \Leftrightarrow P$$

（9）输出律。

$$P \wedge Q \rightarrow R \Leftrightarrow P \rightarrow (Q \rightarrow R)$$

上面给出的等价式利用真值表可容易地获得证明。因为这些等价式是最基本的逻辑恒等式，是数理逻辑中进行等价变换、逻辑推理的依据，所以，把这些基本的逻辑恒等式称为命题定律。此外，应用代入规则和替换规则，可根据这些命题定律来推导或证明新的等价关系式，从而可以验证两个公式是否等值，也可以判定公式的类型，还可以用来解决许多实际问题。

【例 1.5.1】 （1）试证 $(\neg P \wedge (\neg Q \wedge R)) \vee (Q \wedge R) \vee (P \wedge R) \Leftrightarrow R$。

证 $(\neg P \wedge (\neg Q \wedge R)) \vee (Q \wedge R) \vee (P \wedge R)$

$$\Leftrightarrow (\neg P \wedge (\neg Q \wedge R)) \vee ((Q \vee P) \wedge R) \qquad\qquad (分配律)$$
$$\Leftrightarrow ((\neg P \wedge \neg Q) \wedge R) \vee ((P \vee Q) \wedge R) \qquad (结合律、交换律)$$
$$\Leftrightarrow ((\neg P \wedge \neg Q) \vee (P \vee Q)) \wedge R \qquad\qquad\quad (分配律)$$
$$\Leftrightarrow (\neg(P \vee Q) \vee (P \vee Q)) \wedge R \qquad\qquad\quad (德·摩根律)$$
$$\Leftrightarrow T \wedge R \qquad\qquad\qquad\qquad\qquad\qquad\quad (补余律)$$
$$\Leftrightarrow R \qquad\qquad\qquad\qquad\qquad\qquad\qquad\quad (同一律)$$

可见,利用命题定律可以验证两个命题公式是否等值。

(2) 判断公式$(P \vee \neg P) \to ((Q \wedge \neg Q) \wedge R)$的类型。

解 $(P \vee \neg P) \to ((Q \wedge \neg Q) \wedge R) \Leftrightarrow T \to ((Q \wedge \neg Q) \wedge R)$ （补余律）

$$\Leftrightarrow T \to (F \wedge R) \qquad （补余律）$$

$$\Leftrightarrow T \to F \qquad （零律）$$

$$\Leftrightarrow F$$

即$(P \vee \neg P) \to ((Q \wedge \neg Q) \wedge R)$是永假式。

可见,利用命题定律可以判定公式的类型。

【例 1.5.2】 试将语句"情况并非如此:如果他不来,那么我也不去"化简。

解 设P:他来。Q:我去。上述命题可符号化为$\neg(\neg P \to \neg Q)$,对此式化简得:

$$\neg(\neg P \to \neg Q) \Leftrightarrow \neg(\neg \neg P \vee \neg Q) \qquad （联结词化归）$$

$$\Leftrightarrow \neg(P \vee \neg Q) \qquad （双重否定律）$$

$$\Leftrightarrow \neg P \wedge Q \qquad （德·摩根律）$$

化简后的语句是"我去了,而他没来"。

由此例可见,可以利用命题定律简化命题公式。

【例 1.5.3】 试证$(P \to Q) \to (Q \vee R) \Leftrightarrow P \vee Q \vee R$。

证 (方法1)利用真值表法。

由定义1.5.1可知,欲证明$(P \to Q) \to (Q \vee R) \Leftrightarrow P \vee Q \vee R$,只需证明$(P \to Q) \to (Q \vee R) \leftrightarrow (P \vee Q \vee R)$是永真式。其真值表如表1.5.1所示。

表 1.5.1 $(P \to Q) \to (Q \vee R)$和$P \vee Q \vee R$的真值表

P	Q	R	$P \to Q$	$Q \vee R$	$(P \to Q) \to (Q \vee R)$	$P \vee Q \vee R$
0	0	0	1	0	0	0
0	0	1	1	1	1	1
0	1	0	1	1	1	1
0	1	1	1	1	1	1
1	0	0	0	0	1	1
1	0	1	0	1	1	1
1	1	0	1	1	1	1
1	1	1	1	1	1	1

由表1.5.1中最后两列知,对任意一组真值指派,$(P \to Q) \to (Q \vee R)$和$P \vee Q \vee R$真值均相同,即$((P \to Q) \to (Q \vee R)) \leftrightarrow (P \vee Q \vee R)$是个永真式,所以,$(P \to Q) \to (Q \vee R) \Leftrightarrow P \vee Q \vee R$成立。

(方法2)使用基本等价式和替换规则。

$$(P \to Q) \to (Q \vee R) \Leftrightarrow (\neg P \vee Q) \to (Q \vee R) \qquad （联结词化归）$$

$$\Leftrightarrow \neg(\neg P \vee Q) \vee (Q \vee R) \qquad （联结词化归）$$

$$\Leftrightarrow (P \wedge \neg Q) \vee (Q \vee R) \qquad （德·摩根律）$$

$$\Leftrightarrow ((P \wedge \neg Q) \vee Q) \vee R \qquad （结合律）$$

$$\Leftrightarrow ((P \vee Q) \wedge (\neg Q \vee Q)) \vee R \qquad （分配律）$$

$$\Leftrightarrow P \vee Q \vee R \qquad （补余律、同一律）$$

定义 1.5.2 设 A 和 B 是两个公式,如果 $A \rightarrow B$ 是永真式,则称 A **蕴涵** B,记为 $A \Rightarrow B$,读为"A 蕴涵 B",又称为**逻辑蕴涵式**(logically implication)。其中 A 称为 B 的**逻辑前提**(logical premise),B 称为 A 的**逻辑结论**(logical conclusion),可以说由 A 推出 B,或 B 由 A 推出。

从 $A \Rightarrow B$ 的定义可知,要证明 A 蕴涵 B,只要证明 $A \rightarrow B$ 是一个永真式即可;从 $A \rightarrow B$ 的定义也不难知道,欲证明 $A \rightarrow B$ 是永真式,只需证明下面两点之一成立即可。

① 假设前提 A 是真,若能推出结论 B 必为真,则 $A \rightarrow B$ 为真,于是 $A \Rightarrow B$。

② 假设结论 B 是假,若能推出前提 A 必为假,则 $A \rightarrow B$ 为真,于是 $A \Rightarrow B$。

当然,我们也可以使用真值表来证明蕴涵式 $A \Rightarrow B$ 是否成立,即证明 $A \rightarrow B$ 是否为永真式即可。当公式中包含的原子命题变元数目不多时,使用真值表的方法既简单又直观。由于包含 n 个原子命题变元的公式,具有 2^n 组不同的真值指派,当 n 较大时,相应的真值表也比较庞大。显然,此时使用真值表就不太方便了,而且容易出错。

【例 1.5.4】 证明 $\neg Q \wedge (P \rightarrow Q) \Rightarrow \neg P$。

证 (方法 1)设前提为真,来证结论必为真。

设前提 $\neg Q \wedge (P \rightarrow Q)$ 为真,则 $\neg Q$,$P \rightarrow Q$ 均为真,得出 Q 为假,P 为假,从而 $\neg P$ 为真,故 $\neg Q \wedge (P \rightarrow Q) \Rightarrow \neg P$ 成立。

(方法 2)假设结论为假,证明前提必为假。

假设结论 $\neg P$ 为假,则 P 为真;下面对前提 $\neg Q \wedge (P \rightarrow Q)$ 中的命题变元 Q 进行以下的讨论。

① 若 Q 为真,则 $\neg Q \wedge (P \rightarrow Q) \Leftrightarrow F \wedge (T \rightarrow T) \Leftrightarrow F \wedge T \Leftrightarrow F$。

② 若 Q 为假,则 $\neg Q \wedge (P \rightarrow Q) \Leftrightarrow T \wedge (T \rightarrow F) \Leftrightarrow T \wedge F \Leftrightarrow F$。

综上所述,如果结论 $\neg P$ 为假,无论 Q 取真还是假,前提 $\neg Q \wedge (P \rightarrow Q)$ 必为假,所以 $\neg Q \wedge (P \rightarrow Q) \Rightarrow \neg P$ 成立。

(方法 3)使用真值表法。

使用真值表法,构造前提和结论的真值表如表 1.5.2 所示。

表 1.5.2 $\neg Q \wedge (P \rightarrow Q) \rightarrow \neg P$ 的真值表

P	Q	$\neg Q$	$P \rightarrow Q$	$\neg Q \wedge (P \rightarrow Q)$	$\neg P$	$\neg Q \wedge (P \rightarrow Q) \rightarrow \neg P$
0	0	1	1	1	1	1
0	1	0	1	0	1	1
1	0	1	0	0	0	1
1	1	0	1	0	0	1

从表 1.5.2 可看出,$\neg Q \wedge (P \rightarrow Q) \rightarrow \neg P$ 是永真式,故 $\neg Q \wedge (P \rightarrow Q) \Rightarrow \neg P$ 成立。

(方法 4)使用替换规则和基本等价式,验证 $\neg Q \wedge (P \rightarrow Q) \rightarrow \neg P$ 为永真式。

$$\neg Q \wedge (P \rightarrow Q) \rightarrow \neg P \Leftrightarrow (\neg Q \wedge (\neg P \vee Q)) \rightarrow \neg P \quad \text{(联结词化归)}$$
$$\Leftrightarrow ((\neg Q \wedge \neg P) \vee (\neg Q \wedge Q)) \rightarrow \neg P \quad \text{(分配律)}$$
$$\Leftrightarrow (\neg Q \wedge \neg P) \rightarrow \neg P \quad \text{(补余律、同一律)}$$
$$\Leftrightarrow \neg (\neg Q \wedge \neg P) \vee \neg P \quad \text{(联结词化归)}$$
$$\Leftrightarrow Q \vee P \vee \neg P \quad \text{(德·摩根律)}$$
$$\Leftrightarrow T \quad \text{(补余律、零律)}$$

因此,$\neg Q \wedge (P \rightarrow Q) \rightarrow \neg P$ 是永真式,故 $\neg Q \wedge (P \rightarrow Q) \Rightarrow \neg P$ 成立。

例 1.5.4 的证明过程采用了 4 种方法,至于采用哪种方法来证明应视具体问题灵活运用。但是,4 种方法证明的实质是相同的。值得注意的是符号"$\Rightarrow$"和"$\rightarrow$"之间的区别和联系。符号"$\Rightarrow$"与"$\Leftrightarrow$"都是关系符,不是联结词。

显然,蕴涵关系不满足对称性,即若 $A \Rightarrow B$,则不一定 $B \Rightarrow A$。但它有以下几条性质。

① 自反性:对任意公式 A,有 $A \Rightarrow A$。

② 反对称性:对任意公式 A 和 B,若 $A \Rightarrow B$,$B \Rightarrow A$,则 $A \Leftrightarrow B$。

③ 传递性:对任意公式 A,B,C,若 $A \Rightarrow B$,$B \Rightarrow C$,则 $A \Rightarrow C$。

下面来证明性质③,其他性质的证明留作练习。

证 因为 $A \Rightarrow B$ 且 $B \Rightarrow C$,所以 $A \rightarrow B$ 和 $B \rightarrow C$ 都是永真式,即 $A \rightarrow B \Leftrightarrow T$,$B \rightarrow C \Leftrightarrow T$。下面来考查 $A \rightarrow C$ 是否为永真式。

$$
\begin{aligned}
A \rightarrow C &\Leftrightarrow \neg A \vee C & \text{(联结词化归)} \\
&\Leftrightarrow (\neg A \vee C) \vee F & \text{(同一律)} \\
&\Leftrightarrow (\neg A \vee C) \vee (B \wedge \neg B) & \text{(补余律)} \\
&\Leftrightarrow (\neg A \vee C \vee B) \wedge (\neg A \vee C \vee \neg B) & \text{(分配律)} \\
&\Leftrightarrow ((\neg A \vee B) \vee C) \wedge ((\neg B \vee C) \vee \neg A) & \text{(交换律、结合律)} \\
&\Leftrightarrow ((A \rightarrow B) \vee C) \wedge ((B \rightarrow C) \vee \neg A) & \text{(联结词化归)} \\
&\Leftrightarrow (T \vee C) \wedge (T \vee \neg A) & \text{(已知条件替换)} \\
&\Leftrightarrow T \wedge T & \text{(零律)} \\
&\Leftrightarrow T
\end{aligned}
$$

由于 $A \rightarrow C$ 是永真式,因此 $A \Rightarrow C$ 成立。

定理 1.5.1 给定公式 A,B,C,如果 $A \Rightarrow B$,$A \Rightarrow C$,则 $A \Rightarrow B \wedge C$。

证 设前提 A 为 T,来证结论 $B \wedge C$ 必为 T 即可。因为 A 为 T,由条件知,B 和 C 必都为 T,所以 $B \wedge C$ 为 T,即 $A \Rightarrow B \wedge C$ 成立。 ■

常用的蕴涵式如表 1.5.3 所示。

表 1.5.3 常用的蕴涵式

公 式	归 类
$I_1: P \wedge Q \Rightarrow P$	化简式(simplification)
$I_2: P \wedge Q \Rightarrow Q$	化简式
$I_3: P \Rightarrow P \vee Q$	附加式(addition)
$I_4: Q \Rightarrow P \vee Q$	附加式
$I_5: \neg P \Rightarrow P \rightarrow Q$	
$I_6: Q \Rightarrow P \rightarrow Q$	
$I_7: \neg(P \rightarrow Q) \Rightarrow P$	
$I_8: \neg(P \rightarrow Q) \Rightarrow \neg Q$	
$I_9: P,Q \Rightarrow P \wedge Q$	合取式(conjunction)
$I_{10}: \neg P, P \vee Q \Rightarrow Q$	析取三段论(disjunctive syllogism)
$I_{11}: P, P \rightarrow Q \Rightarrow Q$	假言推论(modus ponens)
$I_{12}: \neg Q, P \rightarrow Q \Rightarrow \neg P$	拒取式(modus tollens)

公　式	归　类
$I_{13}: P \rightarrow Q, Q \rightarrow R \Rightarrow P \rightarrow R$	假言三段论(hypothetical syllogism)
$I_{14}: P \lor Q, P \rightarrow R, Q \rightarrow R \Rightarrow R$	构造性二难(constructive dilemma)

上面给出的蕴涵式使用如例 1.5.4 中的方法容易得到证明。这些基本蕴涵式同样是逻辑推理的重要依据,在 1.9 节中将应用这些基本蕴涵关系式。

习题 1.5

(1) 证明下列等价式(用真值表法和等价推导两种方法)。

① $P \rightarrow (Q \rightarrow P) \Leftrightarrow \neg P \rightarrow (P \rightarrow Q)$。

② $(P \rightarrow Q) \land (R \rightarrow Q) \Leftrightarrow (P \lor R) \rightarrow Q$。

③ $\neg (P \leftrightarrow Q) \Leftrightarrow (P \lor Q) \land \neg (P \land Q) \Leftrightarrow (P \land \neg Q) \lor (\neg P \land Q)$。

④ $(P \land Q \land S) \lor (\neg P \land Q \land S) \Leftrightarrow Q \land S$。

⑤ $P \land (P \rightarrow Q) \Leftrightarrow P \land Q$。

(2) 真值表法证明下列蕴涵式。

① $P \land Q \Rightarrow P \rightarrow Q$。

② $P \rightarrow (Q \rightarrow R) \Rightarrow (P \rightarrow Q) \rightarrow (P \rightarrow R)$。

③ $P \rightarrow Q \Rightarrow P \rightarrow (P \land Q)$。

④ $(P \rightarrow Q) \rightarrow Q \Rightarrow P \lor Q$。

⑤ $(P \lor \neg P \rightarrow Q) \rightarrow (P \lor \neg P \rightarrow R) \Rightarrow Q \rightarrow R$。

(3) 不用真值表法证明下列蕴涵式。

① $\neg A \lor B, C \rightarrow \neg B \Rightarrow A \rightarrow \neg C$。

② $P \rightarrow Q, R \rightarrow \neg Q, R \Rightarrow \neg P$。

③ $P \land Q \rightarrow R, \neg R \lor S, \neg S \Rightarrow \neg P \lor \neg Q$。

(4) 已知某公司派小李或小张去上海出差,若派小李去,则小赵要加班。若派小张去,小王也得去。小赵没加班。请利用命题定律,确定公司应该如何派遣。

(5) 某同学设计的程序的流程图如图 1.5.1 所示,程序伪代码如下:

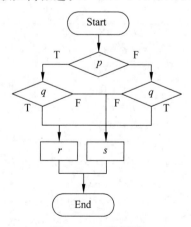

图 1.5.1　流程图

```
if p
  if q
    r
  else s
  end
else if q
  r
else s
  end
end
```

为提高计算效率、降低编程难度,请你帮他将程序结构进行简化。

1.6 对偶原理

【例 1.6.1】 写出下列公式的对偶式。

(1) $P \vee (Q \wedge R)$。

(2) $(P \vee Q) \wedge (P \vee R)$。

(3) $P \vee$ F。

(4) $\neg P \vee$ T。

解 它们的对偶式分别如下。

(1) $P \wedge (Q \vee R)$。

(2) $(P \wedge Q) \vee (P \wedge R)$。

(3) $P \wedge$ T。

(4) $\neg P \wedge$ F。

证 对公式 $\neg A(P_1,P_2,\cdots,P_n)$ 反复使用德·摩根律,直至每个 $\neg$ 移至命题变元或命题变元的否定之前。显然,在此过程中 $\wedge$ 变成 $\vee$,$\vee$ 变成 $\wedge$,T 变成 F,F 变成 T,P_i 变成 $\neg P_i$,$\neg P_i$ 变成 $P_i(i=1,2,\cdots,n)$,最后得到的公式即为 $A^*(\neg P_1,\neg P_2,\cdots,\neg P_n)$。因此,第一个等价式成立。

第二个等价式可由 $(A^*)^* \Leftrightarrow A$ 得出。 ■

【例 1.6.2】 以 $A(P,Q,R) \Leftrightarrow \neg P \vee (Q \wedge R)$ 为例,验证定理 1.6.1 的正确性。

证

$$\begin{aligned}
\neg A(P,Q,R) &\Leftrightarrow \neg(\neg P \vee (Q \wedge R)) \\
&\Leftrightarrow \neg\neg P \wedge \neg(Q \wedge R) && \text{(德·摩根律)} \\
&\Leftrightarrow P \wedge (\neg Q \vee \neg R) && \text{(双重否定律,德·摩根律)} \tag{1.6.3}
\end{aligned}$$

又因为 $A^*(P,Q,R) \Leftrightarrow \neg P \wedge (Q \vee R)$,所以

$$\begin{aligned}
A^*(\neg P,\neg Q,\neg R) &\Leftrightarrow \neg(\neg P) \wedge (\neg Q \vee \neg R) \\
&\Leftrightarrow P \wedge (\neg Q \vee \neg R) && \text{(双重否定律、德·摩根律)} \tag{1.6.4}
\end{aligned}$$

由式(1.6.3)和式(1.6.4)可知,$\neg A(P,Q,R) \Leftrightarrow A^*(\neg P,\neg Q,\neg R)$,即定理 1.6.1 中式(1.6.1)成立。

同理可验证定理 1.6.1 中式(1.6.2)成立。

> **定理 1.6.2**(对偶原理,duality principle)   设公式 A 和 B 仅包含联结词 $\neg$、$\wedge$、$\vee$,若 $A \Leftrightarrow B$,则 $A^* \Leftrightarrow B^*$。

证   设 $P_1,P_2,\cdots,P_n$ 为出现在 A 和 B 中的所有原子命题变元。因为 $A \Leftrightarrow B$,所以由等价的定义,知 $A(P_1,P_2,\cdots,P_n) \leftrightarrow B(P_1,P_2,\cdots,P_n)$ 为永真式。用 $\neg P_i$ 代换 A 和 B 中所有的 $P_i(i=1,2,\cdots,n)$,由代入规则可知 $A(\neg P_1,\neg P_2,\cdots,\neg P_n) \leftrightarrow B(\neg P_1,\neg P_2,\cdots,\neg P_n)$ 也必为永真式。由定理 1.6.1 中的式(1.6.2),知

$$A(\neg P_1,\neg P_2,\cdots,\neg P_n) \Leftrightarrow \neg A^*(P_1,P_2,\cdots,P_n)$$
$$B(\neg P_1,\neg P_2,\cdots,\neg P_n) \Leftrightarrow \neg B^*(P_1,P_2,\cdots,P_n)$$

故有

$$\neg A^*(P_1,P_2,\cdots,P_n) \leftrightarrow \neg B^*(P_1,P_2,\cdots,P_n)$$

为永真式,从而有

$$A^*(P_1,P_2,\cdots,P_n) \leftrightarrow B^*(P_1,P_2,\cdots,P_n)$$

为永真式,即 $A^*(P_1,P_2,\cdots,P_n) \Leftrightarrow B^*(P_1,P_2,\cdots,P_n)$ 成立。∎

这个定理说明了 1.5 节中基本等价式为什么大多都是成对出现的。

【例 1.6.3】 试证明:

(1) $\neg(P \wedge Q) \rightarrow (\neg P \vee (\neg P \vee Q)) \Leftrightarrow \neg P \vee Q$。

(2) $(P \vee Q) \wedge (\neg P \wedge (\neg P \wedge Q)) \Leftrightarrow (\neg P \wedge Q)$。

证   (1)

$$
\begin{aligned}
&\neg(P \wedge Q) \rightarrow (\neg P \vee (\neg P \vee Q))\\
&\Leftrightarrow (P \wedge Q) \vee (\neg P \vee (\neg P \vee Q)) \quad \text{(联结词化归)(1.6.5)}\\
&\Leftrightarrow (P \wedge Q) \vee (\neg P \vee Q) \quad \text{(结合律、等幂律)}\\
&\Leftrightarrow (P \vee \neg P \vee Q) \wedge (Q \vee \neg P \vee Q) \quad \text{(分配律)}\\
&\Leftrightarrow T \wedge (\neg P \vee Q) \quad \text{(补余律、等幂律)}\\
&\Leftrightarrow \neg P \vee Q \quad \text{(同一律)}
\end{aligned}
$$

(2) 由式(1.6.5)可知

$$(P \wedge Q) \vee (\neg P \vee (\neg P \vee Q)) \Leftrightarrow (\neg P \vee Q)$$

再由对偶定理,知 $(P \vee Q) \wedge (\neg P \wedge (\neg P \wedge Q)) \Leftrightarrow (\neg P \wedge Q)$ 成立。

习题 1.6

写出下列公式的对偶式。

① $\neg(\neg P \vee \neg Q) \vee \neg(\neg P \vee Q) \leftrightarrow P$。

② $(P \vee \neg Q) \wedge (P \vee Q) \wedge (T \wedge \neg Q)$。

③ $((P \rightarrow Q) \wedge \neg R) \vee T$。

1.7   其他联结词

在 1.1 节中已经定义了 6 个联结词,即 $\neg$,$\wedge$,$\vee$,$\overline{\vee}$,$\rightarrow$,$\leftrightarrow$。本节首先讨论这 6 个联结词是否都是必需的,即这 6 个联结词是否有冗余呢?由此将给出联结词功能完备集的概念,

然后再给出另外两个逻辑联结词的定义。

> **定义 1.7.1** 设有一个联结词集合 A,如果:
> (ⅰ) 用含于 A 中的联结词的等价式能够表达任何公式;
> (ⅱ) 删除 A 中的任何一个联结词,得到联结词集合 A',至少有一个公式不可能用仅含于 A' 中的联结词的等价式表达出来;
> 则集合 A 叫作**联结词功能完备集**(functionally complete sets of connectives),简称**功能完备集**。

显然,功能完备集不包含任何冗余的联结词。为了寻求功能完备集,试考查下列等价式。

(1) $P \overline{\vee} Q \Leftrightarrow \neg(P \leftrightarrow Q)$。

(2) $P \rightarrow Q \Leftrightarrow \neg P \vee Q$。

(3) $P \leftrightarrow Q \Leftrightarrow (P \rightarrow Q) \wedge (Q \rightarrow P)$。

(4) $P \wedge Q \Leftrightarrow \neg(\neg P \vee \neg Q)$。

(5) $P \vee Q \Leftrightarrow \neg(\neg P \wedge \neg Q)$。

不难看出,可利用等价式(1)取代含有 $\overline{\vee}$ 的子公式;可利用等价式(2)取代含有 $\rightarrow$ 的子公式;可利用等价式(3)取代含有 $\leftrightarrow$ 的子公式。因此,在公式中可以消除联结词 $\overline{\vee}$、$\leftrightarrow$、$\rightarrow$,也就是说,它们是冗余的联结词。

等价式(4)和等价式(5)表明,可以用联结词 $\neg$ 和 $\vee$ 消除含有 $\wedge$ 的子公式,或用 $\neg$ 和 $\wedge$ 消除含有 $\vee$ 的子公式。这意味着联结词集合 $\{\neg, \vee\}$ 和 $\{\neg, \wedge\}$ 都是功能完备集。但是,$\{\wedge, \vee\}$ 和 $\{\neg\}$ 不是功能完备集,因为永真式是一个命题公式,它不能只用含 $\neg$ 或只含 $\wedge$、$\vee$ 的等价式表达。现在的问题是能否存在只含有一个联结词的功能完备集呢? 从上面讨论可知,前面定义的 6 个联结词中,任意一个均不能构成功能完备集。为此,再来定义两个新的联结词,即"与非"和"或非"。

> **定义 1.7.2** 由公式 P 和 Q 产生的新公式 $P \uparrow Q$ 称为 P 和 Q 的**与非**(not and);由公式 P 和 Q 产生的新公式 $P \downarrow Q$ 称为 P 和 Q 的**或非**(not or)。它们的真值表分别如表 1.7.1 和表 1.7.2 所示。

表 1.7.1 "↑"的真值表

P	Q	$P \uparrow Q$
0	0	1
0	1	1
1	0	1
1	1	0

表 1.7.2 "↓"的真值表

P	Q	$P \downarrow Q$
0	0	1
0	1	0
1	0	0
1	1	0

显然,有 $P \uparrow Q \Leftrightarrow \neg(P \wedge Q)$,$P \downarrow Q \Leftrightarrow \neg(P \vee Q)$。此外,还可以得到"↑"和"↓"的最基本等价式如下。

(1) $P \uparrow P \Leftrightarrow \neg(P \wedge P) \Leftrightarrow \neg P$。

(2) $(P \uparrow Q) \uparrow (P \uparrow Q) \Leftrightarrow \neg(P \uparrow Q) \Leftrightarrow P \wedge Q$。

(3) $(P \uparrow P) \uparrow (Q \uparrow Q) \Leftrightarrow \neg P \uparrow \neg Q \Leftrightarrow \neg(\neg P \wedge \neg Q) \Leftrightarrow P \vee Q$。

(4) $P \downarrow P \Leftrightarrow \neg(P \vee P) \Leftrightarrow \neg P$。

(5) $(P \downarrow Q) \downarrow (P \downarrow Q) \Leftrightarrow \neg(P \downarrow Q) \Leftrightarrow P \vee Q$。

(6) $(P \downarrow P) \downarrow (Q \downarrow Q) \Leftrightarrow \neg P \downarrow \neg Q \Leftrightarrow \neg(\neg P \vee \neg Q) \Leftrightarrow P \wedge Q$。

由上面等价式不难看出,可以用单独的"↑"或单独的"↓"来表示¬、∧、∨。利用这些基本等价式不难推出其他的等价式。又因为联结词集合{¬,∧}和{¬,∨}都是功能完备集,因而集合{↑}和{↓}也都是功能完备集。因为单独的一个运算符"与非"或"或非"是功能完备的,所以称{↑}和{↓}是最小功能完备集,简称最小集。

至此,已经介绍8个逻辑联结词,即 ¬、∧、∨、$\bar{\vee}$、↑、↓、→、↔,其中,前6个联结词在逻辑电路中分别对应"非门"、"与门"、"或门"、"异或门"、"与非门"和"或非门"。因此,寻求最小逻辑联结词组不仅是理论上的需要,而且更重要的是工程设计与实践的需要。例如,设计电路时,就希望用较少的电子元件,既能达到目的,又能在经济上获得更高的效益。在计算机的逻辑设计中,经常使用联结词"与非"和"或非"。

【例 1.7.1】 写出下列公式的等价公式,其中仅包含联结词"¬、∧"或"¬、∨",

$$\neg(P \leftrightarrow (Q \to (R \vee P)))$$

解 $\neg(P \leftrightarrow (Q \to (R \vee P)))$

$\Leftrightarrow \neg(P \leftrightarrow (\neg Q \vee R \vee P))$ （联结词化归）

$\Leftrightarrow \neg((P \to (\neg Q \vee R \vee P)) \wedge ((\neg Q \vee R \vee P) \to P))$ （联结词化归）

$\Leftrightarrow \neg((\neg P \vee (\neg Q \vee R \vee P)) \wedge (\neg(\neg Q \vee R \vee P) \vee P))$ （联结词化归）

$\Leftrightarrow \neg(T \wedge ((Q \wedge \neg R \wedge \neg P) \vee P))$ （补余律、德·摩根律）

$\Leftrightarrow \neg((Q \wedge \neg R \wedge \neg P) \vee P)$ （同一律）

$\Leftrightarrow \neg((Q \vee P) \wedge (\neg R \vee P) \wedge (\neg P \vee P))$ （分配律）

$\Leftrightarrow \neg((Q \vee P) \wedge (\neg R \vee P) \wedge T)$ （补余律）

$\Leftrightarrow \neg((Q \vee P) \wedge (\neg R \vee P))$ （同一律）

$\Leftrightarrow \neg((Q \wedge \neg R) \vee P)$ （分配律）

$\Leftrightarrow \neg(Q \wedge \neg R) \wedge \neg P$ （德·摩根律）

或$\Leftrightarrow (\neg Q \vee R) \wedge \neg P$ （德·摩根律）

$\Leftrightarrow \neg(\neg(\neg Q \vee R) \vee P)$ （德·摩根律）

【例 1.7.2】 试证明:(1) $\neg(P \uparrow Q) \Leftrightarrow \neg P \downarrow \neg Q$;

(2) $\neg(P \downarrow Q) \Leftrightarrow \neg P \uparrow \neg Q$。

证 (1) $\neg(P \uparrow Q) \Leftrightarrow \neg(\neg(P \wedge Q)) \Leftrightarrow \neg(\neg P \vee \neg Q) \Leftrightarrow \neg P \downarrow \neg Q$。

(2) $\neg(P \downarrow Q) \Leftrightarrow \neg(\neg(P \vee Q)) \Leftrightarrow \neg(\neg P \wedge \neg Q) \Leftrightarrow \neg P \uparrow \neg Q$。

显然,联结词"↑"和"↓"都服从德·摩根律。

习题 1.7

(1) 把下列公式用只含∨和¬的等价式表达,并要尽可能简单。

① $(P \wedge Q) \wedge \neg P$。

② $(P \to (Q \vee \neg R)) \wedge \neg P \wedge Q$。

③ $\neg P \wedge \neg Q \wedge (\neg R \to P)$。

（2）把公式 $P→(¬P→Q)$ 分别表示成仅含"↑"和"↓"的等价公式。

（3）把 $P↑Q$ 表示为仅含有"↓"的等价公式。

1.8　范式与范式判定问题

前面曾讲到在有限步骤内判定一个合式公式是永真式、永假式或是可满足式的问题。对此类问题可用真值表方法解决。但是，当公式中包含的原子命题变元（以后简称命题变元）的数目较多时，使用真值表就显得十分不便，因此必须通过其他途径来解决判定问题——这就是把公式化为标准型（范式）。

定义 1.8.1　若干个命题变元或命题变元的否定的合取称为**简单合取式**（conjunctive clauses）；若干个命题变元或命题变元的否定的析取称为**简单析取式**（disjunctive clauses）。

例如，对于任何两个命题变元 P 和 Q 来说，下列公式是简单合取式：
$$P, ¬P ∧ Q, Q ∧ ¬P, P ∧ ¬P, ¬Q ∧ P ∧ ¬P$$
下列公式是简单析取式：
$$P, ¬P ∨ Q, Q ∨ ¬P, P ∨ ¬P, ¬Q ∨ P ∨ ¬P$$

在简单合取式（简单析取式）A 中，如果其任意子公式 A' 都是简单合取式（简单析取式），则称 A' 是 A 的因子。例如，$¬Q, P ∧ ¬P$ 和 $¬Q ∧ P$ 都是 $¬Q ∧ P ∧ ¬P$ 的因子。

需要注意的是，单个命题变元或命题变元的否定既是简单合取式，也是简单析取式。

定理 1.8.1　一个简单合取式是永假式的充分必要条件是它至少包含一对因子，其中一个因子是另一个因子的否定。

证　（充分性）对任何命题变元 P 来说，$P ∧ ¬P$ 是一个永假式。因此，在简单合取式中如果有 $P ∧ ¬P$ 形式的因子，则此简单合取式也必定是个永假式。

（必要性）利用反证法。假设一个简单合取式是永假式，但不含 $P ∧ ¬P$ 形式的因子，若只含命题变元 P，则对其指派真值 T；若只含命题变元的否定 $¬P$，则对 P 指派真值 F，此时对其他命题变元适当指派真值可使该简单合取式具有真值 T，这与永假式的假设矛盾，得证。　■

定理 1.8.2　一个简单析取式是永真式的充分必要条件是它至少包含一对因子，其中一个因子是另一个因子的否定。

证明方法与定理 1.8.1 的证明类似，请读者自行证明。

定义 1.8.2　一个由简单合取式的析取组成的公式，如果和给定公式 A 等价，则把它叫作公式 A 的**析取范式**（disjunctive normal form），记为 $A⇔A_1 ∨ A_2 ∨ ⋯ ∨ A_n, n≥1$。这里 $A_1, A_2, ⋯, A_n$ 均是简单合取式。

任一公式都可化为与之等价的析取范式，其一般思路如下。

（1）利用基本等价式将公式中的所有联结词化为 $∧, ∨, ¬$。

（2）利用德·摩根律将否定符号深入至命题变元之前。

（3）利用"$∧$"对"$∨$"和"$∨$"对"$∧$"的分配律将公式化为析取范式。

下面以具体例子来说明上述过程。

【例 1.8.1】 求下列公式的析取范式。

(1) $P \wedge (P \to Q)$。

(2) $P \leftrightarrow (P \wedge Q)$。

解 (1) $P \wedge (P \to Q) \Leftrightarrow P \wedge (\neg P \vee Q)$ (联结词化归)

$\Leftrightarrow (P \wedge \neg P) \vee (P \wedge Q)$ (析取范式,分配律)

$\Leftrightarrow F \vee (P \wedge Q)$ (补余律)

$\Leftrightarrow P \wedge Q$ (析取范式,同一律)

(2) $P \leftrightarrow (P \wedge Q) \Leftrightarrow (P \wedge (P \wedge Q)) \vee (\neg P \wedge \neg(P \wedge Q))$ (联结词化归)

$\Leftrightarrow (P \wedge Q) \vee (\neg P \wedge (\neg P \vee \neg Q))$ (等幂律、德·摩根律)

$\Leftrightarrow (P \wedge Q) \vee (\neg P \wedge \neg P) \vee (\neg P \wedge \neg Q)$ (分配律)

$\Leftrightarrow (P \wedge Q) \vee \neg P \vee (\neg P \wedge \neg Q)$ (等幂律)

由(1)可知,$(P \wedge \neg P) \vee (P \wedge Q)$是$P \wedge (P \to Q)$的析取范式,其中包含$P \wedge \neg P$和$P \wedge Q$这两个简单合取式;$P \wedge Q$也是$P \wedge (P \to Q)$的析取范式,其中只包含$P \wedge Q$这一简单合取式。由此可见,一个公式的析取范式不是唯一的。然而,同一个公式的析取范式是等价的。如果析取范式中每个简单合取式都是永假式,则该公式必是永假式。

> **定义 1.8.3** 一个由简单析取式的合取组成的公式,如果与给定公式 A 等价,则把它叫作公式 A 的**合取范式**(conjunctive normal form),记作 $A \Leftrightarrow A_1 \wedge A_2 \wedge \cdots \wedge A_n, n \geqslant 1$,其中 $A_1, A_2, \cdots, A_n$ 均是简单析取式。

同析取范式一样,任一公式也都可化为与之等价的合取范式,其一般思路也完全类似。

【例 1.8.2】 求公式$\neg(P \vee Q) \leftrightarrow (P \wedge Q)$的合取范式。

解 (方法 1)

$\neg(P \vee Q) \leftrightarrow (P \wedge Q) \Leftrightarrow (\neg P \wedge \neg Q) \leftrightarrow (P \wedge Q)$ (德·摩根律)

$\Leftrightarrow (\neg P \wedge \neg Q \wedge P \wedge Q) \vee (\neg(\neg P \wedge \neg Q) \wedge \neg(P \wedge Q))$ (联结词化归)

$\Leftrightarrow F \vee ((P \vee Q) \wedge (\neg P \vee \neg Q))$ (补余律、德·摩根律)

$\Leftrightarrow (P \vee Q) \wedge (\neg P \vee \neg Q)$ (同一律)

(方法 2)令$A \Leftrightarrow \neg(P \vee Q) \leftrightarrow (P \wedge Q)$,则

$\neg A \Leftrightarrow \neg(\neg(P \vee Q) \leftrightarrow (P \wedge Q))$

$\Leftrightarrow \neg((\neg(P \vee Q) \wedge (P \wedge Q)) \vee (\neg(\neg(P \vee Q)) \wedge \neg(P \wedge Q)))$ (联结词化归)

$\Leftrightarrow \neg((\neg P \wedge \neg Q \wedge P \wedge Q) \vee ((P \vee Q) \wedge \neg(P \wedge Q)))$ (否定深入)

$\Leftrightarrow \neg((P \vee Q) \wedge \neg(P \wedge Q))$ (补余律、同一律)

$\Leftrightarrow \neg(P \vee Q) \vee (P \wedge Q)$ (否定深入)

$\Leftrightarrow (\neg P \wedge \neg Q) \vee (P \wedge Q)$ (否定深入)

所以,$A \Leftrightarrow \neg(\neg A) \Leftrightarrow (P \vee Q) \wedge (\neg P \vee \neg Q)$。   (否定深入)

显然,同析取范式一样,一个公式的合取范式也不是唯一的。如果一个公式的合取范式的每个简单合取式都是永真式,则该式也必定是个永真式。

【例 1.8.3】 判别公式$\neg(P \vee R) \vee \neg(Q \wedge \neg R) \vee P$的类型。

解 先求该公式的析取范式,即

$$\neg(P \lor R) \lor \neg(Q \land \neg R) \lor P \Leftrightarrow (\neg P \land \neg R) \lor (\neg Q \lor R) \lor P \quad \text{(德·摩根律)}$$
$$\Leftrightarrow (\neg P \land \neg R) \lor \neg Q \lor R \lor P \quad \text{(结合律)}$$

该公式的析取范式共有 4 项简单合取式,每个简单合取式都不是永假式,故原公式不是永假式。

再求该公式的合取范式,即

$$\neg(P \lor R) \lor \neg(Q \land \neg R) \lor P \Leftrightarrow (\neg P \land \neg R) \lor \neg Q \lor R \lor P \quad \text{(德·摩根律)}$$
$$\Leftrightarrow (\neg P \lor \neg Q \lor R \lor P) \land (\neg R \lor \neg Q \lor R \lor P) \quad \text{(分配律)}$$

该公式的合取范式共有两个简单析取式,每个简单析取式都是永真式,故原公式为永真式。

【例 1.8.4】 判别公式 $(P \rightarrow Q) \rightarrow P$ 的类型。

解 先求它的析取范式和合取范式,即

$$(P \rightarrow Q) \rightarrow P \Leftrightarrow (\neg P \lor Q) \rightarrow P \quad \text{(联结词化归)}$$
$$\Leftrightarrow \neg(\neg P \lor Q) \lor P \quad \text{(联结词化归)}$$
$$\Leftrightarrow (P \land \neg Q) \lor P \quad \text{(析取范式,否定深入)}$$
$$\Leftrightarrow (P \lor P) \land (\neg Q \lor P) \quad \text{(合取范式,分配律)}$$

从该公式的析取范式知,每个简单合取式都不是永假式,所以该公式不是永假式;再由该公式的合取范式知,每个简单析取式都不是永真式,所以该公式也不是永真式,因此该公式是可满足式。

利用公式的范式(析取范式和合取范式)虽然可较容易地判定给定公式的类型,但是要判定两个公式的等价性就有一定的困难了,其原因是一个给定公式的范式不唯一。为此,下面进一步介绍主析取范式和主合取范式的概念。

> **定义 1.8.4** 在含有 n 个命题变元的简单合取式中,若每个变元和其否定不同时存在,而二者之一必出现且仅出现一次,则称这种简单合取式为**极小项**(minterm)。

n 个命题变元可构成 2^n 个不同的极小项。例如,3 个命题变元 P, Q, R 可构成 8 个极小项。把命题变元看成 1,命题变元的否定看成 0,并将每个极小项中的命题变元按同样次序排列,则每个极小项对应一个二进制数,也对应一个十进制数,把极小项对应的十进制数当作下标,并用 $m_i (i = 0, 1, \cdots, 7)$ 表示这一极小项,对应关系如表 1.8.1 所示。

表 1.8.1 含有 3 个命题变元的所有极小项对应表

极 小 项	二 进 制	十 进 制	m_i
$\neg P \land \neg Q \land \neg R$	000	0	m_0
$\neg P \land \neg Q \land R$	001	1	m_1
$\neg P \land Q \land \neg R$	010	2	m_2
$\neg P \land Q \land R$	011	3	m_3
$P \land \neg Q \land \neg R$	100	4	m_4
$P \land \neg Q \land R$	101	5	m_5
$P \land Q \land \neg R$	110	6	m_6
$P \land Q \land R$	111	7	m_7

$\neg P \land R$ 不是极小项,因为根据极小项的定义,命题公式中的所有变元在极小项中必出

现且仅出现一次,要么以命题变元本身出现,要么以命题变元的否定出现。而 $\neg P \wedge R$ 中命题变元 Q 没有以 Q 或 $\neg Q$ 出现。

同样,$Q \wedge \neg Q \wedge \neg R$ 也不是极小项,因为命题变元 Q 既以本身的形式出现,又以其否定 $\neg Q$ 的形式出现了,所以也不符合极小项的定义。

一般地,n 个命题变元具有 2^n 个极小项,并用 $m_i (i=0,1,\cdots,2^n-1)$ 表示,即

$$\neg P_1 \wedge \neg P_2 \wedge \cdots \wedge \neg P_n \Leftrightarrow m_0$$
$$\neg P_1 \wedge \neg P_2 \wedge \cdots \wedge P_n \Leftrightarrow m_1$$
$$\vdots$$
$$P_1 \wedge P_2 \wedge \cdots \wedge P_n \Leftrightarrow m_{2^n-1}$$

定义 1.8.5 一个由极小项的析取组成的公式,如果与公式 A 等价,则称它是 A 的主析取范式(major disjunctive normal form)。

任一公式都可化为与之等价的主析取范式,其一般思路如下。

(1) 先将给定公式化为析取范式。

(2) 除去析取范式中所有恒为假的简单合取式,即出现因子 $P \wedge \neg P$ 形式的简单合取式。

(3) 若一简单合取式中,同一命题变元出现多次,则可用等幂律将其化简成只出现一次的形式,如 $P \wedge P \Leftrightarrow P$ 或 $\neg P \wedge \neg P \Leftrightarrow \neg P$。

(4) 简单合取式中若不是所有命题变元均出现,则用同一律补进缺少的命题变元。例如,缺少变元 Q,则 $P \Leftrightarrow P \wedge T \Leftrightarrow P \wedge (Q \vee \neg Q) \Leftrightarrow (P \wedge Q) \vee (P \wedge \neg Q)$,并利用分配律将其展开成数个简单合取式,再除去相同的简单合取式,使每个简单合取式均化为相应的极小项。

(5) 每个极小项中的命题变元均按同一次序排列,并用 m_i 的形式表示之,即可求得相应的主析取范式。

显然,用上述方法求得的主析取范式的形式是唯一的,它给判定公式的类型带来了方便。

【例 1.8.5】 求公式 $(P \wedge Q) \vee R$ 的主析取范式。

解 令 $A \Leftrightarrow (P \wedge Q) \vee R$

$\Leftrightarrow ((P \wedge Q) \wedge (R \vee \neg R)) \vee (R \wedge (P \vee \neg P))$ (同一律)

$\Leftrightarrow (P \wedge Q \wedge R) \vee (P \wedge Q \wedge \neg R) \vee (R \wedge P) \vee (R \wedge \neg P)$ (分配律)

$\Leftrightarrow (P \wedge Q \wedge P) \vee (P \wedge Q \wedge \neg R) \vee (R \wedge P \wedge (Q \vee \neg Q))$

    $\vee (R \wedge \neg P \wedge (Q \vee \neg Q))$ (同一律)

$\Leftrightarrow (P \wedge Q \wedge R) \vee (P \wedge Q \wedge \neg R) \vee (R \wedge P \wedge Q)$

    $\vee (R \wedge P \wedge \neg Q) \vee (R \wedge \neg P \wedge Q) \vee (R \wedge \neg P \wedge \neg Q)$ (分配律)

$\Leftrightarrow (P \wedge Q \wedge R) \vee (P \wedge Q \wedge \neg R) \vee (P \wedge \neg Q \wedge R)$

    $\vee (\neg P \wedge Q \wedge R) \vee (\neg P \wedge \neg Q \wedge R)$ (交换律、等幂律)

$\Leftrightarrow m_{111} \vee m_{110} \vee m_{101} \vee m_{011} \vee m_{001}$

$\Leftrightarrow m_7 \vee m_6 \vee m_5 \vee m_3 \vee m_1$

$\Leftrightarrow \sum(1,3,5,6,7)$

其中符号"$\sum$"代表析取,即表示数字对应的极小项的析取。

由前面讨论可知,公式 A 中含 3 个命题变元,应具有 8 个极小项,但是在该公式的主析取范式中只出现 5 个极小项。这是什么原因呢?下面通过研究公式 $A \Leftrightarrow (P \wedge Q) \vee R$ 的真值表来获得答案。

【例 1.8.6】 列出公式 $(P \wedge Q) \vee R$ 的真值表,并写出对应的极小项。

解 真值表如表 1.8.2 所示。

表 1.8.2 公式 $(P \wedge Q) \vee R$ 的真值表及对应的极小项

P	Q	R	极 小 项	m_i	$(P \wedge Q) \vee R$
0	0	0	$\neg P \wedge \neg Q \wedge \neg R$	m_0	0
0	0	1	$\neg P \wedge \neg Q \wedge R$	m_1	1
0	1	0	$\neg P \wedge Q \wedge \neg R$	m_2	0
0	1	1	$\neg P \wedge Q \wedge R$	m_3	1
1	0	0	$P \wedge \neg Q \wedge \neg R$	m_4	0
1	0	1	$P \wedge \neg Q \wedge R$	m_5	1
1	1	0	$P \wedge Q \wedge \neg R$	m_6	1
1	1	1	$P \wedge Q \wedge R$	m_7	1

显然,公式 $(P \wedge Q) \vee R$ 有 5 组真值指派使其取值为 T,把这 5 组真值指派所对应的极小项 m_1, m_3, m_5, m_6, m_7 析取起来,正是公式 $(P \wedge Q) \vee R$ 的主析取范式,即 $(P \wedge Q) \vee R \Leftrightarrow \sum (m_1, m_3, m_5, m_6, m_7)$。这个结果并不是偶然的。

n 个命题变元的任一极小项(共有 2^n 个极小项)必存在且仅存在一组成真指派,该成真指派可以这样得到:对每一命题变元 P,若 P 出现于极小项中,则对此命题变元 P 指派为"1";若其否定 $\neg P$ 出现于极小项中,则对此命题变元 P 指派为"0"。由此而构成一组真值指派,必使对应的极小项取值为"1",并且除此之外的所有其他真值指派必使该极小项的真值为"0"。

可见,任意两个不同的极小项的成真指派是不同的,因而极小项之间都是彼此不等价的;极小项与使其为真的指派之间建立了一一对应的关系。因此,可以利用极小项这一性质,用真值表来求公式的主析取范式。

定理 1.8.3 在真值表中,一个公式的所有成真指派所对应的极小项的析取,即为此公式的主析取范式。

证 设给定公式为 A,其所有成真指派所对应的极小项分别为 $m_1', m_2', \cdots, m_k'$,这些极小项的析取记为 B,即 $B \Leftrightarrow m_1' \vee m_2' \vee \cdots \vee m_k'$,本定理就是要证明 $A \Leftrightarrow B$,即证明 A 与 B 在相应的真值指派下具有相同的真值。

首先,证明公式 A 的成真指派也是 B 的成真指派。对公式 A 的任一成真指派,设其对应的极小项为 m_i'。因为 m_i' 的真值为"1",而同一组真值指派会使得其余极小项 $m_1', m_2', \cdots, m_{i-1}', m_{i+1}', \cdots, m_k'$ 均为"0"。所以,对 A 的该成真指派,A 所有极小项的析取真值为

$$B \Leftrightarrow m_1' \vee m_2' \vee \cdots \vee m_{i-1}' \vee m_i' \vee m_{i+1}' \vee \cdots \vee m_k'$$
$$\Leftrightarrow 0 \vee 0 \vee \cdots \vee 0 \vee 1 \vee 0 \vee \cdots \vee 0 \Leftrightarrow 1$$

即 A 的成真指派也为 B 的成真指派。

其次,证明公式 A 的成假指派也是 B 的成假指派。对公式 A 的任一成假指派,其对应

的极小项不包含在 B 中,即同一组真值指派会使得 $m_1',m_2',\cdots,m_k'$ 均为"0"。所以,所有极小项析取的真值为

$$B \Leftrightarrow m_1' \vee m_2' \vee \cdots \vee m_k' \Leftrightarrow 0 \vee 0 \vee \cdots \vee 0 \Leftrightarrow 0$$

即 A 的成假指派也为 B 的成假指派。

综上可知,对任何真值指派,公式 A 和 B 逻辑等值,即 $A \Leftrightarrow B$,从而定理得证。■

【例 1.8.7】 设公式 A 的真值表如表 1.8.3 所示,试写出公式 A 的主析取范式。

表 1.8.3 公式 A 的真值表

P	Q	R	A	P	Q	R	A
0	0	0	1	1	0	0	1
0	0	1	0	1	0	1	0
0	1	0	0	1	1	0	0
0	1	1	0	1	1	1	1

解 公式 A 的主析取范式为

$$A \Leftrightarrow (\neg P \wedge \neg Q \wedge \neg R) \vee (P \wedge \neg Q \wedge \neg R) \vee (P \wedge Q \wedge R)$$
$$\Leftrightarrow m_{000} \vee m_{100} \vee m_{111}$$
$$\Leftrightarrow m_0 \vee m_4 \vee m_7$$
$$\Leftrightarrow \sum(0,4,7)$$

由以上讨论过程可得以下结果。

(1) 构造一个公式的主析取范式有两种方法:一是利用基本等价公式推导;二是由公式的真值表得出。

(2) 公式类型与主析取范式的特点之间的关系如下。

① 如果一个公式是永假式,则该公式不存在主析取范式。

② 如果一个公式是永真式,则它的所有极小项均出现于该公式的主析取范式中。

③ 如果一个公式是可满足式,则至少它的一个极小项出现于该公式的主析取范式中。

定义 1.8.6 在含有 n 个命题变元的简单析取式中,若每个变元和其否定不同时存在,而二者之一必出现且仅出现一次,则称这种简单析取式为**极大项**(maxterm)。

n 个命题变元可构成 2^n 个不同的极大项,如 3 个命题变元 P,Q,R 可构成 8 个极大项。把命题变元看成 0,命题变元的否定看成 1,并将每个极大项中的命题变元按同样次序排列,则每个极大项对应一个二进制数,也对应一个十进制数,对应关系如表 1.8.4 所示。

表 1.8.4 含有 3 个命题变元的所有极大项对应表

极 大 项	二 进 制	十 进 制	M_i
$P \vee Q \vee R$	000	0	M_0
$P \vee Q \vee \neg R$	001	1	M_1
$P \vee \neg Q \vee R$	010	2	M_2
$P \vee \neg Q \vee \neg R$	011	3	M_3
$\neg P \vee Q \vee R$	100	4	M_4
$\neg P \vee Q \vee \neg R$	101	5	M_5
$\neg P \vee \neg Q \vee R$	110	6	M_6
$\neg P \vee \neg Q \vee \neg R$	111	7	M_7

$\neg Q \lor R$ 不是极大项,因为根据极大项的定义,命题公式中的所有变元在极大项中必出现且仅出现一次,要么以命题变元本身出现,要么以命题变元的否定出现。而 $\neg Q \lor R$ 中命题变元 P 没有以 P 或 $\neg P$ 出现。

同样,$Q \lor \neg Q \lor \neg R$ 也不是极大项,因为命题变元 Q 既以本身的形式出现,又以否定 $\neg Q$ 的形式出现了,所以也不符合极大项的定义。

一般地,n 个命题变元具有 2^n 个极大项,并用 M_i($i=1,2,\cdots,2^n-1$)表示,即

$$P_1 \lor P_2 \lor \cdots \lor P_n \Leftrightarrow M_0$$
$$P_1 \lor P_2 \lor \cdots \lor \neg P_n \Leftrightarrow M_1$$
$$\vdots$$
$$\neg P_1 \lor \neg P_2 \lor \cdots \lor \neg P_n \Leftrightarrow M_{2^n-1}$$

定义 1.8.7 一个由极大项的合取组成的公式,如果与公式 A 等价,则称它是 A 的主合取范式(major conjunctive normal form)。

任一公式都可化为与之等价的主合取范式,其一般思路如下。

(1) 将给定公式化为合取范式。

(2) 除去合取范式中所有恒为真的简单析取式,即出现有因子 $P \lor \neg P$ 形式的简单析取式。

(3) 若一简单析取式中,同一命题变元出现多次,则可以使用等幂律将其化简为只出现一次,如 $P \lor P \Leftrightarrow P$,$\neg P \lor \neg P \Leftrightarrow \neg P$。

(4) 简单析取式中若不是所有命题变元均出现,则利用同一律将缺少的变元添加进来如缺少变元 Q,则 $P \Leftrightarrow P \lor F \Leftrightarrow P \lor (Q \land \neg Q) \Leftrightarrow (P \lor Q) \land (P \lor \neg Q)$,并利用分配律将其展开成数个简单析取式,再除去相同的简单析取式,使每个简单析取式均化为相应的极大项。

(5) 每个极大项中的命题变元均按同一次序排列,并化为 M_i 的形式。

主合取范式采用上述表示法后,其形式也是唯一的。

【例 1.8.8】 求公式 $(P \land Q) \lor R$ 的主合取范式。

解 令 $A \Leftrightarrow (P \land Q) \lor R$

$\Leftrightarrow (P \lor R) \land (Q \lor R)$ （分配律）

$\Leftrightarrow ((P \lor R) \lor (Q \land \neg Q)) \land ((Q \lor R) \lor (P \land \neg P))$ （同一律）

$\Leftrightarrow (P \lor R \lor Q) \land (P \lor R \lor \neg Q) \land (Q \lor R \lor P) \land (Q \lor R \lor \neg P)$ （分配律）

$\Leftrightarrow (P \lor Q \lor R) \land (P \lor \neg Q \lor R) \land (\neg P \lor Q \lor R)$ （交换律、等幂律）

$\Leftrightarrow M_{000} \land M_{010} \land M_{100}$

$\Leftrightarrow M_0 \land M_2 \land M_4$

$\Leftrightarrow \prod (0,2,4)$

其中符号"$\prod$"代表合取,即表示数字对应的极大项的合取。

下面来考查公式 $(P \land Q) \lor R$ 的真值表,如表 1.8.5 所示。

显然,公式 $(P \land Q) \lor R$ 有 3 组成假指派,把它们所对应的极大项 M_0,M_2,M_4 合取起来,正是公式 $(P \land Q) \lor R$ 的主合取范式,即 $(P \land Q) \lor R \Leftrightarrow \prod (M_0, M_2, M_4)$,这个结果也不是偶然的。

表 1.8.5　公式 $(P \land Q) \lor R$ 的真值表及对应的极大项

P	Q	R	极　大　项	M_i	$(P \land Q) \lor R$
0	0	0	$P \lor Q \lor R$	M_0	0
0	0	1	$P \lor Q \lor \neg R$	M_1	1
0	1	0	$P \lor \neg Q \lor R$	M_2	0
0	1	1	$P \lor \neg Q \lor \neg R$	M_3	1
1	0	0	$\neg P \lor Q \lor R$	M_4	0
1	0	1	$\neg P \lor Q \lor \neg R$	M_5	1
1	1	0	$\neg P \lor \neg Q \lor R$	M_6	0
1	1	1	$\neg P \lor \neg Q \lor \neg R$	M_7	1

　　n 个命题变元的任一给定的极大项必存在且仅存在一组成假指派,该成假指派可以这样得到:对每一命题变元 P,若 P 出现于极大项中,则对此命题变元 P 指派为"0";若其否定 $\neg P$ 出现于极大项中,则对此命题变元 P 指派为"1"。由此而构成一组真值指派,必使对应的极大项取值为"0",并且除此之外的所有其他真值指派必使该极大项的真值为"1"。

　　可见,各极大项之间彼此也是不等价的;极大项和其成假指派之间建立了一一对应关系。因此,也可以利用极大项这一性质,用真值表来求公式的主合取范式。

定理 1.8.4　在真值表中,一个公式的所有成假指派所对应的极大项的合取,即为此公式的主合取范式。

　　此证明完全类似于定理 1.8.3,留给读者练习。

　　【例 1.8.9】　设公式 A 的真值表如表 1.8.6 所示,试求公式 A 的主合取范式。

表 1.8.6　公式 A 的真值表

P	Q	R	A	P	Q	R	A
0	0	0	1	1	0	0	1
0	0	1	0	1	0	1	0
0	1	0	0	1	1	0	0
0	1	1	0	1	1	1	1

　　解　公式 A 的主合取范式为

$$A \Leftrightarrow (P \lor Q \lor \neg R) \land (P \lor \neg Q \lor R) \land (P \lor \neg Q \lor \neg R) \land$$
$$(\neg P \lor Q \lor \neg R) \land (\neg P \lor \neg Q \lor R)$$
$$\Leftrightarrow M_{001} \land M_{010} \land M_{011} \land M_{101} \land M_{110}$$
$$\Leftrightarrow \prod (M_1, M_2, M_3, M_5, M_6)$$
$$\Leftrightarrow \prod (1, 2, 3, 5, 6)$$

　　由以上讨论过程可以得到以下几点。

　　(1) 构造一个公式的主合取范式有两种方法:一是利用基本等价公式推导;二是由公式的真值表得出。

　　(2) 公式类型与主合取范式的特点之间的关系如下。

　　① 如果一个公式是永真式,则该公式不存在主合取范式。

　　② 如果一个公式是永假式,则它的所有极大项均出现于该公式的主合取范式中。

③ 如果一个公式是可满足式,则至少它的一个极大项不在该公式的主合取范式中。

综上所述可知,若一包含 n 个命题变元的公式既不是永真式也不是永假式,则该公式必存在主析取范式和主合取范式,并且主析取范式中极小项的个数与其主合取范式中极大项的个数之和等于 2^n。两个公式等价的充分必要条件是它们的主范式(主析取范式或主合取范式)相同。

由于命题公式的主析取范式和主合取范式的唯一性,由此可以判定两个命题公式的等价性,也可以判断命题公式的类型。

(1) 若命题公式 G 和命题公式 H 的主析取范式或主合取范式相同,则 $G \Leftrightarrow H$。

(2) 若命题公式 G 的极小项在其主析取范式中全部出现,则该命题公式为永真式,且 G 无主合取范式。

(3) 若命题公式 G 的极大项在其主合取范式中全部出现,则该命题公式为永假式,且 G 无主析取范式。

(4) 若命题公式 G 的极小项在其主析取范式中至少出现一个,或 G 的极大项在其主合取范式中至少有一个不出现,则该命题公式为可满足式。

【例 1.8.10】 求出下列命题公式的主析取范式和主合取范式,并判断公式的类型。

(1) $(P \to (Q \to R)) \to ((P \to Q) \to (P \to R))$。

(2) $((P \land Q) \to P) \leftrightarrow (P \land \neg P)$。

(3) $(P \land Q) \leftrightarrow (P \lor Q)$。

解 (1) $(P \to (Q \to R)) \to ((P \to Q) \to (P \to R))$

$\Leftrightarrow (\neg P \lor \neg Q \lor R) \to (\neg(\neg P \lor Q) \lor (\neg P \lor R))$ （联结词化归）

$\Leftrightarrow \neg(\neg P \lor \neg Q \lor R) \lor ((P \land \neg Q) \lor (\neg P \lor R))$

（联结词化归、否定深入）

$\Leftrightarrow (P \land Q \land \neg R) \lor ((P \lor \neg P \lor R) \land (\neg Q \lor \neg P \lor R))$ （分配律）

$\Leftrightarrow (P \land Q \land \neg R) \lor (\neg P \lor \neg Q \lor R)$ （补余律、同一律）

$\Leftrightarrow (P \lor \neg P \lor \neg Q \lor R) \land (Q \lor \neg P \lor \neg Q \lor R)$

$\quad \land (\neg R \lor \neg P \lor \neg Q \lor R)$ （分配律）

$\Leftrightarrow T$ （永真式,交换律、补余律）

$\Leftrightarrow \sum(0,1,2,3,4,5,6,7)$

$\Leftrightarrow (\neg P \land \neg Q \land \neg R) \lor (\neg P \land \neg Q \land R) \lor (\neg P \land Q \land \neg R) \lor$

$\quad (\neg P \land Q \land R) \lor (P \land \neg Q \land \neg R) \lor (P \land \neg Q \land R) \lor$

$\quad (P \land Q \land \neg R) \lor (P \land Q \land R)$

该公式为永真式,没有主合取范式。

(2) $((P \land Q) \to P) \leftrightarrow (P \land \neg P)$

$\Leftrightarrow (\neg(P \land Q) \lor P) \leftrightarrow F$ （联结词化归、补余律）

$\Leftrightarrow (\neg P \lor \neg Q \lor P) \leftrightarrow F$ （德·摩根律）

$\Leftrightarrow T \leftrightarrow F$ （交换律、补余律、同一律）

$\Leftrightarrow F$ （永假式）

$\Leftrightarrow \prod(0,1,2,3)$

$\Leftrightarrow (P \lor Q) \land (P \lor \neg Q) \land (\neg P \lor Q) \land (\neg P \lor \neg Q)$

该公式为永假式,没有主析取范式。

(3) $(P \wedge Q) \leftrightarrow (P \vee Q)$

$$\Leftrightarrow ((P \wedge Q) \to (P \vee Q)) \wedge ((P \vee Q) \to (P \wedge Q)) \quad \text{(联结词化归)}$$
$$\Leftrightarrow (\neg(P \wedge Q) \vee (P \vee Q)) \wedge (\neg(P \vee Q) \vee (P \wedge Q)) \quad \text{(联结词化归)}$$
$$\Leftrightarrow (\neg P \vee \neg Q \vee P \vee Q) \wedge ((\neg P \wedge \neg Q) \vee (P \wedge Q)) \quad \text{(德·摩根律)}$$
$$\Leftrightarrow (\neg P \wedge \neg Q) \vee (P \wedge Q) \quad \text{(主析取范式,补余律、同一律)}$$
$$\Leftrightarrow m_0 \vee m_3$$
$$\Leftrightarrow \sum(0,3) \Leftrightarrow \prod(1,2)$$
$$\Leftrightarrow M_1 \wedge M_2$$
$$\Leftrightarrow (P \vee \neg Q) \wedge (\neg P \vee Q) \quad \text{(主合取范式)}$$

所以,$(P \wedge Q) \leftrightarrow (P \vee Q)$是可满足式。

下面研究一种求主范式的更简便方法以及极小项和极大项之间的关系。为此,将公式 $(P \wedge Q) \vee R$ 的真值表 1.8.2 和表 1.8.5 汇总于表 1.8.7。

表 1.8.7　公式 $(P \wedge Q) \vee R$ 的真值表及对应的极小项、极大项间的对应关系

P	Q	R	极小项 m_i	极大项 M_i	$(P \wedge Q) \vee R$
0	0	0		$P \vee Q \vee R(M_0)$	0
0	0	1	$\neg P \wedge \neg Q \wedge R(m_1)$		1
0	1	0		$P \vee \neg Q \vee R(M_2)$	0
0	1	1	$\neg P \wedge Q \wedge R(m_3)$		1
1	0	0		$\neg P \vee Q \vee R(M_4)$	0
1	0	1	$P \wedge \neg Q \wedge R(m_5)$		1
1	1	0	$P \wedge Q \wedge \neg R(m_6)$		1
1	1	1	$P \wedge Q \wedge R(m_7)$		1

通过分析表 1.8.7,可得以下结果。

(1) $(P \wedge Q) \vee R \Leftrightarrow \sum(1,3,5,6,7) \quad \text{(主析取范式)}$

$$\Leftrightarrow \prod(0,2,4) \quad \text{(主合取范式)}$$

这是因为含 n 个命题变元的公式,其主析取范式中含极小项的个数与其主合取范式中含极大项的个数之和恰好等于 2^n,且极小项和极大项下标中的 0 和 1 的约定恰好相反。由此可知,由公式的主析取范式(或主合取范式)可直接求得其主合取范式(或主析取范式)。

(2) 极小项与极大项之间有关系式:

$$\neg m_i \Leftrightarrow M_i, \quad \neg M_i \Leftrightarrow m_i$$

【例 1.8.11】　求公式 $(\neg P \to R) \wedge (Q \leftrightarrow P)$ 的主合取范式和主析取范式(用等价推导和真值表法两种方法)。

解　(方法 1)等价推导方法。

$(\neg P \to R) \wedge (Q \leftrightarrow P)$

$$\Leftrightarrow (P \vee R) \wedge ((P \to Q) \wedge (Q \to P)) \quad \text{(联结词化归)}$$
$$\Leftrightarrow (P \vee R) \wedge (\neg P \vee Q) \wedge (\neg Q \vee P) \quad \text{(联结词化归)}$$

$$\Leftrightarrow (P \lor R \lor (\neg Q \land Q)) \land (\neg P \lor Q \lor (\neg R \land R)) \land (\neg Q \lor P \lor (\neg R \land R))$$
（补余律）

$$\Leftrightarrow (P \lor R \lor Q) \land (P \lor R \lor \neg Q) \land (\neg P \lor Q \lor R) \land (\neg P \lor Q \lor \neg R)$$
$$\land (\neg Q \lor P \lor R) \land (\neg Q \lor P \lor \neg R)$$
（补余律、分配律）

$$\Leftrightarrow (P \lor Q \lor R) \land (P \lor \neg Q \lor R) \land (\neg P \lor Q \lor R)$$
$$\land (\neg P \lor Q \lor \neg R) \land (P \lor \neg Q \lor \neg R)$$
（主合取范式,等幂律）

$$\Leftrightarrow \prod (0,2,3,4,5) \Leftrightarrow \sum (1,6,7)$$

$$\Leftrightarrow m_1 \lor m_6 \lor m_7$$

$$\Leftrightarrow (\neg P \land \neg Q \land R) \lor (P \land Q \land \neg R) \lor (P \land Q \land R) \quad （主析取范式）$$

（方法 2）真值表法。由表 1.8.8 可知：

$$(\neg P \to R) \land (Q \leftrightarrow P)$$

$$\Leftrightarrow \sum (1,6,7)$$

$$\Leftrightarrow (\neg P \land \neg Q \land R) \lor (P \land Q \land \neg R) \lor (P \land Q \land R) \quad （主析取范式）$$

$$\Leftrightarrow \prod (0,2,3,4,5)$$

$$\Leftrightarrow (P \lor Q \lor R) \land (P \lor \neg Q \lor R) \land (P \lor \neg Q \lor \neg R)$$
$$\land (\neg P \lor Q \lor R) \land (\neg P \lor Q \lor \neg R) \quad （主合取范式）$$

表 1.8.8 （¬P→R）∧（Q↔P）的真值表

P	Q	R	$\neg P$	$\neg P \to R$	$Q \leftrightarrow P$	极 小 项	极 大 项	A
0	0	0	1	0	1		$P \lor Q \lor R(M_0)$	0
0	0	1	1	1	1	$\neg P \land \neg Q \land R(m_1)$		1
0	1	0	1	0	0		$P \lor \neg Q \lor R(M_2)$	0
0	1	1	1	1	0		$P \lor \neg Q \lor \neg R(M_3)$	0
1	0	0	0	1	0		$\neg P \lor Q \lor R(M_4)$	0
1	0	1	0	1	0		$\neg P \lor Q \lor \neg R(M_5)$	0
1	1	0	0	1	1	$P \land Q \land \neg R(m_6)$		1
1	1	1	0	1	1	$P \land Q \land R(m_7)$		1

注：A 为 $(\neg P \to R) \land (Q \leftrightarrow P)$。

习题 1.8

(1) 求出下列公式的析取范式和合取范式。

① $(P \to Q) \land Q$。

② $\neg (P \to Q) \land Q$。

③ $(P \land (Q \land S)) \lor (\neg P \land (Q \land S))$。

(2) 求出下列公式的主析取范式和主合取范式,并判断公式的类型。

① $(\neg P \lor \neg Q) \to (P \leftrightarrow \neg Q)$。

② $\neg (P \to Q) \leftrightarrow (P \to \neg Q)$。

③ $\neg (P \to Q) \land (Q \to \neg (P \lor \neg Q))$。

④ $P \vee (\neg P \to (Q \vee (\neg Q \to R)))$。

⑤ $\neg R \wedge (Q \to P) \to (P \to Q \vee R)$。

⑥ $(P \to Q \wedge R) \wedge (\neg P \to \neg Q \wedge \neg R)$。

（3）用将命题公式化为主析取范式和主合取范式的方法证明下列各等价式。

① $(\neg P \vee Q) \wedge (P \to R) \Leftrightarrow P \to (Q \wedge R)$。

② $(P \wedge Q) \wedge (P \to \neg Q) \Leftrightarrow (\neg P \wedge \neg Q) \wedge (P \vee Q)$。

③ $(P \to Q) \to (P \wedge Q) \Leftrightarrow (\neg P \to Q) \wedge (P \vee \neg Q)$。

④ $P \vee (P \to (P \vee Q)) \Leftrightarrow \neg P \vee \neg Q \vee (P \wedge Q)$。

（4）某项工作需要在 A,B,C,D 这 4 人中派 3 人去完成,按下面 3 个条件有几种派法? 如何指派?

① 若 A 去,则 C 和 D 中要去 1 人。

② B 和 C 不能都去。

③ 若 C 去,则 D 要留下。

（5）新学期开始,给某年级安排课程表时,各任课教师分别有以下要求。

① 外语教师:要求在每星期一或星期三上课。

② 政治教师:要求在每星期一或星期二上课。

③ 数学教师:要求在每星期二或星期四上课。

④ 物理教师:要求在每星期三或星期五上课。

⑤ 化学教师:要求在每星期四或星期五上课。

怎样安排才能满足全部教师的要求,并且一天只有一个教师上课(每个教师每星期上一次课)?

1.9 命题演算的推理理论

如引言所述,数理逻辑中的主要任务是提供一套推理规则,或称论证原理,与这些规则相关的理论称为推理理论。它所研究的是这样一种过程:从给定的前提集合出发,按照这种公认的推理规则推出一个结论,这样的推导过程称为**演绎**或**形式证明**(argument form)。

在一般的论证中,倘若认定前提是真的,从前提推导出结论的论证又是遵守了逻辑推理规则,则会公认此种结论是真的,这种论证称为合法论证。在通常的论证中,人们主要是关心其合法性。在数理逻辑中稍有不同,这里是把注意力集中于推理规则的研究。依据这些规则由前提集合推导出的任何结论称为有效结论,这种论证称为有效论证。数理逻辑所关心的是论证的有效性而不是合法性,也就是说,数理逻辑所注重的是推论过程中推论规则使用的有效性,而并不关心各前提的实际真值。

推理规则(rules of inference)是确定论证有效性的依据。常以命题公式的形式描述这些推理规则,而不是用任何特定命题形式表示它们,因此并不涉及实际命题和实际命题的真值。

推理理论对计算机科学中的程序验证、定理的机械证明和人工智能都十分重要。

定义 1.9.1 设 A、B 是两个公式。如果 $A \Rightarrow B$，即 $A \rightarrow B$ 为永真式，则称 B 是前提 A 的 **有效结论**(valid conclusion)，或称 B 在逻辑上是由 A 推导出来的。一般地，设 $H_1, H_2, \cdots, H_n$ 和 C 是一些公式，如果

$$H_1 \wedge H_2 \wedge \cdots \wedge H_n \Rightarrow C$$

则称 C 是 **前提**(hypothesis)集合 $\{H_1, H_2, \cdots, H_n\}$ 的有效结论。

由有效结论的定义可知，证明有效结论归根结底就是证明蕴涵式，也就自然可以用证明蕴涵式的 4 种方法(真值表法、等价推导、主析取范式和主合取范式)的任何一种来证明。将证明有效结论的方法总结为三类方法，即真值表法、直接证明法和反证法。

1.9.1 真值表法

给定一个前提集合和一个结论，根据定义，用构成真值表的方法，以有限步骤即可确定该结论是否为该前提集合的有效结论，这种方法称为真值表法。下面举例说明这种方法。

【例 1.9.1】 考查结论 C 是否是前提 H_1, H_2 和 H_3 的有效结论。

(1) 前提：

$$H_1 \text{ 为 } \neg P \vee Q; \ H_2 \text{ 为 } \neg R; \ H_3 \text{ 为 } \neg(Q \wedge \neg R)$$

结论：

$$C \text{ 为 } \neg P$$

(2) 前提：

$$H_1 \text{ 为 } \neg P; \ H_2 \text{ 为 } P \vee Q$$

结论：

$$C \text{ 为 } P \wedge Q$$

解 (1) 即确认 $((\neg P \vee Q) \wedge (\neg R) \wedge \neg(Q \wedge \neg R)) \rightarrow \neg P$ 是否为永真式，为了列表方便，用 H 表示 $(\neg P \vee Q) \wedge (\neg R) \wedge \neg(Q \wedge \neg R)$，得真值表，如表 1.9.1 所示。

表 1.9.1 $((\neg P \vee Q) \wedge (\neg R) \wedge \neg(Q \wedge \neg R)) \rightarrow \neg P$ 的真值表

P	Q	R	$\neg P \vee Q$	$\neg R$	$\neg(Q \wedge \neg R)$	H	$H \rightarrow \neg P$
0	0	0	1	1	1	1	1
0	0	1	1	0	1	0	1
0	1	0	1	1	0	0	1
0	1	1	1	0	1	0	1
1	0	0	0	1	1	0	1
1	0	1	0	0	1	0	1
1	1	0	1	1	0	0	1
1	1	1	1	0	1	0	1

由表 1.9.1 可知，$((\neg P \vee Q) \wedge (\neg R) \wedge \neg(Q \wedge \neg R)) \rightarrow \neg P$ 是永真式。所以，$\neg P$ 是前提 $\neg P \vee Q$，$\neg R$ 和 $\neg(Q \wedge \neg R)$ 的有效结论。

(2) 即确认 $(\neg P \wedge (P \vee Q)) \rightarrow (P \wedge Q)$ 是否为永真式，其真值表如表 1.9.2 所示。

由表 1.9.2 可知 $(\neg P \wedge (P \vee Q)) \rightarrow (P \wedge Q)$ 不是永真式，因此 $P \wedge Q$ 不是前提 $\neg P$，$P \vee Q$ 的有效结论。

表 1.9.2 $(\neg P \wedge (P \vee Q)) \rightarrow (P \wedge Q)$ 的真值表

P	Q	$\neg P$	$P \vee Q$	$\neg P \wedge (P \vee Q)$	$P \wedge Q$	$(\neg P \wedge (P \vee Q)) \rightarrow (P \wedge Q)$
0	0	1	0	0	0	1
0	1	1	1	1	0	0
1	0	0	1	0	0	1
1	1	0	1	0	1	1

　　使用真值表法判断结论是否为前提的有效结论比较直观、方便,但是当各前提和结论的所有公式中包含的命题变元数目较大时,用真值表法来确定论证的有效性就显得麻烦,而其他的 3 种方法(等价推导、主析取范式和主合取范式)也不够形式化,且实现计算机程序的自动证明也很难。下面将讨论形式证明法。

1.9.2　直接证明法

　　由一组前提,利用一些公认的推理规则,根据已知的等价式和蕴涵式推导出有效结论的方法称为直接证明法(direct proof)。在用直接证明法确定论证有效性的推导过程中,常引用 1.5 节讨论过的 9 组基本等价式和常用蕴涵式(表 1.5.3)。

　　定义 1.9.2　构造命题序列 $G_1, G_2, \cdots, G_m$ 来描述推理过程,其中命题序列中的命题 G_i 或者是前提集合中的某个前提 $H_j(j=1,2,\cdots,n)$,或者是由某些前提推出的中间结果,若命题序列中的最后一个命题 G_m 恰是要证明的结论 C,则 C 是前提集合 $\{H_1, H_2, \cdots, H_n\}$ 的**有效结论**(valid conclusion)。

　　上述定义的形式如下。

(1) G_1　　　　　　　　　　　　　　(某个前提 H_j)

(2) G_2　　　　　　　　　　　　　　(某个前提 $H_{j'}$ 或由 G_1 得到的中间结果)

　　　⋮

(i) G_i　　　　　　　　　　　　　　(某个前提 H_k 或中间结果 G_l,其中 $l < i$)

　　　⋮

(m) G_m　　　　　　　　　　　　　(结论 C)

　　其实形式证明方法的本质是:假设前提集合中的前提 $H_j(j=1,2,\cdots,n)$ 均为真,利用已知的等价式和蕴涵式来证明结论 C 为真,也就是说,命题序列中的命题 $G_i(i=1,2,\cdots,m)$ 均为真命题。

　　下面给出形式证明方法中常用的两个推理规则。

　　P 规则:又称**前提引用规则**,从前提集合中任取且仅取一个前提放入命题序列中,称使用一次 P 规则。

　　T 规则:又称**结论引用规则**,在推导过程中,使用前面若干个命题序列中的命题及常用的等价式、蕴涵式得到一个中间结果,称使用一次 T 规则。

　　【例 1.9.2】　试证明 $R \vee S$ 是前提 $C \vee D, (C \vee D) \rightarrow \neg H, \neg H \rightarrow (A \wedge \neg B)$ 和 $(A \wedge \neg B) \rightarrow (R \vee S)$ 的有效结论。

　　证　(1) $(C \vee D) \rightarrow \neg H$　　　　　　　　　　　　P

　　　　(2) $\neg H \rightarrow (A \wedge \neg B)$　　　　　　　　　　P

(3) $(C \lor D) \rightarrow (A \land \neg B)$	T,(1),(2),假言三段论
(4) $(A \land \neg B) \rightarrow (R \lor S)$	P
(5) $(C \lor D) \rightarrow (R \lor S)$	T,(3),(4),假言三段论
(6) $C \lor D$	P
(7) $R \lor S$	T,(5),(6),假言推论

因此,结论有效。

第一列上的编号,不仅代表着编号所在行上的公式,而且表明了该公式是处在推导过程中的哪个行上。右侧的 P 和 T 表示所根据的推理规则。继之是注释,它指出了是根据哪些等价式和蕴涵式求得该特定公式的。

【例 1.9.3】 使用推理规则证明:$\neg P$ 是前提 $\neg(P \land \neg Q)$,$\neg Q \lor R$ 和 $\neg R$ 的有效结论。

证 (1) $\neg R$	P
(2) $\neg Q \lor R$	P
(3) $\neg Q$	T,(1),(2),析取三段论
(4) $\neg(P \land \neg Q)$	P
(5) $\neg P \lor Q$	T,(4),德·摩根律
(6) $\neg P$	T,(3),(5),化简式

因此,结论有效。

【例 1.9.4】 符号化并论证结论的有效性。

A、B、C、D 四支球队比赛,已知结果如下。

(1) 若 A 获冠军,则 B 或 C 获亚军。

(2) 若 B 获亚军,则 A 不能获冠军。

(3) 若 D 获亚军,则 C 不能获亚军。

(4) A 获冠军。

结论:D 没有获亚军。

解 符号化为 A:A 获冠军。B:B 获亚军。C:C 获亚军。D:D 获亚军。则前提为 H_1:$A \rightarrow B \lor C$。H_2:$B \rightarrow \neg A$。H_3:$D \rightarrow \neg C$。H_4:A。

结论为 $\neg D$。

使用推论规则证明过程如下。

(1) A	P
(2) $B \rightarrow \neg A$	P
(3) $\neg B$	T,(1),(2),假言推论
(4) $A \rightarrow B \lor C$	P
(5) $B \lor C$	T,(1),(4),假言推论
(6) C	T,(3),(5),析取三段论
(7) $D \rightarrow \neg C$	P
(8) $\neg D$	T,(6),(7),假言推论

所以,结论有效。

有些问题仅仅使用 P 规则和 T 规则是无法得到证明的。例如,要证明 $\neg R \rightarrow S$ 是前提

集合 $\{P \lor S, P \rightarrow Q, Q \rightarrow R\}$ 的有效结论。为此引入附加前提引用规则(CP 规则),以解决这一类问题:结论为单条件"$\rightarrow$",要证明的形式为 $H_1 \land H_2 \land \cdots \land H_n \Rightarrow P \rightarrow Q$。

定理 1.9.1(附加前提引用规则) 设 $H_1, H_2, \cdots, H_n, P, Q$ 均为命题公式,若 $H_1 \land H_2 \land \cdots \land H_n \land P \Rightarrow Q$,则 $H_1 \land H_2 \land \cdots \land H_n \Rightarrow P \rightarrow Q$。

证 要证 $H_1 \land H_2 \land \cdots \land H_n \Rightarrow P \rightarrow Q$,只需证明 $(H_1 \land H_2 \land \cdots \land H_n) \rightarrow (P \rightarrow Q) \Leftrightarrow \mathrm{T}$。

$$(H_1 \land H_2 \land \cdots \land H_n) \rightarrow (P \rightarrow Q)$$

$$\Leftrightarrow \neg(H_1 \land H_2 \land \cdots \land H_n) \lor (P \rightarrow Q) \quad \text{(联结词化归)}$$

$$\Leftrightarrow (\neg H_1 \lor \neg H_2 \lor \cdots \lor \neg H_n) \lor (\neg P \lor Q)$$

$$\text{(德·摩根律,联结词化归)}$$

$$\Leftrightarrow (\neg H_1 \lor \neg H_2 \lor \cdots \lor \neg H_n \lor \neg P) \lor Q \quad \text{(结合律)}$$

$$\Leftrightarrow \neg(H_1 \land H_2 \land \cdots \land H_n \land P) \lor Q \quad \text{(德·摩根律)}$$

$$\Leftrightarrow (H_1 \land H_2 \land \cdots \land H_n \land P) \rightarrow Q \quad \text{(联结词化归)}$$

$$\Leftrightarrow \mathrm{T} \quad \text{(由 } H_1 \land H_2 \land \cdots \land H_n \land P \Rightarrow Q \text{ 可知)}$$

所以,$H_1 \land H_2 \land \cdots \land H_n \Rightarrow P \rightarrow Q$。 ■

此定理说明,证明 $P \rightarrow Q$ 为前提 $H_1, H_2, \cdots, H_n$ 的有效结论,可转换为证明 Q 为前提 $H_1, H_2, \cdots, H_n$ 和附加前提 P 的有效结论,即将原结论 $P \rightarrow Q$ 的前件 P 作为前提看待,因此附加前提引用规则只适用于结论是单条件 $P \rightarrow Q$ 的情况。而且使用附加前提引用规则,使得原前提集合 $\{H_1, H_2, \cdots, H_n\}$ 的前提增加了一个 P,而结论 Q 又相对简单(只是单条件"$\rightarrow$"的后件),因此证明的难度相对降低。

【例 1.9.5】 证明 $R \rightarrow S$ 是前提 $P \rightarrow (Q \rightarrow S)$,$\neg R \lor P$ 和 Q 的有效结论。

证 把 R 作为附加前提,若能推出 S,则根据附加前提引用规则,知 $R \rightarrow S$ 为前提的有效结论。

(1) R	CP(附加前提)
(2) $\neg R \lor P$	P
(3) P	T,(1),(2),析取三段论
(4) $P \rightarrow (Q \rightarrow S)$	P
(5) $Q \rightarrow S$	T,(3),(4),假言推论
(6) Q	P
(7) S	T,(5),(6),假言推论
(8) $R \rightarrow S$	附加前提引用规则,(1),(7)

即 $R \rightarrow S$ 是前提 $P \rightarrow (Q \rightarrow S)$,$\neg R \lor P$ 和 Q 的有效结论。

【例 1.9.6】 证明 $\neg R \rightarrow S$ 是前提 $P \lor S$,$P \rightarrow Q$,$Q \rightarrow R$ 的有效结论。

证 因为结论是单条件 $\neg R \rightarrow S$,所以可以使用附加前提引用规则,将 $\neg R$ 作为一个附加前提,只需推导出单条件的后件 S,过程如下。

(1) $\neg R$	CP(附加前提)
(2) $Q \rightarrow R$	P
(3) $\neg Q$	T,(1),(2),假言推论
(4) $P \rightarrow Q$	P

(5) ¬P   T,(3),(4),假言推论

(6) $P \lor S$ P

(7) S T,(5),(6),析取三段论

(8) $\lnot R \to S$ 附加前提引用规则,(1),(7)

即 $\lnot R \to S$ 是前提 $P \lor S, P \to Q, Q \to R$ 的有效结论。

1.9.3 反证法

反证法(proof by contradiction),也称为归谬法、间接证明法或 F 规则。其基本思想是:把结论的否定作为假设前提与给定的各前提一并推导,若能推导出矛盾(永假式),则说明假设是错误的,从而说明原结论是原前提的有效结论。

> **定义 1.9.3** 设公式 $H_1, H_2, \cdots, H_m$ 中的原子命题变元是 $P_1, P_2, \cdots, P_n$。如果对这 n 个原子命题变元,至少存在一组真值指派使公式 $H_1 \land H_2 \land \cdots \land H_m$ 取值为 T,则称公式集合 $\{H_1, H_2, \cdots, H_m\}$ 是**一致的**(compatible),否则称为**非一致的**(incompatible)。

若公式集合 $\{H_1, H_2, \cdots, H_m\}$ 的合取蕴涵一个永假式,即

$$H_1 \land H_2 \land \cdots \land H_m \Leftrightarrow R \land \lnot R$$

这里 R 是任何一个公式,则公式集合 $\{H_1, H_2, \cdots, H_m\}$ 必定是非一致的。这是因为 $R \land \lnot R$ 是一个永假式,而 $(H_1 \land H_2 \land \cdots \land H_m) \to R \land \lnot R$ 是个永真式,所以 $H_1 \land H_2 \land \cdots \land H_m$ 必是永假式。因此 $\{H_1, H_2, \cdots, H_m\}$ 是非一致的等价于 $H_1 \land H_2 \land \cdots \land H_m$ 为永假式。下面利用一致和非一致的概念说明反证法的可行性。

> **定理 1.9.2** 设公式集合 $\{H_1, H_2, \cdots, H_m\}$ 是一致的,并设 C 是一个公式。如果公式集合 $\{H_1, H_2, \cdots, H_m, \lnot C\}$ 是非一致的,即 $H_1 \land H_2 \land \cdots \land H_m \land \lnot C \Leftrightarrow F$,则 C 为前提集合 $\{H_1, H_2, \cdots, H_m\}$ 的有效结论,即 $H_1 \land H_2 \land \cdots \land H_m \Rightarrow C$。

证 要证明 $H_1 \land H_2 \land \cdots \land H_m \Rightarrow C$,即证明 $(H_1 \land H_2 \land \cdots \land H_m) \to C$ 为永真式。

$$(H_1 \land H_2 \land \cdots \land H_m) \to C$$

$$\Leftrightarrow \lnot(H_1 \land H_2 \land \cdots \land H_m) \lor C \quad \text{(联结词化归)}$$

$$\Leftrightarrow \lnot(H_1 \land H_2 \land \cdots \land H_m \land \lnot C) \quad \text{(德·摩根律)}$$

$$\Leftrightarrow \lnot F \quad (H_1 \land H_2 \land \cdots \land H_m \land \lnot C \Leftrightarrow F)$$

$$\Leftrightarrow T$$

所以

$$H_1 \land H_2 \land \cdots \land H_m \Rightarrow C$$

即 C 是前提集合 $\{H_1, H_2, \cdots, H_m\}$ 的有效结论。

当前提集合中的前提较少,而结论比较简单,但是由前提集合又很难推出结论时,可以考虑使用反证法。此时,可以将结论 C 的否定 $\lnot C$ 作为一个假设前提,若和前提集合 $\{H_1, H_2, \cdots, H_m\}$ 一起能推出一个矛盾式,则说明假设 $\lnot C$ 是错误的,即 C 是前提集合 $\{H_1, H_2, \cdots, H_m\}$ 的有效结论。

【例 1.9.7】 证明 $\lnot P$ 是前提集合 $\{R \to \lnot Q, R \lor S, S \to \lnot Q, P \to Q\}$ 的有效结论。

证 前提集合中的 4 个前提没有单个的命题变元、单个命题变元的否定、合取式,因此从

任何一个前提都推不出什么中间结果,所以只能使用反证法。将结论 $\neg P$ 的否定 $\neg(\neg P)$ 作为一个假设前提,若和前提集合一起能推出一个永假式(某变元和其否定的合取),则 $\neg P$ 即为前提集合的有效结论。

(1) $\neg(\neg P)$ P(假设前提)

(2) P T,(1),双重否定律

(3) $P \rightarrow Q$ P

(4) Q T,(2),(3),假言推论

(5) $R \rightarrow \neg Q$ P

(6) $\neg R$ T,(4),(5),假言推论

(7) $R \lor S$ P

(8) S T,(6),(7),析取三段论

(9) $S \rightarrow \neg Q$ P

(10) $\neg Q$ T,(8),(9),假言推论

(11) $Q \land \neg Q$ T,(4),(10),合取

因为 $Q \land \neg Q$ 为矛盾式,因此 $\neg P$ 是前提集合 $\{R \rightarrow \neg Q, R \lor S, S \rightarrow \neg Q, P \rightarrow Q\}$ 的有效结论。

【例 1.9.8】 证明 $\neg(P \land Q)$ 是 $\neg P \land \neg Q$ 的有效结论。

证 把 $\neg\neg(P \land Q)$ 作为假设前提,证明新的前提集合将导致一个永假式(矛盾)。

(1) $\neg\neg(P \land Q)$ P(假设前提)

(2) $P \land Q$ T,(1),双重否定律

(3) P T,(2),化简式

(4) $\neg P \land \neg Q$ P

(5) $\neg P$ T,(4),化简式

(6) $P \land \neg P$ T,(3),(5),合取

因为 $P \land \neg P$ 为矛盾式,因此 $\neg(P \land Q)$ 是前提集合 $\neg P \land \neg Q$ 的有效结论。

由上面几个例子可以总结出这样的经验:当要证明的结论是条件式时,可考虑使用附加前提引用规则;当要证明的结论比较简单,而仅仅使用给定前提推导又显得很烦琐或较困难时,可考虑使用反证法。

习题 1.9

(1) 证明下列论证的有效性(左侧为前提,右侧为结论)。

① $\neg(P \land \neg Q), \neg Q \lor R, \neg R$; $\neg P$。

② $(P \land Q) \rightarrow R, \neg R \lor S, \neg S$; $\neg P \lor \neg Q$。

③ $(P \rightarrow Q) \rightarrow R, P \land S, Q \land T$; R。

④ $P \land Q \land R, (Q \leftrightarrow R) \rightarrow (L \lor M)$; $L \lor M$。

(2) 证明下列结论(如果需要就使用附加前提引用规则)。

① $\neg P \lor Q, \neg Q \lor R, R \rightarrow S \Rightarrow P \rightarrow S$。

② $P \rightarrow Q \Rightarrow P \rightarrow (P \land Q)$。

③ $(P \lor Q) \to R \Rightarrow (P \land Q) \to R$。

④ $P \to (Q \to S), \neg R \lor P, Q \Rightarrow R \to S$。

(3) 证明下列各式结论的有效性(如果需要就使用反证法)。

① $(R \to \neg Q), R \lor S, S \to \neg Q, P \to Q \Rightarrow \neg P$。

② $S \to \neg Q, S \lor R, \neg R, \neg P \leftrightarrow Q \Rightarrow P$。

③ $P \to Q, (\neg Q \lor R) \land \neg R, \neg (\neg P \land S) \Rightarrow \neg S$。

(4) 判定下述论证的有效性。

① 如果 6 是偶数,则 2 不能整除 7。或者 5 不是素数,或者 2 整除 7。5 是素数。

结论:因此 6 是奇数。

② 如果我学习,那么我努力学习数学。如果我不打篮球,那么我就学习。但我没有努力学习数学。

结论:因此,我打篮球了。

③ 如果 A 缺课,则 A 考试不及格。如果 A 考试不及格,则 A 没有知识。如果 A 读了许多书,则 A 有知识。

结论:A 没有缺课或 A 没有读许多书。

④ 如果 A 努力工作,则 B 或 C 感到愉快。如果 B 愉快,则 A 不努力工作。如果 D 愉快,则 C 不愉快。

结论:如果 A 努力工作,则 D 不愉快。

(5) 利用推理理论,验证下面推理是否正确。

① 一个数是复数,仅当它是实数或是虚数。一个数既不是实数也不是虚数。因此它不是复数。

② 2 是素数或合数。若 2 是素数,则 $\sqrt{2}$ 是无理数。若 $\sqrt{2}$ 是无理数,则 4 不是素数。所以,如果 4 是素数,则 2 是合数。

第2章 谓词逻辑

在命题逻辑中主要研究命题和命题演算,原子命题是命题逻辑中研究的基本单位。这里不再分析这些基本单位具有怎样的内部结构(即逻辑形式)。若要表达两个原子命题所具有的共同特征,显然是不可能的事。

命题逻辑的另一个缺点就是其推理能力差。当然,推理能力差的主要根源还是可以追溯到表达能力差上的,有些明显、简单的论证也不能用命题逻辑的推论理论进行证明。例如,著名的"苏格拉底(Socrate)论证"就是如此。

所有的人总是要死的。

因为苏格拉底是人,

所以苏格拉底是要死的。

如果用命题逻辑的工具来处理,可令:

P 为"所有的人总是要死的"。

Q 为"苏格拉底是人"。

R 为"苏格拉底是要死的"。

故苏格拉底论证的推理形式为

$$P \wedge Q \Rightarrow R$$

这显然不是命题逻辑中的有效推理。但是,苏格拉底论证显然是正确的,推理是有效的。这就说明,苏格拉底论证的正确性并不能在命题逻辑中反映出来。造成这一情形的原因就在于,这个推理的正确性依赖于前提和结论的内部结构。因此,要反映这类推理的正确性,就必须对原子命题做进一步分析。只有这样,才能揭示前提和结论在形式结构方面的联系,也才能认识此类推理的形式和规律。谓词逻辑就是要对命题和推理做这样的更深一步的研究。

2.1 谓词与个体

在谓词演算中,原子命题被分解为谓词和个体两部分。众所周知,命题是具有确定的真假意义的陈述句。陈述句一般由主语和谓语两部分组成,如命题"苏格拉底是人"中,"苏格拉底"是主语,叫作个体;"……是人"是谓语,叫作谓词。

定义 2.1.1 称可以独立存在的事物为**个体**(subject),它可以是抽象的或具体的。

例如,鲜花、代表团、自然数、计算机、智能、思想等。

定义 2.1.2 用于刻画个体的性质或个体间关系的词叫作**谓词**(predicate)；与一个个体相联系的谓词叫作**一元谓词**(one-place predicate)，它刻画了个体的性质；与 n 个个体相联系的谓词叫作 n **元谓词**(n-place predicate)，它刻画了 n 个个体间的关系。

需要注意的是，如果是 n 元谓词，通常个体间的次序不能随意颠倒。另外，单独的谓词不是完整的命题，只有加入个体才能成为命题。

【例 2.1.1】 指出下列命题中的个体、谓词，并说明是几元谓词。

(1) 苏格拉底是人。

(2) 李红比张宾小两岁。

(3) 武汉位于广州和北京之间。

解 (1) 个体："苏格拉底"；一元谓词："……是人"，刻画了个体"苏格拉底"的性质。

(2) 个体："李红""张宾"；二元谓词："……比……小两岁"，刻画了个体"李红"和"张宾"之间的年龄关系。

(3) 个体："武汉""广州""北京"；三元谓词："……位于……和……之间"，刻画了个体"武汉""广州""北京"之间的地理位置关系。

一般用大写英文字母表示谓词，而用小写英文字母表示个体。

一元谓词 A："……是人"，联结一个个体 b，命题"b 是人"表示为 $A(b)$。

二元谓词 B："……比……小两岁"，联结两个个体 a 和 b，命题"a 比 b 小两岁"表示为 $B(a,b)$。

三元谓词 C："……位于……和……之间"，联结 3 个个体 a、b、c，命题"a 位于 b 与 c 之间"表示为 $C(a,b,c)$。

n 元谓词 D 联结 n 个个体，表示为 $D(a_1,a_2,\cdots,a_n)$。

在谓词的定义中没有要求必须从任何固定的集合中选取个体。例如，用 H 表示谓词"……是大学生"，个体 t 表示"这张桌子"，则 $H(t)$ 表示命题"这张桌子是大学生"，这在日常语言中是不允许的。然而，在谓词逻辑中却是可以的。

设 H 表示谓词"……总是要死的"，个体 a 是"张三"，个体 b 是"老虎"，个体 c 是"椅子"，于是 $H(a)$、$H(b)$、$H(c)$ 分别表示命题"张三总是要死的""老虎总是要死的""椅子总是要死的"。事实上，这些命题有一个共同的形式，如果对于"x 总是要死的"写成 $H(x)$，用适当的个体代换 x，就可以由 $H(x)$ 中得到 $H(a)$、$H(b)$、$H(c)$，称 x 为**个体变元**(variable)，$H(x)$ 叫作**命题函数**(propositional function)或**谓词公式**(predicate formula)。谓词公式将在 2.3 节中详细讨论。

定义 2.1.3 由一个特定谓词字母 F 和一个非空的个体变元集合组成的表达式 $F(x_1, x_2,\cdots,x_n)$ 叫作**简单命题函数**，简称**命题函数**。当个体变元集合中只有一个个体变元时叫作**一元命题函数**，有多个个体变元时叫作**多元命题函数**。

例如，$H(x)$ 就是一个一元命题函数，它的个体变元是 x；$L(x,y)$ 则为二元命题函数，它的个体变元是 x 和 y。值得注意的是，命题函数不是命题，只有用实际的个体代换命题函数中所有个体变元后，相应的命题函数才能转变成命题。这样由代换而得到的命题叫作该命题函数的代换实例。

例如，若二元命题函数 $L(x,y)$ 表示"x 小于 y"，则 $L(2,3)$ 表示真命题"2 小于 3"，而

$L(5,1)$ 表示假命题"5 小于 1"。再如,若三元命题函数 $P(x,y,z)$ 表示关系"x 加上 y 等于 z",则 $P(3,2,5)$ 表示了真命题"$3+2=5$",而 $P(1,2,4)$ 表示假命题"$1+2=4$"。

若在三元命题函数 $P(x,y,z)$ 中取定 x 为 3,则 $P(3,y,z)$ 可改写成 $P'(y,z)$,成了二元命题函数;若再取定 y 为 2,则可将 $P'(2,z)$ 改写成 $P''(z)$,成了一元命题函数;若 z 又取定为 5,则 $P''(5)$ 可改写成 P''',成了零元命题函数,即命题了。可见,命题函数是命题概念的扩充,命题是命题函数的一种特殊情况。

定义 2.1.4 个体变元的取值范围叫作**个体域**(domain of individuals),即相应命题函数的定义域(或论域)。它可以是有限的,也可以是无限的,个体域一般用 D 表示。

如在讨论一个高校全体学生的同乡关系时,"x 和 y 是同乡",这里的个体变元是 x 和 y,其取值范围为全校学生,即个体域为该高校全体学生。

由以上的讨论可知,谓词逻辑和命题逻辑相比有以下两个明显的优点。

① 谓词逻辑将命题的内涵通过个体和谓词充分地表示出来。

② 谓词逻辑把同一类命题用命题函数表示,增强了其表达能力。

关于命题函数,应注意以下 3 点。

① 命题函数不是命题,只有用个体域中的某些个体代替所有的个体变元时,相应的命题函数才能转换为命题。

② 个体变元的次序不能随意调整。

③ 个体变元的取值有一个范围,即个体域。个体域不同,则命题函数的永真性、永假性及可满足性也随之变化。

【例 2.1.2】 命题函数 $P(x)$:$x^2-1=0$,针对 3 个不同的个体域 $\{-1,1\}$、$\{1,2,3,\cdots\}$、$\{2,3,4,\cdots\}$,试给出 $P(x)$ 的真值。

解 (1) 个体域 $\{-1,1\}$ 中的两个个体"-1""1",使得 $P(x)$ 均为真,所以 $P(x)$ 为永真式。

(2) 个体域 $\{1,2,3,\cdots\}$ 中的个体"1",使得 $P(x)$ 为真,而其余的个体均使 $P(x)$ 为假,所以 $P(x)$ 为可满足式。

(3) 个体域 $\{2,3,4,\cdots\}$ 中的所有个体均使 $P(x)$ 为假,所以 $P(x)$ 为永假式。

有了命题函数的概念后,就可以将一些日常用语更深刻地刻画出来。下面举几个例子说明。

【例 2.1.3】 将下列命题用谓词逻辑表示。

(1) 李强是大学生,王华也是大学生。

(2) 这座大楼建成了。

(3) 那个戴眼镜穿运动服的小伙子在读这本大而厚的书。

解 (1) 令 $F(x)$ 表示"x 是大学生",a 表示"李强",b 表示"王华",则上述语句可表达为 $F(a) \wedge F(b)$。

(2) 令 $F(x)$ 表示"x 建成了",$G(x)$ 表示"x 是大的",$H(x)$ 表示"x 是楼",又令 a 表示"这座",则上述语句可表达为 $H(a) \wedge G(a) \wedge F(a)$。

(3) 令 $S(x)$ 表示"x 是戴眼镜穿运动服的小伙子",$B(x)$ 表示"x 是大而厚的书",$R(x,y)$ 表示"x 在读 y",a 表示"那个人",b 表示"这本书",则上述语句可表达为 $S(a) \wedge R(a,b) \wedge B(b)$。

如果对客体的描述要求更细致、更深入或更明确，可以选择更多的、不同的谓词符号，则同一个命题或命题函数可以用不同的谓词公式表示，其灵活性、机动性是极大的，即符号化的形式不是唯一的。

以(3)为例，若令 $L(x)$ 表示"x 是戴眼镜的"，$S(x)$ 表示"x 是穿运动服的"，$B(x)$ 表示"x 是大的"，$D(x)$ 表示"x 是厚的"，$R(x,y)$ 表示"x 在读 y"，a 表示"那个人"，b 表示"这本书"，则上述语句可表达为 $L(a) \wedge S(a) \wedge B(b) \wedge D(b) \wedge R(a,b)$。

如上所述，命题函数不是命题，因为其没有确定的真假意义；但是可以将一个命题函数转变为一个命题，方法如下。

(1) 用个体域中的特定个体去替换所有的个体变元。

(2) 在个体域上，将命题函数量化。所谓**量化**(quantification)，即用量词对命题函数中的个体变元进行约束。由此引入了 2.2 节要研究的量词的概念。

习题 2.1

用谓词表达下列命题。

① 小王既聪明又用功，但身体不好。

② 他是三好学生。

③ 小王不是上海人。

④ 他是田径或球类运动员。

⑤ 若 m 是奇数，则 $2m$ 不是奇数。

2.2 量词与全总个体域

在 2.1 节中，引进了谓词与个体的概念，并对原子命题进行了分析，讨论了命题函数与命题的关系。有时为讨论问题方便，常将分解成谓词和个体的命题简称为"谓词"。

本节将进一步研究给定的个体域与谓词真值的关系，并引入量词及全总个体域的概念。为了说明问题先考查下列命题函数。

【例 2.2.1】 给定 3 个谓词。

$P(x)$：$x > 1$

$Q(x)$：$x^2 - 1 = (x+1)(x-1)$

$R(x)$：$x + 3 = 1$

(1) 在个体域 $\{-2,-1,1,2,3\}$，$\{2,3,4,\cdots\}$ 上讨论 $P(x)$ 的真值。

(2) 在有理数个体域上讨论 $Q(x)$ 和 $R(x)$ 的真值。

解 (1) 对个体域 $\{-2,-1,1,2,3\}$，用个体域中的个体分别代换命题函数 $P(x)$ 中的个体变元后，将得到命题 $P(-2)$ 为假、$P(-1)$ 为假、$P(1)$ 为假、$P(2)$ 为真、$P(3)$ 为真，所以 $P(x)$ 为可满足式。对个体域 $\{2,3,4,\cdots\}$，用此个体域中的任意一个个体代换 $P(x)$ 中的个体变元 x，均使 $P(x)$ 取值为真。显然，命题函数的真值与它的个体域有关。

(2) 对有理数个体域中的所有个体，$Q(x)$ 均为真；只有 $x = -2$ 时，$R(x)$ 才为真。因此，可以这样来描述：对任意的 x（x 是有理数），$Q(x)$ 为真；只存在某个或某些 x，使 $R(x)$ 为真。

【**例 2.2.2**】 符号化以下命题。

(1) 所有的大学生都要参加军训。

(2) 有些大学生是三好生。

解 (1) $M(x)$：x 要参加军训。a：大学生。$M(a)$：大学生要参加军训。但是，$M(a)$ 并没有完整、准确地描述(1)命题，"所有的"含义无法体现。

(2) $G(x)$：x 是三好生。a：大学生。$G(a)$：大学生是三好生。与(1)相似，(2)中的 "有些"用 $G(a)$ 也无法体现。

而"所有的"和"有些"其实就体现了个体域中满足条件的个体量的概念，也就是谓词逻辑中非常重要并体现出其特性的概念——**量词**(quantifier)。量词有两种，即全称量词和存在量词。

> **定义 2.2.1** 符号"$(\forall x)P(x)$"表示命题："对于个体域中的所有个体 x，谓词 $P(x)$ 均为 T"。其中"$(\forall x)$"叫作**全称量词**(universal quantifier)，读作"对所有的 x""对任意的 x""对每一个 x"等。谓词 $P(x)$ 称为全称量词($\forall x$)的**辖域**(scope)。

如例 2.2.2(1)，在描述问题时，就应该利用全称量词。

> **定义 2.2.2** 符号"$(\exists x)Q(x)$"表示命题："在个体域中至少存在一个个体使谓词 $Q(x)$ 为 T"。其中"$(\exists x)$"叫作**存在量词**(existential quantifier)，读作"对一些 x""至少有这样一个 x""存在这样一些 x"等。谓词 $Q(x)$ 称为存在量词($\exists x$)的**辖域**。

全称量词与存在量词都叫作量词。显然，一方面，量词反映了个体域与谓词间的真假关系，如例 2.2.1(2)中，$(\exists x)R(x)$ 是真的，而 $(\forall x)R(x)$ 却是假的；另一方面，在谓词逻辑中个体的个体域也是很重要的。因此，每个谓词中个体的个体域必须是确定的；否则，就无法确定真值。但是，对于不同的谓词，不同个体的个体域也是千变万化各不相同的，这对研究谓词逻辑带来很多不便。

包含所有个体的个体域称为**全总个体域**(universe)。为方便起见，将所有命题函数的个体域一律用全总个体域。对于某个特定的命题，增加一个特性谓词来限定本命题个体变元的变化范围。

将一个命题用谓词逻辑符号化时，通常经以下步骤。

(1) 确定特性谓词及其他谓词。

(2) 确定量词。

(3) 量词与逻辑联结词的搭配。

① 全称量词($\forall x$)与"→"搭配，而且特性谓词作为"→"的前件。

② 存在量词"$(\exists x)$"与"∧"搭配，而且特性谓词作为"∧"中的一项(通常作为"∧"的第一项)。

(4) 使用正确的逻辑联结词将命题转换为与之等价的符号化语言。

【**例 2.2.3**】 (1) 凡是人都免不了要死的。

(2) 任何整数不是正的就是负的。

(3) 一些人是聪明的。

(4) 有些实数是有理数。

(5) 所有的大学生都要参加军训。

(6) 有些大学生是三好生。

(7) 没有不犯错误的人(或所有的人均要犯错误)。

(8) 发光的东西不都是金子。

试将上述 8 个命题用谓词形式表示它们(即符号化)。

解 (1) 译为：对所有的 x,如果 x 是人,则 x 是免不了要死的。

个体域：人。特性谓词 $P(x)$: x 是人。$D(x)$: x 是免不了要死的。

量词：由"凡是……都……"知,应该使用全称量词。

由全称量词与"→"搭配,且特性谓词 $P(x)$ 作为"→"的前件,可描述为
$$(\forall x)(P(x) \rightarrow D(x))$$

(2) 译为：对所有的 x,如果 x 是整数,则 x 或者是正的或者是负的。

个体域：数字。特性谓词 $I(x)$: x 是整数。$P(x)$: x 是正的。$N(x)$: x 是负的。

量词：由"任何"知,应该使用全称量词。

由全称量词与"→"搭配,且特性谓词 $I(x)$ 作为"→"的前件,可描述为
$$(\forall x)(I(x) \rightarrow P(x) \vee N(x))$$

(3) 译为：有某些 x,x 是人且是聪明的。

个体域：人。特性谓词 $P(x)$: x 是人。$S(x)$: x 是聪明的。

量词：由"一些"知,应该使用存在量词。

由存在量词与"∧"搭配,且特性谓词 $P(x)$ 作为"∧"的第一项,可描述为
$$(\exists x)(P(x) \wedge S(x))$$

(4) 译为：存在某些 x,x 是实数且 x 是有理数。

个体域：实数。特性谓词 $R(x)$: x 是实数。$Q(x)$: x 是有理数。

量词：由"有些"知,应该使用存在量词。

由存在量词与"∧"搭配,且特性谓词 $R(x)$ 作为"∧"的第一项,可描述为
$$(\exists x)(R(x) \wedge Q(x))$$

(5) 译为：对所有的 x,只要 x 是大学生,x 就要参加军训。

个体域：大学生。特性谓词 $S(x)$: x 是大学生。$M(x)$: x 要参加军训。

量词：由"所有的"知,应使用全称量词($\forall x$)。

由全称量词与"→"搭配,且特性谓词 $S(x)$ 作为"→"的前件,可描述为
$$(\forall x)(S(x) \rightarrow M(x))$$

其直观地表述为：对于任意的 x,如果 x 是大学生,则 x 要参加军训;这与命题(5)所表示的含义完全一致。

(6) 个体域：大学生。特性谓词 $S(x)$: x 是大学生。$G(x)$: x 是三好生。

量词：由"有些"可知使用存在量词;由存在量词($\exists x$)与"∧"搭配,可描述为
$$(\exists x)(S(x) \wedge G(x))$$

其直观地表述为：存在 x,x 是大学生,且 x 是三好生;这与命题(6)所表示的含义完全相同。

(7) 个体域：人。特性谓词 $P(x)$: x 是人。$M(x)$: x 犯错误。

(方法 1)"没有不犯错误的人"即"不存在不犯错误的人",显然使用存在量词,描述为
$$\neg(\exists x)(P(x) \wedge M(x))$$

（方法2）"所有的人均要犯错误"，显然使用全称量词，描述为

$$(\forall x)(P(x) \to M(x))$$

（8）个体域：发光的东西。特性谓词 $L(x)$：x 是发光的东西。$G(x)$：x 是金子。

（方法1）"发光的东西不都是金子"，即"有些发光的东西不是金子"，显然使用存在量词，描述为

$$(\exists x)(L(x) \land \neg G(x))$$

（方法2）"发光的东西不都是金子"，也即"并非所有发光的东西都是金子"，显然使用全称量词，描述为

$$\neg (\forall x)(L(x) \to G(x))$$

对命题(7)和(8)中的两种方法，在2.5节谓词公式的等价式和蕴涵式中，可以验证这两种描述是完全等价的。

在上述符号化过程中，可以看到，在量化命题中，对全称量词，其特性谓词是作为蕴涵式命题的前件加入；而对存在量词，其特性谓词又作为合取项加入。注意，对全称量词，其特性谓词不可以作为合取项而加入之，这是因为运用特性谓词时总是针对全总个体域而言的，而全总个体域中的个体是多样化的，如果对全称量词作为合取项加入，就会将各种个体不加区分地混为一体。如例2.2.3中的(1) $(\forall x)(P(x) \to D(x))$ 改为 $(\forall x)(P(x) \land D(x))$，则后者表示：全总个体域中每个个体都是人，且都免不了要死。事实上，全总个体域中也可以存在不是人的个体，原命题表示的是全总个体域中是人的个体是免不了要死的。因此，了解全总个体域的真正含义对于正确进行符号化是非常重要的。

综上所述，可得下面一些结论。

（1）将谓词转换为命题有两种方法：一是将谓词中的个体变元全部代换成确定的个体；二是使谓词量化。

（2）量词本身不是一个独立的逻辑概念，可以用 $\land$，$\lor$ 联结词代替。若个体域是有限集 $D = \{a_1, a_2, \cdots, a_n\}$，由量词的意义不难得出，对任意谓词 $A(x)$，有：

$$(\forall x)A(x) \Leftrightarrow A(a_1) \land A(a_2) \land \cdots \land A(a_n)$$

$$(\exists x)A(x) \Leftrightarrow A(a_1) \lor A(a_2) \lor \cdots \lor A(a_n)$$

上述关系可以推广到 $n \to +\infty$ 的情形。

【例 2.2.4】 设个体域 $D = \{1, 2, 3\}$，试消去以下合式公式中的量词。

(1) $(\exists x)P(x) \land (\forall x)Q(x)$。

(2) $(\forall x)P(x) \land (\forall x)P(x)$。

解 (1) 因为 $(\exists x)P(x) \Leftrightarrow P(1) \lor P(2) \lor P(3)$，$(\forall x)Q(x) \Leftrightarrow Q(1) \land Q(2) \land Q(3)$。所以，$(\exists x)P(x) \land (\forall x)Q(x) \Leftrightarrow ((P(1) \lor P(2) \lor P(3)) \land (Q(1) \land Q(2) \land Q(3)))$。

(2) $(\forall x)P(x) \lor (\forall x)P(x) \Leftrightarrow (P(1) \land P(2) \land P(3)) \lor (P(1) \land P(2) \land P(3))$。

对于二元谓词 $P(x, y)$，可能存在以下几种量化的可能。

$$(\forall x)(\forall y)P(x, y), \qquad\qquad (\forall x)(\exists y)P(x, y)$$
$$(\exists x)(\forall y)P(x, y), \qquad\qquad (\exists x)(\exists y)P(x, y)$$
$$(\forall y)(\forall x)P(x, y), \qquad\qquad (\exists y)(\exists x)P(x, y)$$
$$(\forall y)(\exists x)P(x, y), \qquad\qquad (\exists y)(\forall x)P(x, y)$$

其中，$(\exists x)(\forall y)P(x, y)$ 是指 $(\exists x)((\forall y)P(x, y))$。

如果在一个合式公式中既有全称量词也有存在量词,一般来说,全称量词和存在量词的次序是不能随意调整的,如下面例题所示。

【例 2.2.5】 (1) 个体域:人的集合。$M(x,y)$:y 是 x 的母亲。试说明 $(\exists y)(\forall x)$ $M(x,y)$ 和 $(\forall x)(\exists y)M(x,y)$ 各表示怎样的命题?

(2) 个体域:鞋的集合。$P(x,y)$:x 可以与 y 配对。试说明 $(\exists x)(\forall y)P(x,y)$ 和 $(\forall y)(\exists x)P(x,y)$ 各表示怎样的命题?

解 (1) $(\exists y)(\forall x)M(x,y)$ 表示:存在一个人 y,y 是任何一个人 x 的母亲,即存在一个人,她是所有人的母亲。这是不可能的,因此 $(\exists y)(\forall x)M(x,y)$ 是一个假命题。

$(\forall x)(\exists y)M(x,y)$ 表示:对于任何一个人 x,总存在一个 y,使得 y 是 x 的母亲,即任何人都有自己的母亲。这是必然的,因此 $(\forall x)(\exists y)M(x,y)$ 是一个真命题。

显然,$(\exists y)(\forall x)M(x,y)$ 和 $(\forall x)(\exists y)M(x,y)$ 表示了两个完全不同的命题。

(2) $(\exists x)(\forall y)P(x,y)$ 表示:存在一只鞋 x,它可以与任何一只鞋子 y 配对。这是不可能的,因此 $(\exists x)(\forall y)P(x,y)$ 是一个假命题。

$(\forall y)(\exists x)P(x,y)$ 表示:对任何一只鞋子 y,总存在一些鞋子 x 可与它配对。这是必然的,因此 $(\forall y)(\exists x)P(x,y)$ 是一个真命题。

$(\exists x)(\forall y)P(x,y)$ 和 $(\forall y)(\exists x)P(x,y)$ 表示了两个完全不同的命题,$(\exists x)(\forall y)$ $P(x,y) \not\Leftrightarrow (\forall y)(\exists x)P(x,y)$。

习题 2.2

(1) 将下列命题符号化。

① 没有既是奇数又是偶数的数。

② 凡是人都要休息。

③ 并非每个函数都是可导的。

④ 每个人都具有某些专长。

⑤ 每个自然数都有比它大的自然数。

⑥ 所有的人都是要呼吸的。

⑦ 每个学生都要参加考试。

⑧ 任何整数或是正的或是负的或是零。

(2) 求下列各式的真值。

① $((\forall x)(P(x) \lor Q(x))$,其中 $P(x)$:$x=1$;$Q(x)$:$x=2$;个体域是 $\{1,2\}$。

② $((\forall x)(P \to Q(x)) \lor R(a)$,其中 P:$2>1$;$Q(x)$:$x \leqslant 3$;$R(x)$:$x>5$;a:5;个体域是 $\{-2,3,6\}$。

③ $(\exists x)(P(x) \to Q(x)) \land T$,其中 $P(x)$:$x>2$,$Q(x)$:$x=0$,T 是任何永真式,个体域是 $\{1\}$。

(3) 如果个体域是集合 $\{a,b,c\}$,消去下列公式中的量词。

① $(\forall x)P(x)$。

② $(\forall x)R(x) \land (\forall x)S(x)$。

③ $(\forall x)R(x) \lor (\exists x)S(x)$。

④ $(\forall x)(P(x) \to Q(x))$。

2.3 谓词公式

在 2.1 节中提到命题函数就是谓词公式,本节将给出谓词公式的定义及其表示法。

不出现逻辑联结词和量词的命题函数 $P(x_1,x_2,\cdots,x_n)$ 叫作谓词逻辑中的 n **元原子谓词公式**(atomic predicate formula),简称原子公式。当 $n=0$ 时,$P(x_1,x_2,\cdots,x_n)$ 即为原子命题 P。因此,命题逻辑实际上是谓词逻辑的特例。

与命题逻辑中的情况相似,也可以用命题逻辑中介绍的联结词把原子公式组合成复合谓词公式,并称它为分子谓词公式,简称为公式。

从原子谓词公式出发,可以给出谓词逻辑中合式谓词公式(简称合式公式)的递归定义。

> **定义 2.3.1** **合式谓词公式**(well-formed predicate formula),也称**合式公式**,是按下列规则生成的字符串。
>
> (i) 原子公式是合式公式。
>
> (ii) 若 A 是合式公式,则 $\neg A$ 也是合式公式。
>
> (iii) 若 A,B 是合式公式,则 $A \wedge B$,$A \vee B$,$A \rightarrow B$,$A \leftrightarrow B$ 也都是合式公式。
>
> (iv) 若 A 是合式公式,x 是 A 中出现的任何个体变元,则 $(\forall x)A$,$(\exists x)A$ 也是合式公式。
>
> (v) 只有有限次使用规则(i)~(iv)得到的那些公式才是合式公式。

在命题逻辑中关于使用圆括号及联结词运算优先级等若干规定,在谓词逻辑中继续有效,即优先次序按优先级从高到低依次是 $\neg$,$\wedge$,$\vee$,$\rightarrow$,$\leftrightarrow$。由定义可知,合式公式是一个按上述规则由原子谓词公式、联结词、量词及圆括号所组成的字符串。例如,字符串 $(\forall x)P(x)$,$(\forall x)(P(x) \vee R(y))$,$(\exists y)((\forall x)P(x) \rightarrow (\exists y)Q(x))$ 都是合式公式,而字符串 $(\forall x)(P(x) \rightarrow R(y)$,$(\exists x)(\forall y)((\exists x) \vee P(x))$ 均不是合式公式。

有了量词的概念后,谓词逻辑的表达能力就更广泛了,它所刻画的语句也更为普遍、更为深刻。下面再举几个例子来说明是如何用合式公式(全总个体域形式)来表达命题的。

【例 2.3.1】 试将下列命题进行谓词符号化。

(1) 并非每个实数都是有理数。

(2) 凡是实数不是大于零就是等于零或是小于零。

(3) 对于所有的自然数 x,y,均有 $x+y>x$ 成立。

(4) 每个人都有一些缺点。

(5) 虽然有一些人是努力的,但是未必一切人都努力。

解 (1) 令 $R(x)$:"x 是实数",$Q(x)$:"x 是有理数",则上述语句可表示为

$$\neg(\forall x)(R(x) \rightarrow Q(x))$$

其中 $R(x)$ 是特性谓词。

(2) 令 $R(x)$:"x 是实数";$G(x,y)$:"x 大于 y"或"y 小于 x";$E(x,y)$:"x 等于 y"。上述语句可表示为

$$(\forall x)(R(x) \rightarrow (G(x,0) \vee E(x,0) \vee G(0,x)))$$

其中 $R(x)$ 为特性谓词。

（3）令 $N(x)$：" x 是自然数"；$F(x,y)$：" $x+y>x$ "。上述语句可表示为

$$(\forall x)(\forall y)(N(x) \land N(y) \to F(x,y))$$

其中 $N(x)$ 和 $N(y)$ 是特性谓词。

（4）令 $P(x)$：" x 是人"；$S(y)$：" y 是缺点"；$F(x,y)$：" x 有 y "。上述语句可表示为

$$(\forall x)(P(x) \to (\exists y)(S(y) \land F(x,y)))$$

其中 $P(x)$ 是全称量词的特性谓词；$S(y)$ 是存在量词的特性谓词。

（5）令 $P(x)$：" x 是人"；$H(x)$：" x 是努力的"。上述语句可表示为

$$(\exists x)(P(x) \land H(x)) \land \neg(\forall x)(P(x) \to H(x))$$

其中 $P(x)$ 是存在量词的特性谓词，也是全称量词的特性谓词。

最后，再举例说明，对同一个命题在指定个体变元的个体域与不指定具体个体域（即全总个体域）时符号化形式之间的区别。

【例 2.3.2】 考查语句"给定任一正整数，总存在一个更大的正整数"。用符号表示这个语句，分别用和不用正整数集作为论域。

解 设个体变元 x 和 y 被限制在正整数集，即指定了论域，此时不必指定特性谓词，并且原句可以译为：对所有的 x，存在一个 y 使得 y 比 x 大。如果令 $G(x,y)$ 表示" x 比 y 大"，则所给语句可表示成

$$(\forall x)(\exists y)(G(y,x))$$

如果对论域不加限制，即指全总个体域，令特性谓词 $P(x)$ 表示" x 是正整数"，则所给语句又可表示成

$$(\forall x)(P(x) \to (\exists y)(P(y) \land G(y,x)))$$

习题 2.3

设个体域是整数集合，令 $P(x,y,z)$：$xy=z$，$E(x,y)$：$x=y$，$G(x,y)$：$x>y$。试将下列命题符号化。

① 如果 $y=1$，则对任何 x，有 $xy=x$。

② 如果 $xy \neq 0$，则 $x \neq 0$ 和 $y \neq 0$。

③ 如果 $xy=0$，则 $x=0$ 或 $y=0$。

④ 如果 $x<y$ 和 $z<0$，则 $xz>yz$。

⑤ 如果 $x<y$，则对于一些 z，能使 $z<0$，$xz>yz$。

2.4 自由变元与约束变元

在谓词公式中，如果有形同 $(\forall x)A$ 或 $(\exists x)A$ 的部分（其中 A 是任何谓词公式），则称 A 为 x 的约束部分。

定义 2.4.1 在谓词公式中，若变元 x 在 x 的约束部分出现，则称 x 为 **约束变元** (bound variable)；若变元 x 不在 x 的约束部分出现，则称 x 为 **自由变元** (free variable)。

【例 2.4.1】 指出下列各公式中量词的辖域、约束变元与自由变元。

(1) $(\forall x)P(x,y)$。

(2) $(\forall x)(P(x)\to(\exists y)R(x,y))$。

(3) $(\forall x)(P(x)\to R(x))\vee(\forall x)(P(x)\to Q(x))$。

(4) $(\exists x)P(x)\wedge Q(x)$。

解 (1) $P(x,y)$是量词$(\forall x)$的辖域,其中x在x的约束部分出现,而y不在y的约束部分出现,故x是约束变元,y是自由变元。

(2) $(\forall x)$的辖域是$P(x)\to(\exists y)R(x,y)$,$(\exists y)$的辖域是$R(x,y)$,x和y分别在x和y的约束部分出现,故x和y都是约束变元。

(3) 第一个量词的辖域是$P(x)\to R(x)$,第二个量词的辖域是$P(x)\to Q(x)$,x均在x的约束部分出现,故x均是约束变元。

(4) $(\exists x)$的辖域是$P(x)$,$P(x)$中的x是在x的约束部分出现,故x是约束变元;而$Q(x)$中的x并不在x的约束部分出现,故$Q(x)$中的x是自由变元。

可见,在同一个公式中,某个变元可能既是约束变元,又是自由变元。为了避免由于约束变元和自由变元同时出现,引起概念上的混淆,应对约束变元进行改名,使得一个变元在一个公式中不是约束变元就是自由变元。可以对约束变元改名的原因是:在一个合式公式中,约束变元所使用的符号是无关紧要的。例如,$(\forall x)P(x)$与$(\forall y)P(y)$所表示的命题与个体变元x和y的符号无关,而与谓词P所代表的含义有关,也即$(\forall x)P(x)$与$(\forall y)P(y)$具有相同的意义,对存在量词也是如此。**改名**(rename)规则如下。

(1) 对约束变元可以改名。若改名,则该变元在量词及其辖域中的所有该约束变元均须一起更改,公式中的其余变元(无论是约束变元还是自由变元)均不变。

(2) 改名时所选用的符号,必须是该量词辖域中没有出现过的符号,最好是整个公式中未出现过的符号。

【例2.4.2】 利用约束变元的改名规则将以下各合式公式中的约束变元进行改名。

(1) $(\forall x)(P(x)\to R(x,y))$。

(2) $(\forall x)(P(x)\to R(x,y))\wedge Q(x,y)$。

解 (1) $(\forall x)(P(x)\to R(x,y))$中$x$是约束变元,$y$是自由变元。若要对约束变元$x$进行改名,根据改名规则,可以将$x$改为$y$以外的任何一个变元(如$z$),且将出现的两个约束变元$x$均要改名,得$(\forall z)(P(z)\to R(z,y))$;若将$x$改为$y$,得$(\forall y)(P(y)\to R(y,y))$,显然这是错误的,因为新的变元符号$y$在原合式公式中是自由变元,而改名后却变成了约束变元。

另外,$(\forall z)(P(x)\to R(z,y))$也是错误的,要改名就应该将辖域内所有该约束变元均改名,不能有的改名,有的不改名。

一个总的原则就是:改名前是约束变元的,改名后也应是约束变元;改名前是自由变元的,改名后仍是自由变元。

(2) $(\forall x)(P(x)\to R(x,y))\wedge Q(x,y)$中,$(\forall x)$的辖域是$P(x)\to R(x,y)$,因此在整个合式公式中,变元$x$在$P(x)\to R(x,y)$中是约束变元,在$Q(x,y)$中却是自由变元。依据约束变元的改名规则,将全称量词$(\forall x)$辖域内两个约束变元x,即$P(x)$和$R(x,y)$中的x均须改为y以外的变元(如z),得$(\forall z)(P(z)\to R(z,y))\wedge Q(x,y)$。通过改名,避免了原谓词公式$(\forall x)(P(x)\to R(x,y))\wedge Q(x,y)$中$x$既是约束变元又是自由变元的混淆。

偶尔可能会遇见 $(\forall x)P(y)$ 类型的公式,其中变元 y 为自由变元,它不受量词 $(\forall x)$ 的约束,这种情况下使用 $(\forall x)$ 是毫无意义的。

对公式中的自由变元也允许更改,这种更改叫作**代换**(substitution)。自由变元的代换规则如下。

(1) 对自由变元进行代换时,需对公式中出现的所有该自由变元都进行代换。

(2) 代换时所选用的变元符号与原公式中所有变元(无论是约束变元还是自由变元)的符号不能相同。

【例 2.4.3】 给定一个合式公式 $(\exists x)(P(x) \wedge R(x,y)) \vee Q(y)$,下面是对该公式中的自由变元 y 进行代换,试判断对错。

(1) $(\exists x)(P(x) \wedge R(x,z)) \vee Q(y)$。

(2) $(\exists x)(P(x) \wedge R(x,x)) \vee Q(x)$。

(3) $(\exists x)(P(x) \wedge R(x,z)) \vee Q(z)$。

解 (1) 错。y 是自由变元,应对所有的 y 都代换,而 $Q(y)$ 中的 y 却没有用 z 代换。

(2) 错。新的变元符号不应该是原公式中出现过的符号 x。

(3) 对。

在谓词逻辑中,正确区分约束变元和自由变元是很重要的。

习题 2.4

(1) 对下面每个公式指出约束变元和自由变元,并指出量词的辖域。

① $(\forall x)P(x) \rightarrow P(y)$。

② $(\forall x)(P(x) \wedge R(x)) \rightarrow (\forall x)P(x) \wedge Q(x)$。

③ $(\forall x)(P(x) \wedge (\exists x)Q(x)) \vee ((\forall x)P(x) \rightarrow Q(a))$。

④ $(\exists x)(\forall y)(P(x,y) \wedge Q(z))$。

⑤ $(\forall z)(P(x) \wedge (\exists x)Q(x,y) \rightarrow (\exists y)R(x,y)) \vee Q(x,y)$。

(2) 将下列各式的约束变元改名,使自由变元和约束变元不用相同的符号。

① $(\forall x)(\forall y)(P(x,z) \rightarrow Q(y)) \leftrightarrow S(x,y)$。

② $((\forall x)(P(x) \rightarrow (R(x) \vee Q(x))) \wedge (\exists x)R(x)) \rightarrow (\exists z)S(x,z)$。

2.5 谓词公式的等价式与蕴涵式

同命题公式的判定问题一样,下面来讨论谓词公式永真式、永假式及可满足式,并在此基础上给出谓词公式的等价式及蕴涵式的概念。

要讨论谓词公式是否永真,首先应弄清任一谓词公式的"真""假"与哪些因素有关。不失一般性,在谓词公式中,有两种类型变元,即命题变元和个体变元,而个体变元又分为约束变元及自由变元。实际上,受约束变元束缚的公式其真值是确定的。因此,谓词公式的真值实际上只与公式中的命题变元和自由个体变元有关(当然还与给定的论域有关)。

在谓词公式中,只要对所出现的命题变元与自由变元赋予确定的真值后,谓词公式的真值也就相应确定了。为清楚起见,来考查谓词公式 $(\forall x)A(x) \wedge B(y) \wedge P$ 的"真""假"。

设 $A(x)$ 表示 "$x^2 \geqslant 0$"。显然,其真假与个体域有关:若个体域为实数,其值为 "真";若个体域为复数,则其值为 "假"。因此,当个体域确定后,$(\forall x)A(x)$ 的真值就相应地确定了,即 $(\forall x)A(x)$ 中的 x 是个约束变元,$A(x)$ 受量词 $(\forall x)$ 的量化后,就成为一个确定的命题。$B(y)$ 表示 "y 为偶数",其真假随自由个体变元 y 而变化,当然也与个体域有关。P 是个命题变元,其真值与代入实际命题的真假有关。

定义 2.5.1 在给定个体域上,对一谓词合式公式,如果谓词变量用确定的谓词常量来取代,命题变元用确定的命题常量来取代,自由个体变元用个体域中的个体来取代,则该合式公式就有了确定的真值,相应的合式公式就成为确定的命题,且把这样的一组代换称为对谓词合式公式的一组**解释**(interpretation)。

【例 2.5.1】 设个体域 $D = \{1,2,3\}$,$A(x)$:x 是实数;$B(y)$:y 是偶数;P:偶数是实数。试给出合式公式 $(\forall x)A(x) \wedge B(y) \wedge P$ 的每组解释及其对应的真值。

解 在个体域 D 上,$\forall x \in D$,x 均为实数,即 $A(x)$ 是真的,从而 $(\forall x)A(x)$ 是真的,而命题变元 P 的取值也为真,所以合式公式 $(\forall x)A(x) \wedge B(y) \wedge P$ 的真值只与 $B(y)$ 的取值有关,而 $B(y)$ 的取值与自由个体变元 y 所取 D 中的个体有关。

(1) 若 $y = 1$ 或 3,则 $B(y)$ 为假,即 $(\forall x)A(x) \wedge B(y) \wedge P$ 为假。

(2) 若 $y = 2$,则 $B(y)$ 为真,即 $(\forall x)A(x) \wedge B(y) \wedge P$ 为真。

定义 2.5.2 给定一个谓词公式 A,设它的个体域为 D。如果 A 在 D 中任何一组解释和该解释下的任何赋值下为 T,则称公式 A 在 D 中是**永真式**(tautology);如果 A 在 D 中任何一组解释和该解释下的任何赋值下都为 F,则称公式 A 在 D 中是**永假式**(contradiction);如果 A 在 D 中至少存在一组解释和该解释下的一个赋值下为 T,则称公式 A 在 D 中是**可满足式**(contingency)。

【例 2.5.2】 设 $A(x)$:x 是实数;$B(y)$:y 是偶数;P:偶数是实数。试考查合式公式 $(\forall x)A(x) \wedge B(y) \wedge P$ 分别在 3 个不同的个体域 $D_1 = \{1,2,3\}$,$D_2 = \{2,4,6\}$,$D_3 = \{1,3,5\}$ 中是永真式、永假式,还是可满足式?

解 $(\forall x)A(x) \wedge B(y) \wedge P$ 在 $D_1 = \{1,2,3\}$ 中是可满足式。

$(\forall x)A(x) \wedge B(y) \wedge P$ 在 $D_2 = \{2,4,6\}$ 中是永真式。

$(\forall x)A(x) \wedge B(y) \wedge P$ 在 $D_3 = \{1,3,5\}$ 中是永假式。

定义 2.5.3 给定任意谓词公式 A 和 B,D 是它们的共同个体域。若 $A \rightarrow B$ 在 D 中是永真式,则称遍及 D 有 A **蕴涵** B,记为 $A \Rightarrow B$;若 D 是全总个体域,则称 A **蕴涵** B,记为 $A \Rightarrow B$;若 $A \Rightarrow B$ 且 $B \Rightarrow A$,则称 A **等价于** B,记为 $A \Leftrightarrow B$。

上面把命题逻辑中的永真式、等价式和蕴涵式等概念推广到谓词逻辑中来。接下来,将给出谓词逻辑中常用的等价式和蕴涵式,它们在谓词逻辑的推理理论中十分重要。

1. 谓词演算中常用的等价式

(1) 命题定律的推广。

可以将命题逻辑中的等价式推广到谓词逻辑中。

例如,由 $P \rightarrow Q \Leftrightarrow \neg P \vee Q$,可得

$$(\forall x)(P(x) \rightarrow Q(x)) \Leftrightarrow (\forall x)(\neg P(x) \vee Q(x))$$

$$(\exists x)(P(x) \to Q(x)) \Leftrightarrow (\exists x)(\neg P(x) \lor Q(x))$$

再如,由 $P \land \neg P \Leftrightarrow F$,可得

$$(\exists x)P(x,y) \land \neg(\exists x)P(x,y) \Leftrightarrow F$$
$$(\forall x)P(x,y) \land \neg(\forall x)P(x,y) \Leftrightarrow F$$

(2) 量词转换律。

$$\neg(\forall x)A(x) \Leftrightarrow (\exists x)\neg A(x)$$
$$\neg(\exists x)A(x) \Leftrightarrow (\forall x)\neg A(x)$$

证 设个体域 $D = \{a_1, a_2, \cdots, a_n\}$,则有

$$
\begin{aligned}
\neg(\forall x)A(x) &\Leftrightarrow \neg(A(a_1) \land A(a_2) \land \cdots \land A(a_n)) && \text{(全称量词的含义)}\\
&\Leftrightarrow \neg A(a_1) \lor \neg A(a_2) \lor \cdots \lor \neg A(a_n) && \text{(德·摩根律)}\\
&\Leftrightarrow (\exists x)\neg A(x) && \text{(存在量词的含义)}\\
\neg(\exists x)A(x) &\Leftrightarrow \neg(A(a_1) \lor A(a_2) \lor \cdots \lor A(a_n)) && \text{(存在量词的含义)}\\
&\Leftrightarrow \neg A(a_1) \land \neg A(a_2) \land \cdots \land \neg A(a_n) && \text{(德·摩根律)}\\
&\Leftrightarrow (\forall x)\neg A(x) && \text{(全称量词的含义)}
\end{aligned}
$$

(3) 量词辖域的扩大和收缩。

设 B 中不含约束变元 x,则有

① $(\forall x)A(x) \lor B \Leftrightarrow (\forall x)(A(x) \lor B)$。

② $(\forall x)A(x) \land B \Leftrightarrow (\forall x)(A(x) \land B)$。

③ $(\exists x)A(x) \lor B \Leftrightarrow (\exists x)(A(x) \lor B)$。

④ $(\exists x)A(x) \land B \Leftrightarrow (\exists x)(A(x) \land B)$。

从上述几个式子,还可以推得以下几个式子。

⑤ $(\exists x)A(x) \to B \Leftrightarrow (\forall x)(A(x) \to B)$。

⑥ $(\forall x)A(x) \to B \Leftrightarrow (\exists x)(A(x) \to B)$。

⑦ $B \to (\forall x)A(x) \Leftrightarrow (\forall x)(B \to A(x))$。

⑧ $B \to (\exists x)A(x) \Leftrightarrow (\exists x)(B \to A(x))$。

在以上 8 个等价式中,由左侧合式公式等价推导右侧合式公式,称为**量词辖域的扩大**,由右侧合式公式等价推导左侧合式公式,称为**量词辖域的收缩**。

证 这里仅证明②和⑥,其余的请读者自行完成。设个体域 $D = \{a_1, a_2, \cdots, a_n\}$。

$$
\begin{aligned}
② (\forall x)A(x) \land B &\Leftrightarrow A(a_1) \land A(a_2) \land \cdots \land A(a_n) \land B && \text{(全称量词的含义)}\\
&\Leftrightarrow (A(a_1) \land B) \land (A(a_2) \land B) \land \cdots \land (A(a_n) \land B) \\
& && \text{(等幂律、交换律、结合律)}\\
&\Leftrightarrow (\forall x)(A(x) \land B) && \text{(全称量词的含义)}\\
⑥ (\forall x)A(x) \to B &\Leftrightarrow \neg(\forall x)A(x) \lor B && \text{(联结词化归)}\\
&\Leftrightarrow \neg(A(a_1) \land A(a_2) \land \cdots \land A(a_n)) \lor B && \text{(全称量词的含义)}\\
&\Leftrightarrow (\neg A(a_1) \lor \neg A(a_2) \lor \cdots \lor \neg A(a_n)) \lor B && \text{(德·摩根律)}\\
&\Leftrightarrow (\neg A(a_1) \lor B) \lor (\neg A(a_2) \lor B) \lor \cdots \lor (\neg A(a_n) \lor B) \\
& && \text{(等幂律、交换律、结合律)}\\
&\Leftrightarrow (\exists x)(\neg A(x) \lor B) && \text{(存在量词的定义)}\\
&\Leftrightarrow (\exists x)(A(x) \to B) && \text{(联结词化归)}
\end{aligned}
$$

或

$$(\forall x)A(x) \rightarrow B \Leftrightarrow \neg(\forall x)A(x) \vee B \qquad \text{(联结词化归)}$$
$$\Leftrightarrow (\exists x)\neg A(x) \vee B \qquad \text{(量词转换)}$$
$$\Leftrightarrow (\exists x)(\neg A(x) \vee B) \qquad \text{(辖域扩大)}$$
$$\Leftrightarrow (\exists x)(A(x) \rightarrow B) \qquad \text{(联结词化归)}$$

(4) 量词分配律。

① $(\forall x)(A(x) \wedge B(x)) \Leftrightarrow (\forall x)A(x) \wedge (\forall x)B(x)$。

② $(\exists x)(A(x) \vee B(x)) \Leftrightarrow (\exists x)A(x) \vee (\exists x)B(x)$。

即全称量词"$\forall x$"对逻辑联结词"$\wedge$"满足分配律；存在量词"$\exists x$"对逻辑联结词"$\vee$"满足分配律。

  证 这里仅证明①，请读者自行完成②的证明。设个体域 $D = \{a_1, a_2, \cdots, a_n\}$，则

$$(\forall x)(A(x) \wedge B(x)) \Leftrightarrow (A(a_1) \wedge B(a_1)) \wedge \cdots \wedge (A(a_n) \wedge B(a_n))$$

(全称量词的定义)

$$\Leftrightarrow (A(a_1) \wedge A(a_2) \wedge \cdots \wedge A(a_n)) \wedge (B(a_1) \wedge B(a_2) \wedge \cdots \wedge B(a_n))$$

(交换律、结合律)

$$\Leftrightarrow (\forall x)A(x) \wedge (\forall x)B(x)$$

(全称量词的定义)

(5) 含有多个量词的等价式。

$$(\forall x)(\forall y)A(x,y) \Leftrightarrow (\forall y)(\forall x)A(x,y)$$
$$(\exists x)(\exists y)A(x,y) \Leftrightarrow (\exists y)(\exists x)A(x,y)$$

  在 2.2 节中，通过例 2.2.5 发现，量词的顺序是不能随意颠倒的；但如果同是全称量词或同是存在量词，由含多个量词的等价式的结果知，此时可以任意颠倒。

  2. 谓词演算中常用的蕴涵式

(1) 量词增减。

① $(\forall x)P(x) \Rightarrow P(y)$。

② $P(y) \Rightarrow (\exists x)P(x)$。

(2) 含有量词的蕴涵式。

① $(\forall x)P(x) \vee (\forall x)Q(x) \Rightarrow (\forall x)(P(x) \vee Q(x))$。

② $(\exists x)(P(x) \wedge Q(x)) \Rightarrow (\exists x)P(x) \wedge (\exists x)Q(x)$。

③ $(\forall x)(P(x) \rightarrow Q(x)) \Rightarrow (\forall x)P(x) \rightarrow (\forall x)Q(x)$。

④ $(\exists x)P(x) \rightarrow (\forall x)Q(x) \Rightarrow (\forall x)(P(x) \rightarrow Q(x))$。

(3) 量词转换。

$$(\forall x)P(x) \Rightarrow (\exists x)P(x)$$

(4) 含有多个量词的蕴涵式。

① $(\forall y)(\forall x)P(x,y) \Rightarrow (\exists x)(\forall y)P(x,y)$。

② $(\exists x)(\forall y)P(x,y) \Rightarrow (\forall y)(\exists x)P(x,y)$。

③ $(\forall y)(\exists x)P(x,y) \Rightarrow (\exists x)(\exists y)P(x,y)$。

④ $(\forall x)(\forall y)P(x,y) \Rightarrow (\forall y)(\forall x)P(x,y)$。

⑤ $(\exists y)(\forall x)P(x,y) \Rightarrow (\forall x)(\exists y)P(x,y)$。

⑥ $(\forall x)(\exists y)P(x,y) \Rightarrow (\exists y)(\exists x)P(x,y)$。

注：量词转换律可以扩展到含有多个量词的谓词公式中去。例如：

$$\neg(\exists x)(\forall y)(\forall z)P(x,y,z) \Leftrightarrow (\forall x)\neg(\forall y)(\forall z)P(x,y,z)$$
$$\Leftrightarrow (\forall x)(\exists y)\neg(\forall z)P(x,y,z)$$
$$\Leftrightarrow (\forall x)(\exists y)(\exists z)\neg P(x,y,z)$$

关于多个量词的 8 个等价式与蕴涵式，使用前面给出的等价式和蕴涵式及关于量词次序的含义，不难证明其成立。

证 ④ $(\forall x)(\forall y)A(x,y) \rightarrow (\exists y)(\forall x)A(x,y)$ （蕴涵式的定义）

$\Leftrightarrow \neg(\forall x)(\forall y)A(x,y) \lor (\exists y)(\forall x)A(x,y)$ （联结词化归）

$\Leftrightarrow (\exists x)(\exists y)\neg A(x,y) \lor (\exists y)(\forall x)A(x,y)$ （量词转换律）

$\Leftrightarrow (\exists y)(\exists x)\neg A(x,y) \lor (\exists y)(\forall x)A(x,y)$ （量词交换律）

$\Leftrightarrow (\exists y)((\exists x)\neg A(x,y) \lor (\forall x)A(x,y))$ （量词分配律）

$\Leftrightarrow (\exists y)(\neg(\forall x)A(x,y) \lor (\forall x)A(x,y))$ （量词转换律）

$\Leftrightarrow (\exists y)(T)$ （零律）

$\Leftrightarrow T$

故 $(\forall x)(\forall y)A(x,y) \Rightarrow (\exists y)(\forall x)A(x,y)$。

为了便于记忆，上述多个量词的 8 个等价式与蕴涵式如图 2.5.1 所示。

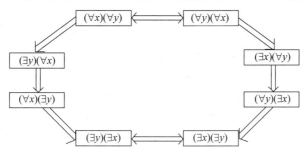

图 2.5.1   多个量词的等价式和蕴涵式

【例 2.5.3】 证明 $(\forall x)(\forall y)(P(x) \rightarrow Q(y)) \Leftrightarrow (\exists x)P(x) \rightarrow (\forall y)Q(y)$。

证 $(\forall x)(\forall y)(P(x) \rightarrow Q(y))$

$\Leftrightarrow (\forall x)(\forall y)(\neg P(x) \lor Q(y))$ （联结词化归）

$\Leftrightarrow (\forall x)\neg P(x) \lor (\forall y)Q(y)$ （辖域收缩）

$\Leftrightarrow \neg(\exists x)P(x) \lor (\forall y)Q(y)$ （量词转换律）

$\Leftrightarrow (\exists x)P(x) \rightarrow (\forall y)Q(y)$ （联结词化归）

习题 2.5

(1) 设个体域是自然数集合，试证明下列等价式。

① $(\forall x)(\forall y)(P(x) \lor Q(y)) \Leftrightarrow (\forall x)P(x) \lor (\forall y)Q(y)$。

② $(\exists x)(\exists y)(P(x) \land Q(y)) \Leftrightarrow (\exists x)P(x) \land (\exists y)Q(y)$。

③ $(\forall x)(\forall y)(P(x) \land Q(y)) \Leftrightarrow (\forall x)P(x) \land (\forall y)Q(y)$。

④ $(\exists x)(\exists y)(P(x) \rightarrow P(y)) \Leftrightarrow (\forall x)P(x) \rightarrow (\exists y)P(y)$。

⑤ $(\forall x)(\forall y)(P(x) \rightarrow Q(y)) \Leftrightarrow (\exists x)P(x) \rightarrow (\forall y)Q(y)$。

(2) 判断下列推论是否正确？为什么？

$$(\forall x)(A(x) \to B(x)) \Leftrightarrow (\forall x)(\neg A(x) \lor B(x))$$
$$\Leftrightarrow (\forall x)\neg(A(x) \land \neg B(x))$$
$$\Leftrightarrow \neg(\exists x)(A(x) \land \neg B(x))$$
$$\Leftrightarrow \neg((\exists x)A(x) \land (\exists x)\neg B(x))$$
$$\Leftrightarrow \neg(\exists x)A(x) \lor \neg(\exists x)\neg B(x)$$
$$\Leftrightarrow \neg(\exists x)A(x) \lor (\forall x)B(x)$$
$$\Leftrightarrow (\exists x)A(x) \to (\forall x)B(x)$$

(3) 给出下列命题，其中哪些是永真式？试给出证明。

① $(\forall x)(P(x) \to Q(x)) \to ((\forall x)P(x) \to (\forall x)Q(x))$。

② $((\forall x)(P(x) \to (\forall x)Q(x)) \to (\forall x)(P(x) \to Q(x))$。

③ $((\exists x)P(x) \to (\forall x)Q(x)) \to (\forall x)(P(x) \to Q(x))$。

④ $(\forall x)(P(x) \to Q(x)) \to ((\exists x)P(x) \to (\forall x)Q(x))$。

2.6 谓词逻辑的推理理论

谓词逻辑是一种比命题逻辑范围更加广泛的形式语言系统，可以说谓词逻辑是命题逻辑的完善和扩充。由 2.5 节讨论可知，谓词逻辑中有一些特有的等价式和蕴涵式，但大部分等价式与蕴涵式是命题逻辑中有关公式的推广。因此，命题逻辑中的各种推理规则，如前提引用规则（P 规则）、结论引用规则（T 规则）、附加前提引用规则（CP 规则）、反证法（F 规则）等也都适用谓词逻辑的推理理论。但是，由于谓词公式中有量词，为了使用这些等价式与蕴涵式，在推理过程中必须有消去和添加量词的规则，以便使谓词逻辑的推理过程可类似于命题逻辑的推理过程那样进行。下面就来介绍有关消去量词和添加量词的规则。

1. 全称特指规则

如果个体域中所有个体都具有性质 P，则个体域中任一个体 y 也具有性质 P，即 $(\forall x)$ $P(x) \Rightarrow P(y)$，称这一规则为**全称特指**（universal specification）**规则**，简称 **US 规则**。

例如，设个体域为全人类，$P(x)$ 表示"x 总是要死的"，个体 y 表示"苏格拉底"，那么，由 $(\forall x)P(x)$，即"所有的人总是要死的"，可以推得结论 $P(y)$，即"苏格拉底总是要死的"。

2. 存在特指规则

如果个体域中存在具有性质 P 的个体，则个体域中必有某个确定的个体 y 具有性质 P，即 $(\exists x)P(x) \Rightarrow P(y)$，称这一规则为**存在特指**（existential specification）**规则**，简称 **ES 规则**。

例如，设个体域为素数集合，$P(x)$ 表示"x 是偶数"，则由 $(\exists x)P(x)$，即"在素数集合中存在一个偶数"，可以推得结论，即"2 是偶数"。

再如，如果 $(\exists x)P(x)$ 和 $(\exists x)Q(x)$ 都是真的，则在个体域中必存在某个 c 和 d，使 $P(c) \land Q(d)$ 是真的，但不可断言 $P(c) \land Q(c)$ 或 $P(d) \land Q(d)$ 是真的。

3. 全称推广规则

如果能够证明个体域中的每个个体 y 都具有性质 P，则对个体域中的任意一个个体都具有性质 P，即 $P(y) \Rightarrow (\forall x)P(x)$，称这一规则为**全称推广**（universal generalization）**规则**，简称 **UG 规则**。

例如,设个体域为全体正整数,$P(x)$表示"x 是大于零的",则由 UG 规则可得 $P(x)\Rightarrow$($\forall x)P(x)$。

4. 存在推广规则

如果个体域中有某个确定的个体 y 具有性质 P,则可以说个体域中就存在具有性质 P 的个体,即 $P(y)\Rightarrow(\exists x)P(x)$,称这一规则为**存在推广**(existential generalization)**规则**,简称 **EG 规则**。

例如,设个体域为全体正的偶数,$P(2)$表示"2 是素数",则由 EG 规则可得,"存在正的偶数是素数",即 $(\exists x)P(x)$。

有了这 4 个规则,就可以使用 ES、US 规则将谓词公式中的量词去掉,使用 EG、UG 规则将量词增添进谓词公式中。

如本章引言所述,使用命题逻辑时,连最简单的苏拉格底三段都无法证明,而谓词逻辑的推理理论,则相当轻松地解决了这一问题,体现出了谓词逻辑的优势。

下面利用公式间的等价关系和蕴涵关系及 P、T、CP、F 和 US、ES、UG、EG 规则来讨论谓词逻辑的推理过程,并通过实例来说明上述 4 个规则使用中须注意的问题。

【例 2.6.1】 试将"苏格拉底论证"符号化,并证明其结论是有效的。

① 所有的人是要死的。

② 苏格拉底是人。

③ 所以,苏格拉底是要死的。

证 令 $H(x)$:x 是人;$D(x)$:x 是要死的;a:苏格拉底。有
$$(\forall x)(H(x)\rightarrow D(x))\wedge H(a)\Rightarrow D(a)$$

(1) $H(a)$	P
(2) $(\forall x)(H(x)\rightarrow D(x))$	P
(3) $H(a)\rightarrow D(a)$	US,(2)
(4) $D(a)$	T,(1),(3),假言推论

上述符号化形式常写成$(\forall x)(H(x)\rightarrow M(x))$,$H(a)\Rightarrow M(a)$。这里的","和"$\wedge$"意思相同。

但是,在使用以上 4 个规则时,特别要注意的是,使用 ES 规则引入的新个体 a,不能使用 US 规则加以推广,这是因为 a 不具有任意性。

【例 2.6.2】 设 $D(u,v)$:u 能被 v 整除;个体域 $D=\{5,7,10,11\}$。

由已知可知,$D=(5,5)$也为真,$D=(10,5)$为真,即 $(\exists u)D(u,5)$为真;而 $D(7,5)$和 $D(11,5)$为假,所以$(\forall u)D(u,5)$为假,考查以下的推理过程。

(1) $\exists(u)D(u,5)$	P
(2) $D(a,5)$	ES,(1)
(3) $(\forall u)D(u,5)$	UG,(2)

在以上的推导过程中,推论出$(\forall u)D(u,5)$这样一个假的结论,原因在于第(3)步,UG 规则使用错误。UG 规则的使用条件是:个体具有任意性。而第(2)步中的个体 a,是使用 ES 规则指定的某个个体,不具有任意性,由此,推出了一个错误结论。

【例 2.6.3】 试证明$(\exists x)M(x)$是前提$(\forall x)(H(x)\rightarrow M(x))$,$(\exists x)H(x)$的逻辑结果。

证　(1) $(\exists x)H(x)$　　　　　　　　　　　P

(2) $H(y)$　　　　　　　　　　　ES,(1),y 被固定

(3) $(\forall x)(H(x)\rightarrow M(x))$　　　　　　　　P

(4) $H(y)\rightarrow M(y)$　　　　　　　　US,(3)

(5) $M(y)$　　　　　　　　T,(2),(4),假言推论

(6) $(\exists x)M(x)$　　　　　　　　EG,(5)

再观察以下的推理过程,错在何处?

(1) $(\forall x)(H(x)\rightarrow M(x))$　　　　　　　P

(2) $H(a)\rightarrow M(a)$　　　　　　　　US,(1)

(3) $(\exists x)H(x)$　　　　　　　　P

(4) $H(a)$　　　　　　　　ES,(3)

(5) $M(a)$　　　　　　　　T,(2),(4)

(6) $(\exists x)M(x)$　　　　　　　　EG,(5)

从表面上看,以上推导过程也推出了所求结论,但是在推导过程中却存在着严重的错误!在第(2)步中使用 US 规则指定的个体 a 是个体域中的任意一个个体,而在第(4)步使用 ES 规则指定为同一个个体 a,而这个 a 并不一定使得 $H(a)$ 为真。因此,若多个前提既有含有全称量词的谓词公式,又有含有存在量词的谓词公式的话,应该首先使用含有存在量词的谓词公式的前提,再使用含有全称量词的谓词公式的前提。

【例 2.6.4】　考查以下的推论过程,错在何处?

(1) $(\exists x)P(x)$　　　　　　　　P

(2) $P(a)$　　　　　　　　ES,(1)

(3) $(\exists x)Q(x)$　　　　　　　　P

(4) $Q(a)$　　　　　　　　ES,(3)

(5) $P(a)\wedge Q(a)$　　　　　　　　T,(2),(4)

(6) $(\exists x)(P(x)\wedge Q(x))$　　　　　　　EG,(5)

解　错在第(4)步 ES 规则的使用上。个体 a 是使得 $P(a)$ 为真的个体域中的某个个体,它具有特殊性。a 不一定使得 $Q(a)$ 也为真,应指定使得 Q 为真的另一个个体 b,即得到 $Q(b)$。

【例 2.6.5】　证明:$(\exists x)(Q(x)\wedge R(x))$ 是前提 $(\forall x)(C(x)\rightarrow(W(x)\wedge R(x)))$、$(\exists x)(C(x)\wedge Q(x))$ 的逻辑。

证　(1) $(\exists x)(C(x)\wedge Q(x))$　　　　　　　P

(2) $C(a)\wedge Q(a)$　　　　　　　ES,(1),a 被固定

(3) $C(a)$　　　　　　　T,(2),化简式

(4) $Q(a)$　　　　　　　T,(2),化简式

(5) $(\forall x)(C(x)\rightarrow(W(x)\wedge R(x)))$　　　　　P

(6) $C(a)\rightarrow(W(a)\wedge R(a))$　　　　　　US,(5)

(7) $W(a)\wedge R(a)$　　　　　　　T,(3),(6),假言推论

(8) $R(a)$　　　　　　　T,(7),化简式

(9) $Q(a)\wedge R(a)$　　　　　　　T,(4),(8)

$(10)\ (\exists x)(Q(x) \land R(x))$ EG,(9)

需要注意的是,本例推导过程中的第(2)与(6)两步次序不能颠倒。若先用 US 规则得到 $C(a) \to (W(a) \land R(a))$,再用 ES 规则时,则不一定得到 $C(a) \to Q(a)$。这是因为使用 US 规则引入的符号 a 是个体域中任意一个个体,而使用 ES 规则引入的符号 a 是个体域中某一特定的个体,所以 $(\exists x)(C(x) \land Q(x))$ 为 T,不一定 $C(a) \land Q(a)$ 也为 T。这可以引入另一个符号(新的符号)b 使 $C(b) \land Q(b)$ 为 T,但这样使推论无法进行下去。因此,一般情况下,应先使用 ES 规则,再使用 US 规则。例如,下面的推导是错误的。

$(1)\ (\forall x)(P(x) \to Q(x))$ P

$(2)\ P(y) \to Q(y)$ US,(1),y 被固定

$(3)\ (\exists x)P(x)$ P

$(4)\ P(y)$ ES,(3)

$(5)\ Q(y)$ T,(2),(4),假言推论

$(6)\ (\forall x)Q(x)$ UG,(5)

请读者思考上述推导过程有何错误? 错在何处? 为什么?

【例 2.6.6】 证明:$(\forall x)(P(x) \lor Q(x)) \Rightarrow (\forall x)P(x) \lor (\exists x)Q(x)$。

证 用反证法(F 规则)。

$(1)\ \neg((\forall x)P(x) \lor (\exists x)Q(x))$ P(假设前提)

$(2)\ \neg(\forall x)P(x) \land \neg(\exists x)Q(x)$ T,(1),德·摩根律

$(3)\ \neg(\forall x)P(x)$ T,(2),化简式

$(4)\ (\exists x)\neg P(x)$ T,(3),量词转换

$(5)\ \neg(\exists x)Q(x)$ T,(2),化简式

$(6)\ (\forall x)\neg Q(x)$ T,(5),量词转换

$(7)\ \neg P(y)$ ES,(4),y 被固定

$(8)\ \neg Q(y)$ US,(6),y 被固定

$(9)\ (\forall x)(P(x) \lor Q(x))$ P

$(10)\ P(y) \lor Q(y)$ US,(9)

$(11)\ Q(y)$ T,(7),(10),析取三段论

$(12)\ \neg Q(y) \land Q(y)$ T,(8),(11),矛盾式

$(13)\ (\forall x)P(y) \lor (\exists x)Q(y)$ F,(1),(12)

本题还可用 CP 规则来证,先将原题结论变为条件式

$$(\forall x)P(x) \lor (\exists x)Q(x) \Leftrightarrow \neg\neg(\forall x)P(x) \lor (\exists x)Q(x)$$
$$\Leftrightarrow \neg(\forall x)P(x) \to (\exists x)Q(x)$$

原题可改为:$(\forall x)(P(x) \lor Q(x)) \Rightarrow \neg(\forall x)P(x) \to (\exists x)Q(x)$

$(1)\ \neg(\forall x)P(x)$ P(附加前提)

$(2)\ (\exists x)\neg P(x)$ T,(1),量词转换

$(3)\ \neg P(c)$ ES,(2),c 被固定

$(4)\ (\forall x)(P(x) \lor Q(x))$ P

$(5)\ P(c) \lor Q(c)$ US,(4)

$(6)\ Q(c)$ T,(3),(5),析取三段论

(7) $(\exists x)Q(x)$	EG,(6)
(8) $(\forall x)P(x)\rightarrow(\exists x)Q(x)$	CP,(1),(7)

习题 2.6

(1) 下列推导步骤为什么是错误的?

① a. $(\forall x)P(x)\rightarrow Q(x)$ P

   b. $P(x)\rightarrow Q(x)$ US,(a)

② a. $(\forall x)(P(x)\lor Q(x))$ P

   b. $P(a)\lor Q(b)$ US,(a)

③ a. $(\forall x)P(x)\lor(\exists x)(Q(x)\land R(x))$ P

   b. $P(a)\lor(\exists x)(Q(x)\land R(x))$ US,(a)

   c. $P(a)\lor(Q(a)\land R(a))$ ES,(b)

④ a. $P(x)\rightarrow Q(x)$ P

   b. $(\exists x)P(x)\rightarrow Q(x)$ EG,(a)

⑤ a. $P(a)\rightarrow Q(b)$ P

   b. $(\exists x)(P(x)\rightarrow Q(x))$ EG,(a)

(2) 使用推论规则证明下列蕴涵式。

① $(\forall x)(\neg A(x)\rightarrow B(x)),(\forall x)\neg B(x)\Rightarrow(\exists x)A(x)$。

② $(\forall x)(A(x)\lor B(x)),(\forall x)(B(x)\rightarrow\neg C(x)),(\forall x)C(x)\Rightarrow(\forall x)A(x)$。

③ $(\exists x)P(x)\rightarrow(\forall x)(P(x)\lor Q(x)\rightarrow R(x)),(\exists x)P(x),(\exists x)Q(x)$

        $\Rightarrow(\exists x)(\exists y)(R(x)\land R(y))$

④ $(\exists x)P(x)\rightarrow(\forall y)(P(y)\lor Q(y)\rightarrow R(y)),(\exists x)P(x)\Rightarrow(\exists x)R(x)$。

(3) 使用 CP 规则证明下列蕴涵式。

① $(\forall x)(P(x)\rightarrow Q(x))\Rightarrow(\forall x)P(x)\rightarrow(\forall x)Q(x)$。

② $(\forall x)(P(x)\lor Q(x))\Rightarrow(\forall x)P(x)\lor(\exists x)Q(x)$。

(4) 使用 F 规则证明下列蕴涵式。

① $(\exists x)P(x)\rightarrow(\forall x)Q(x)\Rightarrow(\forall x)(P(x)\rightarrow Q(x))$。

② $(\forall x)(P(x)\rightarrow Q(x)),(\forall x)(R(x)\rightarrow\neg Q(x))\Rightarrow(\forall x)(R(x)\rightarrow\neg P(x))$。

(5) 考虑蕴涵式:

$$(\forall x)(P(x)\lor Q(x))\Rightarrow(\forall x)P(x)\lor(\forall x)Q(x)$$

① 证明它不是有效的。

② 下面是一个论证,企图证明上式是有效的,试找出其不正确之处。

$(\forall x)(P(x)\lor Q(x))\Leftrightarrow\neg(\exists x)\neg(P(x)\lor Q(x))$	(1)
$\Leftrightarrow\neg(\exists x)(\neg P(x)\land\neg Q(x))$	(2)
$\Leftrightarrow\neg((\exists x)\neg P(x)\land(\exists x)\neg Q(x))$	(3)
$\Leftrightarrow\neg(\exists x)\neg P(x)\lor\neg(\exists x)\neg Q(x)$	(4)
$\Leftrightarrow(\forall x)P(x)\lor(\forall x)Q(x)$	(5)

（6）符号化下列命题并推证其结论。

① 所有的有理数是实数，某些有理数是整数，因此某些实数是整数。

② 任何人如果他喜欢步行，他就不喜欢乘车。每个人或者喜欢乘车或者喜欢骑自行车；有的人不爱骑自行车，因而有的人不爱步行。

③ 任何人违反交通规则，都要被罚款，因此，如果没有罚款，则没人违反交通规则。

④ 所有的有理数都是实数；所有的无理数也是实数；虚数不是实数。因此，虚数既不是有理数也不是无理数。

⑤ 每名大学生，不是文科学生，就是理工科学生；有的大学生是优等生；小张不是文科生，但他是优等生。因此，如果小张是大学生，则他就是理工科学生。

⑥ 每个自然数不是奇数就是偶数，自然数是偶数当且仅当它能被 2 整除，并不是所有自然数都能被 2 整除，因此有的自然数是奇数。

第2篇
集 合 论

集合论是一门现代数学。它作为数学语言和基础,几乎涉及一切数学分支,因而在数学中占据着极其重要的位置。

集合论是德国数学家格奥尔格·康托尔(Georg Cantor)于 1874 年创立的。随着科学的发展,它已不仅是整个数学的基础,而且在计算机科学、人工智能科学、逻辑学等方面有着重要的应用,成为计算机工作者必不可少的基础知识。例如,有限状态机、形式语言等都离不开子集、幂集、集合的分类等;集合成员表和范式在逻辑设计、定理证明中有着重要的应用。至于关系和函数对于研究计算机科学中的许多问题,如数据结构、数据库、情报检索、算法分析、计算机理论等起着更为广泛且重要的作用。

本篇首先讨论集合的基本概念,继之讨论关系与函数的有关知识。

第3章　　　　集　　合

本章将用谓词逻辑表达集合论中的基本概念及其运算,并根据命题演算与集合运算之间的联系,构成一种集合代数。它类似于命题代数,同时还将给出数学中常用的重要证明方法——数学归纳法。最后讨论多重序元与笛卡儿乘积等重要概念,以便为学习后续理论知识打下基础。

3.1　集合的基本概念

集合是不能严格定义的原始概念,对它只能给予直观的描述。一般来说,把具有共同性质的一些东西或客体汇成一个整体,就形成了一个**集合**(set)。

举例如下。

(1) 全体中国人的集合。

(2) 全体素数的集合。

(3) 方程 $x^2+x+1=0$ 的实根的集合。

(4) 直线 $y=2x-5$ 上的点的集合。

上述 4 种集合中的客体(或称为元素)均具有共同的"性质"。但是,一支钢笔、一只老鼠汇成一个整体也可以看成一个集合,而这种集合中的客体就不具有共同"性质"了。一般来说,研究这种集合没有实际意义。

属于集合的任何客体称为该集合的**成员**(member)或**元素**(element)。

通常用大写英文字母表示一个集合,用小写英文字母表示集合中的客体或元素。若元素 a 属于集合 A,记作 $a \in A$,读为"a 属于 A";反之,若元素 a 不属于集合 A,记作 $a \notin A$,读为"a 不属于 A"。

例如,令 $A=\{a,b,d\}$,则 $a \in A, b \in A, d \in A$,常简记为 $a,b,d \in A$,但 $c \notin A, e \notin A$ 或 $c, e \notin A$。

为叙述方便,给出几种常见的集合,以后遇到此类集合不再重述。

Q——有理数(rational number)集合;

N——自然数(natural number)集合(包括 0);

I——整数(integer)集合;

R——实数(real number)集合;

$\mathbf{N}_m$——小于 m 的自然数集合;

$\mathbf{I}_+$——正整数集合;

$\mathbf{I}_-$——负整数集合。

定义 3.1.1 设 A 为任意集合。

(i) 集合 A 含有的元素个数,称为**基数**(cardinality),记为 $\mathrm{card}(A)$ 或 $|A|$。

(ii) 若 $|A|=0$,即 A 中不包含任何元素,则称 A 为**空集**(empty set),记为 $\varnothing$。

(iii) 若 $|A|$ 为某个自然数,则称 A 为**有限集**(finite set)。

(iv) 若 $|A|$ 为无穷大,则称 A 为**无限集**(infinite set)。

(v) 若 $|A|\neq 0$,则称 A 为**非空集**(nonempty set)。

集合与元素的关系是从属关系,即一个元素属于或不属于某集合。为此,对集合中所含元素必须给予直观、确切的描述,其常用方法有下列 3 种。

1. 枚举法(或称列举法,list notation)

依照任意一种次序,不重复地列举出集合中的全部元素,并用一对花括号括起来,元素间用逗号分开。

例如,$A=\{1,3,5,7\}$,$B=\{a,a^2,a^3,a^4\}$,这种方法比较直观。

2. 部分列举法(partially list notation)

依照任意一种次序,不重复列出集合中的部分元素,元素间用逗号分开。但这部分元素充分体现出该集合的元素在上述次序下的构造规律,从而能够容易地得出该集合中的任意一个未列出的元素。未列举出的元素用"…"表示,然后用一对花括号{}括起来。例如,

$$\mathbf{N}=\{0,1,2,3,\cdots\}$$
$$\mathbf{I}=\{\cdots,-3,-2,-1,0,1,2,3,\cdots\}$$

3. 构造法(或称谓词公式法,set builder notation)

如果 $P(x)$ 是表示元素 x 具有某种性质 P 的谓词,则所有具有性质 P 的元素就构成一个集合,记为 $A=\{x\mid P(x)\}$。显然,元素 $a\in A\Leftrightarrow P(a)$ 为真。例如:

$$A=\{x\mid x\in\mathbf{R}\wedge x^2-3x+2=0\}=\{1,2\}$$
$$B=\{x\mid(x=1)\vee(x=3)\vee(x=a)\}=\{1,3,a\}$$
$$C=\{x\mid x\text{ 是正偶数}\}=\{2,4,6,\cdots\}$$

对集合必须注意以下几点。

(1) 集合中的元素必须是确定的,即对集合 A,任一元素 a 或者属于 A 或者不属于 A,两者必具其一,且仅具其一。

(2) 集合中的每个元素均不相同,如 $\{a,b,c,c,d\}$ 与 $\{a,b,c,d\}$ 表示同一个集合。

(3) 对集合中的元素不做任何限制,甚至一个集合可作为另一个集合的元素。例如,$A=\{1,2,\{a,b\}\}$,其中集合 $\{a,b\}$ 是集合 A 的一个元素。显然,有 $\{a,b\}\in A$,但 $a,b\notin A$。

公理 3.1.1 给定两个集合 A 和 B,当且仅当 A 和 B 具有同样的成员或元素,A 和 B 是**相等的**(equal),记为 $A=B$;否则,称为 A 和 B 不相等,记为 $A\neq B$。

集合 A 和 B 相等这个公理可用谓词公式描述如下。

$$A=B\Leftrightarrow(\forall x)(x\in A\leftrightarrow x\in B)$$

或

$$A=B\Leftrightarrow(\forall x)(x\in A\rightarrow x\in B)\wedge(\forall x)(x\in B\rightarrow x\in A)$$

举例如下。

(1) $\{a,b,c\}=\{c,a,b\}=\{a,a,b,c\}$。

(2) 设 $P=\{\{a,b\},c\}$，$Q=\{a,b,c\}$，则 $P\neq Q$。

(3) 设 $A=\{x\mid x(x-1)=0\}$，$B=\{0,1\}$，则 $A=B$。

(4) $\{1,3,5,\cdots\}=\{x\mid x$ 是正奇数$\}$。

(5) $\{a\}\neq\{\{a\}\}$。

定义 3.1.2 设 A 和 B 是两个任意集合。如果 A 的每个元素均属于 B，则称 A 是 B 的**子集**(subset)，或 A 包含于 B，或 B 包含 A，记为 $A\subseteq B$ 或 $B\supseteq A$。

A 是 B 的子集的定义也可用谓词公式描述为 $A\subseteq B\Leftrightarrow(\forall x)(x\in A\rightarrow x\in B)$。

例如，令 $A=\{1,2,3\}$，$B=\{1,2\}$，$C=\{1,2,4\}$，则 $B\subseteq A$ 但 $C\nsubseteq A$。

根据子集的定义立即可以得出下面两个性质。

① 自反性：$A\subseteq A$。

② 传递性：$(A\subseteq B)\wedge(B\subseteq C)\Rightarrow(A\subseteq C)$。

定理 3.1.1 集合 A 和 B 相等的充要条件是它们互为子集，即 $A=B\Leftrightarrow A\subseteq B\wedge B\subseteq A$。

证 （充分性）若 $A\subseteq B$，$B\subseteq A$，证明 $A=B$。现假设 $A\neq B$，则 A 和 B 的元素不完全相同，至少有一个元素 $x\in A$，但 $x\notin B$，这与 $A\subseteq B$ 矛盾；或至少有一个元素 $x\in B$，但 $x\notin A$，这又与 $B\subseteq A$ 相矛盾。故 A 和 B 必然相等。

（必要性）若 $A=B$，证明 $A\subseteq B$，且 $B\subseteq A$。因为 A 和 B 相等，所以它们的元素相同，即 $(\forall x)(x\in A\rightarrow x\in B)$ 为真，且 $(\forall x)(x\in B\rightarrow x\in A)$ 也为真，故 $A\subseteq B$，且 $B\subseteq A$ 成立。∎

此定理建立了集合间的相等与包含关系，当证明两个集合是否相等时，常常使用这个定理，即不直接证明 $A=B$，而是证明 $A\subseteq B$，且 $B\subseteq A$。

在证明此定理的充分性时，使用了**反证法**(proof by contradiction)，这是数学中经常使用的重要证明方法。有些证明直接求证困难较大，这时可考虑使用反证法，甚至有些问题不使用反证法便不能得到证明。

定义 3.1.3 如果集合 A 的每个元素均属于 B，但集合 B 中至少有一个元素不属于 A，则称 A 为 B 的**真子集**(proper subset)，记为 $A\subset B$。

A 是 B 的真子集的定义可用谓词逻辑描述如下。

① $A\subset B\Leftrightarrow(\forall x)(x\in A\rightarrow x\in B)\wedge(\exists x)(x\in B\wedge x\notin A)$。

② $A\subset B\Leftrightarrow A\subseteq B\wedge A\neq B$。

例如，自然数集合 **N** 是整数集合 **I** 的真子集。

定理 3.1.2 对任意集合 A，有 $\varnothing\subseteq A$，即空集是任意集合的子集。

证明 （方法 1）使用反证法。假设 $\varnothing\subseteq A$ 是假，则至少有一个元素 $x\in\varnothing$，且 $x\notin A$，而空集 $\varnothing$ 不包含任何元素，所以这种假设不成立。因此，必有 $\varnothing\subseteq A$。

（方法 2）设 x 是集合 A 中的任意元素，由空集的定义可知，$x\in\varnothing$ 为假，由逻辑联结词 "→" 的定义可知，$x\in\varnothing\rightarrow x\in A$ 为真。由 x 的任意性，根据全称推广规则有 $(\forall x)(x\in\varnothing\rightarrow x\in A)$ 为真，故 $\varnothing\subseteq A$。∎

定理 3.1.3 空集 $\varnothing$ 是唯一的。

证 利用反证法。假设有两个不同的空集 $\varnothing_1$ 和 $\varnothing_2$，因为 $\varnothing_1$ 是空集，所以必有 $\varnothing_1\subseteq\varnothing_2$；

又因为$\varnothing_2$是空集,所以又必有$\varnothing_2 \subseteq \varnothing_1$。即$\varnothing_1$和$\varnothing_2$互为子集,由定理3.1.1可知,$\varnothing_1 = \varnothing_2$。因此假设不成立,即空集$\varnothing$是唯一的。 ■

定义 3.1.4　如果有一个集合包含所要讨论的全部元素,则把该集合称为**全集**(universal set),记为U或E。

全集是一个相对的概念,它随所要研究的范围不同而不同。如统计全国人口,则可以把全国的人的集合看作全集,而各省、市范围内的人的集合都是E的子集。但是,若统计全省人口,则可以把该省的人的集合看作全集。在任何一个集合论的应用中,所研究集合的元素总是属于某个大集合,它就被称为全集或论域。

有了全集的概念,元素与集合间关系的意义就更明显了,如对于元素a,可能有$a \in A$或$a \notin A$,但必有$a \in E$。

显然,空集和全集可分别用谓词公式描述为

$$\varnothing = \{x \mid P(x) \wedge \neg P(x)\}, E = \{x \mid P(x) \vee \neg P(x)\}$$

定义 3.1.5　完全以集合为元素的集合,称为**集类**或**集合族**(family of sets)。

例如,设$A = \{a, b, c, d\}$,令A^*是A的含3个元素的那些子集构成的集类,则
$$A^* = \{\{a, b, c\}, \{a, b, d\}, \{a, c, d\}, \{b, c, d\}\}$$

根据定理3.1.2,空集是任意集合的子集,即$\varnothing \subseteq A$;对任意集合A,$A \subseteq A$。一般来说,任意非空集合A至少有两个子集,一个是空集$\varnothing$,另一个是它本身A。

【例 3.1.1】　设$A = \{a, b, c\}$,试求集合A的所有子集。

解　共有8个子集:$A_0 = \varnothing$,$A_1 = \{a\}$,$A_2 = \{b\}$,$A_3 = \{c\}$,$A_4 = \{a, b\}$,$A_5 = \{a, c\}$,$A_6 = \{b, c\}$,$A_7 = A = \{a, b, c\}$。

定义 3.1.6　由集合A的全部子集所组成的集类,称为A的**幂集**(power set),记为$\rho(A)$,即$\rho(A) = \{A_i \mid A_i \subseteq A\}$。

例如,设$A = \{a, b, c\}$,则$\rho(A) = \{\varnothing, \{a\}, \{b\}, \{c\}, \{a, b\}, \{a, c\}, \{b, c\}, \{a, b, c\}\}$。

定理 3.1.4　如果有限集A有n个元素,则其幂集$\rho(A)$有2^n个元素,即$|\rho(A)| = 2^n$。

证　在A中任取一个元素构成的子集共有C_n^1个,任取两个元素构成的子集共有C_n^2个,以此类推,直至从A中取n个元素构成的子集共有C_n^n个。此外,空集$\varnothing$也是A的一个子集,因此,全部子集的数目为

$$|\rho(A)| = 1 + C_n^1 + C_n^2 + \cdots + C_n^n$$

由二项式定理,有

$$(x + y)^n = x^n + C_n^1 x^{n-1} y + C_n^2 x^{n-2} y^2 + \cdots + C_n^n y^n$$

令$x = y = 1$,得$2^n = 1 + C_n^1 + C_n^2 + \cdots + C_n^n$,故$|\rho(A)| = 2^n$成立。 ■

下面引进一种编码用来唯一地表示一个有限集合幂集的元素,这种方法称为子集的编码表示法,它将为求一个有限集的幂集带来极大方便。众所周知,一个集合中的元素的排列次序是无关紧要的,但是为了便于在计算机上表示集合,可以给元素编定次序,从而可以用二进制数为下标来确定集合中每一元素的位置。显然,对一个含有n个元素的集合A,则需要n位二进制数作为下标,对A的每个子集B,若第i位上记入1,则该位置对应的元素属

于该子集；否则，该元素不属于该子集。设集合 $A=\{a_1,a_2,a_3,\cdots,a_n\}$，再令

$$J=\left\{i\,\Big|\,\underbrace{00\cdots0}_{n\text{个}}\leqslant i\leqslant\underbrace{11\cdots1}_{n\text{个}}\right\}$$

则 $\rho(A)=\{A_i\,|\,i\in J\}$。例如，$A=\{a,b,c\}$，则 $J=\{i\,|\,000\leqslant i\leqslant111\}$，$\rho(A)=\{A_i\,|\,i\in J\}$，其中

$A_0=A_{000}=\varnothing$, $\quad A_1=A_{001}=\{c\}$, $\quad A_2=A_{010}=\{b\}$, $\quad A_3=A_{011}=\{b,c\}$,

$A_4=A_{100}=\{a\}$, $\quad A_5=A_{101}=\{a,c\}$, $\quad A_6=A_{110}=\{a,b\}$, $\quad A_7=A_{111}=\{a,b,c\}$。

把集合 J 叫作**加标集合**（indexed set）。显然，可用这种编码方法确定具有 n 个元素的集合的各子集。实际上，这种方法与 1.8 节中介绍的求极大项和极小项的方法很相似。

习题 3.1

(1) 列出下列集合的全部元素。

① $A=\{x\,|\,x\in\mathbf{N},3<x<12\}$。

② $B=\{x\,|\,x\in\mathbf{N},x$ 是偶数，$x<15\}$。

③ $C=\{x\,|\,x\in\mathbf{N},4+x=3\}$。

④ $D=\{x\,|\,x\in\mathbf{N},y\in\mathbf{N},x+y=10\}$。

(2) 用谓词公式法表示下列集合。

① $\{2,4,6,8,\cdots\}$。

② $\{$能被 5 整除的整数$\}$。

③ $\{100,101,102,\cdots,200\}$。

④ $\{a,a^2,a^3,\cdots,a^{10}\}$。

(3) 判别下列命题是真的还是假的，并简单说明理由。

① $\varnothing\subseteq\varnothing$。

② $\varnothing\in\varnothing$。

③ $\varnothing\subseteq\{\varnothing\}$。

④ $\varnothing\in\{\varnothing\}$。

⑤ $\{a,b\}\subseteq\{a,b,c,\{a,b,c\}\}$。

⑥ $\{a,b\}\in\{a,b,c,\{a,b,c\}\}$。

⑦ $\{a,b\}\subseteq\{a,b,\{\{a,b\}\}\}$。

⑧ $\{a,b\}\in\{a,b,\{\{a,b\}\}\}$。

(4) 举出 3 个集合 A,B,C，使 $A\in B$、$B\in C$，但 $A\notin C$。

(5) 对任意集合 A,B,C，判断下述每个论断是否正确，并论证你的答案。

① 若 $A\in B,B\subseteq C$，则 $A\in C$。

② 若 $A\in B,B\subseteq C$，则 $A\subseteq C$。

③ 若 $A\subseteq B,B\in C$，则 $A\in C$。

④ 若 $A\subseteq B,B\in C$，则 $A\subseteq C$。

(6) 求下列集合的幂集。

① $\{a\}$。

② $\{\{a\}\}$。

③ $\{\varnothing,\{\varnothing\}\}$。

(7) 设 $A=\{a,\{a\}\}$，下列各式成立吗?

① $\{a\}\in\rho(A)$。

② $\{a\}\subseteq\rho(A)$。

③ $\{\{a\}\}\in\rho(A)$。

④ $\{\{a\}\}\subseteq\rho(A)$。

(8) 设 $A=\{a_1,a_2,a_3,a_4,a_5\}$，在子集的编码表示法中，由 A_6,A_{21} 所表示的 A 的子集是什么? 子集 $\{a_2,a_3\}$ 和 $\{a_1,a_4,a_5\}$ 应如何表示?

3.2 集合的运算

本节将介绍集合的几种基本运算。集合运算是指按照一定的规则对一个或多个集合进行运算而产生一个新的集合。这几种基本运算是：交运算 $A\bigcap B$；并运算 $A\bigcup B$；差运算 $A-B$；补运算 $\sim A$；对称差运算 $A\oplus B$。下面将给出集合的 5 种基本运算规则，并用一种称为**文氏图**或**文恩图**（Venn diagram）的方法来直观地表示这 5 种基本运算的运算结果。值得注意的是，我们总是在一定的"范围"内讨论问题，这个"范围"指的就是前面介绍的全集，它包含了所要讨论的全部元素，至于全集究竟是什么并不重要。

> **定义 3.2.1** 设 A 和 B 是两个任意集合，全集为 E，则：
> (i) $A\bigcap B=\{x\mid x\in A\wedge x\in B\}$，叫作 A 和 B 的**交集**（intersection）；
> (ii) $A\bigcup B=\{x\mid x\in A\vee x\in B\}$，叫作 A 和 B 的**并集**（union）；
> (iii) $A-B=\{x\mid x\in A\wedge x\notin B\}$，叫作 A 和 B 的**差集**（difference），又称 B 对 A 的相对**补集**（the relative complement）；
> (iv) $\sim A=E-A=\{x\mid x\in E\wedge x\notin A\}$，叫作 A 的**绝对补集**（complement），简称**补集**；
> (v) $A\oplus B=(A-B)\bigcup(B-A)=(A\bigcup B)-(A\bigcap B)$，叫作 A 和 B 的**对称差集**（symmetric difference）或**环和**（cycle sum）。

全集的引入使我们得以利用图示的方法来研究问题，所用的图称为文氏图。文氏图是一种利用平面上点的集合构成的对集合的图示。全集 E 用一个矩形的内部表示，其他的集合（E 的子集）则用矩形内的圆面来表示。下面给出上述 5 种基本运算结果的文氏图表示，其阴影部分表示运算结果，如图 3.2.1 所示。

【例 3.2.1】 设 $E=\{0,1,2,3,4,5\}$，$A=\{1,2,5\}$，$B=\{2,4\}$，则
$A\bigcap B=\{2\}$，　　　 $A\bigcup B=\{1,2,4,5\}$，
$A-B=\{1,5\}$，　 $B-A=\{4\}$，
$\sim A=\{0,3,4\}$，　　 $\sim B=\{0,1,3,5\}$，　　　　 $A\oplus B=\{1,4,5\}$。

> **定理 3.2.1** 设 A,B 和 C 是任意集合，则有：
> (i) $A\subseteq A\bigcup B,B\subseteq A\bigcup B$；
> (ii) $A\bigcap B\subseteq A,A\bigcap B\subseteq B$；
> (iii) $A-B=A\bigcap(\sim B)$；
> (iv) $A\subseteq C,B\subseteq C\Rightarrow A\bigcup B\subseteq C$；
> (v) $A\subseteq B,A\subseteq C\Rightarrow A\subseteq B\bigcap C$。

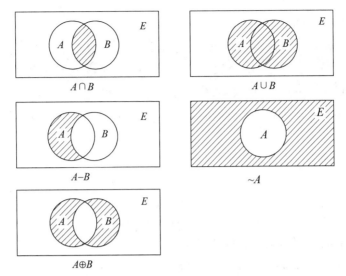

图 3.2.1 5 种运算的文氏图表示

这个定理的证明很容易,下面仅给出(iii)式的证明,其他留给读者练习。

证 要证明 $A-B=A\cap\sim B$,即证明 $A-B\subseteq A\cap(\sim B)$,且 $A\cap(\sim B)\subseteq A-B$。

先证明 $A-B\subseteq A\cap(\sim B)$。对任意的 $x\in A-B$,有

$$x\in A\wedge x\notin B\Rightarrow x\in A\wedge x\in\sim B\Rightarrow x\in A\cap(\sim B)$$

即

$$A-B\subseteq A\cap(\sim B)$$

再证明 $A\cap(\sim B)\subseteq A-B$。对任意的 $x\in A\cap(\sim B)$,有

$$x\in A\cap x\in(\sim B)\Rightarrow x\in A\wedge x\notin B\Rightarrow x\in A-B$$

故

$$A\cap(\sim B)\subseteq A-B$$

所以,$A-B=A\cap(\sim B)$。∎

$A-B=A\cap(\sim B)$ 是一个重要的公式,在集合的运算中经常用到,它的意义在于将相对补运算转换为绝对补和交运算。为书写方便,将 $A\cap(\sim B)$ 简写为 $A\cap\sim B$。

下面给出各运算的性质。

(1) 交运算的性质。

① $A\cap A=A$。　　　　　　　　　　　　　　　　　　　　　　　(等幂律)

② $A\cap\varnothing=\varnothing$。　　　　　　　　　　　　　　　　　　　　　(零律)

③ $A\cap E=A$。　　　　　　　　　　　　　　　　　　　　　　　(同一律)

④ $A\cap B=B\cap A$。　　　　　　　　　　　　　　　　　　　　(交换律)

⑤ $(A\cap B)\cap C=A\cap(B\cap C)$。　　　　　　　　　　　　　(结合律)

若 A 和 B 没有共同的元素,则称 A 和 B **不相交**(disjoint),即 $A\cap B=\varnothing$。

(2) 并运算的性质。

① $A\cup A=A$。　　　　　　　　　　　　　　　　　　　　　　　(等幂律)

② $A\cup\varnothing=A$。　　　　　　　　　　　　　　　　　　　　　(同一律)

③ $A\cup E=E$。　　　　　　　　　　　　　　　　　　　　　　　(零律)

④ $A\cup B=B\cup A$。　　　　　　　　　　　　　　　　　　　　(交换律)

⑤ $(A \cup B) \cup C = A \cup (B \cup C)$。 （结合律）

定理 3.2.2 设 A,B 和 C 是任意集合,则有:

(i) $A \cap (B \cup C) = (A \cap B) \cup (A \cap C)$;

(ii) $A \cup (B \cap C) = (A \cup B) \cap (A \cup C)$。 （分配律）

证 (ii) 对任意的 $x \in A \cup (B \cap C) \Leftrightarrow x \in \{x \mid x \in A \vee x \in (B \cap C)\}$

$\Leftrightarrow x \in \{x \mid x \in A \vee (x \in B \wedge x \in C)\}$

$\Leftrightarrow x \in \{x \mid (x \in A \vee x \in B) \wedge (x \in A \vee x \in C)\}$

$\Leftrightarrow x \in \{x \mid x \in A \cup B \wedge x \in A \cup C\}$

$\Leftrightarrow x \in (A \cup B) \cap (A \cup C)$

再由 x 的任意性可知,$A \cup (B \cap C) = (A \cup B) \cap (A \cup C)$ 成立。

(i) 式的证明与此类似,请读者自己完成。 ■

定理 3.2.3 设 A 和 B 是任意集合,则有:

(i) $A \cup (A \cap B) = A$;

(ii) $A \cap (A \cup B) = A$。 （吸收律）

证 (i) $A \cup (A \cap B) = (A \cap E) \cup (A \cap B) = A \cap (E \cup B) = A \cap E = A$。

(ii) 式的证明与此类似,请读者自己完成。 ■

(3) 补运算的性质。

① $\sim(\sim A) = A$。

② $\sim E = \varnothing$。

③ $A \cup \sim A = E$。

④ $A \cap \sim A = \varnothing$。

定理 3.2.4 (i) $\sim(A \cup B) = \sim A \cap \sim B$;

(ii) $\sim(A \cap B) = \sim A \cup \sim B$。 （德·摩根律）

证 (i) 对任意的 $x \in \sim(A \cup B) \Leftrightarrow x \in \{x \mid x \in \sim(A \cup B)\}$

$\Leftrightarrow x \in \{x \mid x \in E \wedge x \notin (A \cup B)\}$

$\Leftrightarrow x \in \{x \mid x \in E \wedge (x \notin A \wedge x \notin B)\}$

$\Leftrightarrow x \in \{x \mid (x \in E \wedge x \notin A) \wedge (x \in E \wedge x \notin B)\}$

$\Leftrightarrow x \in \{x \mid x \in \sim A \wedge x \in \sim B\}$

$\Leftrightarrow x \in \{x \mid x \in \sim A \cap \sim B\}$

$\Leftrightarrow x \in \sim A \cap \sim B$

再由 x 的任意性可知,$\sim(A \cup B) = \sim A \cap \sim B$。

(ii) 同理可证,请读者自己完成。 ■

定理 3.2.5 设 A、B 和 C 是任意集合,则有 $A \cap (B - C) = (A \cap B) - (A \cap C)$。

证 左 $= A \cap (B - C) = A \cap (B \cap \sim C) = A \cap B \cap \sim C$

右 $= (A \cap B) - (A \cap C) = (A \cap B) \cap \sim(A \cap C)$

$= (A \cap B) \cap (\sim A \cup \sim C) = (A \cap B \cap \sim A) \cup (A \cap B \cap \sim C)$

$= \varnothing \cup (A \cap B \cap \sim C) = A \cap B \cap \sim C$

所以,原式成立。 ∎

> **定理 3.2.6** 设任意两个集合 A、B,若 $A\subseteq B$,则:
> (i) $\sim B\subseteq \sim A$;
> (ii) $(B-A)\cup A=B$。

证 (ii) $(B-A)\cup A=(B\cap \sim A)\cup A$

$$=(B\cup A)\cap(\sim A\cup A)=(B\cup A)\cap E$$
$$=B\cup A$$
$$=B \qquad (条件\ A\subseteq B)$$

(i) 式的证明请读者自己完成。 ∎

(4) 对称差的性质。

① $A\oplus B=B\oplus A$。 (交换律)

② $(A\oplus B)\oplus C=A\oplus(B\oplus C)$。 (结合律)

③ $A\oplus\varnothing=A$。

④ $A\oplus A=\varnothing$。

【例 3.2.2】 证明:$A\subseteq B$ 当且仅当 $A\cup B=B$,或 $A\cap B=A$。

证 在此只证明 $A\subseteq B$ 当且仅当 $A\cup B=B$。

(必要性)已知 $A\subseteq B$,证明 $A\cup B=B$。先证 $A\cup B\subseteq B$。对任意的 $x\in A\cup B$,有

$$x\in A\cup B\Rightarrow x\in A \vee x\in B$$
$$\Rightarrow x\in B \vee x\in B \qquad (条件\ A\subseteq B)$$
$$\Leftrightarrow x\in B$$

即 $A\cup B\subseteq B$。

再证 $B\subseteq A\cup B$。这是显然的。

综上,知 $A\cup B=B$。

(充分性)已知 $A\cup B=B$,证明 $A\subseteq B$。对任意的 $x\in A$,有

$$x\in A\Rightarrow x\in A\cup B$$
$$\Leftrightarrow x\in B \qquad (条件\ A\cup B=B)$$

所以,$A\subseteq B$。

综上,知 $A\subseteq B$ 当且仅当 $A\cup B=B$。 ∎

为了引用时方便起见,下面列出一些常用的集合基本恒等式,并附加上命题演算中与其相对应的等价式,从中会看到命题演算与集合代数之间的联系与相似之处。由于这些基本恒等式描述了它所包含的运算的某些性质,因此也称为集合定律。

C_1:等幂律

$$A\cup A=A \qquad (P\vee P\Leftrightarrow P)$$
$$A\cap A=A \qquad (P\wedge P\Leftrightarrow P)$$

C_2:结合律

$$(A\cup B)\cup C=A\cup(B\cup C) \qquad ((P\vee Q)\vee R\Leftrightarrow P\vee(Q\vee R))$$
$$(A\cap B)\cap C=A\cap(B\cap C) \qquad ((P\wedge Q)\wedge R\Leftrightarrow P\wedge(Q\wedge R))$$

C_3:分配律

$$A \cup (B \cap C) = (A \cup B) \cap (A \cup C) \qquad (P \vee (Q \wedge R) \Leftrightarrow (P \vee Q) \wedge (P \vee R))$$
$$A \cap (B \cup C) = (A \cap B) \cup (A \cap C) \qquad (P \wedge (Q \vee R) \Leftrightarrow (P \wedge Q) \vee (P \wedge R))$$

C_4：交换律
$$A \cup B = B \cup A \qquad (P \vee Q \Leftrightarrow Q \vee P)$$
$$A \cap B = B \cap A \qquad (P \wedge Q \Leftrightarrow Q \wedge P)$$

C_5：同一律
$$A \cup \varnothing = A \qquad (P \vee F \Leftrightarrow P)$$
$$A \cap E = A \qquad (P \wedge T \Leftrightarrow P)$$

C_6：零律
$$A \cup E = E \qquad (P \vee T \Leftrightarrow T)$$
$$A \cap \varnothing = \varnothing \qquad (P \wedge F \Leftrightarrow F)$$

C_7：补余律
$$A \cup \sim A = E \qquad (P \vee \neg P \Leftrightarrow T)$$
$$A \cap \sim A = \varnothing \qquad (P \wedge \neg P \Leftrightarrow F)$$

C_8：吸收律
$$A \cup (A \cap B) = A \qquad (P \vee (P \wedge Q) \Leftrightarrow P)$$
$$A \cap (A \cup B) = A \qquad (P \wedge (P \vee Q) \Leftrightarrow P)$$

C_9：德·摩根律
$$\sim (A \cup B) = \sim A \cap \sim B \qquad (\neg (P \vee Q) \Leftrightarrow \neg P \wedge \neg Q)$$
$$\sim (A \cap B) = \sim A \cup \sim B \qquad (\neg (P \wedge Q) \Leftrightarrow \neg P \vee \neg Q)$$

C_{10}：双重否定律
$$\sim (\sim A) = A \qquad (\neg \neg P \Leftrightarrow P)$$

C_{11}：
$$\sim \varnothing = E \qquad (\neg F \Leftrightarrow T)$$
$$\sim E = \varnothing \qquad (\neg T \Leftrightarrow F)$$

此外，还有一些常用的恒等式和关系式。

C_{12}：$A \cap B \subseteq A, A \cap B \subseteq B$

C_{13}：$A \subseteq A \cup B, B \subseteq A \cup B$

C_{14}：$A - B \subseteq A$

C_{15}：$A \oplus B \subseteq A \cup B$

C_{16}：$A - B = A \cap \sim B$

C_{17}：$A - B = A - (A \cap B)$

C_{18}：$A \oplus B = (A \cap \sim B) \cup (\sim A \cap B)$

C_{19}：$(A \cup B \neq \varnothing) \Rightarrow (A \neq \varnothing) \vee (B \neq \varnothing)$

C_{20}：$(A \cap B \neq \varnothing) \Rightarrow (A \neq \varnothing) \wedge (B \neq \varnothing)$

C_{21}：$A \subseteq B \wedge B \subseteq C \Rightarrow A \subseteq C$ ⎫ 传递性

C_{22}：$A \subset B \wedge B \subset C \Rightarrow A \subset C$ ⎭

传递性定律的证明并不困难，下面只以 C_{17} 和 C_{21} 式为例来说明一般的证明方法。

证　C_{17}：$A - B = A - (A \cap B)$

（方法 1）对任意的 $x \in A - (A \cap B) \Leftrightarrow x \in \{x \mid x \in A \wedge x \notin (A \cap B)\}$

$$\Leftrightarrow x \in \{x \mid x \in A \land (x \notin A \lor x \notin B)\}$$
$$\Leftrightarrow x \in \{x \mid (x \in A \land x \notin A) \lor (x \in A \land x \notin B)\}$$
$$\Leftrightarrow x \in \{x \mid F \lor (x \in A \land x \notin B)\}$$
$$\Leftrightarrow x \in \{x \mid x \in A \land x \notin B\}$$
$$\Leftrightarrow x \in A - B$$

再由 x 的任意性可知，$A-B=A-(A\bigcap B)$ 成立。

（方法 2） $A-(A\bigcap B)=A\bigcap \sim(A\bigcap B)$
$$=A\bigcap(\sim A \bigcup \sim B)$$
$$=(A\bigcap \sim A)\bigcup(A\bigcap \sim B)=\varnothing \bigcup(A\bigcap \sim B)$$
$$=A\bigcap \sim B=A-B$$

证　C_{21}：$A\subseteq B \land B\subseteq C \Rightarrow A\subseteq C$

（方法 1）任意 $x\in A$，因为 $A\subseteq B$，所以 $x\in B$；又因为 $B\subseteq C$，所以由 $x\in B$ 可知，必有 $x\in C$。由此可得，任意 $x\in A$，均有 $x\in C$，故 $A\subseteq C$ 成立。

（方法 2）先将 C_{21} 式符号化，可得谓词逻辑的推理形式，即

$$(\forall x)(x\in A \to x\in B),(\forall x)(x\in B\to x\in C)\Rightarrow(\forall x)(x\in A\to x\in C)$$

(1) $(\forall x)(x\in A\to x\in B)$	P
(2) $y\in A\to y\in B$	US,(1)
(3) $(\forall x)(x\in B\to x\in C)$	P
(4) $y\in B\to y\in C$	US,(3)
(5) $y\in A\to y\in C$	T,(2),(4),假言三段论
(6) $(\forall x)(x\in A\to x\in C)$	UG,(5)

故 C_{21} 结论成立。

　　上面已经定义过集合的运算，借助这些运算，可以由已知集合构造新的集合。大写字母被用来表示确定的集合，也用这些字母作为集合变量，这种习惯类似于命题演算中的用法。例如，大写字母 $A,B,C,\cdots$ 用作集合变量，它们未必是集合，而可以是集合公式。集合运算还能够扩充到集合公式，因而 $A\bigcup B,A\bigcap B,\sim A$ 等全是集合公式，任何包含有集合变量，运算符 $\bigcap,\bigcup,\sim$ 和括号的合式字符串都是一集合公式，为了简单起见把它们也叫集合。

　　事实上，以确定的集合去代替变量，就从一个集合公式得到一个集合。当出现于两个集合公式中的集合变量一旦用任意一个集合去代替后，如果它们作为集合是相等的，则说这两个集合公式是相等的。由于集合公式的相等不依赖于去代替那些变量的集合，因此这些等式就称为集合恒等式。某些基本恒等式描述所含运算的一定性质并给予专门名称。这些性质描述一种代数，称为**集合代数**（sets algebra）。

　　与命题代数一样，上面所列出的恒等式不全是独立的，某些恒等式可以由假定一些别的恒等式而推导出来。然而，我们已经列出了这些能显示某些基本和有用性质的全部恒等式。

　　另外，由上面列出的恒等式可以看到，除 C_{10} 外都是成对出现的。这种成对出现的原因类似于命题代数中给出的对偶原理，在集合代数的情形下也成立。事实上，命题代数和集合代数都是一种称为**布尔代数**（Boolean algebra）的抽象代数的特殊情形。这个事实也说明了为什么在命题演算中的运算符和集合论中的运算符间能看到相似性。

习题 3.2

(1) 设 $E=\{1,2,3,4,5\}$，$A=\{1,4\}$，$B=\{1,2,5\}$，$C=\{2,4\}$，求下列集合。

① $A\cap\sim B$。

② $A\cup\sim B$。

③ $A-B$。

④ $B\oplus C$。

⑤ $\sim A\cup\sim C$。

(2) ① 若 $A\cup B=A\cup C$，一定有 $B=C$ 吗？

② 若 $A\cap B=A\cap C$，一定有 $B=C$ 吗？

③ 若 $A\oplus B=A\oplus C$，一定有 $B=C$ 吗？论证你的答案。

(3) 设 A,B,C 是任意 3 个集合，证明：

① $(A-B)-C=A-(B\cup C)$。

② $(A-B)-C=(A-C)-B$。

③ $(A-B)-C=(A-C)-(B-C)$。

(4) 设 A,B,C 是任意 3 个集合，下述 4 个式子在什么条件下成立？

① $(A-B)\cup(A-C)=A$。

② $(A-B)\cup(A-C)=\varnothing$。

③ $(A-B)\cap(A-C)=\varnothing$。

④ $(A-B)\oplus(A-C)=\varnothing$。

(5) 若 $A\cap C\subseteq B\cap C$，且 $A\cap\sim C\subseteq B\cap\sim C$，则 $A\subseteq B$。请证明之。

(6) 证明：$C\subseteq A$ 当且仅当 $(A\cap B)\cup C=A\cap(B\cup C)$。

(7) 设 $A=\{a,b,\{a,b\},\varnothing\}$，求出下列各式：

① $A-\{a,b\}$。

② $A-\varnothing$。

③ $A-\{\varnothing\}$。

④ $\{\{a,b\}\}-A$。

(8) 设 A,B,C,D 是任意 4 个集合，试证明：

① $A-(B\cup C)=(A-B)\cap(A-C)$。

② $A-(B\cap C)=(A-B)\cup(A-C)$。

③ $A-(B-C)=(A-B)\cup(A\cap C)$。

④ $(A-B)\cap(C-D)=(A\cap C)-(B\cup D)$。

3.3 包含排斥原理

本节主要讨论有限集的元素计数问题。首先给出集合计数问题的基本关系式，然后给出包含排斥原理以及它在实际中的应用。

根据集合运算的定义，显然以下各式成立。

(1) $|A_1 \cup A_2| \leqslant |A_1| + |A_2|$。

(2) $|A_1 \cap A_2| \leqslant \min\{|A_1|, |A_2|\}$。

(3) $|A_1 - A_2| \geqslant |A_1| - |A_2|$。

(4) $|A_1 \oplus A_2| = |A_1| + |A_2| - 2|A_1 \cap A_2|$。

其中,等式(不等式)左边出现的运算符都是集合中的运算符,右边出现的运算符"+"或"−"都是普遍意义上的加法和减法。

定理 3.3.1　设 A, B 为有限集,其元素个数分别为 $|A|$ 和 $|B|$,则有
$$|A \cup B| = |A| + |B| - |A \cap B|$$

证　当 $|A \cap B| = \varnothing$ 时,显然有 $|A \cup B| = |A| + |B|$,此时结论成立。

当 $|A \cap B| \neq \varnothing$ 时,$|A| = |A \cap \sim B| + |A \cap B|$,$|B| = |\sim A \cap B| + |A \cap B|$,

$$|A| + |B| = |A \cap \sim B| + |\sim A \cap B| + 2|A \cap B|, \tag{1}$$

$$|A \cup B| = |A \cap \sim B| + |\sim A \cap B| + |A \cap B|, \tag{2}$$

由式(1)和式(2)可得

$$|A \cup B| = |A| + |B| - |A \cap B|$$

此定理被称为**包含排斥原理**(inclusion-exclusion principle)。此原理在实际中具有广泛的应用。

【例 3.3.1】　某班 30 名学生中选学英语的有 7 人,选学日语的有 5 人,两科都选的有 3 人。问两科都不选的有多少人?

解　用 A 表示选学英语的学生集合,B 表示选学日语的学生集合。显然,$|A| = 7$ (人),$|B| = 5$(人),$|A \cap B| = 3$(人),则

$$|A \cup B| = |A| + |B| - |A \cap B| = 7 + 5 - 3 = 9(人)$$

即至少选学一门外语的人数为 9 人,两科都不选的人数为

$$|\sim(A \cup B)| = |E| - |A \cup B| = 30 - 9 = 21(人)$$

推论 1　设 A, B, C 是任意有限集,则有
$$|A \cup B \cup C| = |A| + |B| + |C| - |A \cap B| - |A \cap C| - |B \cap C| + |A \cap B \cap C|$$

【例 3.3.2】　某校举行数学、物理、英语 3 科竞赛,某班 30 名学生中有 15 人参加了数学竞赛,8 人参加了物理竞赛,6 人参加了英语竞赛,并且有 3 人同时参加了这 3 种竞赛,问最少有多少人一科竞赛都没有参加?

解　用 A_1 表示参加数学竞赛的学生集合;A_2 表示参加物理竞赛的学生集合;A_3 表示参加英语竞赛的学生集合。显然,有 $|A_1| = 15$(人),$|A_2| = 8$(人),$|A_3| = 6$(人),$|A_1 \cap A_2 \cap A_3| = 3$(人)。由推论 1 可知

$$|A_1 \cup A_2 \cup A_3| = |A_1| + |A_2| + |A_3| - |A_1 \cap A_2|$$
$$- |A_1 \cap A_3| - |A_2 \cap A_3| + |A_1 \cap A_2 \cap A_3|$$

因为

$$|A_1 \cap A_2| \geqslant |A_1 \cap A_2 \cap A_3| = 3$$
$$|A_1 \cap A_3| \geqslant |A_1 \cap A_2 \cap A_3| = 3$$
$$|A_2 \cap A_3| \geqslant |A_1 \cap A_2 \cap A_3| = 3$$

所以
$$|A_1 \cup A_2 \cup A_3| \leqslant 15+8+6-3\times 3+3=23(人)$$
即全班 30 人中最多有 23 人参加了竞赛活动,因此最少有 7 人没有参加任何一科的竞赛。

推论 2 设 $A_1,A_2,\cdots,A_n$ 为有限集合,其元素个数分别为 $|A_1|,|A_2|,\cdots,|A_n|$,则有
$$|A_1 \cup A_2 \cup \cdots \cup A_n|$$
$$=\sum_{i=1}^{n}|A_i|-\sum_{1\leqslant i<j\leqslant n}|A_i \cap A_j|+$$
$$\sum_{1\leqslant i<j<k\leqslant n}|A_i \cap A_j \cap A_k|+\cdots+(-1)^{n-1}|A_1 \cap A_2 \cap \cdots \cap A_n|$$

【例 3.3.3】 试求出 $1\sim250$ 之间能被 2、3、5、7 任何一数整除的整数个数。

解 用 A_1、A_2、A_3 和 A_4 分别表示 $1\sim250$ 间能被 2、3、5 和 7 整除的整数集合,于是 $A_1\cup A_2\cup A_3\cup A_4$ 表示 $1\sim250$ 间至少能被 2、3、5 和 7 之一整除的整数集合,其个数 $|A_1\cup A_2\cup A_3\cup A_4|$ 即为所求。按包含排斥原理的推论 2 展开,得
$$|A_1 \cup A_2 \cup A_3 \cup A_4|$$
$$=\sum_{i=1}^{4}|A_i|-\sum_{1\leqslant i<j\leqslant 4}|A_i \cap A_j|+\sum_{1\leqslant i<j<k\leqslant 4}|A_i \cap A_j \cap A_k|+$$
$$(-1)^{4-1}|A_1 \cap A_2 \cap A_3 \cap A_4|$$
$$=|A_1|+|A_2|+|A_3|+|A_4|-|A_1 \cap A_2|-|A_1 \cap A_3|-|A_1 \cap A_4|-$$
$$|A_2 \cap A_3|-|A_2 \cap A_4|-|A_3 \cap A_4|+|A_1 \cap A_2 \cap A_3|+|A_1 \cap A_2 \cap A_4|+$$
$$|A_1 \cap A_3 \cap A_4|+|A_2 \cap A_3 \cap A_4|-|A_1 \cap A_2 \cap A_3 \cap A_4|$$
显然,$A_1 \cap A_2$ 表示能同时被 2 和 3 整除的整数集合;$A_1 \cap A_3$ 表示能同时被 2 和 5 整除的整数集合;其余类推。于是
$$|A_1|=\left\lfloor\frac{250}{2}\right\rfloor=125,\ |A_2|=\left\lfloor\frac{250}{3}\right\rfloor=83,\ |A_3|=\left\lfloor\frac{250}{5}\right\rfloor=50,\ |A_4|=\left\lfloor\frac{250}{7}\right\rfloor=35$$
$$|A_1 \cap A_2|=\left\lfloor\frac{250}{2\times3}\right\rfloor=41,\quad |A_1 \cap A_3|=\left\lfloor\frac{250}{2\times5}\right\rfloor=25,\quad |A_1 \cap A_4|=\left\lfloor\frac{250}{2\times7}\right\rfloor=17$$
$$|A_2 \cap A_3|=\left\lfloor\frac{250}{3\times5}\right\rfloor=16,\quad |A_2 \cap A_4|=\left\lfloor\frac{250}{3\times7}\right\rfloor=11,\quad |A_3 \cap A_4|=\left\lfloor\frac{250}{5\times7}\right\rfloor=7$$
$$|A_1 \cap A_2 \cap A_3|=\left\lfloor\frac{250}{2\times3\times5}\right\rfloor=8,\quad |A_1 \cap A_2 \cap A_4|=\left\lfloor\frac{250}{2\times3\times7}\right\rfloor=5$$
$$|A_1 \cap A_3 \cap A_4|=\left\lfloor\frac{250}{2\times5\times7}\right\rfloor=3,\quad |A_2 \cap A_3 \cap A_4|=\left\lfloor\frac{250}{3\times5\times7}\right\rfloor=2$$
$$|A_1 \cap A_2 \cap A_3 \cap A_4|=\left\lfloor\frac{250}{2\times3\times5\times7}\right\rfloor=1$$
于是得
$$|A_1 \cup A_2 \cup A_3 \cup A_4|=125+83+50+35-41-25-17$$
$$-16-11-7+8+5+3+2-1=193$$
即 $1\sim250$ 间能被 2,3,5,7 中任何一个整除的整数有 193 个。

注: 这里的 $\lfloor x \rfloor$ 表示小于或等于 x 的最大整数。

习题 3.3

（1）在 1～300 的整数中，有多少个数同时不能被 3，5，7 整除？有多少个数能被 3 整除，但不能被 5 和 7 整除？

（2）某足球队有运动服 38 件，篮球队有运动服 15 件，棒球队有运动服 20 件，3 个队队员总数 58 人，且其中只有 3 人同时参加 3 个队，试求同时参加两个队的队员共有几个人？

（3）根据调查，某高校在读学生阅读书籍的情况如下：60% 读甲类书籍，50% 读乙类书籍，50% 读丙类书籍，30% 读甲与乙类书籍，30% 读乙与丙类书籍，30% 读甲与丙类书籍，10% 读 3 类书籍。问：

① 阅读两类书籍学生的百分比？

② 不读任何书籍学生的百分比？

（4）① 一个班里有 50 名学生，在第一次考试中有 26 人得到成绩 A，在第二次考试中有 21 人得到成绩 A。如果两次考试中都没有得到成绩 A 的学生是 17 人，那么，有多少学生在两次考试中都得到成绩 A？

② 如果在两次考试中，成绩是 A 的学生数相等。在两次考试中，恰好得到一次 A 的学生数为 40，而两次考试中都没有得到成绩 A 的学生数为 4，那么，仅在第一次考试中得到成绩 A 的学生数是多少？仅在第二次考试中得到成绩 A 的学生数是多少？两次考试中都得到成绩 A 的学生数是多少？

3.4 自然数与数学归纳法

众所周知，最古老而又最基本的数学系统就是自然数系统。本节中先给出所谓后继集合的概念，并从空集与后继集合的概念着手，把自然数一个一个地具体构造出来，然后研究自然数集合的某些重要性质（公理）。这些公理之一使我们能构成数学归纳法原理。

定义 3.4.1 设 A 为任意集合，则称 $A \bigcup \{A\}$ 为 A 的**后继集合**（successor of a set），并记为 A^+，即 $A^+ = A \bigcup \{A\}$。

【例 3.4.1】 $\{a, b\}^+ = \{a, b\} \bigcup \{\{a, b\}\} = \{a, b, \{a, b\}\}$,

$\varnothing^+ = \varnothing \bigcup \{\varnothing\} = \{\varnothing\}$,

$(\varnothing^+)^+ = \{\varnothing\} \bigcup \{\{\varnothing\}\} = \{\varnothing, \{\varnothing\}\}$,

$((\varnothing^+)^+)^+ = \{\varnothing, \{\varnothing\}\} \bigcup \{\{\varnothing, \{\varnothing\}\}\} = \{\varnothing, \{\varnothing\}, \{\varnothing, \{\varnothing\}\}\}$.

构造自然数的方法很多，常采用的方法是冯·诺依曼（John von Neumann）给出的方案：

$$0 = \varnothing,$$
$$1 = 0^+ = \{\varnothing\},$$
$$2 = 1^+ = \{\varnothing, \{\varnothing\}\},$$
$$3 = 2^+ = \{\varnothing, \{\varnothing\}, \{\varnothing, \{\varnothing\}\}\},$$
$$\vdots$$

这样就得到了集合 $\{0,1,2,3,\cdots\}$,其中每个元素都是前一个元素的后继集合,除了元素 0 被假定存在外。

这样的讨论可以概括为:自然数集合能从下列公理,即所谓**皮亚诺**(Peano)**公理**而得到。

(1) $0 \in \mathbf{N}$(其中 $0 = \varnothing$)。

(2) 如果 $n \in \mathbf{N}$,则 $n^+ \in \mathbf{N}$,其中 $n^+ = n \bigcup \{n\}$。

(3) 如果一个子集 $S \subseteq \mathbf{N}$ 具有性质:

① $0 \in S$。

② 如果 $n \in S$,则 $n^+ \in S$,则 $S = \mathbf{N}$。

性质(3)通称为极小性质,它断言满足①和②的极小集合是自然数集合。把 n^+ 写成 $n+1$ 是方便的,但是不一定要把"$+$"作为 $\mathbf{N}$ 上的一个运算。

通常称皮亚诺公理的性质(3)为归纳原理,因为它是归纳法的基础。**数学归纳法**(mathematical induction),简称归纳法,是数学中常用的重要证明方法之一。它有两种基本形式——第一数学归纳法和第二数学归纳法。下面就来讨论这两种基本形式及其具体使用方法。

> **定理 3.4.1**(第一数学归纳法,incomplete induction) 设 $P(n)$ 是遍及自然数集合 $\mathbf{N}$ 的任何性质的谓词,如果能证明:
>
> (1) 基础步(basis step),即 $P(0)$ 为真;
>
> (2) 归纳步(inductive step),即如果 $P(n)$ 为真,则 $P(n+1)$ 也为真。
>
> 那么对一切 $n \in \mathbf{N}$,$P(n)$ 皆为真。

第一数学归纳法的应用可有两种形式,用谓词形式表示如下。

(1) $P(0) \wedge (\forall n)(P(n) \rightarrow P(n+1)) \Rightarrow (\forall n)P(n)$。

(2) $P(n_0) \wedge (\forall n)(P(n) \rightarrow P(n+1)) \Rightarrow (\forall n)(n \geqslant n_0 \rightarrow P(n))$。

这里的 n_0 是某一正整数,$P(n_0)$ 为归纳基础。

【例 3.4.2】 证明:$n^3 + 2n (n \in \mathbf{N})$ 可被 3 整除。

证 设谓词 $P(n)$:$n^3 + 2n = 3k$(k 为某一整数)。

基础步:$P(0)$ 为 $0^3 + 2 \times 0 = 3 \times 0$($k$ 取 0),显然,$P(0)$ 为真,即当 $n = 0$ 时,$n^3 + 2n$ 可被 3 整除。

归纳步:设任意 $m \in \mathbf{N}$,假设 $P(m)$ 为真,即 $m^3 + 2m = 3k$ 成立,则

$$(m+1)^3 + 2(m+1) = m^3 + 3m^2 + 3m + 1 + 2m + 2$$
$$= m^3 + 2m + 3m^2 + 3m + 3 = 3k + 3(m^2 + m + 1)$$
$$= 3(k + m^2 + m + 1) = 3k'$$

其中 $k' = k + m^2 + m + 1$,故 $P(m+1)$ 也为真。

由归纳假设原理可知,对任意的 $n \in \mathbf{N}$,$P(n)$ 为真,得证。

【例 3.4.3】 证明:$1 + 3 + 5 + \cdots + (2n-1) = n^2$。

证 设 $P(n)$:$1 + 3 + 5 + \cdots + (2n-1) = n^2$。

基础步:对于 $P(1)$,$1 = 1^2$ 为真,即 $n = 1$ 时结论成立。

归纳步:对任意的 $m \in \mathbf{N}$,假设 $P(m)$ 为真,即 $1 + 3 + 5 + \cdots + (2m-1) = m^2$ 成立,则

$$1+3+5+\cdots+(2m-1)+(2(m+1)-1)=1+3+5+\cdots+(2m+1)$$
$$=1+3+5+\cdots+(2m-1)+(2m+1)$$
$$=m^2+2m+1=(m+1)^2$$

故 $P(m+1)$ 也为真。

由归纳假设原理可知,对一切 $n\in\mathbf{N}$ 且 $n\geqslant1,P(n)$ 为真,得证。

定理 3.4.2(第二数学归纳法,complete induction) 设 $P(n)$ 为遍及自然数集合 $\mathbf{N}$ 的任何性质的谓词。如果能证明:

(1) 基础步,即 $n_0\in\mathbf{N},P(n_0)$ 为真;

(2) 归纳步,即对任意 $m>n_0$,若对 $\forall k\in\mathbf{N}$,且 $n_0\leqslant k<m$,有 $P(k)$ 为真,$P(m)$ 亦为真。

则对任意的 $n>m$ 时,$P(n)$ 为真。

【例 3.4.4】 斐波那契(Fibonacci)数列定义为
$$F_0=0;F_1=1;F_{n+1}=F_n+F_{n-1},n\in\mathbf{I}_+$$
证明:若 $n\in\mathbf{I}_+$,则

$$\left(\frac{1+\sqrt5}{2}\right)^{n-2}\leqslant F_n\leqslant\left(\frac{1+\sqrt5}{2}\right)^{n-1}$$

证 (用第二数学归纳法)

基础步:当 $n=1$ 时,$F_1=1$,显然有下式成立

$$\left(\frac{1+\sqrt5}{2}\right)^{-1}\leqslant F_1\leqslant\left(\frac{1+\sqrt5}{2}\right)^0$$

归纳步:对任意 $m>1$,假设 $k\in\mathbf{N}$ 且 $1\leqslant k<m$ 时,有

$$\left(\frac{1+\sqrt5}{2}\right)^{k-2}\leqslant F_k\leqslant\left(\frac{1+\sqrt5}{2}\right)^{k-1}$$

成立,证明当 $k=m$ 时,上式也成立。

因为

$$F_m=F_{m-1}+F_{m-2}\geqslant\left(\frac{1+\sqrt5}{2}\right)^{m-3}+\left(\frac{1+\sqrt5}{2}\right)^{m-4}$$

$$=\left(\frac{1+\sqrt5}{2}\right)^{m-4}\left(\frac{1+\sqrt5}{2}+1\right)=\left(\frac{1+\sqrt5}{2}\right)^{m-4}\left(\frac{1}{4}+\frac{\sqrt5}{2}+\frac{5}{4}\right)$$

$$=\left(\frac{1+\sqrt5}{2}\right)^{m-4}\left(\left(\frac{1}{2}\right)^2+2\times\frac{1}{2}\times\frac{\sqrt5}{2}+\left(\frac{\sqrt5}{2}\right)^2\right)$$

$$=\left(\frac{1+\sqrt5}{2}\right)^{m-4}\left(\frac{1}{2}+\frac{\sqrt5}{2}\right)^2=\left(\frac{1+\sqrt5}{2}\right)^{m-4}\left(\frac{1+\sqrt5}{2}\right)^2$$

$$=\left(\frac{1+\sqrt5}{2}\right)^{m-2}$$

另一方面,有

$$F_m=F_{m-1}+F_{m-2}\leqslant\left(\frac{1+\sqrt5}{2}\right)^{m-2}+\left(\frac{1+\sqrt5}{2}\right)^{m-3}=\left(\frac{1+\sqrt5}{2}\right)^{m-3}\left(\frac{1+\sqrt5}{2}+1\right)$$

$$= \left(\frac{1+\sqrt{5}}{2}\right)^{m-3}\left(\frac{3+\sqrt{5}}{2}\right)=\left(\frac{1+\sqrt{5}}{2}\right)^{m-3}\left(\frac{1+\sqrt{5}}{2}\right)^{2}=\left(\frac{1+\sqrt{5}}{2}\right)^{m-1}$$

由上面推导结果可知，$\left(\frac{1+\sqrt{5}}{2}\right)^{m-2}\leqslant F_{m}\leqslant\left(\frac{1+\sqrt{5}}{2}\right)^{m-1}$ 成立。

由归纳假设可知，对一切 $n\in\mathbf{N}$，原式成立，得证。

使用数学归纳法应注意以下几点。

（1）验证 $P(0)$ 成立，这是使用数学归纳法的前提之一。

（2）对任意 $n\in\mathbf{N}$，假设 $P(n)$ 成立去推演出 $P(n+1)$ 也成立，这个推演是必要的，这是使用数学归纳法的前提之二。

（3）在证明上述两个前提之后，就可依据数学归纳法，得到对一切自然数都有 $P(n)$ 成立的结论。

另外，在实际使用数学归纳法时，对于初始条件 $P(0)$ 可做以下推广，从而使结论也有所改变，即

（1）对某一自然数 n_0，先验证 $P(n_0)$ 成立。

（2）再证明对任意自然数 $n,n_0\leqslant n$，假设 $P(n)$ 成立，推演出 $P(n+1)$ 成立。

（3）于是有对一切自然数 $n(n_0\leqslant n)$，都有 $P(n)$ 成立。

习题 3.4

（1）对所有 $n\geqslant1$，证明 $2^n\times2^n-1$ 能被 3 整除。

（2）用归纳法证明：
$$1^2-2^2+3^2-4^2+\cdots+(-1)^{n-1}\cdot n^2=(-1)^n\frac{n(n+1)}{2}$$

（3）证明：
$$1^2+3^2+5^2+\cdots+(2n-1)^2=\frac{n(2n-1)(2n+1)}{3}$$

（4）证明：
$$1\times2\times3+2\times3\times4+3\times4\times5+\cdots+n(n+1)(n+2)=\frac{n(n+1)(n+2)(n+3)}{4}$$

（5）证明：
$$\frac{1}{1\times3}+\frac{1}{3\times5}+\cdots+\frac{1}{(2n-1)(2n+1)}=\frac{n}{2n+1}$$

（6）用第二数学归纳法证明：若 $n\in\mathbf{I}_+$，且 $a_1,a_2,\cdots,a_n$ 都是正数，则
$$\sqrt[n]{a_1a_2\cdots a_n}\leqslant\frac{(a_1+a_2+\cdots+a_n)}{n}$$
且等号仅在 $n=1$ 或 $a_1=a_2=\cdots=a_n$ 时成立。

3.5 笛卡儿乘积

众所周知，集合中元素的次序是无关紧要的，即 $\{a,b\}=\{b,a\}$。常把这种仅由两个元素 a 和 b 组成的集合 $\{a,b\}$ 称为偶集。因为这种偶集与元素 a 和 b 的次序无关，所以也称为

无序偶集,简称无序偶。本节将讨论另一种更常用的偶集,它不仅与含有的元素 a 和 b 有关,而且还与 a 和 b 出现的次序有关。为了强调次序性,常把这种偶集称为有序对或序偶。

首先给出序偶的定义,然后对序偶的概念加以推广去定义 n 重序元或多元有序组。

定义 3.5.1 由两个具有给定固定次序的客体组成的序列,称为**序偶**(ordered pair),记为 $\langle x,y \rangle$。其中,x 被看作第一个元素,y 被看作第二个元素。

【例 3.5.1】 在笛卡儿坐标系中的二维平面上的一个点的坐标 $\langle x,y \rangle$ 就是一个序偶,如图 3.5.1 所示。

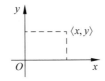

图 3.5.1 序偶表示图

显然,坐标 $\langle 1,2 \rangle$ 和 $\langle 2,1 \rangle$ 表示了平面上两个不同的点,因此 $\langle 1,2 \rangle \neq \langle 2,1 \rangle$。

定义 3.5.2 给定两个序偶 $\langle a,b \rangle$ 和 $\langle c,d \rangle$,$\langle a,b \rangle$ 与 $\langle c,d \rangle$ 是**相等的**(equal),当且仅当 $a=c$ 且 $b=d$,即

$$\langle a,b \rangle = \langle c,d \rangle \Leftrightarrow (a=c) \wedge (b=d)$$

有了序偶的概念,下面将用递推的方式去定义 n 重序元。

定义 3.5.3 按递推方式,n 重序元的定义如下。

(i) **三重序元**(ordered triple)是个序偶,它的第一个元素本身也是个序偶,记为 $\langle \langle x,y \rangle,z \rangle$,简记为 $\langle x,y,z \rangle$。

(ii) **四重序元**(ordered 4-tuples)是个序偶,它的第一个元素本身是个三重序元,记为 $\langle \langle x,y,z \rangle,w \rangle$,简记为 $\langle x,y,z,w \rangle$。

(iii) **n 重序元**(ordered n-tuples)是个序偶,它的第一个元素本身是个 $n-1$ 重序元,记为 $\langle \langle x_1,x_2,\cdots,x_{n-1} \rangle,x_n \rangle$,简记为 $\langle x_1,x_2,\cdots,x_{n-1},x_n \rangle$。

根据 n 重序元的定义可知,下式成立,即

$$\langle a_1,a_2,\cdots,a_n \rangle = \langle \langle a_1,a_2,\cdots,a_{n-1} \rangle,a_n \rangle = \langle \langle \langle a_1,a_2,\cdots,a_{n-2} \rangle,a_{n-1} \rangle,a_n \rangle$$
$$= \cdots = \langle \langle \langle a_1,a_2 \rangle,a_3 \rangle\cdots \rangle,a_{n-1} \rangle,a_n \rangle$$

同理,两个 n 重序元相等,可以描述为

$$\langle x_1,x_2,\cdots,x_n \rangle = \langle a_1,a_2,\cdots,a_n \rangle \Leftrightarrow (x_1=a_1) \wedge (x_2=a_2) \wedge \cdots \wedge (x_n=a_n)$$

应该指出的是,一个序偶 $\langle a,b \rangle$ 的元素可以取自不同的集合。如果第一个元素取自集合 A,第二个元素取自集合 B,就可以得到若干个不同的序偶。这些序偶的集合描述了集合 A 和 B 的一个特征,称为笛卡儿乘积。它在关系与函数两章中有着重要的应用。

定义 3.5.4 设 A,B 为任意集合,则把所有这样的序偶 $\langle x,y \rangle$(其中 $x \in A,y \in B$)组成的集合,称为 A 和 B 的**笛卡儿乘积**(Cartesian product),记为 $A \times B$,即

$$A \times B = \{\langle x,y \rangle \mid x \in A \wedge y \in B\}$$

【例 3.5.2】 设 $A=\{1,2\},B=\{\alpha,\beta\},C=\{a\},D=\varnothing$,求

$$A \times B, B \times A, A \times C, A \times D, A \times A, (A \times B) \bigcap (B \times A)$$

解 $A \times B = \{\langle 1, \alpha \rangle, \langle 1, \beta \rangle, \langle 2, \alpha \rangle, \langle 2, \beta \rangle\}$,

$B \times A = \{\langle \alpha, 1 \rangle, \langle \alpha, 2 \rangle, \langle \beta, 1 \rangle, \langle \beta, 2 \rangle\}$,

$A \times C = \{\langle 1, a \rangle, \langle 2, a \rangle\}$,

$A \times D = \varnothing$,

$A \times A = \{\langle 1, 1 \rangle, \langle 1, 2 \rangle, \langle 2, 1 \rangle, \langle 2, 2 \rangle\}$,

$(A \times B) \bigcap (B \times A) = \varnothing$。

显然,$A \times B \neq B \times A$,即笛卡儿乘积不满足交换律。

【例 3.5.3】 设 $A = \{1, 2\}$,$B = \{\alpha, \beta\}$,$C = \{a\}$,求 $(A \times B) \times C$,$A \times (B \times C)$。

解 由例 3.5.2 可知

$(A \times B) \times C = \{\langle \langle 1, \alpha \rangle, a \rangle, \langle \langle 1, \beta \rangle, a \rangle, \langle \langle 2, \alpha \rangle, a \rangle, \langle \langle 2, \beta \rangle, a \rangle\}$

$A \times (B \times C) = \{1, 2\} \times \{\langle \alpha, a \rangle, \langle \beta, a \rangle\}$

$= \{\langle 1, \langle \alpha, a \rangle \rangle, \langle 1, \langle \beta, a \rangle \rangle, \langle 2, \langle \alpha, a \rangle \rangle, \langle 2, \langle \beta, a \rangle \rangle\}$

因为 $\langle \langle 1, \alpha \rangle, a \rangle$ 是三重序元,而 $\langle 1, \langle \alpha, a \rangle \rangle$ 是二重序元,$\langle \langle 1, \alpha \rangle, a \rangle \neq \langle 1, \langle \alpha, a \rangle \rangle$,故 $(A \times B) \times C \neq A \times (B \times C)$,即笛卡儿乘积不满足结合律。

定理 3.5.1 设 A, B, C, D 为任意非空集合,则 $A \times B \subseteq C \times D$,当且仅当 $A \subseteq C$ 且 $B \subseteq D$。

证 (必要性)若 $A \times B \subseteq C \times D$,证明 $A \subseteq C$ 且 $B \subseteq D$。对任意的 $x \in A$,$y \in B$,有 $\langle x, y \rangle \in A \times B$。因为 $A \times B \subseteq C \times D$,所以 $\langle x, y \rangle \in C \times D$,得 $x \in C$,$y \in D$。由 x, y 的任意性,知 $A \subseteq C$ 且 $B \subseteq D$ 成立。

(充分性)若 $A \subseteq C$ 且 $B \subseteq D$,证明 $A \times B \subseteq C \times D$。对任意的 $\langle x, y \rangle \in A \times B$,则 $x \in A$,$y \in B$。因为 $A \subseteq C$,$B \subseteq D$,所以 $x \in C$,$y \in D$,得 $\langle x, y \rangle \in C \times D$。由 $\langle x, y \rangle$ 的任意性,知 $A \times B \subseteq C \times D$ 成立。 ∎

定理 3.5.2 设 A、B、C 为任意集合,则:

(i) $A \times (B \bigcup C) = (A \times B) \bigcup (A \times C)$;

(ii) $(A \bigcup B) \times C = (A \times C) \bigcup (B \times C)$;

(iii) $A \times (B \bigcap C) = (A \times B) \bigcap (A \times C)$;

(iv) $(A \bigcap B) \times C = (A \times C) \bigcap (B \times C)$;

(v) $A \times (B - C) = (A \times B) - (A \times C)$;

(vi) $(A - B) \times C = (A \times C) - (B \times C)$。

证 (i) $A \times (B \bigcup C) = (A \times B) \bigcup (A \times C)$。

(方法 1) 任意 $\langle x, y \rangle \in A \times (B \bigcup C) \Leftrightarrow \langle x, y \rangle \in \{\langle x, y \rangle \mid x \in A \wedge y \in (B \bigcup C)\}$

$\Leftrightarrow \langle x, y \rangle \in \{\langle x, y \rangle \mid x \in A \wedge (y \in B \vee y \in C)\}$

$\Leftrightarrow \langle x, y \rangle \in \{\langle x, y \rangle \mid (x \in A \wedge y \in B) \vee (x \in A \wedge y \in C)\}$

$\Leftrightarrow \langle x, y \rangle \in \{\langle x, y \rangle \mid \langle x, y \rangle \in A \times B \vee \langle x, y \rangle \in A \times C\}$

$\Leftrightarrow \langle x, y \rangle \in (A \times B) \bigcup (A \times C)$

由 $\langle x, y \rangle$ 的任意性可知,(i)式成立。

(方法 2) 先证 $A \times (B \bigcup C) \subseteq (A \times B) \bigcup (A \times C)$。对任意的 $\langle x, y \rangle \in A \times (B \bigcup C)$,则 $x \in$

$A,y\in B\bigcup C$,即 $x\in A$,且 $y\in B$ 或 $y\in C$。由此可知,$\langle x,y\rangle\in A\times B$ 或 $\langle x,y\rangle\in A\times C$,故 $\langle x,y\rangle\in(A\times B)\bigcup(A\times C)$。由 $\langle x,y\rangle$ 的任意性可知,$A\times(B\bigcup C)\subseteq(A\times B)\bigcup(A\times C)$ 成立。

再证 $(A\times B)\bigcup(A\times C)\subseteq A\times(B\bigcup C)$。因为 $A\subseteq A,B\subseteq B\bigcup C;A\subseteq A,C\subseteq B\bigcup C$,根据定理 3.5.1 可知,则有

$$A\times B\subseteq A\times(B\bigcup C),\quad A\times C\subseteq A\times(B\bigcup C)$$

所以 $(A\times B)\bigcup(A\times C)\subseteq A\times(B\bigcup C)$ 成立。

综上可知,$(A\times B)\bigcup(A\times C)$ 与 $A\times(B\bigcup C)$ 互为子集,故(i)式成立。

其余的证明类似,留作练习,请读者自行完成。 ■

集合的笛卡儿乘积的概念,可以推广到任意有限多个集合的情况。下面给出 n 个集合的笛卡儿乘积的定义描述及其基数公式。

定义 3.5.5 设 $A_1,A_2,\cdots,A_n$ 为 n 个任意集合,则把所有这样的 n 重序元 $\langle a_1,a_2,\cdots,a_n\rangle$(其中 $a_1\in A_1,a_2\in A_2,\cdots,a_n\in A_n$)构成的集合,称为集合 $A_1,A_2,\cdots,A_n$ 的**笛卡儿乘积**,并记作 $A_1\times A_2\times\cdots\times A_n$ 或 $\overset{n}{\underset{i=1}{X}}A_i$,即 $A_1\times A_2\times\cdots\times A_n=\{\langle a_1,a_2,\cdots,a_n\rangle\mid a_i\in A_i,i=1,2,\cdots,n\}$。

由于 n 个集合的笛卡儿乘积是利用 n 重序元来定义的,根据 n 重序元的定义,显然有

$$\overset{n}{\underset{i=1}{X}}A_i=A_1\times A_2\times\cdots\times A_n=(((A_1\times A_2)\times A_3)\times\cdots\times A_{n-1})\times A_n$$

例如,当 $n=3$ 时,有

$$\overset{3}{\underset{i=1}{X}}A_i=A_1\times A_2\times A_3=(A_1\times A_2)\times A_3$$
$$=\{\langle\langle a_1,a_2\rangle,a_3\rangle\mid\langle a_1,a_2\rangle\in A_1\times A_2\wedge a_3\in A_3\}$$
$$=\{\langle a_1,a_2,a_3\rangle\mid a_1\in A_1\wedge a_2\in A_2\wedge a_3\in A_3\}$$

n 个集合的笛卡儿乘积更具有普遍意义。例如,当 $n=2$ 时就是前面描述的两个集合的笛卡儿乘积的情况,特别是当 $A_1=A_2=\cdots=A_n=A$ 时,为了方便起见,引用下述记忆符号:

$A^2=A\times A$

$A^3=A^2\times A=(A\times A)\times A$

$\vdots$

$A^n=A^{n-1}\times A=(A^{n-2}\times A)\times A=\cdots=(((A\times A)\times A)\times\cdots\times A)\times A$

根据笛卡儿乘积的定义,不难得出 n 个有限集合的笛卡儿乘积的基数公式为

$$|A_1\times A_2\times\cdots\times A_n|=|A_1||A_2|\cdots|A_n|=\prod_{i=1}^{n}|A_i|$$

特别地,当 $A_1=A_2=\cdots=A_n=A$ 时,有

$$|A^n|=|A\times A\times\cdots\times A|=|A|^n$$

习题 3.5

(1) 设 $A=\{0,1\},B=\{1,2\}$,求下列集合。

① $A\times\{1\}\times B$。

集 合

② $A^2 \times B$。

③ $(B \times A)^2$。

(2) 设 $A = \{a, b\}$,试求 $\rho(A) \times A$。

(3) 设 A、B、C、D 是任意集合,试证明:

$$(A \cap B) \times (C \cap D) = (A \times C) \cap (B \times D)$$

(4) 下列各式中哪些成立?哪些不成立?为什么?

① $(A \cup B) \times (C \cup D) = (A \times C) \cup (B \times D)$。

② $(A - B) \times (C - D) = (A \times C) - (B \times D)$。

③ $(A \oplus B) \times (C \oplus D) = (A \times C) \oplus (B \times D)$。

④ $(A - B) \times C = (A \times C) - (B \times C)$。

⑤ $(A \oplus B) \times C = (A \times C) \oplus (B \times C)$。

(5) ① 设 $A \subseteq C, B \subseteq D$,证明 $A \times B \subseteq C \times D$。

② 给定 $A \times B \subseteq C \times D$,那么 $A \subseteq C, B \subseteq D$ 一定成立吗?

(6) 在笛卡儿坐标系中,设 $X = \{x \mid x \in \mathbf{R} \wedge -3 \leqslant x \leqslant 2\}$,$Y = \{y \mid y \in \mathbf{R} \wedge -2 \leqslant y \leqslant 0\}$,试给出笛卡儿乘积 $X \times Y$ 的几何解释。

第4章   二 元 关 系

本章将讨论一类特殊的集合,被称为关系,它反映了集合内元素之间以及集合之间元素的某种联系与性质。关系在数学与计算机科学中均起到重要的作用。

首先给出关系的概念及性质,然后讨论利用关系图和关系矩阵来表示关系的方法。本章还将讨论关系的各种基本运算,并介绍几种重要的关系。

4.1   关系及其性质

关系是客观世界存在的普遍现象。例如,人与人之间的关系有父子、兄弟、师生和朋友关系等;集合与集合之间有相等和包含关系;在数学中熟悉的一些例子是两实数间的"大于""小于""等于"等关系;圆的面积及其半径之间以及正方形的面积和它的边之间的关系。表示两个客体之间的关系,称为二元关系;表示多个客体之间的关系,称为多元关系。上述的例子都属于二元关系,也是这里研究的重点。下面给出关系的一般化定义。

定义 4.1.1   设 $n \in \mathbf{I}_+$ 且 $A_1, A_2, \cdots, A_n$ 为 n 个任意集合,若 $R \subseteq \overset{n}{\underset{i=1}{X}} A_i$,则:

(i) 称 R 为 $A_1, A_2, \cdots, A_n$ 间的 **n 元关系**(n-ary relation)。

(ii) 若 $n=2$,则称 R 为从 A_1 到 A_2 的**二元关系**(binary relation)。

(iii) 若 $R = \varnothing$,则称 R 为**空关系**(empty relation);若 $R = \overset{n}{\underset{i=1}{X}} A_i$,则称 R 为**全域关系**(universal relation)。

(iv) 若 $A_1 = A_2 = \cdots = A_n = A$,则称 R 为 A **上的 n 元关系**。

从上面定义可知,关系就是序偶的集合。如果一个关系 R 中的每个元素 $\langle x, y \rangle$ 的第一个成员取自集合 X,第二个成员取自集合 Y,至于取多少不加限制,就称 R 为从 X 到 Y 的一个二元关系。可见:

(1) n 元关系是一个集合。

(2) 集合中的元素均为 n 重序元,其中 n 重序元中的第 1 个元素属于 A_1,n 重序元中的第 i 个元素属于 A_i,n 重序元中的第 n 个元素属于 A_n。

n 元关系是 n 个集合的笛卡儿乘积的一个子集;二元关系是两个集合的笛卡儿乘积的一个子集。

对于一个关系 R 中的元素 $\langle x, y \rangle$,其中第一个成员 x 与第二个成员 y 并不要求具备什么条件或联系,也不限制它取自哪个个体域。例如,$R = \{\langle 1, 3 \rangle, \langle 桌子, a \rangle, \langle 苹果, 钢笔 \rangle\}$ 也是一个二元关系,因为它符合关系的定义,但说不出它表示一种什么样的关系。显然,对毫无意义的关系的研究,不会导出任何有价值的结论。

此外,由于主要研究二元关系,因此"关系"一词即指二元关系,除非特别说明。

【例4.1.1】 设集合 $A=\{2,3,5,9\}$,试分别给出 A 上的"小于或等于"关系、"大于或等于"关系。

解 用"$\leqslant$"表示 A 上的"小于或等于"关系;"$\geqslant$"表示 A 上的"大于或等于"关系,则

"$\leqslant$"$=\{\langle 2,2\rangle,\langle 2,3\rangle,\langle 2,5\rangle,\langle 2,9\rangle,\langle 3,3\rangle,\langle 3,5\rangle,\langle 3,9\rangle,\langle 5,5\rangle,\langle 5,9\rangle,\langle 9,9\rangle\}$

"$\geqslant$"$=\{\langle 2,2\rangle,\langle 3,2\rangle,\langle 3,3\rangle,\langle 5,2\rangle,\langle 5,3\rangle,\langle 5,5\rangle,\langle 9,2\rangle,\langle 9,3\rangle,\langle 9,5\rangle,\langle 9,9\rangle\}$

与例4.1.1类似,在数学中,通常用一些特殊符号来表示一些特殊关系,如实数集合中的"小于""大于""等于"关系,可分别表示为

$$"<"=\{\langle x,y\rangle \mid x,y\in R \wedge x<y\}$$
$$">"=\{\langle x,y\rangle \mid x,y\in R \wedge x>y\}$$
$$"="=\{\langle x,y\rangle \mid x,y\in R \wedge x=y\}$$

令

$$R_1=\{\langle 2n\rangle \mid n\in \mathbf{N}\}$$
$$R_2=\{\langle n,2n\rangle \mid n\in \mathbf{N}\}$$
$$R_3=\{\langle m,n,k\rangle \mid m,n,k\in \mathbf{N} \wedge m^2+n^2=k^2\}$$

根据上面的定义可知,R_1 是 $\mathbf{N}$ 上的一元关系,R_2 是 $\mathbf{N}$ 上的二元关系,R_3 是 $\mathbf{N}$ 上的三元关系。

【例4.1.2】 已知 $A=\{1,2,3,4,5,6\}$,$R_1=\{\langle x,y\rangle|x,y\in A \wedge x+y=7\}$,$R_2=\{\langle x,y\rangle|x,y\in A \wedge x-y=0\}$,试写出 R_1 和 R_2 的所有序偶。

解

$$R_1=\{\langle 1,6\rangle,\langle 6,1\rangle,\langle 2,5\rangle,\langle 5,2\rangle,\langle 3,4\rangle,\langle 4,3\rangle\}$$
$$R_2=\{\langle 1,1\rangle,\langle 2,2\rangle,\langle 3,3\rangle,\langle 4,4\rangle,\langle 5,5\rangle,\langle 6,6\rangle\}$$

因为 $R_1\subseteq A\times A$,$R_2\subseteq A\times A$,所以 R_1,R_2 均为 A 上的二元关系。

【例4.1.3】 已知 $A=\{1,2,3\}$,$B=\{a,b\}$,$R_1=\{\langle 1,a\rangle,\langle 1,b\rangle,\langle 2,a\rangle,\langle 2,b\rangle,\langle 3,a\rangle,\langle 3,b\rangle\}$,$R_2=\{\langle 1,a\rangle,\langle 1,b\rangle,\langle 2,a\rangle,\langle 3,b\rangle\}$,$R_3=\{\langle 1,1\rangle,\langle 2,2\rangle,\langle 3,3\rangle\}$。

因为 $A\times B=\{\langle 1,a\rangle,\langle 1,b\rangle,\langle 2,a\rangle,\langle 2,b\rangle,\langle 3,a\rangle,\langle 3,b\rangle\}=R_1$,所以 R_1 是从 A 到 B 的全域关系。$R_2\subseteq A\times B$,即 R_2 是从 A 到 B 的二元关系。

因为 $A\times A=\{\langle 1,1\rangle,\langle 1,2\rangle,\langle 1,3\rangle,\langle 2,1\rangle,\langle 2,2\rangle,\langle 2,3\rangle,\langle 3,1\rangle,\langle 3,2\rangle,\langle 3,3\rangle\}$,所以 $R_3\subseteq A\times A$,即 R_3 是 A 上的二元关系。

若序偶 $\langle x,y\rangle$ 属于关系 R,可记作 $\langle x,y\rangle\in R$ 或 xRy;否则,记作 $\langle x,y\rangle\notin R$ 或 $x\cancel{R}y$。

定义4.1.2 设 S 是从集合 X 到集合 Y 的关系。

(i) 称 $D(S)=\{x\mid(\exists y)(x\in X \wedge y\in Y \wedge \langle x,y\rangle\in S)\}$ 为关系 S 的域或**定义域**(domain)。

(ii) 称 $R(S)=\{y\mid(\exists x)(x\in X \wedge y\in Y \wedge \langle x,y\rangle\in S)\}$ 为关系 S 的**值域**(range)。

显然有 $D(S)\subseteq X$,$R(S)\subseteq Y$。

【例4.1.4】 已知 R 为从 X 到 Y 的关系,其中 $X=\{x_1,x_2,x_3,x_4\}$,$Y=\{y_1,y_2,y_3,$

$y_4,y_5\},R=\{\langle x_1,y_1\rangle,\langle x_1,y_5\rangle,\langle x_2,y_2\rangle,\langle x_4,y_3\rangle\}$，试写出 R 的定义域和值域。

解 由定义域和值域的定义，知

$$D(R)=\{x_1,x_2,x_4\}, \quad R(R)=\{y_1,y_2,y_3,y_5\}$$

可以把二元关系 R 看作坐标平面上的点集。此时 R 在横坐标轴上的投影即为 $D(R)$，在纵坐标轴上的投影即为 $R(R)$。

下面讨论关系的几种性质。这些性质对更深入地研究关系将起到重要作用。

定义 4.1.3 设 R 为集合 A 上的关系。

(i) 若对任意的 $a\in A$，必有 $\langle a,a\rangle\in R$，则称 R 为**自反的**(reflexive)。

(ii) 若对任意的 $a\in A$，必有 $\langle a,a\rangle\notin R$，则称 R 为**反自反的**(irreflexive)。

(iii) 对任意的 $a,b\in A$，若 $\langle a,b\rangle\in R$，必有 $\langle b,a\rangle\in R$，则称 R 为**对称的**(symmetric)。

(iv) 对任意的 $a,b\in A$，若 $\langle a,b\rangle\in R$ 且 $\langle b,a\rangle\in R$，必有 $a=b$，则称 R 为**反对称的**(antisymmetric)。

或：对任意两个不同的元素 $a,b\in A$，若 $\langle a,b\rangle\in R$，必有 $\langle b,a\rangle\notin R$，则称 R 为**反对称的**。

(v) 对任意的 $a,b,c\in A$，若 $\langle a,b\rangle\in R$ 且 $\langle b,c\rangle\in R$，必有 $\langle a,c\rangle\in R$，则称 R 为**可传递的**(transitive)。

利用谓词公式，可以得到定义 4.1.3 的等价描述，即如下定义。

定义 4.1.4 设 R 为集合 A 上的关系。

(i) R 是自反的 $\Leftrightarrow (\forall a)(a\in A\rightarrow\langle a,a\rangle\in R)$。

(ii) R 是反自反的 $\Leftrightarrow (\forall a)(a\in A\rightarrow\langle a,a\rangle\notin R)$。

(iii) R 是对称的 $\Leftrightarrow (\forall a)(\forall b)(a\in A\wedge b\in A\wedge\langle a,b\rangle\in R\rightarrow\langle b,a\rangle\in R)$。

(iv) R 是反对称的 $\Leftrightarrow (\forall a)(\forall b)(a\in A\wedge b\in A\wedge\langle a,b\rangle\in R\wedge\langle b,a\rangle\in R\rightarrow a=b)$。

或：R 是反对称的 $\Leftrightarrow (\forall a)(\forall b)(a\in A\wedge b\in A\wedge a\neq b\wedge\langle a,b\rangle\in R\rightarrow\langle b,a\rangle\notin R)$。

(v) R 是可传递的

$\Leftrightarrow (\forall a)(\forall b)(\forall c)(a\in A\wedge b\in A\wedge c\in A\wedge\langle a,b\rangle\in R\wedge\langle b,c\rangle\in R\rightarrow\langle a,c\rangle\in R)$。

上述定义给出了关系 R 的 5 种基本性质，即自反性、反自反性、对称性、反对称性和可传递性。这 5 种性质的定义均有相应的谓词公式描述，且它们都是条件式"→"，这对判断关系 R 满足的性质是有用的。值得注意的是，条件式 $P\rightarrow Q$ 为 T 的定义，即当 P 为 T 且 Q 为 T 时，$P\rightarrow Q$ 为 T；若前件 P 为 F，则 $P\rightarrow Q$ 必为 T。以自反性为例，若 $(\forall x)(x\in X\rightarrow\langle x,x\rangle\in R)$ 为 T，则说明 R 是自反的。假如存在某个 $x\in X$，但 $\langle x,x\rangle\notin R$，即前件为 T 而后件却为 F，从而导致 $(\forall x)(x\in X\rightarrow\langle x,x\rangle\in R)$ 为 F，则 R 不是自反的。但假如对任意的 $x\in X$ 均为假（X 为 $\varnothing$ 的情况），则 $(\forall x)(x\in X\rightarrow\langle x,x\rangle\in R)$ 必为真，故 R 也满足自反性的定义，R 也是自反的。其他几个性质的定义与其类似。

定义 4.1.5 设 I_X 是 X 上的关系，如果 $I_X=\{\langle x,x\rangle\mid x\in X\}$，则称 I_X 为 X 上的**恒等关系**(identity relation)。

【例 4.1.5】 考查自然数集合 $\mathbf{N}$ 上的普通的相等关系"$=$"、大于关系"$>$"和大于或等于关系"$\geqslant$"，各具有什么性质？

解 (1) "$=$"是自反的、对称的、反对称的和可传递的。

(2) ">"是反自反的、反对称的和可传递的。

(3) "≥"是自反的、反对称的和可传递的。

【例 4.1.6】 设 $X=\varnothing$,则 X 上的空关系 R 具有什么性质? 若 $X\neq\varnothing$,R 又有什么性质?

解 (1) $X=\varnothing$:自反的、反自反的、对称的、反对称的、可传递的。

(2) $X\neq\varnothing$:反自反的、对称的、反对称的、可传递的。

【例 4.1.7】 A 为非空集合,则 $\rho(A)$ 上的包含关系"$\subseteq$"和真包含关系"$\subset$"具有什么性质?

解 (1) 包含关系"$\subseteq$":自反的、反对称的、可传递的。

(2) 真包含关系"$\subset$":反自反的、反对称的、可传递的。

【例 4.1.8】 设 $X=\{1,2,3\}$,$R_i(i=1,2,\cdots,12)$ 均为 X 上的二元关系。

(1) $R_1=\{\langle1,1\rangle,\langle2,2\rangle,\langle3,3\rangle,\langle3,1\rangle\}$,$R_2=\{\langle1,1\rangle,\langle2,2\rangle,\langle3,1\rangle,\langle2,3\rangle\}$,问:$R_1$,$R_2$ 是否具有自反性?

(2) $R_3=\{\langle1,1\rangle,\langle2,1\rangle,\langle3,2\rangle\}$,$R_4=\{\langle1,2\rangle,\langle1,3\rangle,\langle3,1\rangle\}$,问:$R_3$,$R_4$ 是否具有反自反性?

(3) $R_5=\{\langle1,2\rangle,\langle2,1\rangle,\langle3,2\rangle,\langle1,3\rangle\}$,$R_6=\{\langle1,2\rangle,\langle2,1\rangle,\langle3,3\rangle,\langle3,2\rangle,\langle2,3\rangle\}$,问:$R_5$,$R_6$ 是否具有对称性?

(4) $R_7=\{\langle1,1\rangle,\langle2,2\rangle,\langle3,3\rangle\}$,$R_8=\{\langle1,3\rangle,\langle2,1\rangle,\langle2,3\rangle\}$,$R_9=\{\langle1,3\rangle,\langle3,1\rangle,\langle2,1\rangle,\langle2,3\rangle\}$,问:$R_7$,$R_8$,$R_9$ 是否具有反对称性?

(5) $R_{10}=\{\langle1,2\rangle,\langle2,1\rangle,\langle3,1\rangle\}$,$R_{11}=\{\langle1,2\rangle,\langle2,3\rangle,\langle1,3\rangle\}$,$R_{12}=\{\langle1,2\rangle\}$,问:$R_{10}$,$R_{11}$,$R_{12}$ 是否具有可传递性?

解 (1) R_1 具有自反性。因为 $\langle1,1\rangle,\langle2,2\rangle,\langle3,3\rangle$ 均属于关系 R_1。

R_2 不具有自反性。因为 $3\in X$,但是 $\langle3,3\rangle\notin R_2$。

(2) R_3 不具有反自反性;因为 $1\in X$,$\langle1,1\rangle\in R_3$。

R_4 具有反自反性。因为 $\langle1,1\rangle,\langle2,2\rangle,\langle3,3\rangle$ 均不属于关系 R_4。

(3) R_5 不具有对称性。因为 $\langle3,2\rangle\in R_5$,但是 $\langle2,3\rangle\notin R_5$。

R_6 具有对称性。因为 $\langle1,2\rangle\in R_6$ 且 $\langle2,1\rangle\in R_6$,$\langle3,2\rangle\in R_6$ 且 $\langle2,3\rangle\in R_6$。

(4) R_7 既具有反对称性,也具有对称性。

R_8 具有反对称性。因为 $\langle1,3\rangle\in R_8$,但 $\langle3,1\rangle\notin R_8$;$\langle2,1\rangle\in R_8$,但 $\langle1,2\rangle\notin R_8$;$\langle2,3\rangle\in R_8$,但 $\langle3,2\rangle\notin R_8$。

R_9 不具有反对称性,也不具有对称性。因为

$\langle1,3\rangle\in R_9$,且 $\langle3,1\rangle\in R_9$,所以 R_9 不具有反对称性。

$\langle2,1\rangle\in R_9$,但 $\langle1,2\rangle\notin R_9$,所以 R_9 也不具有对称性。

(5) R_{10} 不具有可传递性。因为 $\langle1,2\rangle\in R_{10}$,并且 $\langle2,1\rangle\in R_{10}$,但 $\langle1,1\rangle\notin R_{10}$。

R_{11} 具有可传递性。

R_{12} 具有可传递性。如果一个关系中只有一个序偶,则该关系一定是可传递的。

定义 4.1.6 设 R 为集合 A 上的关系,且 $S\subseteq A$,则称关系 $R\cap(S\times S)$ 为 R 在 S 上的**限制**(restriction),记作 $R|_S$,并称 R 为 $R|_S$ 在 A 上的**延拓**(extension)。

如例 4.1.8 中,若令 $S=\{1,2\}$,则 R_1 在 S 上的限制为 $R_1|_S=\{\langle1,1\rangle,\langle2,2\rangle\}$。

定理 4.1.1 设 R 为集合 A 上的关系,且 $S \subseteq A$。

(i) 若 R 是自反的,则 $R|_S$ 也是自反的。

(ii) 若 R 是反自反的,则 $R|_S$ 也是反自反的。

(iii) 若 R 是对称的,则 $R|_S$ 也是对称的。

(iv) 若 R 是反对称的,则 $R|_S$ 也是反对称的。

(v) 若 R 是可传递的,则 $R|_S$ 也是可传递的。

证明留作练习。

习题 4.1

(1) 对于下列各种情况,试求出从集合 X 到集合 Y 的关系 R 的各元素。

① $X = \{0, 1, 2\}, Y = \{0, 2, 4\}, R = \{\langle x, y \rangle \mid x, y \in X \cap Y\}$。

② $X = \{1, 2, 3, 4, 5\}, Y = \{1, 2, 3\}, R = \{\langle x, y \rangle \mid x = y^2\}$。

(2) 列出所有从 $A = \{a, b, c\}$ 到 $B = \{1\}$ 的二元关系。

(3) 设 A 是 n 个元素的有限集,问 A 上有多少种不同的二元关系?

(4) 给定集合 $X = \{1, 2, \cdots, 10\}$ 上的一个关系 $R = \{\langle x, y \rangle \mid x, y \in X \wedge (x + y = 10)\}$,试判定 R 有哪些性质。

(5) 举出一个 $A = \{a, b, c\}$ 上的关系 R 的例子,使其具有以下性质。

① R 既是对称的又是反对称的。

② R 既不是对称的也不是反对称的。

③ R 既不是自反的也不是反自反的。

(6) 考虑 $A = \{1, 2, 3\}$ 上的下列 6 个关系。

① $R = \{\langle 1, 1 \rangle, \langle 1, 2 \rangle, \langle 1, 3 \rangle, \langle 3, 3 \rangle\}$。

② $S = \{\langle 1, 1 \rangle, \langle 1, 2 \rangle, \langle 2, 1 \rangle, \langle 2, 2 \rangle, \langle 3, 3 \rangle\}$。

③ $T = \{\langle 1, 1 \rangle, \langle 1, 2 \rangle, \langle 2, 2 \rangle, \langle 2, 3 \rangle\}$。

④ 空关系 $\varnothing$。

⑤ 全域关系 $A \times A$。

⑥ 恒等关系 $I_A = \{\langle 1, 1 \rangle, \langle 2, 2 \rangle, \langle 3, 3 \rangle\}$。

试判定上述各个 A 上的关系分别满足哪些性质。

4.2 关系图与关系矩阵

本节只讨论从有限集到有限集的关系,特别是讨论某一有限集上的关系,介绍两种表示此类关系的工具——关系图与关系矩阵。

定义 4.2.1 关系 R 的关系图(graph of relation)是由若干个结点和有向边组成的有向图,记作 G_R。设:$X = \{x_1, x_2, \cdots, x_m\}, Y = \{y_1, y_2, \cdots, y_n\}, R: X \to Y$,则关系图的作法如下。

(1) 在平面上作 m 个结点，分别记为 $x_1,x_2,\cdots,x_m$。

(2) 在平面上作 n 个结点，分别记为 $y_1,y_2,\cdots,y_n$。

(3) 如果 $\langle x_i,y_j\rangle\in R$，则就有一条从 x_i 到 y_j 的有向边，箭头指向 y_j。

(4) 如果 $\langle x_i,y_j\rangle\notin R$，则 x_i 到 y_j 之间没有有向边。

如果 $R: X\to X$，则只需将代表集合 X 中元素的结点均匀地分布在平面上，而无须在平面上画两组集合 X 中的元素。

【例 4.2.1】 设 $X=\{1,2,3\}$，$Y=\{a,b\}$，$R: X\to Y$，其中 $R=\{\langle 1,a\rangle,\langle 1,b\rangle,\langle 2,a\rangle,\langle 3,b\rangle\}$，画出关系 R 的关系图。

解 关系 R 的关系图如图 4.2.1 所示。

从关系 R 的关系图 G_R 的定义可知，R 中的一个元素 $\langle x,y\rangle$ 对应 G_R 中的一条有向边(或弧)，R 中有多少个元素(序偶)，G_R 中就有多少条有向边；反之也成立。这样，关系 R 与关系图 G_R 之间建立了一一对应的关系，特别是某一有限集上的关系 R，用关系图表示时就更能显示出它的优越性。

【例 4.2.2】 设 $X=\{1,2,3\}$，$S=\{\langle 1,1\rangle,\langle 2,2\rangle,\langle 3,3\rangle,\langle 1,3\rangle,\langle 3,1\rangle,\langle 1,2\rangle,\langle 2,1\rangle\}$ 为 X 上的关系，试画出它的关系图，并判断 S 满足哪些性质。

解 S 的关系图 G_S 如图 4.2.2 所示。从 G_S 可知，S 是自反的，不是反自反的；是对称的，不是反对称的；不是可传递的。

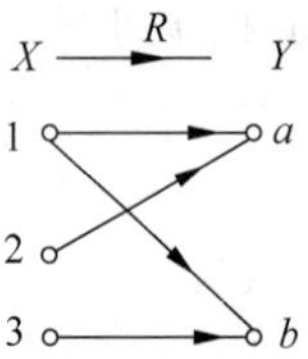

图 4.2.1 关系 R 的关系图

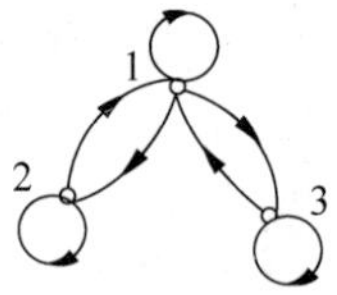

图 4.2.2 关系 S 的关系图 G_S

显然，从一个关系图可以观察它的以下性质。

(1) 自反性：每一个结点上必有一个自环(loop)。

(2) 反自反性：每一个结点上都没有自环。

(3) 对称性：两个结点间如果有有向边，有向边必成对出现，且它们的方向相反。

(4) 反对称性：两个结点间如果有有向边，必单条出现。

(5) 可传递性：若有从 x 到 y 的有向边和从 y 到 z 的有向边，则必有从 x 到 z 的有向边。

因为传递性是讨论 3 个结点之间的关系，所以从关系图上判断传递性较为复杂。

图 4.2.3 给出了关系的一些图解。

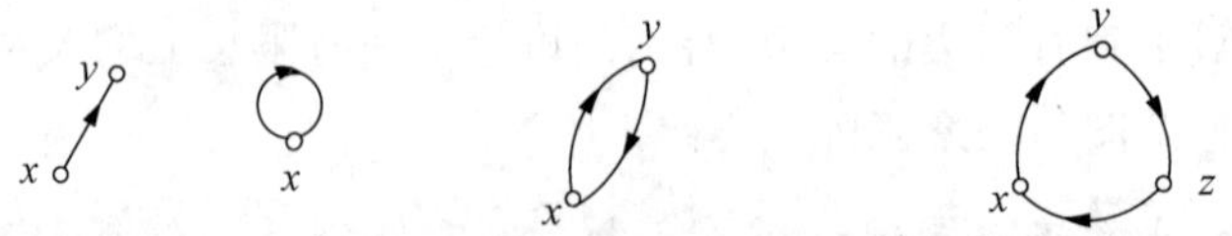

$\langle x,y\rangle\in R$　　$\langle x,x\rangle\in R$　　$\langle x,y\rangle\in R\wedge\langle y,x\rangle\in R$　　$\langle x,y\rangle\in R\wedge\langle y,z\rangle\in R\wedge\langle z,x\rangle\in R$

图 4.2.3 关系图

【例 4.2.3】 关系的关系图如图 4.2.4 所示,试判断它们都具有哪些性质。

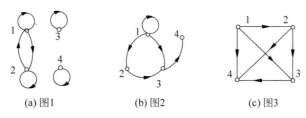

(a)图1   (b)图2   (c)图3

图 4.2.4　关系的关系图

解　由图 4.2.4 不难得出下面一些结论。

图 4.2.4(a):自反的,对称的,可传递的。

图 4.2.4(b):不是自反的,不是反自反的,反对称的,不可传递的。

图 4.2.4(c):反自反的,反对称的,可传递的。

当集合中元素的数目较多时,关系的图解表示就不是很方便了。因此,再来讨论关系的另一种表示方法——关系矩阵法。它不但具有关系图法所具有的直观、形象等特点,而且还具有便于用计算机来存储和处理关系等优越性。

定义 4.2.2　给定两个有穷集合 $X=\{x_1,x_2,\cdots,x_m\}$,$Y=\{y_1,y_2,\cdots,y_n\}$,R 是从 X 到 Y 的关系。令矩阵 $\boldsymbol{M}_R=(r_{ij})_{m\times n}$,其中

$$r_{ij}=\begin{cases}1,\text{当}\langle x_i,y_j\rangle\in R\text{ 时}\\0,\text{当}\langle x_i,y_j\rangle\notin R\text{ 时}\end{cases},i=1,2,\cdots,m,j=1,2,\cdots n$$

则称矩阵 $\boldsymbol{M}_R$ 为关系 R 的**关系矩阵**(matrix of relation)。

由定义可知,关系矩阵 $\boldsymbol{M}_R$ 与关系 R 建立了一一对应关系,即当给定关系 R 后,就能够写出它的关系矩阵;反之,如果给出关系 R 的关系矩阵,则由此也可以具体写出相应的关系 R。事实上,关系 R、关系图 G_R 和关系矩阵 $\boldsymbol{M}_R$ 三者之间是一一对应的,给定任何一个,另外两种表示就已经确定了。

【例 4.2.4】 若 $X=\{1,2,3\}$,$Y=\{a,b\}$,$R:X\rightarrow Y$,其中 $R=\{\langle 1,a\rangle,\langle 1,b\rangle,\langle 2,a\rangle,\langle 3,b\rangle\}$,试写出关系 R 的关系矩阵 $\boldsymbol{M}_R$。

解　关系 R 的关系矩阵 $\boldsymbol{M}_R$ 是一个 3 行 2 列的矩阵,即

$$\boldsymbol{M}_R=\begin{array}{c}\\1\\2\\3\end{array}\begin{array}{c}a\quad b\\\begin{pmatrix}1&1\\1&0\\0&1\end{pmatrix}\end{array}$$

【例 4.2.5】 试写出例 4.2.2 中给定的关系 S 的关系矩阵。

解　关系 S 的关系矩阵 $\boldsymbol{M}_S$ 是一个 3 行 3 列的方阵,即

$$\boldsymbol{M}_S=\begin{array}{c}\\1\\2\\3\end{array}\begin{array}{c}1\quad 2\quad 3\\\begin{pmatrix}1&1&1\\1&1&0\\1&0&1\end{pmatrix}\end{array}$$

从关系矩阵也可以较明显地反映出关系的以下性质。

(1) 关系是自反的,当且仅当关系矩阵中主对角线的元素皆为1。

(2) 关系是反自反的,当且仅当关系矩阵中主对角线的元素皆为0。

(3) 关系是对称的,当且仅当关系矩阵是对称矩阵,即当且仅当 $i \neq j$ 时,$r_{ij} = r_{ji}$。

(4) 关系是反对称的,当且仅当 $i \neq j$ 时,若 $r_{ij} = 1$,则 $r_{ji} = 0$。

(5) 关系是可传递的,当且仅当关系矩阵中,对任意的 i,j,k,若 $r_{ij} = 1$,且 $r_{jk} = 1$,则 $r_{ik} = 1$。

习题 4.2

(1) 给定集合 $X = \{0,1,2,3,4\}$ 上的关系 $R = \{\langle 0,0 \rangle, \langle 0,3 \rangle, \langle 2,0 \rangle, \langle 2,1 \rangle, \langle 2,3 \rangle, \langle 3,2 \rangle\}$,试画出 R 的关系图并写出它的关系矩阵。

(2) 确定集合 A 上的关系 R 何时是:(a)自反的;(b)对称的;(c)不可传递的;(d)反对称的。

(3) 已知集合 $A = \{1,2,3,6\}$,A 上的关系 $R = \{\langle x,y \rangle \mid x \in A \wedge y \in A \wedge x \text{ 整除 } y\}$,求关系 R,并画出 R 的关系图,判断 R 具有什么性质。

(4) 有人说,集合 A 上的关系 R,如果是对称的且可传递的,那么它也是自反的。其理由是:若 $a_i R a_j$,由对称性得 $a_j R a_i$,再由传递性得 $a_i R a_i$,你说对吗?为什么?

4.3 关系的运算

关系也是一个集合,所以对它也可进行集合的交、并、差等运算,运算结果产生一个新的关系。设 R 和 S 为从 X 到 Y 的两个关系,则 $R \cap S$,$R \cup S$,$R - S$,$R \oplus S$,$\sim R$ 也是从 X 到 Y 的关系,且

$$R \cap S = \{\langle x,y \rangle \mid \langle x,y \rangle \in R \wedge \langle x,y \rangle \in S\}$$
$$R \cup S = \{\langle x,y \rangle \mid \langle x,y \rangle \in R \vee \langle x,y \rangle \in S\}$$
$$R - S = \{\langle x,y \rangle \mid \langle x,y \rangle \in R \wedge \langle x,y \rangle \notin S\}$$
$$R \oplus S = (R - S) \cup (S - R)$$
$$\sim R = (X \times Y) - R$$

【例 4.3.1】 设 $X = \{1,2,3,4\}$,R 和 S 是 X 上的两个关系,并分别定义为 $R = \left\{\langle a,b \rangle \mid a, b \in X, \text{且} \dfrac{a-b}{2} \text{是整数}\right\}$,$S = \left\{\langle a,b \rangle \mid a,b \in X, \text{且} \dfrac{a-b}{3} \text{是正整数}\right\}$。求 $R \cap S$,$R \cup S$,$R - S$,$R \oplus S$,$\sim R$。

解 由 R 和 S 定义,知 $R = \{\langle 1,1 \rangle, \langle 2,2 \rangle, \langle 3,3 \rangle, \langle 4,4 \rangle, \langle 1,3 \rangle, \langle 2,4 \rangle, \langle 3,1 \rangle, \langle 4,2 \rangle\}$,$S = \{\langle 4,1 \rangle\}$,所以

$R \cap S = \varnothing$;

$R \cup S = \{\langle 1,1 \rangle, \langle 2,2 \rangle, \langle 3,3 \rangle, \langle 4,4 \rangle, \langle 1,3 \rangle, \langle 2,4 \rangle, \langle 3,1 \rangle, \langle 4,2 \rangle, \langle 4,1 \rangle\}$;

$R - S = R$;$S - R = S$;

$R \oplus S = (R - S) \cup (S - R) = R \cup S$;

$$\sim R = X^2 - R = \{\langle 1,2\rangle, \langle 1,4\rangle, \langle 2,1\rangle, \langle 2,3\rangle, \langle 3,2\rangle, \langle 3,4\rangle, \langle 4,1\rangle, \langle 4,3\rangle\}.$$

由于关系是序偶的集合,它不同于一般的集合,除上述的一般集合所具有的运算外,还具有其本身所特有的一些运算。下面介绍这样一些运算,包括合成运算、逆运算和闭包运算。

4.3.1 关系的合成运算

日常生活中,若 a 是 b 的兄弟(关系 R),b 是 c 的父亲(关系 S),则有 a 与 c 的关系为 a 是 c 的叔叔或伯伯;若 a 是 b 的父亲,b 是 c 的父亲,则 a 是 c 的祖父。这就表明两个关系可以合成一个新的关系。

定义 4.3.1 设 R 是 X 到 Y 的关系,S 是 Y 到 Z 的关系,则称 $R \circ S$ 为 R 和 S 的**合成关系**或**复合关系**(composite),其中
$$R \circ S = \{\langle x,z\rangle \mid x \in X \wedge z \in Z \wedge (\exists y)(y \in Y \wedge \langle x,y\rangle \in R \wedge \langle y,z\rangle \in S)\}$$
从 R 和 S 求 $R \circ S$ 的运算称为关系的合成运算或复合运算。

【**例 4.3.2**】 给定集合 $X = \{1,2,3,4\}, Y = \{2,3,4\}, Z = \{1,2,3\}$。设 R 是从 X 到 Y 的关系,S 是从 Y 到 Z 的关系,其中 $R = \{\langle x,y\rangle \mid x+y=6\}, S = \langle y,z\rangle \mid y-z=1\}$,求 $R \circ S$。

解 由 R 和 S 定义知:$R = \{\langle x,y\rangle \mid x+y=6\} = \{\langle 2,4\rangle, \langle 3,3\rangle, \langle 4,2\rangle\}$
$$S = \{\langle y,z\rangle \mid y-z=1\} = \{\langle 2,1\rangle, \langle 3,2\rangle, \langle 4,3\rangle\}$$

因为 $\langle 2,4\rangle \in R \wedge \langle 4,3\rangle \in S$,所以 $\langle 2,3\rangle \in R \circ S$。

因为 $\langle 3,3\rangle \in R \wedge \langle 3,2\rangle \in S$,所以 $\langle 3,2\rangle \in R \circ S$。

因为 $\langle 4,2\rangle \in R \wedge \langle 2,1\rangle \in S$,所以 $\langle 4,1\rangle \in R \circ S$。

所以,$R \circ S = \{\langle 2,3\rangle, \langle 3,2\rangle, \langle 4,1\rangle\}$。

图 4.3.1 给出了关系 R, S 和合成关系 $R \circ S$ 的关系图。

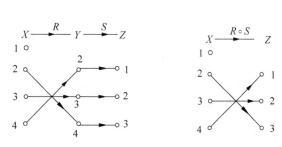

图 4.3.1 关系 R 和 S 及合成关系 $R \circ S$ 的关系图

设 R 是从 X 到 Y 的关系,S 是从 Y 到 Z 的关系,则合成关系 $R \circ S$ 是从 X 到 Z 的关系。由合成关系的定义可知,若 R 的值域与 S 的定义域的交集是个空集,即 $R(R) \bigcap D(S) = \varnothing$,则 $R \circ S = \varnothing$。若至少有一个序偶 $\langle x,y\rangle \in R$,且 $\langle y,z\rangle \in S$,则 $R \circ S$ 就是一个非空集合,即若 $R(R) \bigcap D(S) \neq \varnothing$,则必有 $R \circ S \neq \varnothing$。对于合成关系 $R \circ S$ 来说,它的定义域是 X 的子集,值域是 Z 的子集,即 $D(R \circ S) \subseteq X$,且 $R(R \circ S) \subseteq Z$。

定理 4.3.1 给定集合 X, Y, Z 和 W。设 R_1 是从 X 到 Y 的关系,R_2 和 R_3 是从 Y 到 Z 的关系,R_4 是从 Z 到 W 的关系,则

(i) $R_1 \circ (R_2 \bigcup R_3) = (R_1 \circ R_2) \bigcup (R_1 \circ R_3)$;

(ii) $R_1 \circ (R_2 \bigcap R_3) \subseteq (R_1 \circ R_2) \bigcap (R_1 \circ R_3)$;

(iii) $(R_2 \bigcup R_3) \circ R_4 = (R_2 \circ R_4) \bigcup (R_3 \circ R_4)$;

(iv) $(R_2 \bigcap R_3) \circ R_4 \subseteq (R_2 \circ R_4) \bigcap (R_3 \circ R_4)$。

证 (iii) 因为 $R_2 \cup R_3 : Y \to Z$；$R_4 : Z \to W$，所以 $(R_2 \cup R_3) \circ R_4 : Y \to W$，对任意的 $\langle y, w \rangle \in (R_2 \cup R_3) \circ R_4$

$\Leftrightarrow (\exists z)(\langle y,z \rangle \in R_2 \cup R_3 \wedge \langle z,w \rangle \in R_4)$ （合成关系的定义）

$\Leftrightarrow (\exists z)((\langle y,z \rangle \in R_2 \vee \langle y,z \rangle \in R_3) \wedge \langle z,w \rangle \in R_4)$

$\Leftrightarrow (\exists z)((\langle y,z \rangle \in R_2 \wedge \langle z,w \rangle \in R_4) \vee (\langle y,z \rangle \in R_3 \wedge \langle z,w \rangle \in R_4))$ （分配律）

$\Leftrightarrow (\exists z)(\langle y,z \rangle \in R_2 \wedge \langle z,w \rangle \in R_4) \vee (\exists z)(\langle y,z \rangle \in R_3 \wedge \langle z,w \rangle \in R_4)$

（量词分配律）

$\Leftrightarrow \langle y,w \rangle \in R_2 \circ R_4 \vee \langle y,w \rangle \in R_3 \circ R_4$ （合成关系的定义）

$\Leftrightarrow \langle y,w \rangle \in (R_2 \circ R_4) \cup (R_3 \circ R_4)$

所以，由 $\langle y,w \rangle$ 的任意性，知

$$(R_2 \cup R_3) \circ R_4 = (R_2 \circ R_4) \cup (R_3 \circ R_4)$$

(iv) 因为 $R_2 \cap R_3 : Y \to Z$；$R_4 : Z \to W$，所以 $(R_2 \cap R_3) \circ R_4 : Y \to W$，对任意的 $\langle y,w \rangle \in (R_2 \cap R_3) \circ R_4$

$\Leftrightarrow (\exists z)(\langle y,z \rangle \in R_2 \cap R_3 \wedge \langle z,w \rangle \in R_4)$ （合成关系的定义）

$\Leftrightarrow (\exists z)((\langle y,z \rangle \in R_2 \wedge \langle y,z \rangle \in R_3) \wedge \langle z,w \rangle \in R_4)$ （交运算的定义）

$\Leftrightarrow (\exists z)((\langle y,z \rangle \in R_2 \wedge \langle z,w \rangle \in R_4) \wedge (\langle y,z \rangle \in R_3 \wedge \langle z,w \rangle \in R_4))$ （4.3.1）

$\Rightarrow (\exists z)(\langle y,z \rangle \in R_2 \wedge \langle z,w \rangle \in R_4) \wedge (\exists z)(\langle y,z \rangle \in R_3 \wedge \langle z,w \rangle \in R_4)$

（4.3.2）

$\Leftrightarrow \langle y,w \rangle \in R_2 \circ R_4 \wedge \langle y,w \rangle \in R_3 \circ R_4$ （合成关系的定义）

$\Leftrightarrow \langle y,w \rangle \in (R_2 \circ R_4) \cap (R_3 \circ R_4)$ （交运算的定义）

需要注意的是，由于式(4.3.1)是永真蕴涵而不是等价于式(4.3.2)，所以

$$(R_2 \cap R_3) \circ R_4 \subseteq (R_2 \circ R_4) \cap (R_3 \circ R_4)$$

其他证明与此类似，留作练习，请读者自行完成。∎

定理 4.3.2 设 R 是从 X 到 Y 的关系，I_X 是 X 上的恒等关系，I_Y 是 Y 上的恒等关系，则 $I_X \circ R = R \circ I_Y = R$。

例如，设 $X = \{1,2,3\}$，$R = \{\langle 1,1 \rangle, \langle 1,2 \rangle, \langle 1,3 \rangle\}$ 为 X 上的二元关系，$I_X = \{\langle 1,1 \rangle, \langle 2,2 \rangle, \langle 3,3 \rangle\}$ 为 X 上的恒等关系，可验证 $I_X \circ R = R \circ I_X = R$。

定理 4.3.3 设 R_1 是从 X 到 Y 的关系，R_2 是从 Y 到 Z 的关系，R_3 是从 Z 到 W 的关系，则

$$(R_1 \circ R_2) \circ R_3 = R_1 \circ (R_2 \circ R_3) = R_1 \circ R_2 \circ R_3$$

证 任意 $\langle x,w \rangle \in (R_1 \circ R_2) \circ R_3 \Leftrightarrow (\exists z)(\langle x,z \rangle \in (R_1 \circ R_2) \wedge \langle z,w \rangle \in R_3)$ （合成关系的定义）

$\Leftrightarrow (\exists z)((\exists y)(\langle x,y \rangle \in R_1 \wedge \langle y,z \rangle \in R_2) \wedge \langle z,w \rangle \in R_3)$ （合成关系的定义）

$\Leftrightarrow (\exists z)(\exists y)(\langle x,y \rangle \in R_1 \wedge \langle y,z \rangle \in R_2 \wedge \langle z,w \rangle \in R_3)$ （量词辖域的扩大）

$\Leftrightarrow (\exists y)(\exists z)(\langle x,y \rangle \in R_1 \wedge \langle y,z \rangle \in R_2 \wedge \langle z,w \rangle \in R_3)$ （同名量词交换）

$\Leftrightarrow (\exists y)(\langle x,y \rangle \in R_1 \wedge (\exists z)(\langle y,z \rangle \in R_2 \wedge \langle z,w \rangle \in R_3))$ （量词辖域的收缩）

$$\Leftrightarrow (\exists y)(\langle x,y \rangle \in R_1 \wedge \langle y,w \rangle \in R_2 \circ R_3) \qquad \text{(合成关系的定义)}$$
$$\Leftrightarrow \langle x,w \rangle \in R_1 \circ (R_2 \circ R_3) \qquad \text{(合成关系的定义)}$$

由$\langle x,w \rangle$的任意性，知$(R_1 \circ R_2) \circ R_3 = R_1 \circ (R_2 \circ R_3) = R_1 R_2 R_3$。 ■

这个定理说明合成运算是可结合的。

【例4.3.3】 给定关系R和S，其中$R = \{\langle 1,2 \rangle, \langle 3,4 \rangle, \langle 2,2 \rangle\}$，$S = \{\langle 4,2 \rangle, \langle 2,5 \rangle$，$\langle 3,1 \rangle, \langle 1,3 \rangle\}$。

试求$R \circ S, S \circ R, R \circ (S \circ R), (R \circ S) \circ R, R \circ R, S \circ S, R \circ R \circ R$。

解 $R \circ S = \{\langle 1,5 \rangle, \langle 3,2 \rangle, \langle 2,5 \rangle\}$。

$S \circ R = \{\langle 4,2 \rangle, \langle 3,2 \rangle, \langle 1,4 \rangle\}$。

$R \circ (S \circ R) = \{\langle 3,2 \rangle\}$。

$(R \circ S) \circ R = \{\langle 3,2 \rangle\}$。

$R \circ R = \{\langle 1,2 \rangle, \langle 2,2 \rangle\}$。

$S \circ S = \{\langle 3,3 \rangle, \langle 1,1 \rangle, \langle 4,5 \rangle\}$。

$R \circ R \circ R = \{\langle 1,2 \rangle, \langle 2,2 \rangle\}$。

从这个例子可以看出，合成运算一般是不可交换的，但是可结合的。

关系的合成运算是个二元运算，它从两个关系产生另一个关系。可以重复应用同样的运算来产生其他的关系。因此，上述定理4.3.3可以推广到更一般的情况。如果R_1是从X_1到X_2的关系，R_2是从X_2到X_3的关系，$\cdots\cdots$，R_n是从X_n到X_{n+1}的关系，则$R_1 \circ R_2 \circ R_3 \circ \cdots \circ R_n$为从$X_1$到$X_{n+1}$的关系，特别是当$X_1 = X_2 = \cdots = X_{n+1} = X$和$R_1 = R_2 = \cdots = R_n = R$时，$X$上的合成关系$R_1 \circ R_2 \circ \cdots \circ R_n$可表达成$R^n$，并称为关系$R$的$n$次幂（power）。

定义4.3.2 设R是集合X上的关系，设$n \in \mathbf{N}$，于是R的 **n次幂R^n** 可定义如下。

(i) R^0是X上的恒等关系I_X，即

$$R^0 = I_X = \{\langle x,x \rangle \mid x \in X\}$$

(ii) $R^{n+1} = R^n \circ R$。

如$A = \{1,2,3,4\}$上的关系$R = \{\langle 1,1 \rangle, \langle 2,1 \rangle, \langle 3,2 \rangle, \langle 4,3 \rangle\}$，则$R^2 = \{\langle 1,1 \rangle, \langle 2,1 \rangle$，$\langle 3,1 \rangle, \langle 4,2 \rangle\}$，$R^3 = R^2 \circ R = \{\langle 1,1 \rangle, \langle 2,1 \rangle, \langle 3,1 \rangle, \langle 4,1 \rangle\}$。

定理4.3.4 设R是集合X上的关系，$m, n \in \mathbf{N}$，则有

(i) $R^m \circ R^n = R^{m+n}$。

(ii) $(R^m)^n = R^{m \cdot n}$。

此定理的证明留作练习，请读者自行完成。

【例4.3.4】 设R是集合X上的关系，试证明$(R \cup I_X)^n = I_X \cup \bigcup\limits_{i=1}^{n} R^i$，其中$\bigcup\limits_{i=1}^{n} R^i = R \cup R^2 \cup \cdots \cup R^n$，$I_X$为$X$上的恒等关系。

证 （用数学归纳法）

当$n=1$时，显然结论成立。

设$n=k$时结论成立，即有$(R \cup I_X)^k = I_X \cup \bigcup\limits_{i=1}^{k} R^i$，下面证明$n=k+1$时结论也成

立，即证明$(R \cup I_X)^{k+1} = I_X \cup \bigcup_{i=1}^{k+1} R^i$。

$$(R \cup I_X)^{k+1} = (R \cup I_X)^k \circ (R \cup I_X) = \left(I_X \cup \bigcup_{i=1}^{k} R^i\right) \circ (R \cup I_X) \quad \text{（归纳假设）}$$

$$= (I_X \circ R) \cup \left(\bigcup_{i=1}^{k} R^i \circ R\right) \cup \left(\bigcup_{i=1}^{k} R^i \circ I_X\right) \cup (I_X \circ I_X)$$

$$\text{（定理 4.3.1）}$$

$$= R \cup \bigcup_{i=1}^{k+1} R^i \cup \bigcup_{i=1}^{k} R^i \cup I_X \quad \text{（定理 4.3.3）}$$

$$= R \cup \bigcup_{i=1}^{k+1} R^i \cup I_X \quad \text{（吸收律）}$$

$$= \bigcup_{i=1}^{k+1} R^i \cup I_X \quad \text{（吸收律）}$$

$$= I_X \cup \bigcup_{i=1}^{k+1} R^i \quad \text{（交换律）}$$

由数学归纳法原理，知结论成立。

【例 4.3.5】 设 $A = \{a, b, c, d\}$，A 上的关系 $R = \{\langle a,b \rangle, \langle b,a \rangle, \langle b,c \rangle, \langle c,d \rangle\}$。求 R 的幂。

解　由幂的定义知

$$R^0 = I_A = \{\langle a,a \rangle, \langle b,b \rangle, \langle c,c \rangle, \langle d,d \rangle\}$$

$$R^1 = R^0 \circ R = R$$

$$R^2 = R^1 \circ R = \{\langle a,a \rangle, \langle a,c \rangle, \langle b,b \rangle, \langle b,d \rangle\}$$

$$R^3 = R^2 \circ R = \{\langle a,b \rangle, \langle b,a \rangle, \langle b,c \rangle, \langle a,d \rangle\}$$

$$R^4 = R^3 \circ R = \{\langle a,a \rangle, \langle a,c \rangle, \langle b,b \rangle, \langle b,d \rangle\}$$

发现 $R^4 = R^2$，因此

$$R^5 = R^4 \circ R = R^2 \circ R = R^3$$

类似有

$$R^6 = R^5 \circ R = R^3 \circ R = R^4 = R^2$$

可以用数学归纳法得 $R^{2n+1} = R^3$，$R^{2n} = R^2 (n \geq 1)$。

这个例子说明有限集上的关系 R，不是所有的幂都是互异的，即有限集上的不同关系的数目是有限的。下面的定理刻画了这一性质。

定理 4.3.5　设 X 是含有 n 个元素的有限集合，R 是 X 上的关系。于是存在自然数 s 和 t，使 $R^s = R^t$ 且 $0 \leq s \leq t \leq 2^{n^2}$。

证　X 上的每个关系都是 $X \times X$ 的一个子集。因为 $X \times X$ 有 n^2 个元素，因此它的幂集 $\rho(X \times X)$ 有 2^{n^2} 个元素，说明 X 上共有 2^{n^2} 个不同关系，R 的不同幂不会超过 2^{n^2} 个，但序列 $R^0, R^1, R^2, \cdots, R^{2^{n^2}}$ 中有 $2^{n^2} + 1$ 项（即有 $2^{n^2} + 1$ 个关系），因此，至少有两项是相等的，从而定理的结论成立。■

有了关系的幂的概念之后,下面给出判断一个关系是可传递关系的充要条件的定理。

定理 4.3.6 设 $R: X \to X$,则:R 是可传递的,当且仅当 $R^2 \subseteq R$。

证 (必要性)已知 R 是可传递的,证明 $R^2 \subseteq R$。

对任意的 $\langle x, z \rangle \in R^2 \Rightarrow (\exists y)(\langle x, y \rangle \in R \wedge \langle y, z \rangle \in R)$ (合成关系的定义)
$$\Rightarrow \langle x, z \rangle \in R \qquad\qquad\qquad (R \text{ 是可传递的})$$

所以,由 $\langle x, z \rangle$ 的任意性,知 $R^2 \subseteq R$。

(充分性)已知 $R^2 \subseteq R$,证明 R 是可传递的。

对任意 $\langle x, y \rangle \in R \wedge \langle y, z \rangle \in R \Rightarrow \langle x, z \rangle \in R^2$ (合成关系的定义)
$$\Rightarrow \langle x, z \rangle \in R \qquad\qquad\qquad (\text{已知 } R^2 \subseteq R)$$

所以,R 是可传递的。 ■

【例 4.3.6】 设 $X = \{1, 2, 3\}$,R 是 X 上的二元关系,且 $R = \{\langle 1, 2 \rangle, \langle 2, 3 \rangle, \langle 1, 3 \rangle\}$,证明 R 具有可传递性。

证 因为 $R^2 = \{\langle 1, 3 \rangle\} \subseteq R$,所以由定理 4.3.6,知 R 具有可传递性。

关系可以用关系矩阵和关系图表示,而合成关系也是一种关系,当然也可以用关系矩阵和关系图来表示。合成关系的矩阵可用关系矩阵的布尔积和布尔和求得。

设 $X = \{x_1, x_2, \cdots, x_m\}$,$Y = \{y_1, y_2, \cdots, y_n\}$,$Z = \{z_1, z_2, \cdots, z_p\}$,$R$ 是从 X 到 Y 的关系,将关系矩阵记为 $\boldsymbol{M}_R = (a_{ij})_{m \times n}$;$S$ 是从 Y 到 Z 的关系,将其关系矩阵记为 $\boldsymbol{M}_S = (b_{ij})_{n \times p}$;$R \circ S$ 是从 X 到 Z 的合成关系,将其关系矩阵记为 $\boldsymbol{M}_{R \circ S} = (c_{ij})_{m \times p}$。并定义
$$\boldsymbol{M}_{R \circ S} = \boldsymbol{M}_R \circ \boldsymbol{M}_S = (c_{ij})_{m \times p}$$

其中
$$c_{ij} = \bigvee_{k=1}^{n} (a_{ik} \wedge b_{kj}) \quad i = 1, 2, \cdots, m, j = 1, 2, \cdots, p$$

式中:a_{ik} 为 $\boldsymbol{M}_R$ 中第 i 行第 k 列元素;b_{kj} 为 $\boldsymbol{M}_S$ 中第 k 行第 j 列元素;$\wedge, \vee$ 分别为合取和析取运算(即布尔乘法和布尔加法)。

【例 4.3.7】 设 $A = \{1, 2, 3\}$,$B = \{1, 2, 3, 4\}$,$C = \{1, 2, 3, 4, 5\}$,R 为从 A 到 B 的关系,S 为从 B 到 C 的关系,其中
$$R = \{\langle 1, 2 \rangle, \langle 2, 1 \rangle, \langle 2, 3 \rangle, \langle 3, 3 \rangle\}$$
$$S = \{\langle 1, 2 \rangle, \langle 1, 5 \rangle, \langle 2, 3 \rangle, \langle 3, 1 \rangle, \langle 3, 2 \rangle, \langle 4, 3 \rangle, \langle 4, 5 \rangle\}$$

求 $\boldsymbol{M}_{R \circ S}$。

解 关系 R 和 S 的关系矩阵 $\boldsymbol{M}_R$ 和 $\boldsymbol{M}_S$ 分别为
$$\boldsymbol{M}_R = \begin{pmatrix} 0 & 1 & 0 & 0 \\ 1 & 0 & 1 & 0 \\ 0 & 0 & 1 & 0 \end{pmatrix}, \quad \boldsymbol{M}_S = \begin{pmatrix} 0 & 1 & 0 & 0 & 1 \\ 0 & 0 & 1 & 0 & 0 \\ 1 & 1 & 0 & 0 & 0 \\ 0 & 0 & 1 & 0 & 1 \end{pmatrix}$$

则 $R \circ S$ 的关系矩阵为
$$\boldsymbol{M}_{R \circ S} = \boldsymbol{M}_R \circ \boldsymbol{M}_S = \begin{pmatrix} 0 & 1 & 0 & 0 \\ 1 & 0 & 1 & 0 \\ 0 & 0 & 1 & 0 \end{pmatrix} \circ \begin{pmatrix} 0 & 1 & 0 & 0 & 1 \\ 0 & 0 & 1 & 0 & 0 \\ 1 & 1 & 0 & 0 & 0 \\ 0 & 0 & 1 & 0 & 1 \end{pmatrix} = \begin{pmatrix} 0 & 0 & 1 & 0 & 0 \\ 1 & 1 & 0 & 0 & 1 \\ 1 & 1 & 0 & 0 & 0 \end{pmatrix}$$

例如，$M_{R \circ S}$ 的第 1 行第 2 列元素 c_{12} 及第 1 行第 3 列元素 c_{13} 的计算过程为

$$c_{12} = (a_{11} \wedge b_{12}) \vee (a_{12} \wedge b_{22}) \vee (a_{13} \wedge b_{32}) \vee (a_{14} \wedge b_{42})$$
$$= (0 \wedge 1) \vee (1 \wedge 0) \vee (0 \wedge 1) \vee (0 \wedge 0) = 0$$
$$c_{13} = (a_{11} \wedge b_{13}) \vee (a_{12} \wedge b_{23}) \vee (a_{13} \wedge b_{33}) \vee (a_{14} \wedge b_{43})$$
$$= (0 \wedge 0) \vee (1 \wedge 1) \vee (0 \wedge 0) \vee (0 \wedge 1) = 1$$

由 $M_{R \circ S}$ 矩阵可得 $R \circ S = \{\langle 1,3 \rangle, \langle 2,1 \rangle, \langle 2,2 \rangle, \langle 2,5 \rangle, \langle 3,1 \rangle, \langle 3,2 \rangle\}$。

根据定理 4.3.2 不难证明

$$M_{R_1} \circ (M_{R_2} \circ M_{R_3}) = (M_{R_1} \circ M_{R_2}) \circ M_{R_3} = M_{R_1} \circ M_{R_2} \circ M_{R_3}$$

同理，可讨论合成关系的关系图表示法。给定集合 X 上的关系 R，可直接由 R 的关系图画出 $R^2, R^3, \cdots, R^n$ 的关系图。为此，首先考虑 R^2 关系图的画法。如果有 $\langle x_i, x_j \rangle \in R$，且 $\langle x_j, x_k \rangle \in R$，则必有 $\langle x_i, x_k \rangle \in R \circ R = R^2$。这表明在 R 的关系图中，如果从结点 x_i 出发沿有向边的方向经过两条有向边能达到结点 x_k，则在 R^2 的关系图中必有一条从 x_i 指向 x_k 的有向边。其中结点 x_j 称为中间结点，这样的中间结点可能存在多个。对于 R^n 关系图的求法可归纳如下。

（1）画出 R 的关系图 G_R。

（2）从 R 的关系图 G_R 的每一个结点 x_i 出发，如果能恰好经过 n 条有向边到达结点 x_j，则从 x_i 至 x_j 画一条有向边，所有画出的这些有向边所构成的图即为 R^n 的关系图。但应注意，如果 G_R 中某些结点有自环，则可以绕自环若干圈又回到该结点。

【例 4.3.8】 设集合 $X = \{a, b, c, d\}$ 上的关系 $R = \{\langle a,b \rangle, \langle b,a \rangle, \langle b,c \rangle, \langle c,d \rangle\}$，试利用 R 的关系图求出 R^2, R^3, R^4 的关系图。

解 先画出 R 的关系图，如图 4.3.2(a)所示，再由图 4.3.2(a)画出 R^2, R^3, R^4 的关系图，分别如图 4.3.2(b)～图 4.3.2(d)所示。

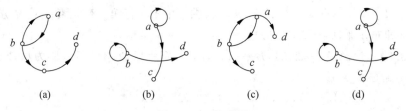

(a)　　　　　　(b)　　　　　　(c)　　　　　　(d)

图 4.3.2　关系图

4.3.2　关系的求逆运算

定义 4.3.3 设 R 是从集合 X 到集合 Y 的关系，将 R 中的每一序偶的第一元素和第二元素互换，得到一个从集合 Y 到集合 X 的关系，称为 R 的**逆关系**(inverse relation)，记为 R^{-1}，即

$$R^{-1} = \{\langle y,x \rangle \mid \langle x,y \rangle \in R\}$$

求逆关系的运算称为逆运算。

显然，将 R 的关系图上所有的边颠倒方向就得到 R^{-1} 的关系图，而 R^{-1} 的关系矩阵就是 M_R 的转置矩阵 M_R^T，即 $M_{R^{-1}} = M_R^T$。

现在来考查合成关系的逆关系。设 R 是从 X 到 Y 的关系，S 是从 Y 到 Z 的关系。显然，R^{-1} 是从 Y 到 X 的关系，S^{-1} 是从 Z 到 Y 的关系，$R \circ S$ 是从 X 到 Z 的关系，而 $(R \circ S)^{-1}$

和 $S^{-1} \circ R^{-1}$ 都是 Z 到 X 的关系,但是否有 $(R \circ S)^{-1} = S^{-1} \circ R^{-1}$?下面的定理将给出答案。

定理 4.3.7 设 R 是从 X 到 Y 的关系,S 是从 Y 到 Z 的关系,则有
$$(R \circ S)^{-1} = S^{-1} \circ R^{-1}$$

证 任意的 $\langle z, x \rangle \in (R \circ S)^{-1} \Leftrightarrow \langle x, z \rangle \in R \circ S$ (逆关系的定义)

$\Leftrightarrow (\exists y)(\langle x, y \rangle \in R \wedge \langle y, z \rangle \in S)$ (合成关系的定义)

$\Leftrightarrow (\exists y)(\langle y, x \rangle \in R^{-1} \wedge \langle z, y \rangle \in S^{-1})$ (逆关系的定义)

$\Leftrightarrow (\exists y)(\langle z, y \rangle \in S^{-1} \wedge \langle y, x \rangle \in R^{-1})$ (交换律)

$\Leftrightarrow \langle z, x \rangle \in S^{-1} \circ R^{-1}$ (合成关系的定义)

再由 $\langle z, x \rangle$ 的任意性可知,$(R \circ S)^{-1} = S^{-1} \circ R^{-1}$。 ∎

由前面关于逆关系 R^{-1} 的讨论可知,$\boldsymbol{M}_{R^{-1}} = \boldsymbol{M}_R^{\mathrm{T}}$。因此,$\boldsymbol{M}_{(R \circ S)^{-1}} = \boldsymbol{M}_{R \circ S}^{\mathrm{T}}$;或者由定理 4.3.7 可得 $\boldsymbol{M}_{(R \circ S)^{-1}} = \boldsymbol{M}_{S^{-1}} \circ \boldsymbol{M}_{R^{-1}}$。

【**例 4.3.9**】 给定关系 R 和 S 的关系矩阵 $\boldsymbol{M}_R$ 和 $\boldsymbol{M}_S$ 分别为

$$\boldsymbol{M}_R = \begin{pmatrix} 1 & 0 & 1 \\ 1 & 1 & 0 \\ 1 & 1 & 1 \end{pmatrix}, \quad \boldsymbol{M}_S = \begin{pmatrix} 1 & 0 & 0 & 1 & 0 \\ 1 & 0 & 1 & 0 & 1 \\ 0 & 1 & 0 & 1 & 0 \end{pmatrix}$$

试求 $\boldsymbol{M}_{R \circ S}, \boldsymbol{M}_{(R \circ S)^{-1}}, \boldsymbol{M}_{R^{-1}}$ 和 $\boldsymbol{M}_{S^{-1}}$,并验证 $\boldsymbol{M}_{(R \circ S)^{-1}} = \boldsymbol{M}_{S^{-1}} \circ \boldsymbol{M}_{R^{-1}}$。

解 $\boldsymbol{M}_{R \circ S} = \boldsymbol{M}_R \circ \boldsymbol{M}_S = \begin{pmatrix} 1 & 0 & 1 \\ 1 & 1 & 0 \\ 1 & 1 & 1 \end{pmatrix} \circ \begin{pmatrix} 1 & 0 & 0 & 1 & 0 \\ 1 & 0 & 1 & 0 & 1 \\ 0 & 1 & 0 & 1 & 0 \end{pmatrix} = \begin{pmatrix} 1 & 1 & 0 & 1 & 0 \\ 1 & 0 & 1 & 1 & 1 \\ 1 & 1 & 1 & 1 & 1 \end{pmatrix}$

$$\boldsymbol{M}_{(R \circ S)^{-1}} = \boldsymbol{M}_{R \circ S}^{\mathrm{T}} = \begin{pmatrix} 1 & 1 & 1 \\ 1 & 0 & 1 \\ 0 & 1 & 1 \\ 1 & 1 & 1 \\ 0 & 1 & 1 \end{pmatrix}$$

$$\boldsymbol{M}_{R^{-1}} = \boldsymbol{M}_R^{\mathrm{T}} = \begin{pmatrix} 1 & 1 & 1 \\ 0 & 1 & 1 \\ 1 & 0 & 1 \end{pmatrix}, \quad \boldsymbol{M}_{S^{-1}} = \boldsymbol{M}_S^{\mathrm{T}} = \begin{pmatrix} 1 & 1 & 0 \\ 0 & 0 & 1 \\ 0 & 1 & 0 \\ 1 & 0 & 1 \\ 0 & 1 & 0 \end{pmatrix}$$

$$\boldsymbol{M}_{S^{-1}} \circ \boldsymbol{M}_{R^{-1}} = \begin{pmatrix} 1 & 1 & 0 \\ 0 & 0 & 1 \\ 0 & 1 & 0 \\ 1 & 0 & 1 \\ 0 & 1 & 0 \end{pmatrix} \circ \begin{pmatrix} 1 & 1 & 1 \\ 0 & 1 & 1 \\ 1 & 0 & 1 \end{pmatrix} = \begin{pmatrix} 1 & 1 & 1 \\ 1 & 0 & 1 \\ 0 & 1 & 1 \\ 1 & 1 & 1 \\ 0 & 1 & 1 \end{pmatrix}$$

由上面所求结果可知 $\boldsymbol{M}_{(R \circ S)^{-1}} = \boldsymbol{M}_{S^{-1}} \circ \boldsymbol{M}_{R^{-1}}$ 成立。

定理 4.3.8 设 $R,S,\varnothing$ 都是从集合 X 到集合 Y 的关系,则有

(i) $(R^{-1})^{-1}=R$。

(ii) $(R\cup S)^{-1}=R^{-1}\cup S^{-1}$。

(iii) $(R\cap S)^{-1}=R^{-1}\cap S^{-1}$。

(iv) $(X\times Y)^{-1}=Y\times X$。

(v) $\varnothing^{-1}=\varnothing$。

(vi) $(\sim R)^{-1}=\sim(R^{-1})$,这里 $\sim R=X\times Y-R$。

(vii) $(R-S)^{-1}=R^{-1}-S^{-1}$。

(viii) $R=S\Leftrightarrow R^{-1}=S^{-1}$。

(ix) $R\subseteq S\Leftrightarrow R^{-1}\subseteq S^{-1}$。

证 (iii) 任意 $\langle y,x\rangle\in(R\cap S)^{-1}\Leftrightarrow\langle x,y\rangle\in R\cap S$ (逆关系的定义)

$$\Leftrightarrow\langle x,y\rangle\in R\ \cap\ \langle x,y\rangle\in S\qquad\text{(交集的定义)}$$

$$\Leftrightarrow\langle y,x\rangle\in R^{-1}\ \wedge\ \langle y,x\rangle\in S^{-1}\qquad\text{(逆关系的定义)}$$

$$\Leftrightarrow\langle y,x\rangle\in R^{-1}\ \cap\ S^{-1}\qquad\text{(交集的定义)}$$

再由 $\langle y,x\rangle$ 的任意性可知,$(R\cap S)^{-1}=R^{-1}\cap S^{-1}$。

(vi) 任意 $\langle y,x\rangle\in(\sim R)^{-1}\Leftrightarrow\langle x,y\rangle\in\sim R$ (逆关系的定义)

$$\Leftrightarrow\langle x,y\rangle\in X\times Y\ \wedge\ \langle x,y\rangle\notin R\qquad\text{(补关系的定义)}$$

$$\Leftrightarrow\langle y,x\rangle\in Y\times X\ \wedge\ \langle y,x\rangle\notin R^{-1}\qquad\text{(逆关系的定义)}$$

$$\Leftrightarrow\langle y,x\rangle\in\sim(R^{-1})\qquad\text{(补关系的定义)}$$

由 $\langle y,x\rangle$ 任意性知,$(\sim R)^{-1}=\sim(R^{-1})$。

(vii) 因为 $R-S=R\cap\sim S$,所以由式(iii)可知

$$(R-S)^{-1}=(R\cap\sim S)^{-1}=R^{-1}\cap(\sim S)^{-1}$$

$$=R^{-1}\cap\sim(S)^{-1}=R^{-1}-S^{-1}$$

其余的证明留作练习,请读者自行完成。 ■

定理 4.3.9 设 R 是集合 X 上的关系,则有

(i) R 是对称的,当且仅当 $R=R^{-1}$。

(ii) R 是反对称的,当且仅当 $R\cap R^{-1}\subseteq I_X$。

证 (i)(必要性)已知 R 是对称的,证明 $R=R^{-1}$,即证明 $R\subseteq R^{-1}$ 且 $R^{-1}\subseteq R$。

对任意的 $\langle x,y\rangle\in R$,由 R 是对称的,知 $\langle y,x\rangle\in R$,从而 $\langle x,y\rangle\in R^{-1}$,所以 $R\subseteq R^{-1}$。

对任意的 $\langle y,x\rangle\in R^{-1}$,即 $\langle x,y\rangle\in R$,由 R 是对称的,知 $\langle y,x\rangle\in R$,所以 $R^{-1}\subseteq R$。故 $R=R^{-1}$。

(充分性)已知 $R=R^{-1}$,证明 R 是对称的。

对任意的 $\langle x,y\rangle\in R$,即 $\langle y,x\rangle\in R^{-1}$。由 $R=R^{-1}$,知 $\langle y,x\rangle\in R$。由对称性的定义,可知 R 是对称的。

(ii) 证明留作练习,请读者自行完成。 ■

4.3.3 关系的闭包运算

在 4.1 节中已经介绍了关系的 5 种基本性质。大家知道,当给定某一种关系 R 时,针对某一性质而言,关系 R 却不一定就具有该种性质。此时,若使 R 具有某种性质(如自反性、对称性或传递性),必须把缺少的序偶加入 R 中(称为对关系 R 的扩充),从而由 R 构成了一个新的关系 R',且使 R' 具有该种性质。问题是这种扩充方法有许多种,而使原关系 R 具有某种性质的一种"最小"扩充,就称为对原关系 R 针对该性质的**闭包**(closure)运算。

下面将给出 3 种闭包运算的定义。

> **定义 4.3.4** 给定集合 X,R 是 X 上的关系,如果有另一个关系 R' 满足:
> (i) R' 是自反的(对称的、可传递的);
> (ii) $R \subseteq R'$;
> (iii) 对任何自反的(对称的、可传递的)关系 R'',如果 $R \subseteq R''$,必有 $R' \subseteq R''$;
> 则称关系 R' 为 R 的**自反闭包**(**对称闭包、可传递闭包**),并用 $r(R)$($s(R)$、$t(R)$)表示。求闭包的运算称为闭包运算。

关系 R 的闭包是包含关系 R 且具有某种性质的最小的关系。

如果关系 R 本身已经具有某种性质,则包含关系 R 且具有某种性质的最小关系就是关系 R 本身。

【例 4.3.10】 令 $X = \{a,b,c,d\}$,给定 X 上的关系 R 为 $R = \{\langle a,a\rangle,\langle b,b\rangle,\langle a,d\rangle,\langle c,d\rangle\}$。求 R 的自反闭包 $r(R)$、对称闭包 $s(R)$ 和可传递闭包 $t(R)$。

解 由定义 4.3.4,知
$$r(R) = \{\langle a,a\rangle,\langle b,b\rangle,\langle a,d\rangle,\langle c,d\rangle,\langle c,c\rangle,\langle d,d\rangle\}$$
$$s(R) = \{\langle a,a\rangle,\langle b,b\rangle,\langle a,d\rangle,\langle c,d\rangle,\langle d,a\rangle,\langle d,c\rangle\}$$
$$t(R) = \{\langle a,a\rangle,\langle b,b\rangle,\langle a,d\rangle,\langle c,d\rangle\} = R$$

如果令 $R'' = \{\langle a,a\rangle,\langle b,b\rangle,\langle a,d\rangle,\langle c,d\rangle,\langle c,c\rangle,\langle d,d\rangle,\langle d,c\rangle\}$,$R''$ 也是自反的且 $R \subseteq R''$,但 R'' 不是 R 的自反闭包,因为 R'' 不是使 R 具有自反性的"最小"扩充,所以不符合定义 4.3.4。又因为 R 本身就是可传递的,所以它的可传递闭包就是 R 本身。

下面的 3 个定理分别给出了求 3 种闭包的方法。

> **定理 4.3.10** 设 R 是集合 X 上的关系,I_X 是 X 上的恒等关系,则 $r(R) = R \cup I_X$。

证 要证明 $r(R) = R \cup I_X$,就要证明 $R \cup I_X$ 满足自反闭包定义的 3 个条件。

先证 $R \cup I_X$ 是自反的。因为 I_X 是 X 上的恒等关系,所以
$$(\forall x)(x \in X \rightarrow \langle x,x\rangle \in I_X) \Rightarrow (\forall x)(x \in X \rightarrow \langle x,x\rangle \in R \cup I_X)$$
故 $R \cup I_X$ 是自反的。

再证 $R \subseteq R \cup I_X$。这是显然的。

最后证 $R \cup I_X$ 是具有自反性的包含 R 的最小关系。假设另一个关系 R'' 是自反的且 $R \subseteq R''$,证明 $R \cup I_X \subseteq R''$。因为 R'' 是自反的,所以 $I_X \subseteq R''$。又因为 $R \subseteq R''$,所以 $R \cup I_X \subseteq R''$。

综上,得 $r(R) = R \cup I_X$。

此定理提供了求关系 R 的自反闭包的方法。

定理 4.3.11 设 R 是集合 X 上的关系,则 $s(R)=R\cup R^{-1}$。

证 要证明 $s(R)=R\cup R^{-1}$,就要证明 $R\cup R^{-1}$ 满足对称闭包定义的 3 个条件。

先证 $R\cup R^{-1}$ 是对称的。对任意的 $\langle x,y\rangle\in R\cup R^{-1}$,有

$$\langle x,y\rangle\in R\vee\langle x,y\rangle\in R^{-1}$$
$$\Leftrightarrow\langle x,y\rangle\in R\vee\langle y,x\rangle\in R \qquad \text{(逆关系的定义)}$$
$$\Leftrightarrow\langle y,x\rangle\in R^{-1}\vee\langle y,x\rangle\in R \qquad \text{(逆关系的定义)}$$
$$\Leftrightarrow\langle y,x\rangle\in R\cup R^{-1}$$

所以由 $\langle x,y\rangle$ 的任意性知,$R\cup R^{-1}$ 是对称的。

再证 $R\subseteq R\cup R^{-1}$。这是显然的。

最后证 $R\cup R^{-1}$ 是具有对称性的包含 R 的最小关系。即假设另一个关系 R'' 是对称的,且 $R\subseteq R''$,证明 $R\cup R^{-1}\subseteq R''$。对任意的 $\langle x,y\rangle\in R\cup R^{-1}$,有

$$\langle x,y\rangle\in R\vee\langle x,y\rangle\in R^{-1}$$
$$\Leftrightarrow\langle x,y\rangle\in R\vee\langle y,x\rangle\in R \qquad \text{(逆关系的定义)}$$
$$\Rightarrow\langle x,y\rangle\in R''\vee\langle y,x\rangle\in R'' \qquad (R\subseteq R'')$$
$$\Leftrightarrow\langle x,y\rangle\in R''\vee\langle x,y\rangle\in R'' \qquad (R''\text{ 是对称的})$$
$$\Leftrightarrow\langle x,y\rangle\in R''$$

所以,$R\cup R^{-1}\subseteq R''$。

综上,得 $s(R)=R\cup R^{-1}$。 ∎

此定理提供了求关系 R 的对称闭包的方法。

定理 4.3.12 设 R 是集合 X 上的关系,则 $t(R)=R\cup R^2\cup R^3\cup\cdots=\bigcup\limits_{i=1}^{+\infty}R^i$。

证 要证明 $t(R)=R\cup R^2\cup R^3\cup\cdots$,就要证明 $R\cup R^2\cup R^3\cup\cdots$ 满足可传递闭包定义的 3 个条件。

先证 $R\cup R^2\cup R^3\cup\cdots$ 是可传递的。对任意的 $\langle x,y\rangle\in R\cup R^2\cup R^3\cup R^4\cup\cdots$,则一定存在 k,使得 $\langle x,y\rangle\in R^k$;对任意的 $\langle y,z\rangle\in R\cup R^2\cup R^3\cup R^4\cup\cdots$,则一定存在 j,使得 $\langle y,z\rangle\in R^j$。因此有

$$\langle x,z\rangle\in R^k\circ R^j=R^{k+j}\subseteq R\cup R^2\cup R^3\cup R^4\cup\cdots$$

所以,由 $\langle x,y\rangle$ 和 $\langle y,z\rangle$ 的任意性知,$R\cup R^2\cup R^3\cup R^4\cup\cdots$ 是可传递的。

再证 $R\subseteq R\cup R^2\cup R^3\cup R^4\cup\cdots$。这是显然的。

最后证 $R\cup R^2\cup R^3\cup R^4\cup\cdots$ 是最小的包含 R 的可传递的关系。即证明任一个关系 R'' 是可传递的且 $R\subseteq R''$,均必有 $R\cup R^2\cup R^3\cup R^4\cup\cdots\subseteq R''$。任取 $\langle x,y\rangle\in R\cup R^2\cup R^3\cup R^4\cup\cdots$

若 $\langle x,y\rangle\in R$,因为 $R\subseteq R''$,所以 $\langle x,y\rangle\in R''$。

若 $\langle x,y\rangle\notin R$,则一定存在某个 $k\in\mathbf{I}_+$,且 $k>1$,使得

$$\langle x,y\rangle\in R^k=R\circ R\circ\cdots\circ R(k\text{ 个 }R\text{ 合成})$$

因此,存在一个序列 $c_1,c_2,c_3,\cdots,c_{k-1}\in X$,使得

$$\langle x,c_1\rangle,\langle c_1,c_2\rangle,\langle c_2,c_3\rangle,\cdots,\langle c_{k-1},y\rangle\in R$$

因为 $R \subseteq R''$，所以

$$\langle x, c_1 \rangle, \langle c_1, c_2 \rangle, \langle c_2, c_3 \rangle, \cdots, \langle c_{k-1}, y \rangle \in R''$$

因为 R'' 是可传递的，所以 $\langle x, y \rangle \in R''$。

因此，任意 $\langle x, y \rangle \in R \cup R^2 \cup R^3 \cup R^4 \cup \cdots$，无论 $\langle x, y \rangle \in R$ 或 $\langle x, y \rangle \notin R$，均有 $\langle x, y \rangle \in R''$。所以

$$R \cup R^2 \cup R^3 \cup R^4 \cup \cdots \subseteq R''$$

综上，得 $t(R) = R \cup R^2 \cup R^3 \cup R^4 \cup \cdots = \bigcup_{i=1}^{+\infty} R^i$。 ∎

此定理提供了求关系 R 的可传递闭包的方法。

【例 4.3.11】 设 $R = \{\langle a, a \rangle, \langle a, b \rangle, \langle b, c \rangle\}$ 为 $X = \{a, b, c\}$ 上的关系，求 $r(R)$，$s(R)$ 和 $t(R)$。

解 由定理 4.3.10、定理 4.3.11 和定理 4.3.12，得

$$r(R) = R \cup I_X = \{\langle a, a \rangle, \langle a, b \rangle, \langle b, c \rangle\} \cup \{\langle a, a \rangle, \langle b, b \rangle, \langle c, c \rangle\}$$
$$= \{\langle a, a \rangle, \langle a, b \rangle, \langle b, c \rangle, \langle b, b \rangle, \langle c, c \rangle\}$$
$$s(R) = R \cup R^{-1} = \{\langle a, a \rangle, \langle a, b \rangle, \langle b, c \rangle\} \cup \{\langle a, a \rangle, \langle b, a \rangle, \langle c, b \rangle\}$$
$$= \{\langle a, a \rangle, \langle a, b \rangle, \langle b, c \rangle, \langle b, a \rangle, \langle c, b \rangle\}$$
$$t(R) = R \cup R^2 \cup \cdots = \bigcup_{i=1}^{+\infty} R^i$$

又因为

$$R^2 = R \circ R = \{\langle a, a \rangle, \langle a, b \rangle, \langle a, c \rangle\}$$
$$R^3 = R^2 \circ R = \{\langle a, a \rangle, \langle a, b \rangle, \langle a, c \rangle\} = R^2$$
$$R^4 = R^3 \circ R = R^2 \circ R = R^3 = R^2, R^5 = R^4 \circ R = R^2 \circ R = R^3 = R^2, \cdots$$

故

$$t(R) = R \cup R^2 = \{\langle a, a \rangle, \langle a, b \rangle, \langle b, c \rangle\} \cup \{\langle a, a \rangle, \langle a, b \rangle, \langle a, c \rangle\}$$
$$= \{\langle a, a \rangle, \langle a, b \rangle, \langle b, c \rangle, \langle a, c \rangle\}$$

推论 1 设 R 是集合 X 上的关系，则：

(i) 当且仅当 $r(R) = R$ 时，R 是自反的。

(ii) 当且仅当 $s(R) = R$ 时，R 是对称的。

(iii) 当且仅当 $t(R) = R$ 时，R 是可传递的。

此推论的证明留作练习，请读者自行完成。

推论 2 设 R 是集合 X 上的关系，且 $|X| = n$，则 $t(R) = \bigcup_{i=1}^{n} R^i = R \cup R^2 \cup \cdots \cup R^n$。

证 由定理 4.3.12 知，只要证明，对任意 $k \in \mathbf{N}$ 皆有 $R^{n+k} \subseteq \bigcup_{i=1}^{n} R^i$ 即可。可用第二数学归纳法来证明。

当 $k = 0$ 时，显然 $R^{n+k} = R^n \subseteq \bigcup_{i=1}^{n} R^i$ 成立。

设 $m \in \mathbf{I}_+$，假定当 $k < m$ 时皆有 $R^{n+k} \subseteq \bigcup\limits_{i=1}^{n} R^i$，来证当 $k = m$ 时亦成立，即 $R^{n+m} \subseteq \bigcup\limits_{i=1}^{n} R^i$。

任取 $\langle x, y \rangle \in R^{n+m}$，则必存在序列 $c_1, c_2, c_3, \cdots, c_{n+m-1} \in X$，使 $\langle x, c_1 \rangle \in R$，$\langle c_1, c_2 \rangle \in R$，$\cdots$，$\langle c_{n+m-1}, y \rangle \in R(n+m$ 个序偶$)$。令 $x = c_0, y = c_{n+m}$，因为 $|X| = n, m \in \mathbf{I}_+$，所以 $n+m \geqslant n+1$，则 c_0、c_1、c_2、c_3、$\cdots$、c_{n+m-1} 和 c_{n+m} 这 $n+m+1$ 个元素中至少有两个元素相同。假设

$$c_l = c_j \quad 1 \leqslant l < j \leqslant n+m$$

则由

$$\langle c_0, c_1 \rangle, \langle c_1, c_2 \rangle \cdots \langle c_{l-1}, c_l \rangle, \langle c_l, c_{l+1} \rangle, \cdots, \langle c_j, c_{j+1} \rangle, \cdots, \langle c_{n+m-1}, c_{n+m} \rangle \in R$$

得 $\langle c_0, c_1 \rangle, \langle c_1, c_2 \rangle \cdots \langle c_{l-1}, c_l \rangle, \langle c_l, c_{j+1} \rangle, \cdots, \langle c_{n+m-1}, c_{n+m} \rangle \in R(n+m-(j-l)$ 个序偶$)$，所以 $\langle x, y \rangle = \langle c_0, c_{n+m} \rangle \in R^{n+m-(j-l)}$。

因为 $j > l$，所以 $j - l > 0, n+m-(j-l) < n+m$，由归纳假设知，$R^{n+m-(j-l)} \subseteq \bigcup\limits_{i=1}^{n} R^i$，所以 $\langle x, y \rangle \in \bigcup\limits_{i=1}^{n} R^i$，故 $R^{n+m} \subseteq \bigcup\limits_{i=1}^{n} R^i$ 成立。

由归纳假设原理可知结论成立。 ■

【例 4.3.12】 设 $R = \{\langle 1,1 \rangle, \langle 1,2 \rangle, \langle 2,4 \rangle, \langle 3,5 \rangle, \langle 4,2 \rangle\}$ 为 $X = \{1,2,3,4,5,6,7\}$ 上的关系，求它的传递闭包 $t(R)$。

解 由推论 2，知 $t(R) = R \cup R^2 \cup \cdots \cup R^7$。

因为

$$R^2 = R \circ R = \{\langle 1,1 \rangle, \langle 1,2 \rangle, \langle 1,4 \rangle, \langle 2,2 \rangle, \langle 4,4 \rangle\}$$
$$R^3 = R^2 \circ R = \{\langle 1,1 \rangle, \langle 1,2 \rangle, \langle 1,4 \rangle, \langle 2,4 \rangle, \langle 4,2 \rangle\}$$
$$R^4 = R^3 \circ R = \{\langle 1,1 \rangle, \langle 1,2 \rangle, \langle 1,4 \rangle, \langle 2,2 \rangle, \langle 4,4 \rangle\} = R^2$$
$$R^5 = R^4 \circ R = R^2 \circ R = R^3$$
$$R^6 = R^5 \circ R = R^3 \circ R = R^4 = R^2$$
$$R^7 = R^6 \circ R = R^2 \circ R = R^3$$

故

$$t(R) = R \cup R^2 \cup \cdots \cup R^7 = R \cup R^2 \cup R^3$$
$$= \{\langle 1,1 \rangle, \langle 1,2 \rangle, \langle 1,4 \rangle, \langle 2,2 \rangle, \langle 2,4 \rangle, \langle 3,5 \rangle, \langle 4,2 \rangle, \langle 4,4 \rangle\}$$

定理 4.3.13 设 R 是 X 上的关系，则：

(i) 如果 R 是自反的，则 $s(R)$、$t(R)$ 也是自反的。

(ii) 如果 R 是对称的，则 $r(R)$、$t(R)$ 也是对称的。

(iii) 如果 R 是可传递的，则 $r(R)$ 也是可传递的。

证 (i) 因为 R 是自反的，所以 $I_X \subseteq R$；因为 $s(R) = R \cup R^{-1}$，所以 $I_X \subseteq R \subseteq s(R)$，由此可知，$s(R)$ 也是自反的；又因为 $I_X \subseteq R \subseteq t(R)$，所以 $t(R)$ 也是自反的。

(ii)和(iii)的证明留作练习。

一个关系的闭包仍然是一个关系,还可以求它的闭包。例如,关系 R 的自反闭包 $r(R)$,再求它的对称闭包是 $s(r(R))$,简记为 $sr(R)$,这就是闭包的复合运算。关于闭包的复合运算有下面定理。

> **定理 4.3.14** 设 R 是集合 X 上的关系,且 $|X|=n$,则:
> (i) $rs(R)=sr(R)$。
> (ii) $rt(R)=tr(R)$。
> (iii) $st(R)\subseteq ts(R)$。

证 (i) $sr(R)=s(R\cup I_X)=(R\cup I_X)\cup(R\cup I_X)^{-1}=(R\cup I_X)\cup(R^{-1}\cup I_X^{-1})$
$$=(R\cup R^{-1})\cup I_X=s(R)\cup I_X=r(s(R))=rs(R)$$

(ii) 因为 $tr(R)=t(R\cup I_X)=(R\cup I_X)\cup(R\cup I_X)^2\cup\cdots\cup(R\cup I_X)^n$,
$$rt(R)=r(t(R))=r(R\cup R^2\cup\cdots\cup R^n)=R\cup R^2\cup\cdots\cup R^n\cup I_X$$

先利用数学归纳法证明
$$(R\cup I_X)^n=R\cup R^2\cup\cdots\cup R^n\cup I_X$$

① 当 $n=1$ 时,等式显然成立。

② 假设 $n<m$ 时,$(R\cup I_X)^n=R\cup R^2\cup\cdots\cup R^n\cup I_X$ 成立,下面证明当 $n=m$ 时,$(R\cup I_X)^m=R\cup R^2\cup\cdots\cup R^m\cup I_X$ 也成立。

$(R\cup I_X)^m=(R\cup I_X)^{m-1}\circ(R\cup I_X)$ (关系幂的定义)

$\qquad\qquad=(R\cup R^2\cup\cdots\cup R^{m-1}\cup I_X)\circ(R\cup I_X)$ (归纳假设)

$\qquad\qquad=((R\cup R^2\cup\cdots\cup R^{m-1}\cup I_X)\circ R)\cup((R\cup R^2\cup\cdots\cup R^{m-1}\cup I_X)\circ I_X)$

                                                           (定理 4.3.1)

$\qquad\qquad=(R^2\cup\cdots\cup R^m\cup R)\cup(R\cup R^2\cup\cdots\cup R^{m-1}\cup I_X)$ (定理 4.3.1)

$\qquad\qquad=R\cup R^2\cup\cdots\cup R^m\cup I_X$

即 $n=m$ 时,结论也成立。

由数学归纳法原理,知 $(R\cup I_X)^n=R\cup R^2\cup\cdots\cup R^n\cup I_X$ 成立。

所以

$tr(R)=t(r(R))=t(R\cup I_X)$ (定理 4.3.10)

$\qquad\quad=(R\cup I_X)\cup(R\cup I_X)^2\cup\cdots\cup(R\cup I_X)^n$ (推论 2)

$\qquad\quad=(R\cup I_X)\cup(R\cup R^2\cup I_X)\cup\cdots\cup(R\cup R^2\cup\cdots\cup R^n\cup I_X)$ (上面证明的结论)

$\qquad\quad=R\cup R^2\cup\cdots\cup R^n\cup I_X$ (交换律,等幂律)

$\qquad\quad=t(R)\cup I_X$ (推论 2)

$\qquad\quad=rt(R)$ (定理 4.3.10)

(iii) 易知,若 $R_1\subseteq R_2$,则 $s(R_1)\subseteq s(R_2)$,$t(R_1)\subseteq t(R_2)$。因为 $R\subseteq s(R)$,所以有 $t(R)\subseteq ts(R)$,进而有 $st(R)\subseteq sts(R)$。因为 $s(R)$ 是对称的,所以由定理 4.3.13 知 $ts(R)$ 也是对称的,故由推论 1,知 $sts(R)=ts(R)$,从而有 $st(R)\subseteq ts(R)$。

通常用 R^+ 表示 R 的可传递闭包 $t(R)$,并读为"R 加";用 R^* 表示 R 的自反可传递闭包 $tr(R)$,并读为"R 星"。在研究形式语言和程序设计时,经常使用星和加的闭包运算,在网络理论、语法分析、开关电路中的故障检测和诊断理论中都应用了关系的可传递闭包的概念。

习题 4.3

（1）设 R 和 S 都是从 $X=\{1,2,3,4\}$ 到 $Y=\{2,3,4\}$ 的关系，其中

$$R=\{\langle 1,2\rangle,\langle 2,3\rangle,\langle 4,4\rangle\}, \quad S=\{\langle 1,2\rangle,\langle 2,4\rangle,\langle 4,4\rangle\}$$

试求 $R\cup S,R\cap S,R-S,R\oplus S,\sim R,R\circ S$ 和 $S\circ R$。

（2）设 R 和 S 都是集合 A 上的关系。证明：

① 若 R 和 S 都是自反的，则 $R\cap S$ 也是自反的。

② 若 R 和 S 都是对称的，则 $R\cap S$ 也是对称的。

③ 若 R 和 S 都是传递的，则 $R\cap S$ 也是传递的。

（3）给定集合 $X=\{0,1,2,3\}$ 上的两个关系：

$$R_1=\{\langle i,j\rangle \mid i,j\in X \wedge (j=i+1 \vee 2j=i)\}$$
$$R_2=\{\langle i,j\rangle \mid i,j\in X \wedge i=j+2\}$$

试求合成关系① $R_1\circ R_2$；② $R_2\circ R_1$；③ $R_1\circ R_2\circ R_1$；④ R_1^3。

（4）设 R_1,R_2,R_3 都是集合 X 上的二元关系，且 $R_1\subseteq R_2$，证明：

① $R_1\circ R_3\subseteq R_2\circ R_3$。

② $R_3\circ R_1\subseteq R_3\circ R_2$。

（5）设 R_1 和 R_2 都是集合 A 上的二元关系，判断下列各结论是否成立，并说明理由。

① 若 R_1 和 R_2 都是自反的，则 $R_1\circ R_2$ 也是自反的。

② 若 R_1 和 R_2 都是对称的，则 $R_1\circ R_2$ 也是对称的。

③ 若 R_1 和 R_2 都是反对称的，则 $R_1\circ R_2$ 也是反对称的。

④ 若 R_1 和 R_2 都是传递的，则 $R_1\circ R_2$ 也是传递的。

（6）设 R 是集合 X 上的关系，请判断：

① 如果 R 是自反的，那么 R^{-1} 一定是自反的吗？

② 如果 R 是对称的，那么 R^{-1} 一定是对称的吗？

③ 如果 R 是传递的，那么 R^{-1} 一定是传递的吗？

（7）如果 R 是反对称的，那么在 $R\cap R^{-1}$ 的关系矩阵中至多有多少个非零记入值？

（8）给定集合 $X=\{a,b,c,d\}$ 上的关系 $R=\{\langle a,b\rangle,\langle b,a\rangle,\langle b,c\rangle,\langle c,d\rangle\}$，求 $r(R)$，$s(R)$ 和 $t(R)$，并画出关系图。

（9）设 R_1 和 R_2 是集合 X 上的关系，如果 $R_1\subseteq R_2$，试证明：

① $r(R_1)\subseteq r(R_2)$。

② $s(R_1)\subseteq s(R_2)$。

③ $t(R_1)\subseteq t(R_2)$。

（10）设 R_1,R_2 是集合 X 上的关系，证明：

① $r(R_1\cup R_2)=r(R_1)\cup r(R_2)$。

② $s(R_1\cup R_2)=s(R_1)\cup s(R_2)$。

③ $t(R_1)\cup t(R_2)\subseteq t(R_1\cup R_2)$。

(11) 设 R 是集合 X 上的关系,证明:

① $(R^+)^+ = R^+$。

② $(R^*)^* = R^*$。

③ $R \cdot R^* = R^* \cdot R = R^+$。

4.4 等价关系与划分

本节首先给出集合的划分与等价关系的概念,然后讨论二者之间的关系。等价关系可以引出集合的划分,这有助于研究集合的各子集,其中等价关系及等价类的概念在有穷自动机极小化的研究中起着重要的作用。

定义 4.4.1 给定非空集合 A,非空集合族 $C = \{A_1, A_2, \cdots, A_m\}$,其中每个 A_i 都是 A 的子集,如果有

(i) $A_i \neq \varnothing (i = 1, 2, \cdots, m)$。

(ii) 当 $i \neq j$ 时,$A_i \cap A_j = \varnothing$。

(iii) $\bigcup\limits_{i=1}^{m} A_i = A$。

则称 C 是 A 的一个**划分**(partition),划分的元素 A_i 称为**划分类或块**(block)。

图 4.4.1 给出了 5 个块的划分示意图。

【例 4.4.1】 设集合 $A = \{1, 2, 3, 4, 5, 6\}$,判断下列集合族是否为 A 的划分?

(1) $C_1 = \{\{1, 2, 3\}, \{4, 5, 6\}\}$。

(2) $C_2 = \{\{1\}, \{2, 3, 6\}, \{4, 5\}\}$。

(3) $C_3 = \{\{1\}, \{2\}, \{3\}, \{4\}, \{5\}, \{6\}\}$。

(4) $C_4 = \{\{1, 2, 3\}, \{3, 4\}, \{3, 5, 6\}\}$。

(5) $C_5 = \{\{1, 2, 3\}, \{4, 5\}\}$。

(6) $C_6 = \{\{1, 2, 3, 4, 5, 6\}\}$。

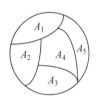

图 4.4.1 划分示意图

解 (1)、(2)、(3)、(6)是 A 的划分。

(4) 不是 A 的划分,因为 $\{1, 2, 3\} \cap \{3, 4\} = \{3\} \neq \varnothing$。

(5) 不是 A 的划分,因为 $\{1, 2, 3\} \cup \{4, 5\} = \{1, 2, 3, 4, 5\} \neq A$。

显然,给定一个非空集合,它的划分不是唯一的。其中划分块数目最多的划分叫最大划分,划分块数目最少的划分叫最小划分。由此可知,例 4.4.1 中的 C_3 是最大划分,C_6 是最小划分。

定义 4.4.2 给定非空集合 A 的两个划分 $C_1 = \{A_1, A_2, \cdots, A_m\}$,$C_2 = \{A_1', A_2', \cdots, A_n'\}$。如果对每个 $A_i' \in C_2$,均存在 $A_j \in C_1$ 满足 $A_i' \subseteq A_j$,则称划分 C_2 是划分 C_1 的**加细**(refinement);如果 C_2 是 C_1 的加细,且 $C_2 \neq C_1$,则称 C_2 是 C_1 的**真加细**(proper refinement)。

【例 4.4.2】 设 $X = \{a, b, c\}$,图 4.4.2 所示的 A, B, C, D, E 为 X 的 5 个不同的划分。

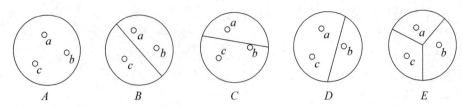

图 4.4.2　划分的加细

问哪些划分是哪些划分的加细?

解　由图 4.4.2,设:

$A=\{\{a,b,c\}\}=\{A_1\}$,

$B=\{\{a,b\},\{c\}\}=\{B_1,B_2\}$,

$C=\{\{a\},\{b,c\}\}=\{C_1,C_2\}$,

$D=\{\{a,c\},\{b\}\}=\{D_1,D_2\}$,

$E=\{\{a\},\{b\},\{c\}\}=\{E_1,E_2,E_3\}$。

因为 $B_1\subseteq A_1,B_2\subseteq A_1$,所以 B 是 A 的加细;因为 $C_1\subseteq A_1,C_2\subseteq A_1$,所以 C 是 A 的加细;因为 $D_1\subseteq A_1,D_2\subseteq A_1$,所以 D 是 A 的加细;类似可验证 E 是 A,B,C,D 的加细。

因为由定义 4.4.2 可知,任何划分都是自身的加细,所以一般说加细均指的是真加细。

【例 4.4.3】　设 $\{A_1,A_2,\cdots,A_n\}$ 是集合 A 的划分,若 $A_i\cap B\neq\varnothing(i=1,2,\cdots,n)$,试证明 $\{A_1\cap B,A_2\cap B,\cdots,A_n\cap B\}$ 是 $A\cap B$ 的划分。

证　先证 $(A_1\cap B)\cup(A_2\cap B)\cup\cdots\cup(A_n\cap B)=A\cap B$。因为 $\{A_1,A_2,\cdots,A_n\}$ 是集合 A 的划分,所以 $A_1\cup A_2\cup\cdots\cup A_n=A$,进而有

$(A_1\cap B)\cup(A_2\cap B)\cup\cdots\cup(A_n\cap B)=(A_1\cup A_2\cup\cdots\cup A_n)\cap B=A\cap B$。

再证 $A_i\cap B\subseteq A\cap B(1\leqslant i\leqslant n)$。因为 $\{A_1,A_2,\cdots,A_n\}$ 是集合 A 的划分,知 $A_i\subseteq A(1\leqslant i\leqslant n)$,故 $A_i\cap B\subseteq A\cap B$。

最后证 $(A_i\cap B)\cap(A_j\cap B)=\varnothing(i\neq j)$。因为 $\{A_1,A_2,\cdots,A_n\}$ 是集合 A 的划分,所以 $A_i\cap A_j=\varnothing(i\neq j)$,故 $(A_i\cap B)\cap(A_j\cap B)=A_i\cap A_j\cap B=\varnothing$。

综上,知 $\{A_1\cap B,A_2\cap B,\cdots,A_n\cap B\}$ 是 $A\cap B$ 的划分。

有了划分的概念后,再给出等价关系的概念。

定义 4.4.3　设 R 是集合 X 上的关系,如果 R 是自反的、对称的和可传递的,则称 R 是**等价关系**(equivalence relation)。

【例 4.4.4】　下面列举的都是等价关系。

(1) 实数集 $\mathbf{R}$ 上的实数相等关系。

(2) 集合 A 的幂集 $\rho(A)$ 上的集合相等关系。

(3) 平面上的三角形的集合上的三角形相似关系。

(4) 命题集合上的命题的逻辑等价关系。

【例 4.4.5】　设 R 是集合 A 上的一个自反关系,证明: R 是等价关系当且仅当若 $\langle a,b\rangle\in R,\langle a,c\rangle\in R$,则 $\langle b,c\rangle\in R$。

证　(必要性)设 R 是 A 上的等价关系。如果 $\langle a,b\rangle\in R$,由 R 的对称性可得 $\langle b,a\rangle\in R$。又由 $\langle a,c\rangle\in R$ 及 R 的传递性,可得 $\langle b,c\rangle\in R$。

（充分性）若$\langle a,b\rangle\in R$，$\langle a,c\rangle\in R$，则$\langle b,c\rangle\in R$，来证R是个等价关系。已知R是自反的；如果$\langle a,b\rangle\in R$，由自反性可知必有$\langle a,a\rangle\in R$，由条件可知有$\langle b,a\rangle\in R$，故R是对称的；若$\langle a,b\rangle\in R$，由R的对称性可得$\langle b,a\rangle\in R$，又$\langle b,c\rangle\in R$，再由条件可得$\langle a,c\rangle\in R$，所以R是可传递的。因此，R是个等价关系。

【例4.4.6】 设$R=\{\langle x,y\rangle\mid x\in X\wedge y\in X\wedge(x-y)$可被3整除$\}$为集合$X=\{1,2,3,\cdots,7\}$上的关系，试画出$R$的关系图并写出$R$的关系矩阵，并证明$R$是个等价关系。

解 R的关系矩阵为

$$\boldsymbol{M}_R=\begin{bmatrix}1&0&0&1&0&0&1\\0&1&0&0&1&0&0\\0&0&1&0&0&1&0\\1&0&0&1&0&0&1\\0&1&0&0&1&0&0\\0&0&1&0&0&1&0\\1&0&0&1&0&0&1\end{bmatrix}$$

R的关系图如图4.4.3所示。

由R的关系图不难验证，R是自反的、对称的和可传递的，故R是个等价关系。按下面方式也可证明这一结论。

（1）自反性。对任何$x\in X$，$x-x$可被3整除，因而$\langle x,x\rangle\in R$，即R具有自反性。

图4.4.3 R的关系图

（2）对称性。对任何$x,y\in X$，若$\langle x,y\rangle\in R$，则$x-y$可被3整除，那么$y-x$也可被3整除，即由$\langle x,y\rangle\in R$得$\langle y,x\rangle\in R$，所以R具有对称性。

（3）传递性。对任何$x,y,z\in X$，若$\langle x,y\rangle\in R$且$\langle y,z\rangle\in R$，则$x-y$和$y-z$都可被3整除，因为$x-z=(x-y)+(y-z)$，等式右端可被3整除，知等式左端也可被3整除，所以由$\langle x,y\rangle\in R$和$\langle y,z\rangle\in R$，得$\langle x,z\rangle\in R$，即R具有传递性。

上述例题给出的等价关系是模数系统中模m等价关系的特例，即模3等价关系。设$\mathbf{I}_+$是正整数集合，m是某个正整数，$\mathbf{I}_+$上的关系$R=\{\langle x,y\rangle\mid x-y$可被$m$整除$\}$，这里的"$x-y$可被$m$整除"等于"当用$m$去除$x$和$y$时，它们具有相同的余数"，故此等价关系$R$也称为"（模$m$）同余关系"。同余关系是等价关系的一个很重要的类型，但等价关系却不一定都是同余关系（同余关系将在6.4节中进行详细讨论）。

定义4.4.4 设m是某个正整数，元素$x,y\in\mathbf{I}_+$。如果存在某个整数n，使$x-y=n\times m$，则称x和y模m同余（congruent modulo m），并记为
$$x\equiv y(\mathrm{mod}\ m)$$
整数m称为等价的模数。

这里用符号"$\equiv$"表示模m同余关系R，即若$\langle x,y\rangle\in R$，可写成$x\equiv y(\mathrm{mod}\ m)$。同余的概念与"$\equiv$"符号，最早由德国数学家高斯（J. K. Gauss）引入。

【例4.4.7】 证明：模m同余关系是等价关系。

证 先证自反性，即证明$a\equiv a(\mathrm{mod}\ m)$。对任意的元素$a\in\mathbf{I}_+$，均有$a-a=0\times m$，所

以 $a\equiv a(\bmod m)$，即模 m 同余关系是自反的。

再证对称性，即证明 $a\equiv b(\bmod m)\Rightarrow b\equiv a(\bmod m)$。对任意的元素 $a,b\in\mathbf{I}_+$，如果 $a\equiv b(\bmod m)$，则存在 $t\in\mathbf{I}$，使得 $a-b=t\times m$，则 $b-a=(-t)\times m$，即 $b\equiv a(\bmod m)$，即模 m 同余关系是对称的。

最后证可传递性，即证明 $a\equiv b(\bmod m)\wedge b\equiv c(\bmod m)\Rightarrow a\equiv c(\bmod m)$。

对任意的元素 $a,b,c\in\mathbf{I}_+$，如果

$$(a\equiv b(\bmod m))\wedge(b\equiv c(\bmod m))$$
$$\Rightarrow(a-b=t\times m)\wedge(b-c=s\times m)\wedge(t,s\in\mathbf{I})$$
$$\Rightarrow a-c=(a-b)+(b-c)=t\times m+s\times m=(s+t)\times m$$
$$\Rightarrow a\equiv c(\bmod m)$$

所以，模 m 同余关系是可传递的。

综上，知模 m 同余关系是等价关系。

设 R 是集合 X 上的等价关系。对任何 $x,y\in X$，若 $\langle x,y\rangle\in R$，则称元素 x 和 y 有等价关系 R；若 $\langle x,y\rangle\notin R$，则称元素 x 和 y 没有等价关系 R。由图 4.4.3 可知，例 4.4.6 的 X 中的元素 1、4、7 有等价关系，元素 3、6 有等价关系，元素 2、5 有等价关系。但元素 1 和 3、2 和 6 等没有等价关系。针对例 4.4.6 中的集合 $X=\{1,2,\cdots,7\}$，如果按给定的等价关系 R 对 X 中的元素进行归类，即把有等价关系的元素归为一类，则 X 中的元素可归为三类，即 $\{1,4,7\}\{3,6\}\{2,5\}$。显然，同一类中的元素相互有等价关系，不同类之间的元素没有等价关系。作集合族 $C=\{\{1,4,7\},\{3,6\},\{2,5\}\}$，则集合族 C 恰好是集合 X 的一个划分。可见，等价关系与划分之间一定具有密切关系。下面就来讨论这种关系。

定义 4.4.5 设 R 是集合 X 上的等价关系，对于任何 $x\in X$，记
$$[x]_R=\{y\mid y\in X\wedge\langle x,y\rangle\in R\}$$
称它是由 x 生成的 R **等价类**(equivalence class)。

为简单起见，有时也把 $[x]_R$ 写成 $[x]$ 或 x/R。不难看出，集合 $[x]_R$ 是由集合 X 中所有与 x 有 R 等价关系的元素组成。

【例 4.4.8】 设 $R=\{\langle 1,1\rangle,\langle 1,4\rangle,\langle 4,1\rangle,\langle 4,4\rangle,\langle 2,2\rangle,\langle 2,3\rangle,\langle 3,2\rangle,\langle 3,3\rangle\}$ 为 $X=\{1,2,3,4\}$ 上的关系，不难验证 R 是个等价关系，求 X 中各元素的 R 等价类。

解 由等价类定义，知
$$[1]_R=\{1,4\},\quad[2]_R=\{2,3\},\quad[3]_R=\{2,3\},\quad[4]_R=\{1,4\}$$
显然，$[1]_R=[4]_R$，$[2]_R=[3]_R$。

根据等价类的定义，可以得出等价类具有以下性质。

(1) 对任意 $x\in X$，都有 $x\in[x]_R$。

(2) 若 $\langle x,y\rangle\in R$，则必有 $[x]_R=[y]_R$。

(3) 若 $\langle x,y\rangle\notin R$，则必有 $[x]_R\cap[y]_R=\varnothing$。

证 (1) 因为 R 是自反的，所以对任意的 $x\in X$ 都有 $\langle x,x\rangle\in R$。因此，$x\in[x]_R$。

(2) 要证明 $[x]_R=[y]_R$，即证明 $[x]_R\subseteq[y]_R$，且 $[y]_R\subseteq[x]_R$。

① 对任意的 $z\in[x]_R\Rightarrow\langle x,z\rangle\in R$ （等价类的定义）
$$\Rightarrow\langle z,x\rangle\in R$$ （R 的对称性）

$$\Rightarrow \langle z,x\rangle \in R \land \langle x,y\rangle \in R \qquad (\text{已知}\langle x,y\rangle \in R)$$

$$\Rightarrow \langle z,y\rangle \in R \qquad (R \text{ 的可传递性})$$

$$\Rightarrow z\in [y]_R \qquad (\text{等价类的定义})$$

所以,$[x]_R \subseteq [y]_R$。

② 对任意的 $z\in [y]_R \Rightarrow \langle y,z\rangle \in R$ (等价类的定义)

$$\Rightarrow \langle x,y\rangle \in R \land \langle y,z\rangle \in R \qquad (\text{已知}\langle x,y\rangle \in R)$$

$$\Rightarrow \langle x,z\rangle \in R \qquad (R \text{ 的可传递性})$$

$$\Rightarrow \langle z,x\rangle \in R \qquad (R \text{ 的对称性})$$

$$\Rightarrow z\in [x]_R \qquad (\text{等价类的定义})$$

所以,$[y]_R \subseteq [x]_R$。

综上,知 $[x]_R = [y]_R$。

(3)(反证法)假设 $\langle x,y\rangle \notin R$,如果 $[x]_R \cap [y]_R \neq \varnothing$,则至少有一元素 $z\in [x]_R \cap [y]_R$,即 $z\in [x]_R$ 且 $z\in [y]_R$,则 $\langle x,z\rangle \in R$ 且 $\langle y,z\rangle \in R$。再由对称性可得 $\langle x,z\rangle \in R$ 且 $\langle z,y\rangle \in R$,进而由传递性可得 $\langle x,y\rangle \in R$,这与假设矛盾。

性质(2)和性质(3)说明,对任意 $x,y\in X$,或者 $[x]_R = [y]_R$,或者 $[x]_R \cap [y]_R = \varnothing$。针对上述 3 个性质可得到下面的定理,这个定理说明,给定集合 X 上的等价关系 R,它确定集合 X 的一个划分。

定理 4.4.1 设 R 是非空集合 X 上的等价关系,R 的等价类集合 $\{[x]_R \mid x\in X\}$ 是 X 的一个划分。

证 由等价类的定义可知,对任意 $x\in X$,有 $[x]_R \subseteq X$。下面来证明集合 $\{[x]_R \mid x\in X\}$ 满足定义 4.4.1 中的 3 个条件。

首先由性质(1)可知,对每个 $x\in X$,有 $x\in [x]_R$,即 $[x]_R \neq \varnothing$,满足定义 4.4.1 的第 1 个条件。

其次由性质(2)和性质(3)可知,对每对 $x,y\in X$,或者 $[x]_R = [y]_R$,或者 $[x]_R \cap [y]_R = \varnothing$,满足定义 4.4.1 的第 2 个条件。

最后来证 $\bigcup\limits_{x\in X}[x]_R = X$。一方面,对任意 $z\in \bigcup\limits_{x\in X}[x]_R$,则必存在某个 $x\in X$,使 $z\in [x]_R \subseteq X$,即 $z\in X$,所以由 z 的任意性,知 $\bigcup\limits_{x\in X}[x]_R \subseteq X$;另一方面,对任意 $z\in X$,必有 $z\in [z]_R \subseteq \bigcup\limits_{x\in X}[x]_R$,即 $z\in \bigcup\limits_{x\in X}[x]_R$,所以由 z 的任意性,知 $X \subseteq \bigcup\limits_{x\in X}[x]_R$。因此,$\bigcup\limits_{x\in X}[x]_R = X$。

由划分的定义知结论成立。 ■

定义 4.4.6 设 R 是非空集合 X 上的等价关系,称 R 的等价类集合 $\{[x]_R \mid x\in X\}$ 是一个按 R 去划分 X 的**商集**(quotient set),记为 X/R,即 $X/R = \{[x]_R \mid x\in X\}$。

现在来考查集合 X 上的两个特殊等价关系,即全域关系和恒等关系,即令全域关系 $R_1 = X\times X$,显然 R_1 是个等价关系,并且 X 中的每个元素与 X 中的所有元素都有 R_1 关系。按 R_1 去划分 X 的商集是集合 $\{X\}$,即 $X/R_1 = \{X\}$,它是 X 的最小划分。令恒等关系 $R_2 =$

$I_X = \{\langle x, x \rangle \mid x \in X\}$，显然 R_2 也是个等价关系，并且 X 中的每个元素仅与自身有 R_2 关系，与其他元素没有 R_2 关系，即 $[x]_{R_2} = \{x\}$。按 R_2 去划分 X 的商集，仅由单个元素集合组成，即 $X/R_2 = \{\{x\} \mid x \in X\}$，它是 X 的最大划分。这两种划分均称为 X 的**平凡划分**（trivial partition）。

【例 4.4.9】 令 R 是整数集合 $\mathbf{I}$ 中的"模 3 同余"关系，即

$$R = \{\langle x, y \rangle \mid x \in \mathbf{I} \land y \in \mathbf{I} \land (x - y) \text{ 可被 3 整除}\}$$

或记为

$$R = \{\langle x, y \rangle \mid x, y \in \mathbf{I} \land x \equiv y (\bmod\, 3)\}$$

求按 R 去划分 $\mathbf{I}$ 的商集 $\mathbf{I}/R$。

解 集合 $\mathbf{I}$ 中的元素生成的等价类为

$$[0]_R = \{\cdots, -6, -3, 0, 3, 6, \cdots\}$$
$$[1]_R = \{\cdots, -5, -2, 1, 4, 7, \cdots\}$$
$$[2]_R = \{\cdots, -4, -1, 2, 5, 8, \cdots\}$$

由等价类的性质（2）可知，若有 $\langle x, y \rangle \in R$，则 $[x]_R = [y]_R$，也就是说，对任意 $y \in X$，若 $y \in [x]_R$，则 $[x]_R = [y]_R$，所以有

$$\cdots = [-6]_R = [-3]_R = [0]_R = [3]_R = [6]_R = \cdots$$
$$\cdots = [-5]_R = [-2]_R = [1]_R = [4]_R = [7]_R = \cdots$$
$$\cdots = [-4]_R = [-1]_R = [2]_R = [5]_R = [8]_R = \cdots$$

因此，商集 $\mathbf{I}/R = \{[0]_R, [1]_R, [2]_R\}$ 是由 R 确定的 $\mathbf{I}$ 的一个划分。

定理 4.4.1 说明，等价关系可以构成集合的一个划分，这个划分即是商集 X/R。下面定理说明，给定集合的一种划分，也可以确定与此划分相对应的等价关系。

定理 4.4.2 设 $C = \{C_1, C_2, \cdots, C_m\}$ 是非空集合 X 的一个划分，则由这个划分所确定的下述关系 R

$$\langle x, y \rangle \in R \Leftrightarrow (\exists C_i)(C_i \in C \land x \in C_i \land y \in C_i)$$

必定是个等价关系，并称为由划分 C 导出的 X 上的等价关系。

证 欲证明 R 是等价关系，只需证明 R 满足自反性、对称性和传递性。

先证自反性，即证明 $\langle x, x \rangle \in R \Leftrightarrow (\exists C_i)(C_i \in C \land x \in C_i \land x \in C_i)$。因为 $C = \{C_1, C_2, \cdots, C_m\}$ 是 X 的一个划分，所以 $C_1 \cup C_2 \cup \cdots \cup C_m = C$。又因为对于 X 中的任意一个元素 x，必存在某一个 $C_i \in C$，使得 $x \in C_i$，即对于任意的 $x \in X$ 必有

$$(\exists C_i)(C_i \in C \land x \in C_i)$$
$$\Leftrightarrow (\exists C_i)(C_i \in C \land x \in C_i \land x \in C_i) \qquad \text{（等幂律）}$$
$$\Leftrightarrow \langle x, x \rangle \in R \qquad\qquad\qquad\qquad\qquad\quad (R \text{ 的定义})$$

所以，R 是自反的。

再证对称性，即证明 $\langle x, y \rangle \in R \Leftrightarrow \langle y, x \rangle \in R$。因为

$$\langle x, y \rangle \in R \Leftrightarrow (\exists C_i)(C_i \in C \land x \in C_i \land y \in C_i) \qquad (R \text{ 的定义})$$
$$\Leftrightarrow (\exists C_i)(C_i \in C \land y \in C_i \land x \in C_i) \qquad \text{（交换律）}$$
$$\Leftrightarrow \langle y, x \rangle \in R \qquad\qquad\qquad\qquad\qquad\qquad (R \text{ 的定义})$$

所以,R 是对称的。

最后证可传递性,即证明 $\langle x,y\rangle \in R \wedge \langle y,z\rangle \in R \Rightarrow \langle x,z\rangle \in R$。由 R 定义,知
$$\langle x,y\rangle \in R \Leftrightarrow (\exists C_i)(C_i \in C \wedge x \in C_i \wedge y \in C_i)$$
$$\langle y,z\rangle \in R \Leftrightarrow (\exists C_j)(C_j \in C \wedge y \in C_j \wedge z \in C_j)$$

因为 $C=\{C_1,C_2,\cdots,C_m\}$ 是 X 的一个划分,所以当 $i \neq j$ 时,有 $C_i \bigcap C_j = \varnothing$。

又因为
$$y \in C_i \wedge y \in C_j \Rightarrow C_i \bigcap C_j \neq \varnothing \Rightarrow C_i = C_j \qquad \text{(划分的定义)}$$
$$\Rightarrow x \in C_i \wedge z \in C_i \Rightarrow \langle x,z\rangle \in R \qquad \text{(R 的定义)}$$

所以,R 是可传递的。

综上,知 R 是等价关系。 ∎

【例 4.4.10】 设 $X=\{a,b,c,d,e\}$,X 上的一个划分 $C=\{\{a,b\},\{c\},\{d,e\}\}$。试写出与划分 C 导出的 X 上的等价关系 R。

解 $R=\{\langle a,a\rangle,\langle a,b\rangle,\langle b,a\rangle,\langle b,b\rangle,\langle c,c\rangle,\langle d,d\rangle,\langle d,e\rangle,\langle e,d\rangle,\langle e,e\rangle\}$。

实际上,定理 4.4.2 中所定义的关系 R 可用下述公式描述,即
$$R=(C_1 \times C_1) \bigcup (C_2 \times C_2) \bigcup \cdots \bigcup (C_m \times C_m)$$

对于例 4.4.10 采用此公式来求 R,容易验证与上述所求结果相同。

定理 4.4.1 和定理 4.4.2 建立了等价关系与划分之间的一一对应关系,因此,"划分"的概念和"等价关系"的概念本质上是相同的。

习题 4.4

(1) 设 R_1 和 R_2 都是集合 X 上的等价关系,试证明 $R_1 \bigcap R_2$ 也是 X 上的等价关系,但 $R_1 \bigcup R_2$ 却不一定是 X 上的等价关系。

(2) 设 R 是集合 X 上的关系,对所有的 x_i、x_j、$x_k \in X$,若
$$\langle x_i,x_j\rangle \in R \wedge \langle x_j,x_k\rangle \in R \Rightarrow \langle x_k,x_i\rangle \in R$$

则称 R 为循环关系。试证明:当且仅当 R 是等价关系,R 是自反的和可循环的。

(3) 设 R 是集合 A 上的一个对称的和可传递的关系。如果对 A 中的每个 a,A 中都存在一个 b,使得 $\langle a,b\rangle \in R$,证明 R 是一个等价关系。

(4) 设 R 是一个二元关系,设 $S=\{\langle a,b\rangle | (\exists c)(\langle a,c\rangle \in R \wedge \langle c,b\rangle \in R)\}$。证明:如果 R 是个等价关系,则 S 也是等价关系。

(5) 设 A 为正整数的序偶集合,在 A 上定义的二元关系 R 为
$$\langle\langle x,y\rangle,\langle u,v\rangle\rangle \in R \text{ 当且仅当 } xv=yu \text{ 时}$$

证明:R 是一个等价关系。

(6) 证明:若 R 是集合 X 上的等价关系,则 R^{-1} 也是 X 上的等价关系。

(7) 求 $V=\{1,2,3\}$ 的所有划分,集合 V 上有多少种不同的等价关系?

(8) 求集合 $S=\{1,2,3,4,5\}$ 上的等价关系 R,使它能产生划分 $\{\{1,2\},\{3\},\{4,5\}\}$,画出 R 的关系图。

(9) 令 $S=\{1,2,3,\cdots,20\}$。设 R 是由 $x \equiv y \pmod 5$ 定义的 S 上的等价关系,即
$$R=\{\langle x,y\rangle | x,y \in S \wedge x \equiv y \pmod 5\}$$

求由 R 导出的 S 的划分。

（10）设 R_1,R_2 是集合 S 上的等价关系，C_1 和 C_2 是它们导出的划分。试证明当且仅当 C_1 的每一划分块都包含在 C_2 中的某一划分块中时才有 $R_1 \subseteq R_2$。

（11）设 $\{A_1,A_2,\cdots,A_m\}$ 和 $\{B_1,B_2,\cdots,B_n\}$ 是集合 X 的两种划分。证明集合族
$$\{A_i \bigcap B_j \mid i=1,2,\cdots,m;j=1,2,\cdots,n\} - \{\varnothing\}$$
也是 X 的一个划分（称为交叉划分）。

4.5 相容关系与覆盖

在 4.4 中介绍了集合的划分与等价关系的知识，但等价关系的传递性是个较为麻烦的问题。实际问题中有些关系又不一定具有传递性，如朋友关系就不具有传递性，故本节介绍一种应用广泛的新关系——相容关系。首先给出集合的覆盖与相容关系的概念，然后讨论二者之间的关系。

定义 4.5.1 给定非空集合 A，非空集合族 $C=\{A_1,A_2,\cdots,A_m\}$，其中每个 A_i 都是 A 的子集。如果有

(i) $A_i \neq \varnothing,i=1,2,\cdots,m$。

(ii) $\bigcup\limits_{i=1}^{m} A_i = A$。

则称 C 是 A 的一个**覆盖**（cover）。

显然，集合的划分一定是集合的覆盖；反之不一定成立，因为覆盖不要求对任意 A_i，$A_j \in C(i \neq j)$，$A_i \bigcap A_j = \varnothing$，而划分要求。

【例 4.5.1】 设集合 $A=\{1,2,3,4,5\}$，则
$$C_1=\{\{1\},\{2,3\},\{2,4,5\}\}$$
$$C_2=\{\{1,2\},\{2,3,4\},\{4,5\}\}$$
$$C_3=\{\{1\},\{2,3,4\},\{5\}\}$$
都是集合 A 的覆盖，其中 C_3 也是集合 A 的一个划分。

定义 4.5.2 设 R 是集合 X 上的关系。如果 R 是自反的和对称的，则称 R 是**相容关系**（consistent relation）。

如果有 $\langle x,y \rangle \in R$，则称 x 和 y 有相容关系 R；若 $\langle x,y \rangle \notin R$，则称 x 和 y 没有相容关系 R。

显然，任一等价关系都是相容关系，但其逆不一定成立，因为相容关系不一定具有可传递性。下面主要讨论不是等价关系的相容关系。

【例 4.5.2】 设集合 $X=\{2166,243,375,648,455\}$，$X$ 上的关系 R 定义为
$$R=\{\langle x,y \rangle \mid x,y \in X \wedge x \text{ 与 } y \text{ 有相同数字}\}$$
试写出关系 R 的所有序偶，画出 R 的关系图，写出 R 的关系矩阵，并说明 R 是相容关系。

解 显然，对每一 $x \in X$ 均有 $\langle x,x \rangle \in R$，即 R 是自反的；若 $\langle x,y \rangle \in R$，则必有 $\langle y,x \rangle \in R$，即 R 是对称的，故 R 是 X 上的相容关系。

令 $x_1 = 2166, x_2 = 243, x_3 = 375, x_4 = 648, x_5 = 455,$ 则

$$R = \{\langle x_1, x_1 \rangle, \langle x_1, x_2 \rangle, \langle x_1, x_4 \rangle, \langle x_2, x_1 \rangle, \langle x_2, x_2 \rangle, \langle x_2, x_3 \rangle, \langle x_2, x_4 \rangle$$
$$\langle x_2, x_5 \rangle, \langle x_3, x_2 \rangle \langle x_3, x_3 \rangle, \langle x_3, x_5 \rangle, \langle x_4, x_1 \rangle, \langle x_4, x_2 \rangle$$
$$\langle x_4, x_4 \rangle, \langle x_4, x_5 \rangle, \langle x_5, x_2 \rangle, \langle x_5, x_3 \rangle, \langle x_5, x_4 \rangle, \langle x_5, x_5 \rangle\}$$

它的关系图见图 4.5.1,关系矩阵为

$$\boldsymbol{M}_R = \begin{array}{c} \\ x_1 \\ x_2 \\ x_3 \\ x_4 \\ x_5 \end{array} \begin{array}{c} \begin{array}{ccccc} x_1 & x_2 & x_3 & x_4 & x_5 \end{array} \\ \begin{bmatrix} 1 & 1 & 0 & 1 & 0 \\ 1 & 1 & 1 & 1 & 1 \\ 0 & 1 & 1 & 0 & 1 \\ 1 & 1 & 0 & 1 & 1 \\ 0 & 1 & 1 & 1 & 1 \end{bmatrix} \end{array}$$

相容关系的关系图特点如下。

(1) 任意结点都有自环(自反性)。

(2) 如果两个结点间存在有向边,有向边必成对出现(对称性)。

由相容关系的关系图特点,可以将相容关系的关系图进行化简,化简原则如下。

(1) 去掉每个结点的自环。

(2) 用一条无向边代替方向相反的两条有向边。

在这样的约定下,图 4.5.1 可简化为图 4.5.2。这种简化关系图简单、清晰,更便于问题的研究。

相容关系的关系矩阵特点如下。

(1) 主对角线元素均为"1"(自反性)。

(2) 它是对称矩阵(对称性)。

由相容关系的关系矩阵特点,可以将相容关系的关系矩阵进行化简,化简原则是只保留下三角矩阵。这样,既可减少存入计算机时的存储量,又不妨碍处理问题。例 4.5.2 中简化后的关系矩阵如图 4.5.3 所示。

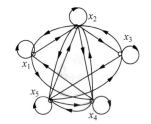

图 4.5.1 相容关系图

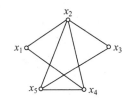

图 4.5.2 简化的相容关系图

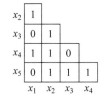

图 4.5.3 简化后的关系矩阵

定义 4.5.3 设 R 是集合 X 上的相容关系,S 是 X 的一个非空子集。如果对任意 $x,$ $y \in S$,都有 $\langle x, y \rangle \in R$,则称 S 是由 R 产生的**相容类**(consistent class)。

【例 4.5.3】 试给出例 4.5.2 中的关系 R 可产生的一些相容类和非相容类。

解 $\{x_1, x_2\}, \{x_3\}, \{x_4, x_5\}, \{x_1, x_2, x_4\}, \{x_2, x_3, x_5\}, \{x_2, x_4, x_5\}$ 等都是相容类。但是 $\{x_1, x_2, x_3, x_4\}$ 不是相容类,因为 x_1 和 x_3、x_4 和 x_3 没有相容关系。如果令集合

$$C_1 = \{\{x_1, x_2\}, \{x_3\}, \{x_4, x_5\}\}$$
$$C_2 = \{\{x_1, x_2\}, \{x_3\}, \{x_2, x_4, x_5\}\}$$
$$C_3 = \{\{x_1, x_2, x_4\}, \{x_2, x_3, x_5\}, \{x_2, x_4, x_5\}\}$$

易知它们都是集合 X 的覆盖。这个例子说明一个相容关系的某些相容类组成的集合可以构成不同的覆盖,即用上述方法构成的覆盖不是唯一的。

还能看出,上述两个覆盖 C_1 和 C_3 中的相容类 $\{x_1, x_2\}$、$\{x_3\}$ 和 $\{x_2, x_3, x_5\}$ 等具有下述性质:相容类 $\{x_1, x_2\}$ 和 $\{x_3\}$ 还可以加入与类中所有元素都有相容关系的其他元素,从而构成新的相容类。例如,$\{x_1, x_2\}$ 可加入 x_4,$\{x_3\}$ 可以加入 x_2 或 x_5,而构成新的相容类 $\{x_1, x_2, x_4\}$、$\{x_3, x_2\}$ 或 $\{x_3, x_5\}$。但是,C_3 中的相容类 $\{x_2, x_3, x_5\}$ 不能再加入任何元素而构成新的相容类。可见,上面列举的相容类的性质不尽相同,为此,引入"最大相容类"的概念。

定义 4.5.4 设 R 是集合 X 上的相容关系,$S \subseteq X$ 且 $S \neq \varnothing$,如果 S 满足
(i) 任意 $x \in S$,都与 S 中所有其他的元素有相容关系。
(ii) $X - S$ 中没有任何一个元素能与 S 中的所有元素都有相容关系。
则称 S 是由 R 产生的**最大相容类**(maximal consistent class)。

例如,例 4.5.3 中给出的相容类 $\{x_1, x_2, x_4\}$、$\{x_2, x_3, x_5\}$ 和 $\{x_2, x_4, x_5\}$ 都是最大相容类。

寻找最大相容类是实际中常遇到的问题之一。下面介绍寻找最大相容类的两种基本方法,即关系图法和关系矩阵法。

1. 关系图法

给定非空集合 X 上的相容关系 R,先画出 R 的简化关系图,其中每个"最大完全多边形"的结点集合就是 R 的一个最大相容类。所谓**完全多边形**(complete polygon),是指其中任意两结点之间都有边相关联。所谓"最大",是指再给它增添简化关系图中另一个结点,它就不再是完全多边形。

$1 \sim 5$ 个结点的完全多边形如图 4.5.4 所示。

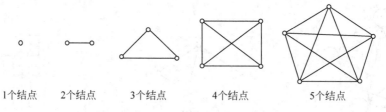

1个结点　　2个结点　　3个结点　　4个结点　　　　5个结点

图 4.5.4　$1 \sim 5$ 个结点的完全多边形

【例 4.5.4】 图 4.5.5 给出了两个简化的相容关系图,分别求出它们的所有最大相容类。

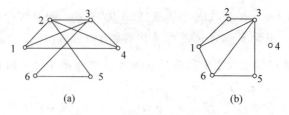

(a)　　　　　　　　　　　　　(b)

图 4.5.5　简化的相容关系图

解 图 4.5.5(a)的最大相容类有{1,2,3,4},{2,5},{3,6},{5,6};图 4.5.5(b)的最大相容类有{1,2,3},{1,3,6},{3,5,6},{4}。

这种方法简单直观,但若用计算机处理却不太方便。下面介绍关系矩阵法。

2. 关系矩阵法

给定非空集合 X 上的相容关系 R,先制定简化的关系矩阵,接着按下列步骤求出各最大相容类。

(1) 仅与它们自身有相容关系的那些元素,能够分别单独地构成最大相容类,因此从矩阵中删除这些元素所在的行和列。

(2) 从简化矩阵的最右一列开始向左扫描,直至找到至少有一个非零记入值的列。该列的非零记入值表达了相应的相容偶对,列举出所有这样的相容偶对的元素集合。

(3) 继续往左扫描,直至找到下一个至少有一个非零记入值的列,并列举出对应于该列中所有非零记入值的相容偶对的元素。

① 在这后列举出的相容偶对的元素中,如果有某个元素与先前确定的相容类中的所有元素都有相容关系,则将该元素合并到该相容类中去。

② 如果某个元素仅与先前确定的相容类中的部分元素有相容关系,则可用这些互为相容的元素组成一个新的相容类。

③ 删除已被包括在任何相容类中的那些相容偶对的元素集合,并列举出尚未被包含在任何相容类中的所有相容偶对的元素集合。

(4) 重复步骤(3),直至扫描过简化矩阵的所有列。

【例 4.5.5】 与图 4.5.5(a)对应的简化矩阵如图 4.5.6 所示,试求各最大相容类。

解 这里没有孤立结点,故可忽略步骤(1)。根据步骤(2)和(3)得到以下结果。

① 右起第 1 列上是 1,对应的相容偶对的元素集合为{5,6}。

② 右起第 2 列上全为 0,继续扫描右起第 3 列,第 3 列上有两个 1,对应的相容偶对的元素集合分别是{3,4},{3,6}。于是有{5,6};{3,4},{3,6}。

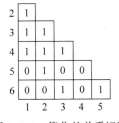

图 4.5.6 简化的关系矩阵

③ 右起第 4 列上有 3 个 1,对应的相容偶对的元素集合分别是{2,3},{2,4},{2,5}。于是有{5,6};{3,4},{3,6};{2,3},{2,4},{2,5}。

可以看出,后列举的相容偶对的元素集合{2,3}和{2,4}中的元素 2,与先前列出的相容偶对的元素集合{3,4}中的两个元素都有相容关系,故可把它们合并成一个相容类{2,3,4},删除相容偶对的元素集合{2,3}和{2,4},于是可得{5,6};{3,6};{2,3,4};{2,5}。

④ 右起第 5 列上有 3 个 1,相应的相容偶对的元素集合分别为{1,2},{1,3},{1,4}。于是有{5,6};{3,6};{2,3,4};{2,5};{1,2},{1,3},{1,4}。

可以看出,后列举的相容偶对的元素集合{1,2},{1,3},{1,4}中的 1 与先前列举的相容类{2,3,4}中的所有元素都有相容关系,故可以把它们合并成一个相容类{1,2,3,4},删除{1,2},{1,3},{1,4}。于是可得{5,6};{3,6};{2,5};{1,2,3,4}。

显然,与例 4.5.4 中的结果相同。

定理 4.5.1 设 R 是集合 X 上的相容关系,则最大相容类组成的集合,确定了 X 的一个覆盖。

127

证 设 R 的所有最大相容类为 $A_1, A_2, \cdots, A_m$，令 $C = \{A_1, A_2, \cdots, A_m\}$，显然，每个 $A_i \subseteq X$。下面证明 C 满足定义 4.5.1 中的两个条件。

因为相容关系 R 是自反的，故对任意的 $x \in X$，有 $\langle x, x \rangle \in R$，即 x 至少和其本身有相容关系。若 x 在关系图中是一个独立结点，那么 x 本身就是一个最大相容类，故 R 的每个最大相容类至少包含 X 中的一个元素，这表明每个 A_i 非空，满足第 1 个条件。

来证 $\bigcup\limits_{i=1}^{m} A_i = X$。由上面的证明过程可知，$X$ 中的任一元素至少处在某个最大相容类中，所以 $X \subseteq \bigcup\limits_{i=1}^{m} A_i$。又由每个 $A_i \subseteq X$，知 $\bigcup\limits_{i=1}^{m} A_i \subseteq X$，所以 $A_1 \cup A_2 \cup \cdots \cup A_m = X$，满足第 2 个条件。

综上知，结论得证。◼

定义 4.5.5 设 R 是集合 X 上的相容关系，R 的最大相容类组成的覆盖，称为 X 的**完全覆盖**（complete cover）。

当相容关系 R 确定时，由它产生的最大相容类是唯一的，因此，此时集合 X 的完全覆盖是唯一的。

定理 4.5.2 给定集合 X 的一个覆盖 $C = \{A_1, A_2, \cdots, A_m\}$，则由它确定的关系
$$R = (A_1 \times A_1) \cup (A_2 \times A_2) \cup \cdots \cup (A_m \times A_m)$$
是 X 上的一个相容关系。

证 由条件知 $\bigcup\limits_{i=1}^{m} A_i = X$，则对任意 $x \in X$，必存在某个 $A_i \in C$，使 $x \in A_i$，有 $\langle x, x \rangle \in A_i \times A_i$，即 $\langle x, x \rangle \in R$，所以 R 满足自反性。

对任意 $x, y \in X$，若 $\langle x, y \rangle \in R$，则必有某个 $A_i \in C$，使 $\langle x, y \rangle \in A_i \times A_i$，因而 $\langle y, x \rangle \in A_i \times A_i$，即 $\langle y, x \rangle \in R$，故 R 满足对称性。

综上知，结论得证。◼

必须注意，给定集合 X 上的一个相容关系 R，则由 R 可以导出若干个不同的覆盖，针对这些覆盖按定理 4.5.2 确定的相容关系却不一定就是关系 R，也就是说，相容关系与覆盖没有一一对应关系。但是，相容关系 R 可以决定唯一的完全覆盖，完全覆盖决定唯一的相容关系，正如等价关系与划分之间的联系一样。

习题 4.5

(1) 设 R 是 X 上的关系，证明 $I_X \cup R \cup R^{-1}$ 是 X 上的相容关系。

(2) 给定集合 $X = \{x_1, x_2, \cdots, x_6\}$，$R$ 是 X 上的相容关系且简化关系矩阵 $\boldsymbol{M}_R$ 如图 4.5.7 所示，试求出 X 的完全覆盖，并画出相容关系图。

(3) 设 R 和 S 是集合 A 上的相容关系，问 $R \cap S$ 和 $R \cup S$ 也是 A 上的相容关系吗？$R \circ S$ 是 A 上的相容关系吗？

(4) 证明：集合 X 上的相容关系 R 的传递闭包 $t(R)$ 是 X 上的等价关系。

（5）给定集合 $X=\{a,b,c,d,e\}$ 的一个覆盖 $C=\{\{a,b\},\{b,c\},\{c,d,e\}\}$，试求由此覆盖导出的相容关系。

（6）设 $A=\{1,2,3,4,5,6\}$，A 上的相容关系 R_1 和 R_2 的关系图如图 4.5.8 所示，试分别写出 R_1 和 R_2 以及它们的最大相容类。

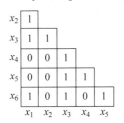

图 4.5.7　关系矩阵 $\boldsymbol{M}_R$

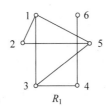
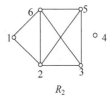

图 4.5.8　R_1 和 R_2 的关系图

4.6　次序关系

本节介绍另一类重要关系，即次序关系。它们的共同点都是可传递的，因此可根据这一特性比较集合中各元素的先后次序。下面介绍几种次序关系，并重点研究偏序关系。次序关系将在第 8 章进行更深入的研究。

4.6.1　偏序关系与哈斯图

定义 4.6.1　设 R 是集合 P 上的关系。如果 R 是自反的、反对称的和可传递的，即有：
(i) $(\forall x)(x\in P\to\langle x,x\rangle\in R)$；
(ii) $(\forall x)(\forall y)(x\in P\land y\in P\land\langle x,y\rangle\in R\land\langle y,x\rangle\in R\to x=y)$；
(iii) $(\forall x)(\forall y)(\forall z)(x\in P\land y\in P\land z\in P\land\langle x,y\rangle\in R\land\langle y,z\rangle\in R\to\langle x,z\rangle\in R)$；
则称 R 为集合 P 上的**偏序关系**(partially ordered relation)，简称**偏序**(partial order)，并用"$\leqslant$"表示。序偶 $\langle P,\leqslant\rangle$ 称为**偏序集合**，简称**偏序集**(poset)。

因为实数集上的一般"小于或等于"关系是自反的、反对称的和可传递的，它是一个偏序关系，所以用符号"$\leqslant$"来表示偏序关系。值得注意的是，这里的符号"$\leqslant$"不单纯意味着一般地"小于或等于"关系，它更具有普遍意义。对于偏序关系来说，如果有 $x,y\in P$ 且 $x\leqslant y$，则按不同情况可称为"x 小于或等于 y""x 大于或等于 y""y 包含 x""x 能被 y 整除"等。

如果 R 是集合 P 上的偏序关系，R^{-1} 也是 P 上的偏序关系。如上所述，如果用 $\leqslant$ 表示 R，则用 $\geqslant$ 表示 R^{-1}。如果 $\langle P,\leqslant\rangle$ 是一个偏序集合，则 $\langle P,\geqslant\rangle$ 也是一个偏序集合，称 $\langle P,\leqslant\rangle$ 和 $\langle P,\geqslant\rangle$ 互为对偶。

例如，设 $\mathbf{R}$ 是实数集合，"小于或等于"关系 $\leqslant$ 是 $\mathbf{R}$ 上的偏序关系，这个关系的逆关系"大于或等于"关系 $\geqslant$ 也是 $\mathbf{R}$ 上的偏序关系，故 $\langle\mathbf{R},\leqslant\rangle$ 和 $\langle\mathbf{R},\geqslant\rangle$ 互为对偶。

再例如，设 A 是一个集合，则其幂集 $\rho(A)$ 上的包含关系 $\subseteq=\{\langle x,y\rangle\mid x,y\in\rho(A)\land x\subseteq y\}$，易证它是个偏序关系。这个关系的逆关系"$\supseteq$"也是偏序关系，故 $\langle\rho(A),\subseteq\rangle$ 和 $\langle\rho(A),\supseteq\rangle$ 互为对偶。

【例 4.6.1】　设 $P=\{2,3,6,8\}$，定义 P 上的两个关系 $\leqslant$ 和 $\geqslant$ 如下。

$$\leqslant = \{\langle x,y \rangle \mid x \in P \wedge y \in P \wedge x \text{ 整除 } y\}$$
$$= \{\langle 2,2 \rangle, \langle 2,6 \rangle, \langle 2,8 \rangle, \langle 3,3 \rangle, \langle 3,6 \rangle, \langle 6,6 \rangle, \langle 8,8 \rangle\}$$
$$\geqslant = \{\langle x,y \rangle \mid x \in P \wedge y \in P \wedge x \text{ 是 } y \text{ 的整数倍}\}$$
$$= \{\langle 2,2 \rangle, \langle 3,3 \rangle, \langle 6,2 \rangle, \langle 6,3 \rangle, \langle 6,6 \rangle, \langle 8,2 \rangle, \langle 8,8 \rangle\}$$

显然,$\leqslant$ 和 $\geqslant$ 都是 P 上的偏序关系,且偏序集合 $\langle P, \leqslant \rangle$ 和 $\langle P, \geqslant \rangle$ 互为对偶。

偏序关系也是关系,故它也可用关系图来描述。但是,当用 4.2 节中讲的关系图描述偏序关系时,在关系图上反映不出元素之间的次序关系。同相容关系用简化关系图表示一样,也采用另一种简化关系图(称为哈斯图)来表达偏序关系,为此引入下面概念。

定义 4.6.2 设 $\langle P, \leqslant \rangle$ 是一个偏序集合。如果 $x,y \in P$,有 $x \leqslant y$ 且 $x \neq y$,而且不存在任何其他元素 $z \in P$ 能使 $x \leqslant z$ 且 $z \leqslant y$,则称 y **盖住**(cover)x,即

$$y \text{ 盖住 } x \Leftrightarrow x \leqslant y \wedge x \neq y \wedge (x \leqslant z \leqslant y \rightarrow (x = z \vee y = z))$$

令集合 $\mathrm{COV}(P) = \{\langle x,y \rangle \mid x,y \in P \wedge y \text{ 盖住 } x\}$,称 $\mathrm{COV}(P)$ 为偏序集合 $\langle P, \leqslant \rangle$ 的**盖住关系**(covering relation)。

例如,例 4.6.1 中的偏序关系 $\leqslant$ 的盖住关系为 $\mathrm{COV}(P) = \{\langle 2,6 \rangle, \langle 2,8 \rangle, \langle 3,6 \rangle\}$。

显然 $\langle P, \leqslant \rangle$ 的盖住关系是唯一确定的,盖住关系是偏序关系 $\leqslant$ 的子集,且蕴涵了传递性与反对称性,并反映了 $\leqslant$ 的全貌。利用盖住关系来作出 $\leqslant$ 的简化关系图,既简单又层次清晰,称这种图为**哈斯图**(Hasse diagram)。

作图方法:在哈斯图中用小圆圈表示每一个元素。如果 $x,y \in P$ 且 $\langle x,y \rangle \in \mathrm{COV}(P)$,则将 y 画在 x 的上部,并用边(无箭头)联结 x 和 y。哈斯图与偏序关系建立了一一对应关系。即与一般关系图相比,哈斯图有以下"三去"。

① 去自环。因为偏序关系具有自反性,其关系图的每个结点均有自环,在画哈斯图时,将这些自环全部省去。

② 去捷径。因为偏序关系具有传递性,其关系图中如有边 $\langle x,y \rangle$ 和 $\langle y,z \rangle$,则必定有 $\langle x,z \rangle$,这时将从 x 到 y 的捷径 $\langle x,z \rangle$ 去掉。

③ 去箭头。当 $\langle x,y \rangle \in \mathrm{COV}(P)$ 时,将 y 画在 x 的上方,便可以默认从下到上的方向,将箭头省去。

【例 4.6.2】 给定集合 $A = \{1,2,3,4,6,8,12,24\}$,$\leqslant = \{\langle x,y \rangle \mid x \in A \wedge y \in A \wedge x \text{ 整除 } y\}$,求 $\mathrm{COV}(A)$,并画出哈斯图。

解 $\leqslant = \{\langle 1,1 \rangle, \langle 1,2 \rangle, \langle 1,3 \rangle, \langle 1,4 \rangle, \langle 1,6 \rangle, \langle 1,8 \rangle, \langle 1,12 \rangle, \} \langle 1,24 \rangle, \langle 2,2 \rangle, \langle 2,4 \rangle, \langle 2,6 \rangle,$
$\langle 2,8 \rangle, \langle 2,12 \rangle, \langle 2,24 \rangle, \langle 3,3 \rangle, \langle 3,6 \rangle, \langle 3,12 \rangle, \langle 3,24 \rangle, \langle 4,4 \rangle, \langle 4,8 \rangle, \langle 4,12 \rangle,$
$\langle 4,24 \rangle, \langle 6,6 \rangle, \langle 6,12 \rangle, \langle 6,24 \rangle, \langle 8,8 \rangle, \langle 8,24 \rangle, \langle 12,12 \rangle, \langle 12,24 \rangle, \langle 24,24 \rangle\}$
$\mathrm{COV}(A) = \{\langle 1,2 \rangle, \langle 1,3 \rangle, \langle 2,4 \rangle, \langle 2,6 \rangle, \langle 3,6 \rangle, \langle 4,8 \rangle, \langle 4,12 \rangle, \langle 6,12 \rangle, \langle 8,24 \rangle, \langle 12,24 \rangle\}$

其对应的哈斯图如图 4.6.1 所示。

【例 4.6.3】 设 $P_1 = \{1,2,3,4\}$,$\leqslant$ 是"小于或等于"关系,则 $\langle P_1, \leqslant \rangle$ 是个偏序集合;设 $P_2 = \{\varnothing, \{a\}, \{a,b\}, \{a,b,c\}\}$,$\leqslant$ 是 P_2 上的包含关系,则 $\langle P_2, \leqslant \rangle$ 是个偏序集合。试画出 $\langle P_1, \leqslant \rangle$ 和 $\langle P_2, \leqslant \rangle$ 的哈斯图。

解 $\leqslant = \{\langle 1,1 \rangle, \langle 1,2 \rangle, \langle 1,3 \rangle, \langle 1,4 \rangle, \langle 2,2 \rangle, \langle 2,3 \rangle, \langle 2,4 \rangle, \langle 3,3 \rangle, \langle 3,4 \rangle, \langle 4,4 \rangle\}$
$$\mathrm{COV}(P_1) = \{\langle 1,2 \rangle, \langle 2,3 \rangle, \langle 3,4 \rangle\}$$

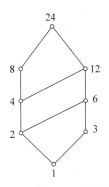

图 4.6.1　例 4.6.2 的哈斯图

其哈斯图如图 4.6.2(a)所示。

$$\leqslant = \{\langle\varnothing,\varnothing\rangle,\langle\varnothing,\{a\}\rangle,\langle\varnothing,\{a,b\}\rangle,\langle\varnothing,\{a,b,c\}\rangle,\langle\{a\},\{a\}\rangle,$$
$$\langle\{a\},\{a,b\}\rangle,\langle\{a\},\{a,b,c\}\rangle,\langle\{a,b\},\{a,b\}\rangle,\langle\{a,b\},\{a,b,c\}\rangle,\langle\{a,b,c\},\{a,b,c\}\rangle\}$$
$$COV(P_2) = \{\langle\varnothing,\{a\}\rangle,\langle\{a\},\{a,b\}\rangle,\langle\{a,b\},\{a,b,c\}\rangle\}$$

其哈斯图如图 4.6.2(b)所示。

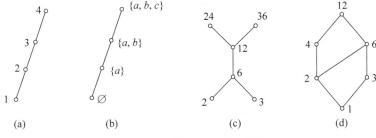

| (a) | (b) | (c) | (d) |

图 4.6.2　例 4.6.3 的哈斯图

可以看出,除了结点的标记不同外,两个哈斯图是类似的。这表明虽然两个偏序关系的定义不同,但是它们的哈斯图可能具有同样的结构。

【例 4.6.4】　设集合 $X_1 = \{2,3,6,12,24,36\}$,$\leqslant$ 是 X_1 上的整除关系;设集合 $X_2 = \{1,2,3,4,6,12\}$,$\leqslant$ 是 X_2 上的整除关系。试画出偏序集合 $\langle X_1,\leqslant\rangle$ 和 $\langle X_2,\leqslant\rangle$ 的哈斯图。

　　解　$\leqslant = \{\langle2,2\rangle,\langle2,6\rangle,\langle2,12\rangle,\langle2,24\rangle,\langle2,36\rangle,\langle3,3\rangle,\langle3,6\rangle,\langle3,12\rangle,\langle3,24\rangle,\langle3,36\rangle,$
$$\langle6,6\rangle,\langle6,12\rangle,\langle6,24\rangle,\langle6,36\rangle,\langle12,12\rangle,\langle12,24\rangle,\langle12,36\rangle,\langle24,24\rangle,\langle36,36\rangle\}$$
$$COV(X_1) = \{\langle2,6\rangle,\langle3,6\rangle,\langle6,12\rangle,\langle12,24\rangle,\langle12,36\rangle\}$$

其哈斯图如图 4.6.2(c)所示。

$$\leqslant = \{\langle1,1\rangle,\langle1,2\rangle,\langle1,3\rangle,\langle1,4\rangle,\langle1,6\rangle,\langle1,12\rangle,\langle2,2\rangle,\langle2,4\rangle,\langle2,6\rangle,\langle2,12\rangle,$$
$$\langle3,3\rangle,\langle3,6\rangle,\langle3,12\rangle,\langle4,4\rangle,\langle4,12\rangle,\langle6,6\rangle,\langle6,12\rangle,\langle12,12\rangle\}$$
$$COV(X_2) = \{\langle1,2\rangle,\langle1,3\rangle,\langle2,4\rangle,\langle2,6\rangle,\langle3,6\rangle,\langle4,12\rangle,\langle6,12\rangle\}$$

其哈斯图如图 4.6.2(d)所示。

定义 4.6.3　设 $\langle P,\leqslant\rangle$ 是偏序集合,$Q\subseteq P$ 且 $q\in Q$。

(i) 如果对任意元素 $q'\in Q$,都有 $q\leqslant q'$,则称元素 q 是 Q 的**最小元**(least element)。

(ii) 如果对任意元素 $q'\in Q$,都有 $q'\leqslant q$,则称元素 q 是 Q 的**最大元**(greatest element)。

离散数学

以图 4.6.2 为例，图 4.6.2(a)中的最小元是 1，最大元是 4；图 4.6.2(b)中的最小元是
$\varnothing$，最大元是$\{a,b,c\}$；图 4.6.2(c)中没有最小元，也没有最大元。图 4.6.2(c)中若选子集
$Q=\{2,3,6,12\}$，则 Q 的最大元是 12，Q 没有最小元；图 4.6.2(d)的最小元是 1，最大元
是 12。

> **定理 4.6.1** 设$\langle P,\leqslant\rangle$是一个偏序集合，且$Q\subseteq P$。如果$Q$有最小(最大)元，则最小(最大)元必定是唯一的。

证 假设q_1,q_2都是Q的最小元，则$q_1,q_2\in Q$。因为q_1是Q的最小元，且$q_2\in Q$，所以由最小元的定义，知$q_1\leqslant q_2$。另外，因为q_2是Q的最小元，且$q_1\in Q$，所以由最小元的定义，知$q_2\leqslant q_1$。因此，$q_1\leqslant q_2$且$q_2\leqslant q_1$，由偏序关系的反对称性，得$q_1=q_2$。

类似可以证明若Q有最大元，则最大元也必定是唯一的。 ■

> **定义 4.6.4** 设$\langle P,\leqslant\rangle$是一个偏序集合，且$Q\subseteq P,q\in Q$。
> (i) 如果不存在元素$q'\in Q$，能使$q'\neq q$且$q'\leqslant q$，则称q是Q的**极小元**(minimal element)。
> (ii) 如果不存在元素$q'\in Q$，能使$q'\neq q$且$q\leqslant q'$，则称q是Q的**极大元**(maximal element)。

以图 4.6.2 为例，图 4.6.2(a)中的极大元是 4，极小元是 1；图 4.6.2(c)中的极大元是
24 和 36，极小元是 2 和 3；图 4.6.2(c)中若选子集$Q=\{2,3,6,12\}$，则Q的极大元是 12，极小元是 2 和 3。

【例 4.6.5】 设$A=\{1,2,3,4,6,8,12,24\}$，并设$\leqslant$为整除关系，分别求子集$B_1=\{2,3,4,6\}$、$B_2=\{2,4,6,12\}$的最大元、最小元、极大元、极小元。

解 B_1和B_2的最大元、最小元、极大元、极小元如表 4.6.1 所示。

表 4.6.1 最大、最小、极大、极小元

集　合	最　大　元	最　小　元	极　大　元	极　小　元
$B_1=\{2,3,4,6\}$	无	无	4,6	2,3
$B_2=\{2,4,6,12\}$	12	2	12	2

设$\leqslant$是P上的偏序关系。对于x、$y\in P$，如果有$x\leqslant y$或$y\leqslant x$，则称元素x和y是**可比的**(comparable)，否则称x和y是**不可比的**(incomparable)。显然，极小元之间(如果存在多个的话)一定是不可比的，极大元之间(如果存在多个的话)也一定是不可比的。

> **定义 4.6.5** 设$\langle P,\leqslant\rangle$是个偏序集合，且$Q\subseteq P,q\in P$。
> (i) 如果任意$q'\in Q$，都有$q'\leqslant q$，则称q是Q的**上界**(upper bound)。
> (ii) 如果任意$q'\in Q$，都有$q\leqslant q'$，则称q是Q的**下界**(lower bound)。

【例 4.6.6】 设集合$X=\{a,b,c\}$，$\rho(X)$上的偏序关系$\leqslant$是包含关系。试画出$\langle\rho(X),\leqslant\rangle$的哈斯图，并指出$\rho(X)$的子集$Q_1=\{\{b,c\},\{b\},\{c\}\}$，$Q_2=\{\{a,c\},\{c\}\}$的上界和下界。

解 图 4.6.3 给出了$\langle\rho(X),\leqslant\rangle$的哈斯图。

对子集$Q_1=\{\{b,c\},\{b\},\{c\}\}$，$\{a,b,c\}$和$\{b,c\}$都是$Q_1$的上界，$\varnothing$是它的下界。对子集$Q_2=\{\{a,c\},\{c\}\}$，则$\{a,b,c\}$和$\{a,c\}$都是$Q_2$的上界，$\{c\}$和$\varnothing$都是它的下界。

再考查图 4.6.2(c)所示的哈斯图。如果取子集$A=\{2,3,6\}$，则 6,12,24,36 均是A的

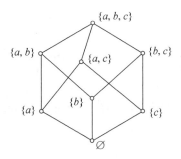

图 4.6.3　$\langle \rho(X), \leqslant \rangle$ 的哈斯图

上界,没有下界。

定义 4.6.6　设 $\langle P, \leqslant \rangle$ 是一个偏序集合,且 $Q \subseteq P$, $q \in P$。

（i）如果 q 是 Q 的一个上界,且对于 Q 的任意上界 q',都有 $q \leqslant q'$,则称 q 是 Q 的**最小上界**或**上确界**(least upper bound),记为 LUB。

（ii）如果 q 是 Q 的一个下界,且对于 Q 的任意下界 q',都有 $q' \leqslant q$,则称 q 是 Q 的**最大下界**或**下确界**(greatest lower bound),记为 GLB。

对于图 4.6.2(c),子集 $A = \{2, 3, 6\}$,有上确界是 6,但下确界不存在。若选子集 $B = \{2, 3\}$,上确界还是 6,但下确界仍不存在。若选子集 $C = \{6, 12\}$,上确界是 12,下确界是 6。

【**例 4.6.7**】　设 $A = \{1, 2, 3, 4, 6, 8, 12, 24\}$,并设 $\leqslant$ 为整除关系,分别求子集 $B_1 = \{2, 3, 4, 6\}$, $B_2 = \{2, 4, 6, 12\}$ 的上界、下界、上确界、下确界。

解　B_1 和 B_2 的上界、下界、上确界、下确界如表 4.6.2 所示。

表 4.6.2　上、下界,上、下确界表

集　　合	上　　界	下　　界	上　确　界	下　确　界
$B_1 = \{2, 3, 4, 6\}$	12,24	1	12	1
$B_2 = \{2, 4, 6, 12\}$	12,24	1,2	12	2

上面讨论的这些特殊元素,将在第 8 章中有重要应用。综合以上的讨论,把这些特殊元素所具有的性质概括如下。

（1）若把 $x \leqslant y$ 读为 x 小于或等于 y 或 y 大于或等于 x,则最小元是小于或等于任何其他元素的元素,最大元是大于或等于任何其他元素的元素。没有小于或等于 x 的元素, x 就是极小元;没有大于或等于 y 的元素, y 就是极大元。

（2）最小元一定是极小元,最大元也一定是极大元;反之不成立。

（3）最小元和最大元都不一定存在;若存在,则必都是唯一的。

（4）极小(大)元可能不是唯一的,它们之间是不可比的,它们处在哈斯图的同一层次,所有的极小元处在图的最底层,所有的极大元处在图的最顶层(指 $Q \subseteq P$ 的哈斯图)。

（5）一个子集 Q 可能没有上界或下界;如果有,也不一定是唯一的;它们可能在子集 Q 内,也可能在子集 Q 外。

（6）如果 Q 的上确界(下确界)存在,它一定是唯一的。如果 y 是 Q 的最大(小)元,它必是 Q 的上确界(下确界)。

4.6.2 全序和词典序

> **定义 4.6.7** 设 $\langle P, \leqslant \rangle$ 是个偏序集合,如果对任意的 $x, y \in P$,它们都是可比的,即
> $$(\forall x)(\forall y)(x, y \in P \rightarrow x \leqslant y \lor y \leqslant x)$$
> 则称偏序关系 $\leqslant$ 是**全序关系**(totally ordered relation),简称**全序**(total order),序偶 $\langle P, \leqslant \rangle$ 称为**全序集合**(totally ordered set)。

例如,整数集合中的"小于或等于"关系是全序关系,但整除关系不是全序关系,集合的包含关系也不是全序关系。在全序关系中,集合的任意两个元素都是可比的,因此可将集合中的各元素按次序排列起来,即 $x_1 \leqslant x_2 \leqslant \cdots \leqslant x_i \leqslant \cdots \leqslant x_k$。因为偏序关系是反对称的,次序不会循环,所以全序关系的哈斯图必是一条链,如图 4.6.2(a)和(b)所示,故全序也称为**简单序**或**线性序**(linear order)。相应地,把序偶 $\langle P, \leqslant \rangle$ 称为**线性序集**或**链**(chain)。

应用上面的概念,可以引入一个在计算机科学中常用的词典序的概念。

设由一些抽象字母所组成的集合为 $\sum$,常称为**字母表**(alphabet),这个集合是有限的且假设 $\sum$ 中的字母能按线性次序排列。由 $\sum$ 中的字母所组成的字符串称为**字**(word),所有的这些字(包括空字 Λ)组成的集合记为 $\sum^*$。需要在 $\sum^*$ 上建立一个词典序。

> **定义 4.6.8** 设 $\sum$ 是一有限字母表,$\sum$ 上的偏序关系是一个线性次序集,建立 $\sum^*$ 上的**词典序关系**(lexicographic order relation)S。
> 设 $x = x_1 x_2 \cdots x_m$,$y = y_1 y_2 \cdots y_n$,其中 $x, y \in \sum^*$,$x_i, y_j \in \sum$ ($i = 1, 2, \cdots, m, j = 1, 2, \cdots, n$)。
> (i) 如果 $x_1 \neq y_1$ 且 $x_1 \leqslant y_1$,则有 $\langle x, y \rangle \in S$;如果 $x_1 \neq y_1$ 且 $y_1 \leqslant x_1$,则 $\langle y, x \rangle \in S$。
> (ii) 如果存在一个最大的 k 且 $1 < k < \min\{m, n\}$,使得 $x_1 = y_1, x_2 = y_2, \cdots, x_k = y_k$,而 $x_{k+1} \neq y_{k+1}$,此时若 $x_{k+1} \leqslant y_{k+1}$,则 $\langle x, y \rangle \in S$;若 $y_{k+1} \leqslant x_{k+1}$,则 $\langle y, x \rangle \in S$。
> (iii) 如果存在 $k = \min\{m, n\}$,使得 $x_1 = y_1, x_2 = y_2, \cdots, x_k = y_k$,此时若 $m \leqslant n$,则 $\langle x, y \rangle \in S$;若 $m \geqslant n$,则 $\langle y, x \rangle \in S$。

根据此定义不难看出词典序是一个线性次序。

【**例 4.6.8**】 目前一般外语字典都是按词典序排列的。如英文字典的字母表 $\sum = \{a, b, c, \cdots, x, y, z\}$,$\sum$ 中的字母按 $a, b, c, \cdots, x, y, z$ 顺序排列构成一个线性次序。在 $\sum$ 上的任何两个字(即单词)均能区别其先后次序,如单词 discrete,mathematics $\in \sum^*$,按定义 4.6.8 中的(i)可知,有 $\langle$discrete,mathematics$\rangle \in S$;又如 theory, there $\in \sum^*$,按定义 4.6.8 中的(ii)可知,有 $\langle$theory,there$\rangle \in S$,即 theory 排在 there 的前面(因为 o $\leqslant$ r);再如单词 me,met $\in \sum^*$,按定义 4.6.8 中的(iii)可知,有 $\langle$me,met$\rangle \in S$(即在 $\sum^*$ 中 me 排在 met 的前面)。

4.6.3 拟序与良序

定义 4.6.9 设 R 是集合 X 上的关系。如果 R 是反自反的和可传递的，即：
(i) $(\forall x)(x \in X \rightarrow \langle x,x \rangle \notin R)$；
(ii) $(\forall x)(\forall y)(\forall z)(x \in X \wedge y \in X \wedge z \in X \wedge \langle x,y \rangle \in R \wedge \langle y,z \rangle \in R \rightarrow \langle x,z \rangle \in R)$；
则称 R 是**拟序关系**(quasi-ordered relation)，简称**拟序**(quasi-order)，并用"$<$"表示，且称序偶 $\langle X, < \rangle$ 为**拟序集合**(quasi-order set)。

上述定义中，没有明确列出反对称的条件。事实上，若一个关系 R 是反自反的且是可传递的，那么 R 一定也是反对称的。若不然，设 $\langle x,y \rangle \in R \wedge \langle y,x \rangle \in R$，由于 R 是可传递的，可得 $\langle x,x \rangle \in R$，这与 R 是反自反的矛盾。

例如，实数集合上的小于关系"$<$"和大于关系"$>$"都是拟序关系；集合间的真包含关系 $\subset$ 和 $\supset$ 都是拟序关系。

拟序关系与偏序关系之间的关系可用下面的定理来描述。

定理 4.6.2 设 R 是集合 X 上的关系，则：
(i) 如果 R 是拟序的，则 $r(R)$ 是偏序的。
(ii) 如果 R 是偏序的，则 $R - I_X$ 是拟序的。

此定理的证明留作练习，请读者自行完成。由这个定理，不难理解分别用"$\leqslant$"和"$<$"表示偏序和拟序的原因。

定义 4.6.10 对于集合 P 上的偏序关系 $\leqslant$，如果 P 中的任一非空子集都有最小元，则称 $\leqslant$ 为 P 上的**良序关系**(well-ordered relation)，称序偶 $\langle P, \leqslant \rangle$ 为**良序集合**(well-ordered set)。

例如，正整数集合 $\mathbf{I}_+ = \{1,2,3,\cdots\}$ 和自然数集合 $\mathbf{N} = \{0,1,2,\cdots\}$ 上的"小于或等于"关系是良序关系，故 $\langle \mathbf{I}_+, \leqslant \rangle$、$\langle \mathbf{N}, \leqslant \rangle$ 都是良序集合。此外，易知 $\langle \mathbf{I}_+, \leqslant \rangle$ 和 $\langle \mathbf{N}, \leqslant \rangle$ 也均为全序集合，即这两个良序集合均为全序集合。事实上，有以下定理。

定理 4.6.3 每一良序集合必是全序集合。

证 设 $\langle P, \leqslant \rangle$ 是良序集合，则对任意 $x, y \in P$ 可构成一个非空子集 $\{x,y\}$。根据良序的定义可知，子集 $\{x,y\}$ 必存在最小元，从而不是 $x \leqslant y$ 就是 $y \leqslant x$，由全序集合的定义知，$\langle P, \leqslant \rangle$ 必是个全序集合。∎

整数集合 $\mathbf{I} = \{\cdots, -2, -1, 0, 1, 2, \cdots\}$ 中的"小于或等于"关系是个全序关系，但不是良序关系，因为取一个子集 $B = \{\cdots, -2, -1, 0\}$，显然 B 没有最小元。可见全序集未必是良序集。但如果全序集是有限集合，它一定是良序集，这便是定理 4.6.4。

定理 4.6.4 有限全序集合一定是良序集合。

证 (反证法)设 $P = \{a_1, a_2, \cdots, a_n\}$ 是有限集，$\leqslant$ 是 P 上的全序关系。如果 $\langle P, \leqslant \rangle$ 不是良序集合，则一定存在某一非空子集 $B \subseteq P$，且 B 中没有最小元，由于 B 也是有限集合，因此 B 中至少有两个元素 $a, b \in B$，它们是不可比的。由 $a, b \in B$ 知 $a, b \in P$，但 P 是全序集，任何两个元素都是可比的，从而 a 和 b 是可比的，因而导出矛盾，假设不成立，因此 $\langle P, \leqslant \rangle$ 必是良序集合。∎

习题 4.6

(1) 给出一种关系,它既是集合上的偏序关系,又是等价关系。

(2) 设 R 是集合 X 上的偏序关系,$A \subseteq X$,试证明 $R \cap (A \times A)$ 是集合 A 上的偏序关系。

(3) 对于下列集合上的整除关系,画出相应的哈斯图。

① $\{1,2,3,4,6,8,12,24\}$。

② $\{1,3,5,9,15,18,27,36,45,54\}$。

③ $\{1,2,3,4,5,6,7,8,9,10,11,12\}$。

(4) 设集合 $S_0, S_1, S_2, \cdots, S_7$ 给定如下。

$S_0 = \{a,b,c,d,e,f\}$,$S_1 = \{a,b,c,d,e\}$,$S_2 = \{a,b,c,e,f\}$,$S_3 = \{a,b,c,e\}$,

$S_4 = \{a,b,c\}$,$S_5 = \{a,b\}$,$S_6 = \{a,c\}$,$S_7 = \{a\}$。试画出 $\langle L, \subseteq \rangle$ 的哈斯图,这里 $L = \{S_0, S_1, S_2, \cdots, S_7\}$。

(5) 设集合 $P = \{x_1, x_2, x_3, x_4, x_5\}$ 上的偏序关系 R 的哈斯图如图 4.6.4 所示。

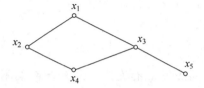

图 4.6.4　关系 R 的哈斯图

① 指出结果中的哪些是真的:$x_1 R x_2$,$x_4 R x_1$,$x_3 R x_3$,$x_2 R x_3$,$x_1 R x_1$,$x_5 R x_1$,$x_1 R x_5$。

② 求出 P 中的最大元和最小元。

③ 求出 P 中的极大元和极小元。

④ 求出子集 $\{x_2, x_3, x_4\}$、$\{x_3, x_4, x_5\}$、$\{x_1, x_2, x_3\}$ 的上界、下界、上确界、下确界。

(6) 给定集合 $X = \{1,2,3,4\}$ 上 4 个偏序关系 R_1, R_2, R_3 和 R_4 的关系图如图 4.6.5 所示,试画出它们的哈斯图,并说明哪些是全序关系,哪些是良序关系。

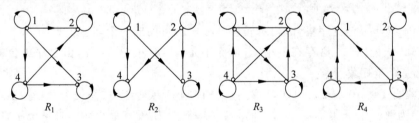

图 4.6.5　关系图

(7) 证明下列命题。

① 若 R 是 X 上的偏序关系,则 R^{-1} 也是 X 上的偏序关系。

② 若 R 是 X 上的全序关系,则 R^{-1} 也是 X 上的全序关系。

③ 若 R 是 X 上的拟序关系,则 R^{-1} 也是 X 上的拟序关系。

第5章 函 数

本章研究一种称为函数的特殊关系,主要涉及把一个有限集合变换成另一个有限集合的离散函数,它是高等数学与复变函数中所讨论的单值函数概念的推广,是一类应用广泛的重要函数。在一般地介绍函数的概念后,将讨论一些重要而基本的函数(如满射函数、单射函数及双射函数)、复合函数及逆函数、特征函数和模糊子集等。本章中所研究的内容,对于后续课程(如数据结构、开关理论、程序语言的设计与实现、形式语言与自动机等)以及进行科学研究都是不可缺少的工具。

5.1 函数的基本概念

函数是满足某些条件的关系,即函数是关系,但关系不一定都是函数。下面给出函数的定义。

> **定义 5.1.1** 设 f 是从集合 X 到集合 Y 的关系。如果对任意一个 $x \in X$,都存在唯一的 $y \in Y$,使 $\langle x, y \rangle \in f$,则称关系 f 为**函数**(function)或**映射**(mapping),并记为 $f: X \to Y$ 或 $X \xrightarrow{f} Y$。

如果 $\langle x, y \rangle \in f$,也可写成 $y = f(x)$。

对于函数 $f: X \to Y$,如果有 $\langle x, y \rangle \in f$,则称 x 为**自变量**(independent variable),y 称为函数 f 在 x 处的**值**(value);或称 y 为在映射 f 下 x 的**像**(image),称 x 为 y 的**原像**(preimage)。如果函数 $f: X \to Y$,则称 X 为 f 的**定义域**(domain),Y 称为 f 的**陪域**(codomain);R_f 是 f 的**值域**(range),有时也用 $f(X)$ 表示函数 f 的值域 R_f,即

$$f(X) = R_f = \{y \mid y \in Y \wedge (\exists x)(x \in X \wedge y = f(x))\}$$

显然,$R_f \subseteq Y$。

由定义 5.1.1 可知,函数 $f: X \to Y$ 满足下面两个性质。

(1) 全域性。函数的定义域必须是集合 X,而不能是它的真子集,即 $D_f = X$。

(2) 唯一性(单值)。给定 X 中的任意元素 x,在 Y 中只能有唯一的元素 y,使 $\langle x, y \rangle \in f$,即对 $x \in X$,若存在 $y, z \in Y$,使得 $\langle x, y \rangle \in f, \langle x, z \rangle \in f$,则必有 $y = z$。

【例 5.1.1】 已知 $f: X \to Y$,其中 $X = \{x_1, x_2, x_3, x_4\}$,$Y = \{y_1, y_2, y_3, y_4, y_5, y_6\}$,$f = \{\langle x_1, y_5 \rangle, \langle x_2, y_1 \rangle, \langle x_3, y_2 \rangle, \langle x_4, y_3 \rangle\}$。求 f 的定义域、值域、陪域。

解 显然 f 满足全域性和唯一性,因此 f 是函数,且其定义域为 $D_f = X = \{x_1, x_2, x_3, x_4\}$,值域为 $R_f = \{y_1, y_2, y_3, y_5\}$,陪域为 $Y = \{y_1, y_2, y_3, y_4, y_5, y_6\}$,示意图如图 5.1.1 所示。

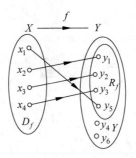

图 5.1.1　定义域、值域、陪域示意图

【例 5.1.2】　图 5.1.2 中给出了 4 个关系图，试判断哪些关系是函数，哪些不是函数。

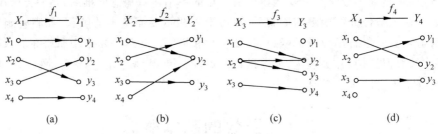

图 5.1.2　关系图

解　在图 5.1.2 中，因为 $D_{f_1}=X_1,D_{f_2}=X_2$，且都满足唯一性，所以 f_1 和 f_2 是函数。f_3 满足全域性，即 $D_{f_3}=X_3$，但 x_2 有两个像，即 y_2 和 y_3，即 f_3 不满足唯一性，因此 f_3 不是函数。f_4 满足唯一性，但 $D_{f_4}\subset X_4$，其中 x_4 没有像，即不满足全域性，故 f_4 不是函数。

【例 5.1.3】　判断下列关系中哪些能构成函数。

(1) $f_1=\{\langle x_1,x_2\rangle|x_1,x_2\in\mathbf{N},x_1+x_2<10\}$。

(2) $f_2=\{\langle x_1,x_2\rangle|x_1,x_2\in\mathbf{R},x_2^2=x_1\}$。

(3) $f_3=\{\langle x_1,x_2\rangle|x_1,x_2\in\mathbf{N},x_2$ 为小于或等于 x_1 的素数的个数$\}$。

(4) $f_4=\{\langle x_1,x_2\rangle|x_1,x_2\in\mathbf{R},x_1^2=x_2\}$。

解　(1) $f_1=\{\langle x_1,x_2\rangle|x_1,x_2\in\mathbf{N},x_1+x_2<10\}$ 不能构成函数。原因有以下两点。

① 不满足全域性。$D_f=\{0,1,2,3,4,5,6,7,8,9\}\subset\mathbf{N}$。

② 不满足唯一性。例如，$f_1(1)=1,f_1(1)=2,\cdots,f_1(1)=8$，即 x_1 对应的 x_2 可以为 $1,2,\cdots,7$ 或 8 等。

(2) $f_2=\{\langle x_1,x_2\rangle|x_1,x_2\in\mathbf{R},x_2^2=x_1\}$ 不能构成函数。原因有以下两点。

① 不满足全域性。$D_f=\mathbf{R}_+\bigcup\{0\}\subset\mathbf{R}$。

② 不满足唯一性。一个 x_1 对应两个不同的 x_2，如 $2^2=4,(-2)^2=4$。

(3) $f_3=\{\langle x_1,x_2\rangle|x_1,x_2\in\mathbf{N},x_2$ 为小于或等于 x_1 的素数的个数$\}$ 能构成函数。显然满足全域性；因为对于任意一个自然数 x_1，小于 x_1 的素数个数是唯一的，所以也满足唯一性。

举例如下。

因为小于或等于 0 的素数不存在，所以 $f_3(0)=0$。

因为小于或等于 1 的素数不存在，所以 $f_3(1)=0$。

因为小于或等于 2 的素数只有 2，所以 $f_3(2)=1$。

因为小于或等于 3 的素数有 2 和 3，所以 $f_3(3)=2$。

因为小于或等于 4 的素数有 2 和 3，所以 $f_3(4)=2$。

(4) 因为 f_4 满足全域性和唯一性，所以 f_4 是函数。

【例 5.1.4】 设 **N** 是自然数集合，函数 $S:\textbf{N}\to\textbf{N}$ 定义成 $S(n)=n+1$。显然

$$S(0)=1, S(1)=2, S(2)=3, \cdots$$

它满足全域性和唯一性，所以 S 是一个函数。

定义 5.1.2 设 X 和 Y 是两个集合，并且有 $X'\subseteq X$。于是，任何函数 $f:X'\to Y$ 都称为从 X 到 Y 的**偏函数**(partial function)。对于任何元素 $x\in X-X'$，没有定义 $f(x)$ 的值。

显然，如果 f 是从 X 到 Y 的函数，则 f 也必然是从 X 到 Y 的偏函数；但因为偏函数不一定满足函数的全域性，所以偏函数却不一定是函数。为了强调函数的全域性，故把函数称为**全函数**(total function)。有了全函数的概念，则偏函数的意义就更明显了。但是，由于主要研究的是全函数，故仍把全函数简称为函数。

【例 5.1.5】 设 **R** 为实数集合，$\textbf{R}_+$ 为正实数集合，$\textbf{R}_+\subset\textbf{R}$，令 $f:\textbf{R}_+\to\textbf{R}$，使 $f(x)=\sqrt{x}$（取正值）。因为在 $\textbf{R}-\textbf{R}_+$ 内，f 是没有定义的，所以 f 是从 **R** 到 **R** 的偏函数。但 f 是从 $\textbf{R}_+$ 到 **R** 的函数。

因为一个关系是可以用关系图和关系矩阵来表示的，而函数是一种特殊的关系，所以函数也可以用图和矩阵来表示。

函数 f 的图记为 G_f：如果 $f(x)=y$，则从结点 x 有一条到结点 y 的有向边。

函数 f 的关系矩阵记为 $\boldsymbol{M}_f$：由函数的全域性和唯一性知，矩阵 $\boldsymbol{M}_f$ 中的每一行有且仅有一个元素为"1"。于是，可以将 $\boldsymbol{M}_f$ 进行简化，简化后的 $\boldsymbol{M}_f$ 是一个两列矩阵，第一列由定义域 D_f 中的元素组成，第二列由值域 R_f 中的元素组成。

【例 5.1.6】 设 $X=\{a,b,c,d,e\}$，$Y=\{\alpha,\beta,\gamma,\delta,\varepsilon\}$，$f=\{\langle a,\alpha\rangle,\langle b,\gamma\rangle,\langle c,\gamma\rangle,\langle d,\varepsilon\rangle,\langle e,\beta\rangle\}$。求 $D_f, R_f, G_f, \boldsymbol{M}_f$ 和简化的 $\boldsymbol{M}_f$。

解 $D_f=X=\{a,b,c,d,e\}$；$R_f=\{\alpha,\beta,\gamma,\varepsilon\}\subseteq Y$；$G_f$ 如图 5.1.3 所示。

函数 f 的关系矩阵为

$$\boldsymbol{M}_f=\begin{array}{c} \\ a \\ b \\ c \\ d \\ e \end{array}\begin{array}{ccccc} \alpha & \beta & \gamma & \delta & \varepsilon \\ \end{array}\left[\begin{array}{ccccc} 1 & 0 & 0 & 0 & 0 \\ 0 & 0 & 1 & 0 & 0 \\ 0 & 0 & 1 & 0 & 0 \\ 0 & 0 & 0 & 0 & 1 \\ 0 & 1 & 0 & 0 & 0 \end{array}\right]$$

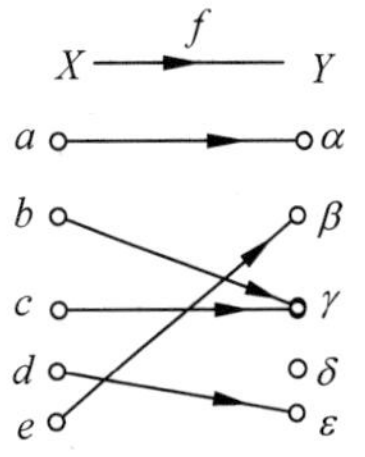

图 5.1.3 G_f 图

简化的关系矩阵为

$$\boldsymbol{M}_f=\begin{bmatrix} a & \alpha \\ b & \gamma \\ c & \gamma \\ d & \varepsilon \\ e & \beta \end{bmatrix}$$

众所周知,笛卡儿乘积 $X \times Y$ 的任意一个子集都是从 X 到 Y 的关系。但笛卡儿乘积的子集不一定能构成从 X 到 Y 的函数。

【例 5.1.7】 已知 $X = \{a, b, c\}$,$Y = \{0, 1\}$,则存在多少个从 X 到 Y 的二元关系? 存在多少个从 X 到 Y 的函数?

解 $X \times Y = \{\langle a, 0 \rangle, \langle a, 1 \rangle, \langle b, 0 \rangle, \langle b, 1 \rangle, \langle c, 0 \rangle, \langle c, 1 \rangle\}$,$|X \times Y| = 6$,关系是笛卡儿乘积的子集,而 $|\rho(X \times Y)| = 2^6$,所以存在 2^6 个从 X 到 Y 的二元关系。但是函数是满足全域性和唯一性的二元关系,其中只有 $|Y|^{|X|} = 2^3$ 个关系可以构成函数,如图 5.1.4 所示。

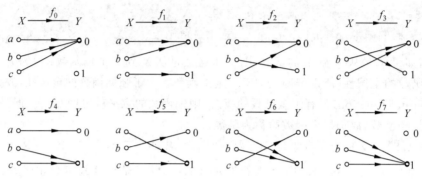

图 5.1.4 从 X 到 Y 的所有函数

即这些函数有

$$f_0 = \{\langle a, 0 \rangle, \langle b, 0 \rangle, \langle c, 0 \rangle\}, \qquad f_1 = \{\langle a, 0 \rangle, \langle b, 0 \rangle, \langle c, 1 \rangle\},$$
$$f_2 = \{\langle a, 0 \rangle, \langle b, 1 \rangle, \langle c, 0 \rangle\}, \qquad f_3 = \{\langle a, 1 \rangle, \langle b, 0 \rangle, \langle c, 0 \rangle\},$$
$$f_4 = \{\langle a, 0 \rangle, \langle b, 1 \rangle, \langle c, 1 \rangle\}, \qquad f_5 = \{\langle a, 1 \rangle, \langle b, 0 \rangle, \langle c, 1 \rangle\},$$
$$f_6 = \{\langle a, 1 \rangle, \langle b, 1 \rangle, \langle c, 0 \rangle\}, \qquad f_7 = \{\langle a, 1 \rangle, \langle b, 1 \rangle, \langle c, 1 \rangle\}.$$

由此可以看出构成函数的一个规律:因为函数的定义域是 X,而 X 中的每个元素有且仅有一个像,故以 Y 中某一元素为像的序偶一定有 $|X|$ 个;其次 X 中任一元素都可以从 Y 中任选一元素作它的像,所以每个元素的像有 $|Y|$ 种选法,因此可以构成 $|Y|^{|X|}$ 个函数。

如果令 Y^X 表示从 X 到 Y 的所有函数组成的集合,即

$$Y^X = \{f \mid f : X \to Y\}$$

以 $|Y^X|$ 表示这些函数的数目,且令 $|X| = m$,$|Y| = n$,则 $|Y^X| = n^m$。如上例中 $|X| = 3$,$|Y| = 2$,则 $|Y^X| = 2^3 = 8$(种)。

有了函数的概念后,再来了解几种重要的特殊函数,这些特殊函数对研究某些具体领域中的实际问题是十分有用的。

定义 5.1.3 给定函数 $f : X \to Y$。

(i) 如果 $f(X) = R_f = Y$,则称 f 是**满射的**(surjective)或**满射函数**(surjection)。

(ii) 对任意 $x_1, x_2 \in X$,如果 $x_1 \neq x_2 \Rightarrow f(x_1) \neq f(x_2)$(或 $f(x_1) = f(x_2) \Rightarrow x_1 = x_2$),则称 f 是**单射的**(injective)或**单射函数**(injection)。

(iii) 如果 f 既是单射的又是满射的,则称 f 为**双射的**(bijective)或**双射函数**(bijection)。

当 X 和 Y 都是有限集合时,如果 f 是满射的,必有 $|X| \geqslant |Y|$;如果 f 是单射的,必有

$|X| \leqslant |Y|$。如果 f 是双射函数,必有 $|X| = |Y|$。

> **定义 5.1.4** 函数 $I_X : X \rightarrow X$,对于所有的 $x \in X$,都有 $I_X(x) = x$,则称 I_X 为**恒等函数**(identity function)。

由定义可知,恒等函数一定是双射函数。

【**例 5.1.8**】 设 f_1, f_2, f_3, f_4 为以下定义的从 **R** 到 **R** 的函数,问它们各是什么函数?

(1) $f_1(x) = x^2$。

(2) $f_2(x) = 2^x$。

(3) $f_3(x) = x^3$。

(4) $f_4(x) = x^3 - x^2$。

解 (1) 因为 $f_1(x) = f_1(-x) = x^2$,所以 f_1 不是单射函数;因为 $R_{f_1} \subseteq \mathbf{R}$,即 $R_{f_1} \neq \mathbf{R}$,所以 f_1 不是满射函数。

(2) 显然 f_2 是单射函数;因为 $R_{f_2} \subseteq \mathbf{R}$,即 $R_{f_2} \neq \mathbf{R}$,所以 f_2 不是满射函数。

(3) 显然 f_3 是满射函数,也是单射函数,所以 f_3 是双射函数。

(4) 显然 $f_4(x)$ 是满射函数,不是单射函数,如 $f_4(1) = 0, f_4(0) = 0$。

下面给出几个常用的函数。

【**例 5.1.9**】 设 $f : X \rightarrow Y$,如果存在 $C \in Y$,使得对所有的 $x \in X$ 都有 $f(x) = C$,则称 f 是**常数函数**(constant function),记为 $f(x) \equiv C$。

【**例 5.1.10**】 设 $f : \mathbf{R} \rightarrow \mathbf{R}$,对任意 $x_1, x_2 \in \mathbf{R}$,如果 $x_1 < x_2$,则有 $f(x_1) \leqslant f(x_2)$,就称 f 为**单调递增的**(increasing);如果 $x_1 < x_2$,则有 $f(x_1) < f(x_2)$,就称 f 为**严格单调递增的**(strictly increasing)。如果 $x_1 < x_2$,则有 $f(x_1) \geqslant f(x_2)$,就称 f 为**单调递减的**(decreasing);如果 $x_1 < x_2$,则有 $f(x_1) > f(x_2)$,就称 f 为**严格单调递减的**(strictly decreasing)。它们统称为单调函数。

习题 5.1

(1) 设 $A = \{a, b, c\}$,$B = \{1, 2, 3\}$,试说明下列从 A 到 B 的二元关系中,哪些能构成函数。

① $f_1 = \{\langle a, 1 \rangle, \langle a, 2 \rangle, \langle b, 1 \rangle, \langle c, 3 \rangle\}$。

② $f_2 = \{\langle a, 1 \rangle, \langle b, 1 \rangle, \langle c, 1 \rangle\}$。

③ $f_3 = \{\langle a, 2 \rangle, \langle c, 3 \rangle\}$。

④ $f_4 = \{\langle a, 3 \rangle, \langle b, 2 \rangle, \langle c, 3 \rangle, \langle b, 3 \rangle\}$。

⑤ $f_5 = \{\langle a, 2 \rangle, \langle b, 1 \rangle, \langle b, 2 \rangle\}$。

(2) 设 **I** 为整数集合,$\mathbf{I}_+$ 为正整数集合,给定函数 $f : \mathbf{I} \rightarrow \mathbf{I}_+$,且具体给定成 $f(i) = |2i| + 2$。试求出 f 的值域。

(3) 设 E 是全集,$\rho(E)$ 是 E 的幂集,定义 $f : \rho(E) \times \rho(E) \rightarrow \rho(E)$,且具体给定成:对任意 $S_1, S_2 \in \rho(E)$,有 $f(\langle S_1, S_2 \rangle) = S_1 \bigcap S_2$。试证明 f 是函数,且 f 的陪域与值域相等。

(4) 令 $X = \{1, 2, 3, 4\}$,判定下列关系是否是从 X 到 X 的函数。若是函数,请指出它的定义域和值域。

① $f_1 = \{\langle 2,3 \rangle, \langle 1,4 \rangle, \langle 2,1 \rangle, \langle 3,2 \rangle, \langle 4,4 \rangle\}$。

② $f_2 = \{\langle 3,1 \rangle, \langle 4,2 \rangle, \langle 1,1 \rangle\}$。

③ $f_3 = \{\langle 2,1 \rangle, \langle 3,4 \rangle, \langle 1,4 \rangle, \langle 2,3 \rangle, \langle 4,4 \rangle\}$。

④ $f_4 = \{\langle 2,1 \rangle, \langle 3,1 \rangle, \langle 1,1 \rangle, \langle 4,1 \rangle\}$。

(5) 设 $\mathbf{N}$ 是自然数集合,$\mathbf{R}$ 为实数集合。下列函数中哪些是满射函数?哪些是单射函数?哪些是双射函数?

① $f: \mathbf{N} \to \mathbf{N}, f(n) = n^2 + 2$。

② $f: \mathbf{N} \to \mathbf{N}, f(n) = n \pmod 3$。

③ $f: \mathbf{N} \to \mathbf{N}, f(n) = \begin{cases} 1, n \text{ 是奇数} \\ 0, n \text{ 是偶数} \end{cases}$。

④ $f: \mathbf{N} \to \{0,1\}, f(n) = \begin{cases} 1, n \text{ 是奇数} \\ 0, n \text{ 是偶数} \end{cases}$。

⑤ $f: \mathbf{N} \to \mathbf{R}, f(n) = \lg n$。

⑥ $f: \mathbf{R} \to \mathbf{R}, f(r) = r^2 + 2r - 15$。

⑦ $f: \mathbf{N}^2 \to \mathbf{N}, f(n_1, n_2) = n_1^{n_2}$。

(6) 设 X 和 Y 都是有穷集合,且 $|X| = m$,$|Y| = n$,则从 X 到 Y 有多少种不同的单射函数?有多少种不同的双射函数?存在单射函数和双射函数的必要条件是什么?

(7) 令 $A = \{1,2,3,\cdots,10\}$,找出一个从 A^2 到 A 的函数,能否找到一个从 A^2 到 A 的满射函数?能否找到一个从 A^2 到 A 的单射函数?为什么?

(8) 证明函数 $f: \mathbf{R} \to \mathbf{R}, f(r) = 2r - 15$ 是双射函数。

(9) 设 $A = \{a_1, a_2, \cdots, a_n\}$,试证明任何从 A 到 A 的函数,如果它是单射函数,则它必是满射函数;反之亦真。

5.2 复合函数与逆函数

前面曾经指出,函数是一类特殊关系。关系有合成运算,故函数也有合成运算。下面给出函数合成运算的定义。

定义 5.2.1 设 $f: X \to Y$;$g: Y \to Z$ 是两个函数,于是
$$g \circ f = \{\langle x,z \rangle \mid x \in X \land z \in Z \land (\exists y)(y \in Y \land y = f(x) \land z = g(y))\}$$
称为 f 和 g 的**合成函数**(composition function),习惯上称为**复合函数**。

注意:由定义可知,复合函数 $g \circ f$ 与合成关系 $f \circ g$ 实际上表示同一个集合(合成关系)。这里把符号的次序颠倒过来,并把合成函数称为复合函数,是为了与《高等数学》中复合函数的表示法取得一致。在下文中,谈及复合函数时,$g \circ f$ 均按定义 5.2.1 理解。

定理 5.2.1 设函数 $f: X \to Y$;$g: Y \to Z$,则复合函数 $g \circ f$ 是从 X 到 Z 的函数,并且对每个 $x \in X$,都有 $(g \circ f)(x) = g(f(x))$。

证 显然 $g \circ f$ 是从 X 到 Z 的关系,下面来证 $g \circ f$ 也是从 X 到 Z 的函数。

先证全域性。对于任意 $x \in X$，因为 f 是函数，f 满足全域性，所以存在 x 的像 $y \in Y$，使 $\langle x, y \rangle \in f$。又因为 g 是函数，g 也满足全域性，所以对于每个 $y \in Y$，必有 y 的像 $z \in Z$，使 $\langle y, z \rangle \in g$。根据复合关系的定义，由 $\langle x, y \rangle \in f$ 且 $\langle y, z \rangle \in g$ 可知，必有 $\langle x, z \rangle \in g \circ f$。因此，对每个 $x \in X$，在 Z 中都存在与之对应的像 z，即 $D_{g \circ f} = X$。所以，$g \circ f$ 满足全域性。

再证唯一性。假定 $g \circ f$ 中包含序偶 $\langle x, z_1 \rangle$ 和 $\langle x, z_2 \rangle$，由 $\langle x, z_1 \rangle, \langle x, z_2 \rangle \in g \circ f$ 知，必存在 $y_1, y_2 \in Y$，使 $\langle x, y_1 \rangle \in f$，且 $\langle y_1, z_1 \rangle \in g$ 和 $\langle x, y_2 \rangle \in f$，且 $\langle y_2, z_2 \rangle \in g$。因为 f 是一个函数，由唯一性知，$y_1 = y_2$，记之为 y，于是有 $\langle y, z_1 \rangle, \langle y, z_2 \rangle \in g$。又因为 g 也是一个函数，也满足唯一性，所以也必有 $z_1 = z_2$，即对任意 $x \in X$，只能存在唯一的 $z \in Z$，使 $\langle x, z \rangle \in g \circ f$。所以 $g \circ f$ 满足唯一性。

综上知，$g \circ f$ 是从 X 到 Z 的函数。

令 $f(x) = y$，$g(y) = z$，则 $(g \circ f)(x) = z = g(y) = g(f(x))$。定理得证。∎

【例 5.2.1】 设集合 $X = \{x_1, x_2, x_3, x_4\}$，$Y = \{y_1, y_2, y_3, y_4, y_5\}$ 和 $Z = \{z_1, z_2, z_3\}$。给定函数 $f: X \to Y$；$g: Y \to Z$ 为
$$f = \{\langle x_1, y_2 \rangle, \langle x_2, y_1 \rangle, \langle x_3, y_3 \rangle, \langle x_4, y_5 \rangle\}$$
$$g = \{\langle y_1, z_1 \rangle, \langle y_2, z_2 \rangle, \langle y_3, z_3 \rangle, \langle y_4, z_3 \rangle, \langle y_5, z_2 \rangle\}$$
求复合函数 $g \circ f$，并给出它的图解。

解 $g \circ f = \{\langle x_1, z_2 \rangle, \langle x_2, z_1 \rangle, \langle x_3, z_3 \rangle, \langle x_4, z_2 \rangle\}$。

图 5.2.1 给出了 $g \circ f: X \to Z$ 的图解。

> **定理 5.2.2** 函数的复合运算满足结合律，即如果 $f: X \to Y$，$g: Y \to Z$，$h: Z \to W$ 都是函数，则有
> $$h \circ (g \circ f) = (h \circ g) \circ f$$

证 设函数 $f: X \to Y$；$g: Y \to Z$ 和 $h: Z \to W$，且令 $f(x) = y$，$g(y) = z$，$h(z) = w$，则
$$(h \circ (g \circ f))(x) = h((g \circ f)(x)) = h(g(f(x))) = h(g(y)) = h(z) = w$$
$$((h \circ g) \circ f)(x) = (h \circ g)(f(x)) = (h \circ g)(y) = h(g(y)) = h(z) = w$$
再由 $x \in X$ 的任意性知，定理成立。∎

复合函数满足结合律的图解表示如图 5.2.2 所示。

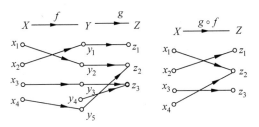

图 5.2.1 复合函数 $g \circ f$ 的图解

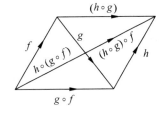

图 5.2.2 复合函数满足结合律

由于复合运算满足结合律，故可略去括号，即写成 $h \circ (g \circ f) = (h \circ g) \circ f = h \circ g \circ f$。

【例 5.2.2】 设 **R** 为实数集合，对任意的 $x \in \mathbf{R}$，令 $f(x) = x + 2$，$g(x) = 2x$，$h(x) = 3x$。求 $g \circ f$，$f \circ g$，$h \circ (g \circ f)$，$(h \circ g) \circ f$。

解

$$(g \circ f)(x) = g(f(x)) = g(x+2) = 2(x+2)$$
$$(f \circ g)(x) = f(g(x)) = f(2x) = 2x+2 = 2(x+1)$$

可知

$$g \circ f(x) \neq f \circ g(x)$$

因为

$$(h \circ (g \circ f))(x) = h((g \circ f)(x)) = h(g(f(x)))$$
$$= h(g(x+2)) = h(2(x+2)) = 6(x+2)$$
$$((h \circ g) \circ f)(x) = (h \circ g)f(x) = (h \circ g)(x+2) = h(g(x+2))$$
$$= h(2(x+2)) = 6(x+2)$$

可见

$$(h \circ (g \circ f))(x) = ((h \circ g) \circ f)(x)$$

即 $h \circ (g \circ f) = (h \circ g) \circ f$。

由例 5.2.2 可知,合成函数满足结合律,但是不满足交换律。

定理 5.2.3 设有 n 个函数: $f_1: X_1 \to X_2$; $f_2: X_2 \to X_3$; $\cdots$; $f_n: X_n \to X_{n+1}$,则

$$f_n \circ f_{n-1} \circ \cdots \circ f_1: X_1 \to X_{n+1}$$

若 $X_1 = X_2 = \cdots = X_{n+1} = X$,并且 $f_1 = f_2 = \cdots = f_n = f$,则上述复合运算可表示为

$$f^n = f \circ f \circ \cdots \circ f: X \to X$$

【例 5.2.3】 设 **I** 是整数集合,并且函数 $f: \mathbf{I} \to \mathbf{I}$ 为 $f(i) = 2i+1$。试求复合函数 $f^3(i)$。

解

$$f^3(i) = (f \circ f \circ f)(i) = (f \circ f)(f(i)) = (f \circ f)(2i+1)$$
$$= f(f(2i+1)) = f(4i+3) = 8i+7$$

定义 5.2.2 给定函数 $f: X \to X$,如果 $f^2 = f$,则称 f 为**等幂函数**(idempotent function)。

【例 5.2.4】 设 **I** 是整数集合,$\mathbf{N}_m = \{0,1,2,\cdots,m-1\}$,给定函数 $f: \mathbf{I} \to \mathbf{N}_m$,且 $f(i) = i(\bmod m)$。试证明,对于 $n \geqslant 1$ 都有 $f^n = f$。

注:$i(\bmod m)$ 表示"i 除 m 所得的余数",m 称为模(modulus)。

证 对任意 $i \in \mathbf{I}$,有

$$f^2(i) = (f \circ f)(i) = f(f(i)) = f(i(\bmod m))$$
$$= (i(\bmod m))(\bmod m) = i(\bmod m) = f(i)$$

得 $f^2(i) = f(i)$,故 f 是个等幂函数,即 $f^2 = f$,于是有

$$f^3 = f^2 \circ f = f \circ f = f^2 = f$$
$$f^4 = f^3 \circ f = f \circ f = f^2 = f$$
$$\vdots$$
$$f^n = f^{n-1} \circ f = f \circ f = f^2 = f$$

故对于所有 $n \geqslant 1$ 都有 $f^n = f$,得证。

定理 5.2.4 设函数 $f: X \rightarrow Y$；$g: Y \rightarrow Z$。

(i) 如果 f 和 g 都是满射函数,则 $g \circ f$ 也是满射函数。

(ii) 如果 f 和 g 都是单射函数,则 $g \circ f$ 也是单射函数。

(iii) 如果 f 和 g 都是双射函数,则 $g \circ f$ 也是双射函数。

证 (i) 对任意 $z \in Z$,因为 g 是满射函数,所以至少存在一个 $y \in Y$,使 $g(y)=z$；又因为 f 是满射函数,所以对于 $y \in Y$,至少存在一个 $x \in X$ 使 $f(x)=y$,由此得 $z=g(y)=g(f(x))=(g \circ f)(x)$,即 $\langle x,z \rangle \in g \circ f$。由 $z \in Z$ 的任意性,可知 $g \circ f$ 是满射函数。

(ii) 设 $x_1, x_2 \in X$ 且 $x_1 \neq x_2$,因为 f 是单射函数,所以 $f(x_1) \neq f(x_2)$；又因为 $f(x_1), f(x_2) \in Y$ 且 g 是单射函数,所以 $g(f(x_1)) \neq g(f(x_2))$。因此,当 $x_1, x_2 \in X$ 且 $x_1 \neq x_2$ 时,有 $(g \circ f)(x_1) \neq (g \circ f)(x_2)$,即 $g \circ f$ 是单射函数。

(iii) 由(i)和(ii)即可证得(iii)。∎

定理 5.2.5 设函数 $f: X \rightarrow Y$；$g: Y \rightarrow Z$。

(i) 如果 $g \circ f$ 是满射函数,则 g 必是满射函数。

(ii) 如果 $g \circ f$ 是单射函数,则 f 必是单射函数。

(iii) 如果 $g \circ f$ 是双射函数,则 g 是满射函数,f 是单射函数。

证 (i) 对任意 $z \in Z$,因为 $g \circ f$ 是满射函数,所以必存在 $x \in X$,使 $\langle x,z \rangle \in g \circ f$；又因为 $\langle x,z \rangle \in g \circ f$,所以必存在 $y \in Y$,使 $\langle x,y \rangle \in f$ 且 $\langle y,z \rangle \in g$。由此可得,对任意 $z \in Z$,必存在 $y \in Y$ 使 $z=g(y)$,故 g 是满射函数。

(ii) 因为 $g \circ f$ 是单射函数,所以对任意 $x_1, x_2 \in X$ 且 $x_1 \neq x_2$,有 $(g \circ f)(x_1) \neq (g \circ f)(x_2)$,即 $g(f(x_1)) \neq g(f(x_2))$；又因为 g 是函数,满足唯一性,所以由 $g(f(x_1)) \neq g(f(x_2))$,知 $f(x_1) \neq f(x_2)$。因此,对任意 $x_1, x_2 \in X$ 且 $x_1 \neq x_2$,有 $f(x_1) \neq f(x_2)$,即 f 是单射函数。

(iii) 由(i)和(ii)即可证得(iii)。∎

定理 5.2.6 设 $f: X \rightarrow Y$,I_X 是 X 上的恒等函数,I_Y 是 Y 上的恒等函数,则
$$f \circ I_X = I_Y \circ f = f$$

证 设 $x \in X$,$y \in Y$,则 $I_X(x)=x$,$I_Y(y)=y$,于是有
$$(f \circ I_X)(x) = f(I_X(x)) = f(x), \quad (I_Y \circ f)(x) = I_Y(f(x)) = f(x)$$
故有 $f \circ I_X = I_Y \circ f = f$ 成立。∎

由定理 5.2.6 易知,当 $X=Y$ 时,有 $f \circ I_X = I_X \circ f = f$。

给定从 X 到 Y 的关系 R,其逆关系 R^{-1} 一定是从 Y 到 X 的关系,即一个关系的逆关系总是存在的。但是,当把从 X 到 Y 的函数 f 看作关系时,其逆关系 f^{-1} 是否也一定是 Y 到 X 的函数呢? 下面的定理回答了这个问题。

定理 5.2.7 设函数 $f: X \rightarrow Y$,f 的逆关系 f^{-1} 是从 Y 到 X 的函数,当且仅当 f 是双射函数。

证 (充分性)因为 f 是双射函数,从而是满射函数,所以对任意 $y \in Y$,都存在 $x \in X$,

函 数

使得 $\langle x,y\rangle\in f$，即 $\langle y,x\rangle\in f^{-1}$，故任意 $y\in Y=D_{f^{-1}}$，y 在 f^{-1} 对应下都有像 x，满足全域性；又由 f 是单射函数，知对任意 $y\in Y$，存在唯一的 $x\in X$，使得 $\langle x,y\rangle\in f$，即 $\langle y,x\rangle\in f^{-1}$，从而任意 $y\in Y=D_{f^{-1}}$，y 在 f^{-1} 对应下的像 x 都唯一，即 f^{-1} 满足唯一性。所以，f^{-1} 是从 Y 到 X 的函数（还可进一步证明 f^{-1} 也是双射函数）。

（必要性）使用反证法。如果 f 不是单射函数，即存在 $x_1,x_2\in X$，$x_1\neq x_2$，且存在 $y\in Y$，使得 $\langle x_1,y\rangle\in f$，$\langle x_2,y\rangle\in f$，即 $\langle y,x_1\rangle\in f^{-1}$，$\langle y,x_2\rangle\in f^{-1}$，即 y 在 f^{-1} 对应下有两个不同的像 x_1 和 x_2，即 f^{-1} 不满足唯一性，这和 f^{-1} 是函数矛盾，所以 f 是单射函数。如果 f 不是满射函数，则存在 $y\in Y$，在 X 中没有元素与之对应，即 $R_f\subset Y$，因此 $D_{f^{-1}}=R_f\subset Y$，所以 f^{-1} 不满足全域性，这也和 f^{-1} 是函数矛盾，所以 f 是满射函数。因此 f 是双射函数。∎

【例 5.2.5】 设函数 $f_1:X\to Y$，$f_2:X\to Z$，其中 $X=\{a,b,c\}$，$Y=\{1,2,3,4\}$，$Z=\{1,2,3\}$，$f_1=\{\langle a,1\rangle,\langle b,2\rangle,\langle c,3\rangle\}$，$f_2=\{\langle a,2\rangle,\langle b,3\rangle,\langle c,1\rangle\}$。问 f_1 和 f_2 的逆关系是否为函数？

解 （方法 1）对函数 f_1，Y 中元素 4 没有原像，即 f_1 不是满射函数，如图 5.2.3(a)所示，从而 Y 中元素 4 在 f_1^{-1} 对应下没有像，即 f_1^{-1} 不满足全域性，如图 5.2.3(b)所示，因此 f_1^{-1} 不是函数。

对函数 f_2，f_2 的逆关系 $f_2^{-1}=\{\langle 1,c\rangle,\langle 2,a\rangle,\langle 3,b\rangle\}$，如图 5.2.3(d)所示，因为 Z 中任一元素在 f_2^{-1} 对应下均有像，因此 f_2^{-1} 满足全域性；因为 Z 中不同元素在 f_2^{-1} 对应下的像均不同，因此 f_2^{-1} 满足唯一性。所以 f_2^{-1} 是函数。

（方法 2）因为 f_1 不是满射函数，所以 f_1 不是双射，因此由定理 5.2.7 知，f_1^{-1} 不是函数。不难验证 f_2 是双射函数，如图 5.2.3(c)所示，因此由定理 5.2.7 知，f_2^{-1} 是函数。

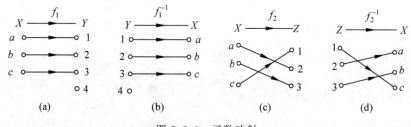

图 5.2.3　函数映射

定义 5.2.3 设 $f:X\to Y$ 是一个双射函数，f 的逆关系为一个函数，称为 f 的**逆函数**或**反函数**（inverse function），并记为 f^{-1}，并称 f 是**可逆的**（invertible）。

如例 5.2.5 中的 f_1 是不可逆的，f_2 是可逆的，且其反函数为 $f_2^{-1}=\{\langle 1,c\rangle,\langle 2,a\rangle,\langle 3,b\rangle\}$。

定理 5.2.8 如果函数 $f:X\to Y$ 是可逆的，则有 $f^{-1}\circ f=I_X$、$f\circ f^{-1}=I_Y$。

证 设 $x\in X$、$y\in Y$，如果 $f(x)=y$，则 $f^{-1}(y)=x$，可得
$$(f^{-1}\circ f)(x)=f^{-1}(f(x))=f^{-1}(y)=x$$
即

$$f^{-1} \circ f = I_X$$

同理可证

$$(f \circ f^{-1})(y) = f(f^{-1}(y)) = f(x) = y$$

即

$$f \circ f^{-1} = I_Y$$ ■

【例 5.2.6】 设 $f: X \to Y$,其中 $X = \{0, 1, 2\}$,$Y = \{a, b, c\}$,$f = \{\langle 0, c \rangle, \langle 1, a \rangle, \langle 2, b \rangle\}$。求 $f^{-1} \circ f, f \circ f^{-1}$。

解 不难验证 f 是一个双射函数,因此它的反函数 f^{-1} 存在,且

$$f^{-1} = \{\langle c, 0 \rangle, \langle a, 1 \rangle, \langle b, 2 \rangle\}$$

从而有

$$(f^{-1} \circ f)(0) = f^{-1}(f(0)) = f^{-1}(c) = 0$$
$$(f^{-1} \circ f)(1) = f^{-1}(f(1)) = f^{-1}(a) = 1$$
$$(f^{-1} \circ f)(2) = f^{-1}(f(2)) = f^{-1}(b) = 2$$

即

$$f^{-1} \circ f = \{\langle 0, 0 \rangle, \langle 1, 1 \rangle, \langle 2, 2 \rangle\} = I_X$$

又因为

$$(f \circ f^{-1})(a) = f(f^{-1}(a)) = f(1) = a$$
$$(f \circ f^{-1})(b) = f(f^{-1}(b)) = f(2) = b$$
$$(f \circ f^{-1})(c) = f(f^{-1}(c)) = f(0) = c$$

所以

$$f \circ f^{-1} = \{\langle a, a \rangle, \langle b, b \rangle, \langle c, c \rangle\} = I_Y$$

定理 5.2.9 如果 f 是双射函数,则 $(f^{-1})^{-1} = f$。

证 由双射函数的定义知,$\langle x, y \rangle \in (f^{-1})^{-1} \Leftrightarrow \langle y, x \rangle \in f^{-1} \Leftrightarrow \langle x, y \rangle \in f$。再由 $\langle x, y \rangle$ 的任意性可知,定理成立。 ■

定理 5.2.10 已知函数 $f: X \to Y$ 和 $g: Y \to Z$ 都是可逆的,则 $g \circ f$ 也是可逆的,且

$$(g \circ f)^{-1} = f^{-1} \circ g^{-1}$$

证 首先证明 $g \circ f$ 是可逆的。因为 f 和 g 都是可逆的,由定理 5.2.7 知,它们必都是双射函数;进而由定理 5.2.4 知,$g \circ f$ 也为双射函数,故由定理 5.2.7 知,$(g \circ f)^{-1}$ 存在,即 $g \circ f$ 也是可逆的。

其次证明 $(g \circ f)^{-1} = f^{-1} \circ g^{-1}$。对任意 $\langle z, x \rangle \in (g \circ f)^{-1}$,有

$$\langle z, x \rangle \in (g \circ f)^{-1} \Leftrightarrow \langle x, z \rangle \in g \circ f \Leftrightarrow (\exists y)(y \in Y \wedge \langle x, y \rangle \in f \wedge \langle y, z \rangle \in g)$$
$$\Leftrightarrow (\exists y)(y \in Y \wedge \langle z, y \rangle \in g^{-1} \wedge \langle y, x \rangle \in f^{-1}) \Leftrightarrow \langle z, x \rangle \in f^{-1} \circ g^{-1}$$

再由 $\langle z, x \rangle$ 的任意性可知,$(g \circ f)^{-1} = f^{-1} \circ g^{-1}$。 ■

【例 5.2.7】 令 F_X 表示从 X 到 X 的所有双射函数组成的集合,其中 $X = \{1, 2, 3\}$,求 F_X 的所有元素及其逆函数。

解 $F_X = \{f_1, f_2, f_3, f_4, f_5, f_6\}$,其中

$$f_1 = \{\langle 1,1\rangle, \langle 2,2\rangle, \langle 3,3\rangle\} = I_X, \qquad f_2 = \{\langle 1,1\rangle, \langle 2,3\rangle, \langle 3,2\rangle\},$$

$$f_3 = \{\langle 1,2\rangle, \langle 2,1\rangle, \langle 3,3\rangle\}, \qquad f_4 = \{\langle 1,3\rangle, \langle 2,2\rangle, \langle 3,1\rangle\},$$

$$f_5 = \{\langle 1,2\rangle, \langle 2,3\rangle, \langle 3,1\rangle\}, \qquad f_6 = \{\langle 1,3\rangle, \langle 2,1\rangle, \langle 3,2\rangle\}。$$

它们的逆函数分别是 $f_1^{-1} = f_1, f_2^{-1} = f_2, f_3^{-1} = f_3, f_4^{-1} = f_4, f_5^{-1} = f_6, f_6^{-1} = f_5$。任取 $f_i, f_j \in F_X$，$f_i \circ f_j$ 的复合运算由表 5.2.1 给出。

表 5.2.1 合成运算表

$\circ$	f_1	f_2	f_3	f_4	f_5	f_6
f_1	f_1	f_2	f_3	f_4	f_5	f_6
f_2	f_2	f_1	f_6	f_5	f_4	f_3
f_3	f_3	f_5	f_1	f_6	f_2	f_4
f_4	f_4	f_6	f_5	f_1	f_3	f_2
f_5	f_5	f_3	f_4	f_2	f_6	f_1
f_6	f_6	f_4	f_2	f_3	f_1	f_5

例 5.2.7 中定义的函数对应集合 X 中元素的排列。3 个元素的这样排列有 $3! = 6$ 种，因而有 6 个从 X 到 X 的函数是双射的。如果 X 有 n 个元素，那么有 $n!$ 个从 X 到 X 的双射函数。

习题 5.2

(1) 设函数 $f: X \to Y$；$g: Y \to X$，则当且仅当 $g \circ f = I_X$ 和 $f \circ g = I_Y$ 时，有 $g = f^{-1}$。

(2) 设函数 $f: \mathbf{R} \to \mathbf{R}$ 和 $g: \mathbf{R} \to \mathbf{R}$ 分别给定成 $f(x) = 2x + 1, g(x) = x^2 - 2$，求 $g \circ f$，$f \circ g$，f^2，$(g \circ f) \circ f$ 和 $g \circ f^2$。

(3) 设 f, g, h 均为从 $\mathbf{N}$ 到 $\mathbf{N}$ 的函数，其中 $\mathbf{N}$ 是自然数集合，使得

$$f(n) = n + 1, \quad g(n) = 2n, \quad h(n) = \begin{cases} 0, & n \text{ 是偶数} \\ 1, & n \text{ 是奇数} \end{cases}$$

求 $f \circ f, f \circ g, g \circ f, g \circ h, h \circ g$ 和 $(f \circ g) \circ h$。

(4) 设 f, g 和 h 均为从 $\mathbf{R}$ 到 $\mathbf{R}$ 的偏函数，其中 $f(x) = 1/x, g(x) = x^2, h(x) = \sqrt{x}$。
① 求出各偏函数的定义域。
② 求出各偏函数的像。
③ 试求出复合函数 $f \circ f, h \circ g$ 和 $g \circ h$ 的代数表达式。

(5) 设函数 $f: \mathbf{R} \to \mathbf{R}$ 为 $f(x) = x^3 - 2$。试求出其逆函数 f^{-1}。

(6) 设集合 $X = \{1, 2, 3, 4\}$。试定义一个函数 $f: X \to X$，能使 $f \neq I_X$，并且是单射的。
① 求 f^2, f^3, f^{-1} 和 $f \circ f^{-1}$。
② 能否求出另一个函数 $g: X \to X$，能使 $g \neq I_X$，但是 $g \circ g = I_X$。

5.3 特征函数与模糊子集

本节讨论一种从全集 E 到集合 $\{0, 1\}$ 的函数，这种函数把全集 E 中的元素均映射到 0 或 1。这些简单的函数能够建立元素与集合、集合与集合之间的一一对应关系。借助这些

函数,可对集合进行运算,并能以此推广到表达模糊集合的概念。

定义 5.3.1 设 E 是全集,$A \subseteq E$,函数 $\psi_A : E \to \{0,1\}$ 定义为

$$\psi_A(x) = \begin{cases} 1, & x \in A \\ 0, & x \notin A \end{cases}$$

则称 ψ_A 为集合 A 的**特征函数**(characteristic function)或**指示函数**(indicator function)。

【**例 5.3.1**】 设全集 $E = \{a, b, c\}$,它有 8 个子集。

对于空集 $\varnothing$,有 $\psi_\varnothing(a) = 0, \psi_\varnothing(b) = 0, \psi_\varnothing(c) = 0$,故空集 $\varnothing$ 的特征函数为 $\psi_\varnothing = \{\langle a, 0 \rangle, \langle b, 0 \rangle, \langle c, 0 \rangle\}$。

对于子集 $\{a\}$,有 $\psi_{\{a\}}(a) = 1, \psi_{\{a\}}(b) = 0, \psi_{\{a\}}(c) = 0$,故子集 $\{a\}$ 的特征函数为 $\psi_{\{a\}} = \{\langle a, 1 \rangle, \langle b, 0 \rangle, \langle c, 0 \rangle\}$。

对于子集 $\{a, b\}$,有 $\psi_{\{a,b\}}(a) = 1, \psi_{\{a,b\}}(b) = 1, \psi_{\{a,b\}}(c) = 0$,故 $\psi_{\{a,b\}} = \{\langle a, 1 \rangle, \langle b, 1 \rangle, \langle c, 0 \rangle\}$。

同理,可求得其他子集的特征函数;反之,若给定某集合的特征函数,也可求得该集合。例如,给定 $\psi_B = \{\langle a, 0 \rangle, \langle b, 1 \rangle, \langle c, 1 \rangle\}$,则 $B = \{b, c\}$。

可见,特征函数与集合之间建立了一一对应关系。下面给出特征函数的一些基本性质。

定理 5.3.1 设 A, B 为全集 E 的任意两个子集,对所有 $x \in E$,有以下性质。

(i) $\psi_A(x) = 0 \Leftrightarrow A = \varnothing$。

(ii) $\psi_A(x) = 1 \Leftrightarrow A = E$。

(iii) $\psi_A(x) \leqslant \psi_B(x) \Leftrightarrow A \subseteq B$。

(iv) $\psi_A(x) = \psi_B(x) \Leftrightarrow A = B$。

(v) $\psi_{\sim A}(x) = 1 - \psi_A(x)$。

(vi) $\psi_{A \cup B}(x) = \psi_A(x) + \psi_B(x) - \psi_{A \cap B}(x)$。

(vii) $\psi_{A \cap B}(x) = \psi_A(x) \cdot \psi_B(x)$。

(viii) $\psi_{A-B}(x) = \psi_A(x) - \psi_{A \cap B}(x)$。

证 (iii) 先证 $\psi_A(x) \leqslant \psi_B(x) \Rightarrow A \subseteq B$。对任意 $x \in E$,若 $\psi_A(x) = 0$,则 $\psi_B(x) = 0$ 或 $\psi_B(x) = 1$,即若 $x \notin A$,则 $x \notin B$ 或 $x \in B$;若 $\psi_A(x) = 1$,则必有 $\psi_B(x) = 1$,即若 $x \in A$,则必有 $x \in B$。综上,知 $A \subseteq B$。从而有 $\psi_A(x) \leqslant \psi_B(x) \Rightarrow A \subseteq B$。

再证 $A \subseteq B \Rightarrow \psi_A(x) \leqslant \psi_B(x)$。对任意 $x \in E$,若 $x \in A$,则由 $A \subseteq B$,知 $x \in B$,即若 $\psi_A(x) = 1$,则 $\psi_B(x) = 1$,此时 $\psi_A(x) \leqslant \psi_B(x)$ 成立;若 $x \notin A$,此时 $x \in B$ 或 $x \notin B$,即若 $\psi_A(x) = 0$,则 $\psi_B(x) = 1$ 或 $\psi_B(x) = 0$,此时 $\psi_A(x) \leqslant \psi_B(x)$ 也成立。从而有 $A \subseteq B \Rightarrow \psi_A(x) \leqslant \psi_B(x)$。

综上知,$\psi_A(x) \leqslant \psi_B(x) \Leftrightarrow A \subseteq B$。

(vi) 对任意 $x \in E$,分以下两种情况。

① 若 $x \in A \cup B$,则 $\psi_{A \cup B}(x) = 1$。$x \in A \cup B$ 有以下 3 种可能。

• 如果 $x \in A \land x \in B$,则 $\psi_A(x) = 1, \psi_B(x) = 1, \psi_{A \cap B}(x) = 1$,此时等式成立。

• 如果 $x \in A \land x \notin B$,则 $\psi_A(x) = 1, \psi_B(x) = 0, \psi_{A \cap B}(x) = 0$,此时等式成立。

- 如果 $x\notin A \wedge x\in B$,则 $\psi_A(x)=0,\psi_B(x)=1,\psi_{A\cap B}(x)=0$,此时等式成立。

② 若 $x\notin A\cup B$,则 $\psi_{A\cup B}(x)=0$。由 $x\notin A\cup B$ 知 $x\notin A\wedge x\notin B$,即 $x\notin A\cap B$,因此 $\psi_A(x)=0,\psi_B(x)=0,\psi_{A\cap B}(x)=0$,此时等式也成立。

综上知,$\psi_{A\cup B}(x)=\psi_A(x)+\psi_B(x)-\psi_{A\cap B}(x)$。

其余的证明类似,留作练习。

【例 5.3.2】 证明:$\sim(\sim A)=A$。

证 任意 $x\in E$,由定理 5.3.1(v),得

$$\psi_{\sim(\sim A)}(x)=1-\psi_{\sim A}(x)=1-(1-\psi_A(x))=\psi_A(x)$$

因此由定理 5.3.1(iv),知 $\sim(\sim A)=A$ 成立。

【例 5.3.3】 证明:$A\cap(B\cup C)=(A\cap B)\cup(A\cap C)$。

证 任意 $x\in E$,由定理 5.3.1(vii)和(vi),得

$$\begin{aligned}
\psi_{A\cap(B\cup C)}(x)&=\psi_A(x)\cdot\psi_{B\cup C}(x)\\
&=\psi_A(x)\cdot(\psi_B(x)+\psi_C(x)-\psi_{B\cap C}(x))\\
&=\psi_A(x)\cdot\psi_B(x)+\psi_A(x)\cdot\psi_C(x)-\psi_A(x)\cdot\psi_{B\cap C}(x)\\
&=\psi_{A\cap B}(x)+\psi_{A\cap C}(x)-\psi_{A\cap(B\cap C)}(x)\\
&=\psi_{A\cap B}(x)+\psi_{A\cap C}(x)-\psi_{(A\cap B)\cap(A\cap C)}(x)\\
&=\psi_{(A\cap B)\cup(A\cap C)}(x)
\end{aligned}$$

因此由定理 5.3.1(iv),知 $A\cap(B\cup C)=(A\cap B)\cup(A\cap C)$。

特征函数不仅可用来描述集合、集合间的关系,而且还可以用来描述集合的运算。例如,设 E 为全集,E 的子集 A,B,C 的特征函数分别是 ψ_A,ψ_B,ψ_C,则:

$C=A\cup B$ 当且仅当对任意 $x\in E$,有 $\psi_C(x)=\max\{\psi_A(x),\psi_B(x)\}$;

$C=A\cap B$ 当且仅当对任意 $x\in E$,有 $\psi_C(x)=\min\{\psi_A(x),\psi_B(x)\}$;

$C=A-B$ 当且仅当对任意 $x\in E$,有 $\psi_C(x)=\psi_A(x)-\psi_{A\cap B}(x)$;

$\vdots$

至此,讨论过的所有集合都具有一个最显著的共同点:当给定某一集合时,可用 3.1 节中给出的 3 种方法(枚举法、部分列举法、构造法)及特征函数对该集合中所含元素给予直观、确切的描述,以便能够明确判断出某一元素属于或不属于该集合。然而,在自然界和人类社会中遇到的许多事物在分类形成"集合"时,多数情形下却难以清楚明确地规定出能够判断作为对象的事物是否属于或不属于某个"集合"的若干准则,如高和矮、美与丑、老年和中年等都没有绝对分明的界限。针对这样的客观事实,1965 年,数学家卢菲特·阿利亚斯卡·扎德(Lotfi Aliasker Zadeh)发表了关于模糊集(fuzzy set)的开创性论文,由此创立了模糊集合论。模糊集合可以看作第 3 章学过的集合的推广,这也是上文中的集合加上引号的原因。

隶属函数是模糊集合论中的基本概念之一,它实际上是特征函数的推广。这里只对模糊集合论的最基础知识给予介绍,即模糊集的概念及其运算和模糊关系。

设 $E=\{x_1,x_2,\cdots,x_n\}$,将 E 的任一子集 A 表示为 $\{\langle x_1,\psi_A(x_1)\rangle,\langle x_2,\psi_A(x_2)\rangle,\cdots,\langle x_n,\psi_A(x_n)\rangle\}$,其中

$$\psi_A(x_i)=\begin{cases}1,&x_i\in A\\0,&x_i\notin A\end{cases}$$

如果将 $\psi_A(x_i)$ 的取值范围不仅局限于 0 和 1,而是取 0 和 1 之间的任何数(包括 0 和 1),例如

$$A = \{\langle x_1, 0.2 \rangle, \langle x_2, 0 \rangle, \langle x_3, 0.3 \rangle, \langle x_4, 1 \rangle, \langle x_5, 0.8 \rangle\}$$

那么,$\underset{\sim}{A}$ 可做以下理解:它表示 x_1 属于 $\underset{\sim}{A}$ 的可能性小,x_2 不属于 $\underset{\sim}{A}$,x_3 属于 $\underset{\sim}{A}$ 的可能性也很小,x_4 属于 $\underset{\sim}{A}$,x_5 属于 $\underset{\sim}{A}$ 的可能性较大(或基本上属于 $\underset{\sim}{A}$)。这样的一个集合 $\underset{\sim}{A}$ 就是一个模糊子集,其中 $0.2, 0.3, 0.8, \cdots$ 分别表示对应元素属于该集合 $\underset{\sim}{A}$ 的程度。下面给出它的一般化定义。

定义 5.3.2 设 E 为全集,M 为闭区间 $[0,1]$,$\underset{\sim}{A} \subseteq E$。建立函数

$$\mu_{\underset{\sim}{A}} : E \to M$$

则称 $\mu_{\underset{\sim}{A}}$ 为**隶属函数**(membership function),子集 $\underset{\sim}{A}$ 称为 $\mu_{\underset{\sim}{A}}$ 所表示特征的**模糊子集**(fuzzy subset),E 称为 $\mu_{\underset{\sim}{A}}$ 所决定的**论域**(universe of discourse)。对于元素 $x \in E$,$\mu_{\underset{\sim}{A}}(x)$ 称为 x 属于模糊子集 $\underset{\sim}{A}$ 的**程度**或**隶属度**(membership degree)。

$\mu_{\underset{\sim}{A}}(x)$ 靠近 1,表示 x 属于 $\underset{\sim}{A}$ 的程度高;$\mu_{\underset{\sim}{A}}(x)$ 靠近 0,表示 x 属于 $\underset{\sim}{A}$ 的程度低。

注: 当 $M=\{0,1\}$ 时,隶属函数就变为特征函数了,而模糊子集 $\underset{\sim}{A}$ 即为通常意义上的集合。

【例 5.3.4】 令 $\underset{\sim}{A}$ 表示"比 0 大得多的实数",这就是一个模糊子集,且此时描述 $\underset{\sim}{A}$ 的隶属函数显然具有主观意识。例如,可令

$$\mu_{\underset{\sim}{A}}(x) = \begin{cases} \dfrac{1}{1+\dfrac{100}{x^2}}, & x > 0 \\ 0, & x \leq 0 \end{cases}, \quad x \in \mathbf{R}$$

定义 5.3.3 设 E 为全集,$\mu_{\underset{\sim}{A}}, \mu_{\underset{\sim}{B}}, \mu_{\underset{\sim}{C}}$ 分别为模糊子集 $\underset{\sim}{A}, \underset{\sim}{B}, \underset{\sim}{C}$ 的隶属函数,任意 $x \in E$,有:

(i) 若 $\mu_{\underset{\sim}{A}}(x) = \mu_{\underset{\sim}{B}}(x)$,则称 $\underset{\sim}{A}$ 与 $\underset{\sim}{B}$ **相等**(equal),记为 $\underset{\sim}{A} = \underset{\sim}{B}$。

(ii) 若 $\mu_{\underset{\sim}{A}}(x) = 0$,则称 $\underset{\sim}{A}$ 为**空集**(empty),记为 $\underset{\sim}{A} = \varnothing$。

(iii) 若 $\mu_{\underset{\sim}{A}}(x) \leqslant \mu_{\underset{\sim}{B}}(x)$,则称 $\underset{\sim}{A}$ 为 $\underset{\sim}{B}$ 的**子集**(subset),记为 $\underset{\sim}{A} \subseteq \underset{\sim}{B}$。

(iv) 若 $\mu_{\underset{\sim}{C}}(x) = \max\{\mu_{\underset{\sim}{A}}(x), \mu_{\underset{\sim}{B}}(x)\}$,称 $\underset{\sim}{C}$ 为 $\underset{\sim}{A}$ 与 $\underset{\sim}{B}$ 的**并集**(union),记为 $\underset{\sim}{C} = \underset{\sim}{A} \bigcup \underset{\sim}{B}$。

(v) 若 $\mu_{\underset{\sim}{C}}(x) = \min\{\mu_{\underset{\sim}{A}}(x), \mu_{\underset{\sim}{B}}(x)\}$,称 $\underset{\sim}{C}$ 为 $\underset{\sim}{A}$ 与 $\underset{\sim}{B}$ 的**交集**(intersection),记为 $\underset{\sim}{C} = \underset{\sim}{A} \bigcap \underset{\sim}{B}$。若 $\min\{\mu_{\underset{\sim}{A}}(x), \mu_{\underset{\sim}{B}}(x)\} = 0$,称 $\underset{\sim}{A}$ 与 $\underset{\sim}{B}$ **不相交**(disjoint),记为 $\underset{\sim}{A} \bigcap \underset{\sim}{B} = \varnothing$。

(vi) 由 $\mu_{\sim \underset{\sim}{A}}(x) = 1 - \mu_{\underset{\sim}{A}}(x)$ 表示特征的模糊子集,$\sim \underset{\sim}{A}$ 称为 $\underset{\sim}{A}$ 的**补集**(complement)。

【例 5.3.5】 设 E 为某高校全体学生,$\underset{\sim}{A}$ 表示"身材特别高的人"的模糊子集,$\underset{\sim}{B}$ 表示"身材高的人"的模糊子集,则有 $\underset{\sim}{A} \subseteq \underset{\sim}{B}$。

【例 5.3.6】 令 $E = \{a, b, c, d, e\}$,给定子集 $\underset{\sim}{A}$ 的隶属函数 $\mu_{\underset{\sim}{A}}$ 为

$$\mu_{\underset{\sim}{A}}(a)=1, \quad \mu_{\underset{\sim}{A}}(b)=0.9, \quad \mu_{\underset{\sim}{A}}(c)=0.4, \quad \mu_{\underset{\sim}{A}}(d)=0.2, \quad \mu_{\underset{\sim}{A}}(e)=0$$

则可表示为

$$\underset{\sim}{A}=\{\langle a,1\rangle,\langle b,0.9\rangle,\langle c,0.4\rangle,\langle d,0.2\rangle,\langle e,0\rangle\}$$

也可采用扎德记法来表示 $\underset{\sim}{A}$ 为

$$\underset{\sim}{A}=1/a+0.9/b+0.4/c+0.2/d+0/e$$

注意上式右端不是分式求和,这里分母位置放的是全集 E 中的所有元素,分子位置放的是元素相应的隶属程度。

【例 5.3.7】 设 $E=\{a,b,c,d,e\}$,$\underset{\sim}{A}$ 和 $\underset{\sim}{B}$ 为 E 上的两个模糊子集(扎德记法),其中

$$\underset{\sim}{A}=0.2/a+0.3/b+0.5/c+0.8/d+0.1/e$$
$$\underset{\sim}{B}=0.1/a+0.7/b+0.4/c+0.1/d+0.9/e$$

试求 $\underset{\sim}{A}\cup\underset{\sim}{B},\underset{\sim}{A}\cap\underset{\sim}{B},\sim\underset{\sim}{A},\sim\underset{\sim}{B},\underset{\sim}{A}\cup\sim\underset{\sim}{A}$ 和 $\underset{\sim}{A}\cap\sim\underset{\sim}{A}$。

解 $\underset{\sim}{A}\cup\underset{\sim}{B}=0.2/a+0.7/b+0.5/c+0.8/d+0.9/e$

$\underset{\sim}{A}\cap\underset{\sim}{B}=0.1/a+0.3/b+0.4/c+0.1/d+0.1/e$

$\sim\underset{\sim}{A}=0.8/a+0.7/b+0.5/c+0.2/d+0.9/e$

$\sim\underset{\sim}{B}=0.9/a+0.3/b+0.6/c+0.9/d+0.1/e$

$\underset{\sim}{A}\cup\sim\underset{\sim}{A}=0.8/a+0.7/b+0.5/c+0.8/d+0.9/e$

$\underset{\sim}{A}\cap\sim\underset{\sim}{A}=0.2/a+0.3/b+0.5/c+0.2/d+0.1/e$

可见,$\underset{\sim}{A}\cup\sim\underset{\sim}{A}\neq E,\underset{\sim}{A}\cap\sim\underset{\sim}{A}\neq\varnothing$。

模糊集合的包含关系、运算的基本性质如下。

定理 5.3.2 设 $\underset{\sim}{A},\underset{\sim}{B},\underset{\sim}{C}$ 为任意 3 个模糊子集,则下列结论成立。

(1) 自反性:$\underset{\sim}{A}\subseteq\underset{\sim}{A}$。

(2) 反对称性:如果 $\underset{\sim}{A}\subseteq\underset{\sim}{B},\underset{\sim}{B}\subseteq\underset{\sim}{A}$,则 $\underset{\sim}{A}=\underset{\sim}{B}$。

(3) 传递性:如果 $\underset{\sim}{A}\subseteq\underset{\sim}{B},\underset{\sim}{B}\subseteq\underset{\sim}{C}$,则 $\underset{\sim}{A}\subseteq\underset{\sim}{C}$。

(4) 等幂律:$\underset{\sim}{A}\cup\underset{\sim}{A}=\underset{\sim}{A},\underset{\sim}{A}\cap\underset{\sim}{A}=\underset{\sim}{A}$。

(5) 交换律:$\underset{\sim}{A}\cup\underset{\sim}{B}=\underset{\sim}{B}\cup\underset{\sim}{A},\underset{\sim}{A}\cap\underset{\sim}{B}=\underset{\sim}{B}\cap\underset{\sim}{A}$。

(6) 结合律:$(\underset{\sim}{A}\cup\underset{\sim}{B})\cup\underset{\sim}{C}=\underset{\sim}{A}\cup(\underset{\sim}{B}\cup\underset{\sim}{C})$;$(\underset{\sim}{A}\cap\underset{\sim}{B})\cap\underset{\sim}{C}=\underset{\sim}{A}\cap(\underset{\sim}{B}\cap\underset{\sim}{C})$。

(7) 吸收律:$\underset{\sim}{A}\cap(\underset{\sim}{A}\cup\underset{\sim}{B})=\underset{\sim}{A}$;$\underset{\sim}{A}\cup(\underset{\sim}{A}\cap\underset{\sim}{B})=\underset{\sim}{A}$。

(8) 分配律:$\underset{\sim}{A}\cap(\underset{\sim}{B}\cup\underset{\sim}{C})=(\underset{\sim}{A}\cap\underset{\sim}{B})\cup(\underset{\sim}{A}\cap\underset{\sim}{C})$;$\underset{\sim}{A}\cup(\underset{\sim}{B}\cap\underset{\sim}{C})=(\underset{\sim}{A}\cup\underset{\sim}{B})\cap(\underset{\sim}{A}\cup\underset{\sim}{C})$。

(9) 双重否定律:$\sim(\sim\underset{\sim}{A})=\underset{\sim}{A}$。

(10) 德·摩根律:$\sim(\underset{\sim}{A}\cup\underset{\sim}{B})=\sim\underset{\sim}{A}\cap\sim\underset{\sim}{B}$;$\sim(\underset{\sim}{A}\cap\underset{\sim}{B})=\sim\underset{\sim}{A}\cup\sim\underset{\sim}{B}$。

(11) 同一律:$\underset{\sim}{A}\cup\varnothing=\underset{\sim}{A}$;$\underset{\sim}{A}\cap E=\underset{\sim}{A}$。

(12) 零律:$\underset{\sim}{A}\cup E=E$;$\underset{\sim}{A}\cap\varnothing=\varnothing$。

证 这里仅证明(5)和(9),其余的请读者自行完成。

(5) 任意 $x \in E$，都有

$$\mu_{\underset{\sim}{A} \cup \underset{\sim}{B}}(x) = \max\{\mu_{\underset{\sim}{A}}(x), \mu_{\underset{\sim}{B}}(x)\} = \max\{\mu_{\underset{\sim}{B}}(x), \mu_{\underset{\sim}{A}}(x)\} = \mu_{\underset{\sim}{B} \cup \underset{\sim}{A}}(x)$$

$$\mu_{\underset{\sim}{A} \cap \underset{\sim}{B}}(x) = \min\{\mu_{\underset{\sim}{A}}(x), \mu_{\underset{\sim}{B}}(x)\} = \min\{\mu_{\underset{\sim}{B}}(x), \mu_{\underset{\sim}{A}}(x)\} = \mu_{\underset{\sim}{B} \cap \underset{\sim}{A}}(x)$$

故由模糊子集相等的定义(定义 5.3.3(i))，得 $\underset{\sim}{A} \cup \underset{\sim}{B} = \underset{\sim}{B} \cup \underset{\sim}{A}, \underset{\sim}{A} \cap \underset{\sim}{B} = \underset{\sim}{B} \cap \underset{\sim}{A}$。

(9) 任意 $x \in E$，都有

$$\mu_{\sim(\sim \underset{\sim}{A})}(x) = 1 - \mu_{\sim \underset{\sim}{A}}(x) = 1 - [1 - \mu_{\underset{\sim}{A}}(x)] = \mu_{\underset{\sim}{A}}(x)$$

故由模糊子集相等的定义(定义 5.3.3(i))，得 $\sim(\sim \underset{\sim}{A}) = \underset{\sim}{A}$。 ■

注意，由例 5.3.7 可知，$\underset{\sim}{A} \cup \sim \underset{\sim}{A} \neq E, \underset{\sim}{A} \cap \sim \underset{\sim}{A} \neq \varnothing$，即一般来说模糊子集不满足补余律，这一点与在 3.2 节中学习的经典集合的运算性质不同。

定义 5.3.4 笛卡儿乘积 $A_1 \times A_2 \times \cdots \times A_n$ 的子集 $\underset{\sim}{R}$ 称为一个**模糊关系**(fuzzy relation)，其中 $\underset{\sim}{R}$ 的隶属函数为

$$\mu_{\underset{\sim}{R}}(x_1, x_2, \cdots, x_n) \in [0,1]$$

其中 $x_i \in A_i (i = 1, 2, \cdots, n)$。特别是，当 $n = 2, A_1 = A_2 = A$ 时，称 $\underset{\sim}{R}$ 为 A 上的**二元模糊关系**(binary fuzzy relation)。

显然，模糊关系 $\underset{\sim}{R}$ 也是用隶属函数 $\mu_{\underset{\sim}{R}}$ 来描述的，$\mu_{\underset{\sim}{R}}(x_i, x_j)$ 的值接近于 1，表示 x_i 和 x_j 有 $\underset{\sim}{R}$ 关系的程度大；$\mu_{\underset{\sim}{R}}(x_i, x_j)$ 的值接近于 0，表示 x_i 和 x_j 有 $\underset{\sim}{R}$ 关系的程度小。

【例 5.3.8】 设 $A = \{全体汽车\}$，定义 A 的关系 $\underset{\sim}{R}$ 为：对任意 $x, y \in A$，$\langle x, y \rangle \in \underset{\sim}{R}$ 当且仅当 x 比 y 好，显然 $\underset{\sim}{R}$ 就是一个模糊关系；又如设 $A = \{全体中国人\}$，$\langle x, y \rangle \in \underset{\sim}{R}$ 当且仅当 x 和 y 相像，显然 $\underset{\sim}{R}$ 也是一个模糊关系。

【例 5.3.9】 设 $\mathbf{R}$ 为实数集合，$\mathbf{R}$ 上的模糊关系 $\underset{\sim}{S}$ 的隶属函数 $\mu_{\underset{\sim}{S}}$ 定义为

$$\mu_{\underset{\sim}{S}}(x, y) = \begin{cases} 0, & x \leqslant y \\ 1/(1 + 100/(x-y)^2), & x > y \end{cases}$$

同前面讨论过的关系一样，模糊关系也可用关系图和关系矩阵来表示，并且还可定义模糊关系的逆关系、模糊关系的复合运算等，在此不做更深入的讨论。值得一提的是，模糊的概念已经应用到了自然科学与社会科学的许多方面，目前已形成了模糊拓扑、模糊概率论、模糊最优化、模糊逻辑与模糊推理等内容，并在气象、地震、模糊识别与人工智能、故障诊断、信息检索、医疗诊断、机器人等方面都有许多实际的应用和研究。

习题 5.3

(1) 利用特征函数的性质证明下列集合恒等式。

① $(A \cap B) \cap C = A \cap (B \cap C)$。

② $A \cap (A \cup B) = A$。

③ $A \cap (A - B) = A - B$。

④ $A - (B \cap C) = (A - B) \cup (A - C)$。

（2）用特征函数表示下列各式成立的充要条件。

① $(A-B)\bigcup(A-C)=A$。

② $A\oplus B=\varnothing$。

③ $A\oplus B=A$。

④ $A\bigcap B=A\bigcup B$。

（3）设 $\underset{\sim}{A},\underset{\sim}{B}$ 是 E 上的两个模糊子集，它们的并集 $\underset{\sim}{A}\bigcup\underset{\sim}{B}$ 和交集 $\underset{\sim}{A}\bigcap\underset{\sim}{B}$ 都仍然是模糊子集。试证明模糊子集的 $\bigcup$ 和 $\bigcap$ 运算均满足等幂律、结合律、吸收律、分配律和德·摩根律。

（4）设 $E=\{a,b,c,d,e\}$，给定 E 上的两个模糊子集 $\underset{\sim}{A}$ 和 $\underset{\sim}{B}$ 为

$$\underset{\sim}{A}=\{\langle a,0.2\rangle,\langle b,0.3\rangle,\langle c,0.5\rangle,\langle d,0.8\rangle,\langle e,0.1\rangle\}$$

$$\underset{\sim}{B}=\{\langle a,0.1\rangle,\langle b,0.7\rangle,\langle c,0.4\rangle,\langle d,0.1\rangle,\langle e,0.9\rangle\}$$

求 $\underset{\sim}{A}\bigcup\underset{\sim}{B},\underset{\sim}{A}\bigcap\underset{\sim}{B},\sim\underset{\sim}{A}$ 和 $\sim\underset{\sim}{B}$。

5.4 集合的基数

在抽象地研究集合时（即对集合中元素的性质不加考虑时），一个集合中元素的多少是一个极其重要的属性。我们经常要回答一个集合有多大，两个集合哪个大、哪个小？这便是集合的大小与比较问题，而基数是度量一个集合"大小"的唯一标志。对于有限集合来说，其大小与比较问题总是可以实现的。问题是对于两个无限集合 S_1 和 S_2，是否还可以比较它们的大小呢？这正是本节所要研究的问题。

众所周知，一个无限集合中含有无穷多个元素。显然，对于无限集来说，"元素个数"这个概念是完全没有意义的，也不可能再以元素个数的大小来度量两个无限集合的大小。乔治·康托尔（George Cantor）系统地研究了两个无限集合数目相等的特征，提出了一一对应的概念，把两个集合能否建立一一对应关系作为它们数目是否相同的标准。为此，首先引入"势"（cardinality）的概念。

定义 5.4.1 如果集合 A 与 B 的元素之间存在一个双射函数 $f:A\rightarrow B$，则称 A 与 B **具有相同的基数**，或称 A 与 B **等势**（equinumerous），记为 $A\sim B$。

因为对于有限集合来说，A 与 B 元素个数相同的充要条件是它们之间存在一个双射函数，因此两个集合"具有相同的基数"是有限集合的"具有同样多个元素"这一概念的推广。

【例 5.4.1】 设正整数的平方数集合 $S_1=\{1,4,9,16,\cdots\}$，正整数集合 $S_2=\{1,2,3,4,\cdots\}$，令函数 $f:S_2\rightarrow S_1$，其中 $f(n)=n^2,n\in S_2$。显然在定义域 S_2 上 f 是个双射函数，即得 $S_1\sim S_2$。

【例 5.4.2】 设 S_1 是开区间 $(0,1)$ 上所有实数构成的集合，S_2 是半轴 $(0,+\infty)$ 上所有实数构成的集合，则 $S_1\sim S_2$。

证 令 $f:S_1\rightarrow S_2$，其中 $f(x)=\tan\left(\dfrac{\pi}{2}x\right),x\in(0,1)$。显然 f 是从 $(0,1)$ 到 $(0,+\infty)$ 的双射，即得 $S_1\sim S_2$。

对于以上两例，注意到 $S_1\sim S_2$，说明它们具有相同的基数，另外 S_1 又是 S_2 的一个真子集。此例揭示了一个极其重要的事实，即对于无限集合来说，它可以和它的一个真子集一

一对应,这是有限集做不到的。这个现象说明了无限集与有限集之间的一个重要区别。

定理 5.4.1 在集合族上的等势关系是一个等价关系。

证 设 S 为集合族,则

对任意 $A \in S$,必有 $A \sim A$,即等势关系具有自反性;

对任意 $A, B \in S$,若 $A \sim B$,必有 $B \sim A$,即等势关系具有对称性;

对任意 $A, B, C \in S$,若 $A \sim B, B \sim C$,必有 $A \sim C$,即等势关系具有传递性。

综上知,结论成立。 ■

定义 5.4.2 与自然数集合 $\mathbf{N}$ 等势的任意集合称为**可数集合**(countably infinite set),可数集合的基数记为 $\aleph_0$,读做"阿列夫(Aleph)零"。

例如,无穷集合 $A = \{1, 4, 9, \cdots, n^2, \cdots\}$,$B = \{1, 8, 27, \cdots, n^3, \cdots\}$,$C = \left\{1, \dfrac{1}{2}, \dfrac{1}{3}, \cdots, \dfrac{1}{n}, \cdots\right\}$ 均为可数集合,如果分别令它们的基数为 $|A|, |B|, |C|$,则有 $|A| = |B| = |C| = \aleph_0$。

定理 5.4.2 A 为可数集合的充要条件是 A 可以排成无穷序列
$$A = \{a_1, a_2, a_3, \cdots, a_n, \cdots\}$$
的形式。

证 若 A 可排成上述无穷序列形式,可令函数 $f: \mathbf{N} \to A$,且给定成 $f(n) = a_{n+1}, n \in \mathbf{N}$,显然 f 是个双射函数,故 A 是可数集合。

反之,若 A 为可数集,那么存在双射函数 $f: \mathbf{N} \to A$,故 $A = \{f(0), f(1), f(2), \cdots\}$,令 $a_{n+1} = f(n)$,则有 $A = \{a_1, a_2, a_3, \cdots, a_n, \cdots\}$。定理得证。 ■

定理 5.4.3 任一无限集,必含有可数子集。

证 令 A 为一无限集,从 A 中取一元素 a_1,因为 A 是无限的,$A - \{a_1\}$ 非空,所以从 $A - \{a_1\}$ 中可取元素 a_2 且 $a_1 \neq a_2$,得 a_1, a_2;又因为 $A - \{a_1, a_2\}$ 非空,所以可从其中取元素 a_3 且 $a_1 \neq a_3, a_2 \neq a_3$,得 a_1, a_2, a_3。如此继续下去,就得到 A 的一个无穷序列 $a_1, a_2, a_3, \cdots, a_n, \cdots$,且它们彼此互异,如果令
$$A^* = \{a_1, a_2, a_3, \cdots, a_n, \cdots\}$$
显然 $A^* \subset A$,且 A^* 是个可数集。 ■

定理 5.4.3 说明,可数集合的基数是无限集合的基数中最小者。

定理 5.4.4 任一无限集,必与它的某个真子集等势。

证 设 M 为任一无限集,由定理 5.4.3 知,M 必有一个可数子集 $M^* = \{a_1, a_2, a_3, \cdots\}$,令 $B = M - M^*$,则 $M - \{a_1\}$ 是 M 的一个真子集。令函数 $f: M \to M - \{a_1\}$,且给定成
$$\begin{cases} f(a_i) = a_{i+1}, a_i \in M^*, i = 1, 2, 3, \cdots \\ f(b) = b, b \in B \end{cases}$$
则 f 是 M 与 $M - \{a_1\}$ 间的一个双射函数,故定理得证。 ■

这一定理标志了无限集的特征,因此也可用它作为无限集的定义,以此来判别一个集合是有限集还是无限集。下面给出可数集合的一些主要性质(定理5.4.5～定理5.4.8)。

定理 5.4.5   可数集合的任意一个无限子集也是可数的。

证   设 A 是可数集合,A_1 是 A 的一个无限真子集。因为 A 可数,所以 A 中的元素可排列成 $a_0,a_1,a_2,\cdots,a_n,\cdots$。现在从 a_0 开始向右逐个检查,把那些不属于 A_1 的元素从序列中删除,剩下的元素形成一个新的序列,并将其重新编号为

$$a_{i0},a_{i1},a_{i2},\cdots,a_{in},\cdots$$

可得 $A_1=\{a_{i0},a_{i1},a_{i2},\cdots,a_{in},\cdots\}$,令 $f(n)=a_{in},n\in\mathbf{N}$,则 f 是从 $\mathbf{N}$ 到 A_1 的双射函数,故 A_1 是可数的。   ■

定理 5.4.6   若 A 是可数集合,B 是有限集合,且 $A\bigcap B=\varnothing$,则 $A\bigcup B$ 也是可数集合。

证   因为 A 是可数集合,所以 A 中元素可排成无穷序列形式

$$A=\{a_1,a_2,a_3,\cdots\}$$

设 B 中有 n 个元素,即 $B=\{b_1,b_2,\cdots,b_n\}$,则

$$A\bigcup B=\{b_1,b_2,\cdots,b_n,a_1,a_2,a_3,\cdots\}$$

可见,$A\bigcup B$ 可排成无穷序列形式,因而由定理5.4.2知,$A\bigcup B$ 是可数集合。   ■

定理 5.4.7   若 A、B 都是可数集合,且 $A\bigcap B=\varnothing$,则 $A\bigcup B$ 也是可数集合。

证   设 $A=\{a_1,a_2,a_3,\cdots\}$,$B=\{b_1,b_2,b_3,\cdots\}$,则

$$A\bigcup B=\{a_1,b_1,a_2,b_2,a_3,b_3,\cdots\}$$

因此由定理5.4.2知,$A\bigcup B$ 可数。   ■

推论 1   若 A 是可数集合,B 是可数集合或有限集合,则 $A\bigcup B$ 是可数集合。

证   令 $C=B-A\bigcap B$,则 $A\bigcap C=\varnothing$,$A\bigcup B=A\bigcup C$。

如果 B 是可数集合,此时若 C 是有限集合,由定理5.4.6知,$A\bigcup C$ 是可数集合,即 $A\bigcup B$ 是可数集合;若 C 是可数集合,由定理5.4.7知,$A\bigcup C$ 是可数集合,即 $A\bigcup B$ 是可数集合。

如果 B 是有限集合,则 C 是有限集,由定理5.4.6知,$A\bigcup C$ 是可数集合,即 $A\bigcup B$ 是可数集合。

综上可知,$A\bigcup B$ 可数。   ■

【**例 5.4.3**】   证明:整数集合 $\mathbf{I}=\{\cdots,-2,-1,0,1,2,\cdots\}$ 是可数集合。

证   显然,正整数集合 $\mathbf{I}_+=\{1,2,3,\cdots\}$ 和负整数集合 $\mathbf{I}_-=\{-1,-2,-3,\cdots\}$ 都是可数集合,由定理5.4.7知 $\mathbf{I}_+\bigcup\mathbf{I}_-$ 是可数集合,再由定理5.4.6知 $\mathbf{I}=\mathbf{I}_+\bigcup\mathbf{I}_-\bigcup\{0\}$ 也是可数集合。

定理 5.4.8   设 $A_i(i=1,2,3,\cdots)$ 都是可数集合,$A_i\bigcap A_j=\varnothing(i\neq j)$,则 $\bigcup_{i=1}^{+\infty}A_i$ 也是可数集合。

证   因为 $A_i(i=1,2,3,\cdots)$ 都是可数集合,所以可设

$$A_1=\{a_{11},a_{12},a_{13},\cdots,a_{1n},\cdots\}$$

$$A_2 = \{a_{21}, a_{22}, a_{23}, \cdots, a_{2n}, \cdots\}$$
$$A_3 = \{a_{31}, a_{32}, a_{33}, \cdots, a_{3n}, \cdots\}$$
$$\vdots$$

令 $A = A_1 \bigcup A_2 \bigcup A_3 \bigcup \cdots$，$A$ 中元素的排列如图 5.4.1 所示。

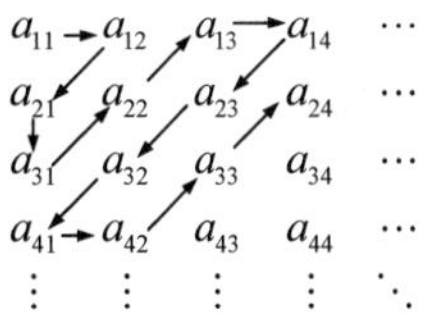

于是得

$$A = \{a_{11}, a_{12}, a_{21}, a_{31}, a_{22}, a_{13}, a_{14}, a_{23}, \cdots\}$$

$$\begin{array}{cccccc}
a_{11} & \rightarrow & a_{12} & a_{13} & a_{14} & \cdots \\
a_{21} & a_{22} & a_{23} & a_{24} & & \cdots \\
a_{31} & a_{32} & a_{33} & a_{34} & & \cdots \\
a_{41} & \rightarrow & a_{42} & a_{43} & a_{44} & \cdots \\
\vdots & \vdots & \vdots & \vdots & & \ddots
\end{array}$$

图 5.4.1　A 中元素的排列

显然，A 中元素可以无穷序列方式排列，故 A 是可数集合，即 $\bigcup\limits_{i=1}^{+\infty} A_i$ 是可数集合。∎

推论 2　设 $A_i (i=1,2,3,\cdots)$ 都是可数集合，则 $\bigcup\limits_{i=1}^{+\infty} A_i$ 也是可数集合。

证　令 $C_1 = A_1$，$C_i = A_i - A_i \bigcap (\bigcup\limits_{j=1}^{i-1} A_j)(i \geqslant 2)$，则 C_i 是有限集合或可数集合，且 $C_i \bigcap C_j = \varnothing (i \neq j)$。但 $\bigcup\limits_{i=1}^{+\infty} A_i = \bigcup\limits_{i=1}^{+\infty} C_i$，故 $\bigcup\limits_{i=1}^{+\infty} A_i$ 是可数集合。∎

【例 5.4.4】　证明：有理数集合 $\mathbf{Q}$ 是可数集合。

证　设 $A_i = \left\{\dfrac{1}{i}, \dfrac{2}{i}, \dfrac{3}{i}, \cdots\right\}(i=1,2,3,\cdots)$，则 A_i 是可数的，于是由推论 2 可知所有正有理数组成的集合 $\mathbf{Q}_+ = \bigcup\limits_{i=1}^{+\infty} A_i$ 可数。同理，可证所有负有理数集合 $\mathbf{Q}_-$ 可数。再由定理 5.4.6 和定理 5.4.7 可知，全体有理数集 $\mathbf{Q} = \mathbf{Q}_+ \bigcup \mathbf{Q}_- \bigcup \{0\}$ 是可数的。

至此，大家或许会想，是否任意两个无限集都可以使之一一对应呢？假如这样引入"势"的概念就没有什么意义了。另外，由例 5.4.3 可知，有理数集合是无限集合，同时它也是个可数集合。是否任意无限集合都是可数集合呢？下面介绍几个定理。

定理 5.4.9　集合 $[0,1]$ 是不可数的。

证　假设 $[0,1]$ 是可数的，则其所有元素可排成下列无穷序列形式，即

$$a_1, a_2, a_3, a_4, a_5, \cdots$$

任取 $x \in [0,1]$，将其表示成无穷小数形式 $a_i = 0.y_1 y_2 y_3 \cdots$，其中 $y_i \in \{0,1,2,\cdots,9\}$（如 0.2 可表示为 $0.1999\cdots$，0.123 可表示为 $0.122\,999\cdots$）。于是上述序列可表示为

$$a_1 = 0.a_{11} a_{12} a_{13} \cdots a_{1n} \cdots$$
$$a_2 = 0.a_{21} a_{22} a_{23} \cdots a_{2n} \cdots$$
$$a_3 = 0.a_{31} a_{32} a_{33} \cdots a_{3n} \cdots$$
$$\vdots$$

现在构造一个无穷小数 q，其形式为 $0.q_1 q_2 q_3 \cdots$，使

$$q_j = \begin{cases} 1, & a_{jj} \neq 1 \\ 2, & a_{jj} = 1 \end{cases} \qquad j = 1,2,3,\cdots$$

则 $q \in [0,1]$ 且与所有的 $a_i(i=1,2,3,\cdots)$ 均不相同,这说明 q 不包括在上述序列之中,与题设矛盾,所以 $[0,1]$ 是不可数的。 ■

把集合 $[0,1]$ 的基数记为 $\aleph_1$,读为"阿列夫1"。显然 $\aleph_1 \neq \aleph_0$,后面还将证明 $\aleph_1 > \aleph_0$,常称 $\aleph_1$ 为**连续统**(continuum)**的势**。

推论 3 开区间 $(0,1)$ 的基数也是 $\aleph_1$。

证 令 $f: [0,1] \to (0,1)$,且给定成

$$f(x) = \begin{cases} \dfrac{1}{2}, & x=0 \\ \dfrac{1}{n+2}, & x=\dfrac{1}{n} \quad n=1,2,3,\cdots \\ x, & \text{其他} \end{cases}$$

显然,f 是 $[0,1]$ 到 $(0,1)$ 的一个双射函数,从而 $[0,1]$ 与 $(0,1)$ 等势,故基数相同。 ■

定理 5.4.10 全体实数组成的集合 **R** 是不可数的,并且它的基数就是 $\aleph_1$。

证 令 $f: (0,1) \to (-\infty, +\infty)$,且给定成

$$f(x) = \tan\left(\pi x - \dfrac{\pi}{2}\right)$$

显然,f 是 $(0,1)$ 到 $(-\infty, +\infty)$ 的一个双射函数,从而 $(0,1)$ 与 $(-\infty, +\infty)$ 等势,故 **R** 是不可数,且基数也为 $\aleph_1$。 ■

有了可数集与不可数集的基数概念后,再来讨论集合大小与比较问题。为此先给出下面的定义。

定义 5.4.3 设 A,B 是任意集合,用 $|A|$,$|B|$ 分别表示 A 和 B 的基数。
(i) 如果存在从 A 到 B 的双射函数,则称 A 和 B 的基数相同,记为 $|A|=|B|$。
(ii) 如果存在从 A 到 B 的单射函数,则称 A 的基数不大于 B 的基数,记为 $|A| \leqslant |B|$。
(iii) 如果存在从 A 到 B 的单射,但不存在从 A 到 B 的双射,则称 A 的**基数小于 B 的基数**,记为 $|A| < |B|$。

前面讨论了欲证明两个集合等势,必须构造这两个集合间的双射函数,这往往是比较困难的。下面介绍一种较为简单的方法,它的基本思想是基于下面两个定理(定理 5.4.11 和定理 5.4.12)。

定理 5.4.11(策梅罗定理,Zermelo's Theorem) 设 A,B 为任意集合,则以下 3 种情况有且仅有一条成立。
(i) $|A|=|B|$。
(ii) $|A|<|B|$。
(iii) $|A|>|B|$。

此定理也称为基数的三歧性定理,它的证明依赖于选择公理,限于篇幅,这里不予证明。

定理 5.4.12(康托尔-伯恩斯坦定理,Cantor-Bernstein Theorem) 设 A,B 为任意集合,如果 $|A| \leqslant |B|$、$|B| \leqslant |A|$,则 $|A|=|B|$。

证　设 $|A| \neq |B|$，则由定理 5.4.11 知，或者 $|A| < |B|$，或者 $|B| < |A|$，且只能是其中一种情况。

若 $|A| < |B|$，则 $|B| < |A|$ 不成立，且 $|A| \neq |B|$，这与 $|B| \leqslant |A|$ 矛盾。

若 $|B| < |A|$，则 $|A| < |B|$ 不成立，且 $|A| \neq |B|$，这与 $|A| \leqslant |B|$ 矛盾。

综上知，$|A| = |B|$。 ■

这个定理为证明两个集合具有相同基数提供了更为简便的方法：如果能够构造一个单射函数 $f: A \to B$，即说明 $|A| \leqslant |B|$；如果能构造单射函数 $g: B \to A$，即有 $|B| \leqslant |A|$；若上述单射函数 f 和 g 同时存在，则根据本定理即可得到 $|A| = |B|$。

【例 5.4.5】 证明 $[0,1]$ 与 $(0,1)$ 具有相同的基数。

证　构造单射函数为

$$f: (0,1) \to [0,1], \quad f(x) = x, x \in (0,1)$$

$$g: [0,1] \to (0,1), \quad g(x) = \frac{x}{2} + \frac{1}{4}, x \in [0,1]$$

再根据定理 5.4.12 可知，$[0,1]$ 与 $(0,1)$ 具有相同的基数。

定理 5.4.13　设 A 为有限集，则 $|A| < \aleph_0 < \aleph_1$。

证　先证明 $|A| < \aleph_0$。令 $|A| = n$，则 $A \sim \{0,1,2,\cdots,n-1\}$。令函数 $f: \{0,1,2,\cdots, n-1\} \to \mathbf{N}$ 且给定成 $f(i) = i, i \in \{0,1,2,\cdots,n-1\}$。显然，$f$ 是个单射函数，故 $|A| \leqslant \aleph_0$。

另外，设 g 为 $\{0,1,2,\cdots,n-1\} \to \mathbf{N}$ 的任意函数，再令

$$k = 1 + \max\{g(0), g(1), g(2), \cdots, g(n-1)\}$$

则 $k \in \mathbf{N}$，但 $g(0) \neq k, g(1) \neq k, \cdots, g(n-1) \neq k$，于是对给定的 $k \in \mathbf{N}$，在 $\{0,1,2,\cdots,n-1\}$ 中找不到 i 使 $g(i) = k$，故 g 不是满射函数。再由 g 的任意性可知，$\{0,1,2,\cdots,n-1\}$ 与 $\mathbf{N}$ 之间不存在满射函数，因此也就不存在双射函数。由此得证 $|A| < \aleph_0$。

其次证明 $\aleph_0 < \aleph_1$。令函数 $f: \mathbf{N} \to [0,1]$，且给定成 $f(n) = \frac{1}{n+1}$，显然 f 是个单射函数，故有 $\aleph_0 \leqslant \aleph_1$；又因为 $\mathbf{N}$ 是可数集，$[0,1]$ 是不可数集，所以 $\mathbf{N}$ 与 $[0,1]$ 间不存在双射函数，故 $\aleph_0 < \aleph_1$。

综上知，$|A| < \aleph_0 < \aleph_1$。 ■

定理 5.4.14（康托尔定理，Cantor's Theorem）　设 A 为任意集合，则 $|A| < |\rho(A)|$。

证　首先证明 $|A| \leqslant |\rho(A)|$。定义从 A 到 $\rho(A)$ 的函数 f：任意 $x \in A, f(x) = \{x\}$。显然 f 为一个单射，从而 $|A| \leqslant |\rho(A)|$。

其次证明 $|A| \neq |\rho(A)|$。若不然，假设存在从 A 到 $\rho(A)$ 的双射函数 g，使得任意 $x \in A, g(x) \in \rho(A)$。定义集合 $S = \{x \mid x \notin g(x)\}$，当然 $S \subseteq A$，故 $S \in \rho(A)$。由于 g 为从 A 到 $\rho(A)$ 满射函数，存在 $y \in A$，使 $g(y) = S$，考虑 $y \in S$ 与否，可知

$$y \in S \Longleftrightarrow y \in \{x \mid x \notin g(x)\} \Longleftrightarrow y \notin g(y) \Longleftrightarrow y \notin S$$

即 $y \in S$ 且 $y \notin S$ 同时成立，矛盾，因此从 A 到 $\rho(A)$ 的双射函数 g 不存在，得 $|A| \neq |\rho(A)|$。

综上可知，$|A| < |\rho(A)|$。 ■

这一定理表明，无论一个集合的基数多么大，还有基数比它更大的集合存在，也就是说，

不可能存在一个最大基数的集合。

习题 5.4

（1）求下列集合的基数。

① $A = \{x \mid x \in \mathbf{N}, x^2 = 5\}$。

② $B = \{10, 20, 30, 40, \cdots\}$。

③ $C = \{x \mid x \in \mathbf{Q}, 0 \leqslant x \leqslant 1\}$。

（2）构造从集合 A 到 B 的双射函数，从而说明 A 和 B 具有相同的势。

① $A = (0, 1), B = (0, 2)$。

② $A = \mathbf{N}, B = \mathbf{N} \times \mathbf{N}$。

③ $A = \mathbf{R}, B = (0, +\infty)$。

④ $A = [0, 1], B = \left(\dfrac{1}{4}, \dfrac{1}{2}\right)$。

第3篇
代 数 系 统

代数系统(algebra system)也称为代数结构或抽象代数,是近世代数研究的主要对象。它是用代数的方法从不同的研究对象中概括出一般的数学模型并研究其规律、性质和结构。可以说,近世代数的基本概念、方法和结果已成为计算机科学与工程领域中研究人员的基本工具。

本篇从研究代数运算入手,介绍代数系统的基本概念。继之介绍满足一些特殊性质的典型代数系统,如半群、群、环、域、格和布尔代数等。代数系统理论在理论物理、结构化学、计算机科学等学科中具有广泛的应用。在计算机科学中,代数系统可用于研究抽象数据结构的性质及操作;代数系统也是程序设计语言、编码理论、信息安全等相关内容的理论基础;作为一种特殊的代数系统,格在计算机应用逻辑与计算机自动推理中起着重要作用;布尔代数的运算性质广泛地应用于逻辑电路设计的分析与综合。

第6章　代数系统基础

本章介绍代数系统以及有关的一些概念。这些内容是进一步学习本篇后续各章内容的重要阶梯,并将启发我们深入地理解本篇中所研究问题的观点和方法。

6.1　代　数　运　算

在数学中运算是个很基本、很普遍的概念和方法,这是大家比较熟悉的。这里所要讨论的代数系统——集合与运算组成的整体,运算是它的决定性因素。因此,应首先明确代数运算的概念。

> **定义 6.1.1**　设 X 是一个集合, f 是一个从 X^n 到 X 的映射,则称 f 为 X 中的 **n 元运算**(n-ary operation)。特别是:
>
> 当 $n=1$ 时, $f: X \to X$ 称为集合 X 上的**一元运算**(unary operation);
>
> 当 $n=2$ 时, $f: X \times X \to X$ 称为集合 X 上的**二元运算**(binary operation)。

可见,集合中的代数运算实质上是集合中的一类重要函数。这里主要讨论二元运算。

【例 6.1.1】　(1) 对于集合 $\mathbf{I}$ 和 $\mathbf{R}$ 来说,加法、减法和乘法都是二元运算。因为整数相除的商可能是个非整数,所以除法不是 $\mathbf{I}$ 上的二元运算。除法也不是 $\mathbf{R}$ 上的二元运算。

(2) 对于全集 E 的各子集来说, $\bigcup$ 运算和 $\bigcap$ 运算都是集合 $\rho(E)$ 上的二元运算,求补运算是 $\rho(E)$ 上的一元运算。

(3) 对于命题集合和命题公式集合来说,合取 $\wedge$ 与析取 $\vee$ 都是二元运算,否定 $\neg$ 则是一元运算。

通常用符号 $+$, $-$, $\oplus$, $\ominus$, $\circ$, $*$, $\triangle$, $\bigcup$, $\bigcap$, $\wedge$, $\vee$ 等表示一元或二元运算。

> **定义 6.1.2**　如果对给定集合的元素进行运算,从而产生像,而该像又是同一集合中的元素,则称给定集合在该运算下是**封闭的**(closed)。

由定义 6.1.1 知,集合中的 n 元运算的定义中就蕴涵了上述的封闭性。这也是区别代数运算与一般运算(如对 $\mathbf{I}$, $\mathbf{R}$ 中的除法)的实质差别。

> **定理 6.1.1**　设 $*$ 是集合 X 上的二元运算, S_1, $S_2 \subseteq X$ 且在运算 $*$ 作用下均封闭,则 $S_1 \bigcap S_2$ 在 $*$ 作用下也封闭。

证　对任意 x_1, $x_2 \in S_1 \bigcap S_2$,由 S_1 和 S_2 的封闭性知, $x_1 * x_2 \in S_1$ 且 $x_1 * x_2 \in S_2$,故 $x_1 * x_2 \in S_1 \bigcap S_2$,即 $S_1 \bigcap S_2$ 在 $*$ 作用下也封闭。∎

现在来讨论二元运算的某些性质,为此设 X 为任意集合。

定义 6.1.3 设 $\circ$ 和 $*$ 都是集合 X 上的二元运算,任意的 $x,y,z\in X$。

(i) 如果恒有 $x\circ y=y\circ x$,则称运算 $\circ$ 是**可交换的**(commutative)。

(ii) 如果恒有 $x\circ(y\circ z)=(x\circ y)\circ z$,则称运算 $\circ$ 是**可结合的**(associative)。

(iii) 如果恒有

$$x\circ(y*z)=(x\circ y)*(x\circ z) \qquad (左分配律)$$
$$(y*z)\circ x=(y\circ x)*(z\circ x) \qquad (右分配律)$$

则称运算 $\circ$ 对 $*$ 是**可分配的**(distributive)。

【例 6.1.2】 (1) 在实数集合上的加法和乘法运算是可交换的与可结合的;对于减法运算是不可交换的;乘法运算对于加法运算是可分配的。

(2) 对于全集 E 的各子集来说,在其幂集合 $\rho(E)$ 上的 $\bigcup$ 运算和 $\bigcap$ 运算都是可交换的与可结合的;$\bigcup$ 运算对 $\bigcap$ 运算是可分配的;$\bigcap$ 运算对 $\bigcup$ 运算也是可分配的。

【例 6.1.3】 设 **Q** 是有理数集合,**Q** 上的二元运算 $*$ 定义为 $a*b=a+b-ab$,$a,b\in$ **Q**,问运算 $*$ 是否可交换、可结合?

解 因为 $a*b=a+b-ab=b+a-ba=b*a$,所以运算 $*$ 是可交换的。

另外,

$$(a*b)*c=(a+b-ab)*c$$
$$=(a+b-ab)+c-(a+b-ab)c$$
$$=a+b-ab+c-ac-bc+abc$$
$$=a+b+c-ab-ac-bc+abc$$
$$a*(b*c)=a*(b+c-bc)$$
$$=a+(b+c-bc)-a(b+c-bc)$$
$$=a+b+c-ab-ac-bc+abc$$

即 $(a*b)*c=a*(b*c)$,因此 $*$ 运算也是可结合的。

下面来定义与集合 X 上的二元运算 $*$ 有关的 X 中的特殊元素,应该说明,并不是对每种运算都存在这样的元素。以后除非另作说明,"运算"一词均指二元运算。

定义 6.1.4 设 $*$ 是集合 X 上的运算。

(i) 如果存在一个元素 $e_l\in X$,且对每一个 $x\in X$ 均有 $e_l*x=x$,则称 e_l 为集合 X 关于运算 $*$ 的**左幺元**(left identity element),即

$$(\exists e_l)(e_l\in X\wedge(\forall x)(x\in X\rightarrow e_l*x=x))$$

(ii) 如果存在一个元素 $e_r\in X$,且对每一个 $x\in X$ 均有 $x*e_r=x$,则称 e_r 为集合 X 关于运算 $*$ 的**右幺元**(right identity element),即

$$(\exists e_r)(e_r\in X\wedge(\forall x)(x\in X\rightarrow x*e_r=x))$$

【例 6.1.4】 设集合 $A=\{a,b,c\}$,在 A 上定义的二元运算 $*$ 和 $\circ$ 分别如表 6.1.1 和表 6.1.2 所示。判断对于运算 $*$ 和 $\circ$ 的是否存在左幺元和右幺元,若存在,求出它们。

解 (1) 由表 6.1.1 可知,对运算 $*$,有 $a*a=a$,$a*b=b$,$a*c=c$,因此 a 是运算 $*$ 的左幺元;$c*a=a$,$c*b=b$,$c*c=c$,因此 c 也是运算 $*$ 的左幺元。因为 $b*a=b\neq a$,因此 b 都不是运算 $*$ 的左幺元。所以运算 $*$ 的左幺元有 a,c。

表 6.1.1 二元运算 ＊（例 6.1.4）			
＊	a	b	c
a	a	b	c
b	b	c	a
c	a	b	c

表 6.1.2 二元运算。（例 6.1.4）			
。	a	b	c
a	a	b	c
b	b	c	a
c	c	c	c

因为 $c*a=a\neq c,a*b=b\neq a,a*c=c\neq a$，因此 a,b,c 都不是运算 ＊ 的右幺元。所以运算 ＊ 没有右幺元。

（2）与（1）类似分析，可知 a 既是运算。的左幺元，也是运算。的右幺元，并且运算。没有其他左幺元，也没有其他右幺元。具体分析过程请读者自己完成。

定理 6.1.2 设 ＊ 是集合 X 中的运算，如果 X 对运算 ＊ 同时存在左幺元 e_1 和右幺元 e_r，则必有 $e_1=e_r=e$，使得对任意 $x\in X$ 有 $x*e=e*x=x$。此时，$e\in X$ 是唯一的，并称它为集合 X 关于运算 ＊ 的**幺元**（identity element）。

证 因为 e_1 是 ＊ 的左幺元，所以 $e_1*e_r=e_r$；因为 e_r 是 ＊ 的右幺元，所以 $e_1*e_r=e_1$。因此有 $e_r=e_1=e$，从而对任意 $x\in X$，有 $x*e=e*x=x$。

设 e' 是 ＊ 的另一个幺元，由幺元的定义，知 $e*e'=e$，且 $e*e'=e'$，所以 $e=e',e$ 是 ＊ 的唯一的幺元。 ∎

显然，对于可交换的运算来说，左幺元也必定是右幺元，右幺元也必定是左幺元，即对于可交换的运算来说，左幺元或右幺元都是幺元。

【例 6.1.5】 （1）在实数集合 **R** 中，对于加法运算来说，元素 0 是幺元；对于乘法运算来说，元素 1 是幺元。

（2）对于全集 E 的子集的 $\bigcup$ 运算来说，空集 $\varnothing$ 是个幺元；对于 $\bigcap$ 运算来说，全集 E 是个幺元。

【例 6.1.6】 设 **I** 是整数集，在 **I** 上定义二元运算 ＊ 为 $a*b=a+b+a\cdot b$，其中＋和·是普通的加法和乘法。求运算 ＊ 的幺元。

解 任意的 $a\in$ **I**，有
$$a*0=a+0+a\cdot0=a, \quad 0*a=0+a+0\cdot a=a$$
所以 $a*0=0*a=a$，即 0 是运算 ＊ 的幺元。

定义 6.1.5 设 ＊ 是集合 X 上的运算。

(i) 如果存在一个元素 $0_1\in X$，且对于每一个 $x\in X$ 有 $0_1*x=0_1$，则称 0_1 是集合 X 关于运算 ＊ 的**左零元**（left zero element），即
$$(\exists 0_1)(0_1\in X\wedge(\forall x)(x\in X\to 0_1*x=0_1))$$

(ii) 如果存在一个元素 $0_r\in X$，且对于每一个 $x\in X$ 有 $x*0_r=0_r$，则称 0_r 是集合 X 关于运算 ＊ 的**右零元**（right zero element），即
$$(\exists 0_r)(0_r\in X\wedge(\forall x)(x\in X\to x*0_r=0_r))$$

【例 6.1.7】 设集合 $A=\{a,b,c\}$，在 A 上定义的二元运算 ＊ 和。仍分别如表 6.1.1 和表 6.1.2 所示。判断对于运算 ＊ 和。的是否存在左零元和右零元，若存在，求出它们。

解 （1）由表 6.1.1 可知，对运算 $*$，因为 $a*b=b\neq a$，$b*b=c\neq b$，$c*a=a\neq c$，因此 a、b、c 都不是运算 $*$ 的左零元；因 $b*a=b\neq a$，$b*b=c\neq b$，$b*c=a\neq c$，因此 a、b、c 都不是运算 $*$ 的右零元。所以，对于运算 $*$，不存在左零元，也不存在右零元。

（2）与（1）类似分析，可知运算 $\circ$ 的左零元只有 c，没有右零元。具体分析过程请读者自己完成。

> **定理 6.1.3** 设 $*$ 是集合 X 上的运算，如果 X 对运算 $*$ 同时存在左零元 0_l 和右零元 0_r，则必有 $0_l=0_r=0$，使得对任意 $x\in X$ 有 $x*0=0*x=0$，此时，$0\in X$ 是唯一的，并称它为集合 X 关于运算 $*$ 的**零元**（zero element）。

本定理的证明与定理 6.1.2 的证明类似，请读者自己完成。

【例 6.1.8】 （1）对于实数集合 $\mathbf{R}$ 上的乘法，元素 0 是零元。

（2）对于全集 E 的子集的 $\bigcap$ 运算，空集 $\varnothing$ 是零元；对于 $\bigcup$ 运算，全集 E 是零元。

> **定义 6.1.6** 设 $*$ 是集合 X 上的运算，且 $x\in X$。如果有 $x*x=x$，则称 x 对于 $*$ 是**等幂的**（idempotent）。

显然，对于任何运算 $*$ 来说，幺元和零元（如果存在的话）都是等幂的。此外，还可能存在其他元素是等幂的。例如，对于集合的 $\bigcup$ 运算与 $\bigcap$ 运算来说，任何集合都是等幂的。

> **定义 6.1.7** 设 $*$ 是集合 X 上的运算，且 X 中对于 $*$ 存在幺元 e。令 $x\in X$。
>
> (i) 如果存在一个元素 $x_l\in X$，能使 $x_l*x=e$，则称 x_l 是 x 的**左逆元**（left inverse element），并称 x 为左可逆的。
>
> (ii) 如果存在一个元素 $x_r\in X$，能使 $x*x_r=e$，则称 x_r 是 x 的**右逆元**（right inverse element），并称 x 为右可逆的。
>
> (iii) 如果元素 x 既是左可逆的又是右可逆的，则称 x 是**可逆的**（invertible）。

显然，在具有幺元 e 的集合中，如果运算 $*$ 是可交换的，则任何左可逆或右可逆的元素都是可逆的。

【例 6.1.9】 设集合 $A=\{a,b,c\}$，在 A 上定义的二元运算 $*$ 和 $\circ$ 分别如表 6.1.3 和表 6.1.4 所示。判断对于运算 $*$ 和 $\circ$ 是否存在左逆元和右逆元，若存在，求出它们。

表 6.1.3　二元运算 $*$（例 6.1.9）

$*$	a	b	c
a	a	b	c
b	b	c	a
c	a	b	c

表 6.1.4　二元运算 $\circ$（例 6.1.9）

$\circ$	a	b	c
a	a	b	c
b	b	c	a
c	c	a	b

解 （1）由例 6.1.4 和定理 6.1.2，知运算 $*$ 没有幺元，因此运算 $*$ 没有左逆元，也没有右逆元，也就没有逆元。

（2）不难验证 a 是运算 $\circ$ 的幺元，又由 $a\circ a=a$，知 a 的逆元是它本身；由 $b\circ c=a$，知 b 是 c 的左逆元，c 是 b 的右逆元；由 $c\circ b=a$，知 b 是 c 的右逆元，c 是 b 的左逆元。因此 a 的逆元是 a，b 是 c 的逆元，c 是 b 的逆元。

> **定理 6.1.4** 设 $*$ 是集合 X 上的一个可结合的运算，且对于 $*$ 有幺元 e，若元素 $x\in X$ 是可逆的，则它的左逆元和右逆元必相等，记为 x^{-1}，并称 x^{-1} 为 x 的逆元，且 x^{-1} 是唯一的。

证 设 x_1 和 x_r 分别是 $x \in X$ 的任意左逆元和右逆元,故有
$$x_1 * x = x * x_r = e$$
由于运算 * 是可结合的,故有
$$x_1 * x * x_r = (x_1 * x) * x_r = e * x_r = x_r$$
$$x_1 * x * x_r = x_1 * (x * x_r) = x_1 * e = x_1$$
因此 $x_1 = x_r$。

再来证明逆元的唯一性。假设 x_1^{-1} 和 x_2^{-1} 是 x 的两个不同的逆元,于是有
$$x_1^{-1} = x_1^{-1} * e = x_1^{-1} * (x * x_2^{-1}) = (x_1^{-1} * x) * x_2^{-1} = e * x_2^{-1} = x_2^{-1}$$
与假设矛盾。因此,x 的逆元是唯一的。 ■

由逆元的定义可知,若 $x \in X$ 有逆元 x^{-1},则有
$$x^{-1} * x = x * x^{-1} = e$$

定理 6.1.5 设 * 是集合 X 上的一个可结合的运算,且对于 * 有幺元 e,若元素 $x \in X$ 且有逆元 x^{-1},则 $(x^{-1})^{-1} = x$。

证 用 $(x^{-1})^{-1}$ 表示 x^{-1} 的逆元,于是应有
$$(x^{-1})^{-1} = (x^{-1})^{-1} * e = (x^{-1})^{-1} * (x^{-1} * x) = ((x^{-1})^{-1} * x^{-1}) * x = e * x = x$$
从而有 $(x^{-1})^{-1} = x$。 ■

对于任何集合上的一个运算来说,如果存在幺元,则幺元必是可逆的。这是因为 $e * e = e$,所以有 $e^{-1} = e$,也就是说,任何幺元的逆元是该幺元本身,而零元总是不可逆的。

例如,实数集合 $\mathbf{R}$,对于加法来说,幺元是 0,每个元素 $x \in \mathbf{R}$ 都有一个逆元 $(-x) \in \mathbf{R}$,这是因为 $x + (-x) = 0$,所以 $x^{-1} = -x$。对于乘法来说,幺元是 1,每个非零元素 $x \in \mathbf{R}$ 都有 $x \cdot (1/x) = 1$,所以对任意 $x \in \mathbf{R}$ 且 $x \neq 0$,都有 $x^{-1} = 1/x$。

定义 6.1.8 设 * 是集合 X 上的二元运算,且 $a \in X$,如果对任意的 $x, y \in X$,有
$$a * x = a * y \Rightarrow x = y \qquad \text{(左消去律)}$$
$$x * a = y * a \Rightarrow x = y \qquad \text{(右消去律)}$$
则称运算 * 满足**消去律**(cancellation law),或称元素 a 是**可约的**(cancelable)。

例如,实数集合 $\mathbf{R}$,加法运算 + 满足消去律;乘法运算 · 不满足消去律,这是因为虽然 $a \neq b$,但 $0 \cdot a = 0 \cdot b = 0$。

定理 6.1.6 设 * 是集合 X 上的运算,且 * 是可结合的。如果元素 $a \in X$ 对于 * 运算是可逆的,则 a 也是可约的。

证 对任意的 $x, y \in X$,有
$$a * x = a * y \Rightarrow a^{-1} * (a * x) = a^{-1} * (a * y) \qquad \text{(因为 a 可逆)}$$
$$\Rightarrow (a^{-1} * a) * x = (a^{-1} * a) * y \qquad \text{(因为 * 可结合)}$$
$$\Rightarrow e * x = e * y \qquad \text{(逆元的定义)}$$
$$\Rightarrow x = y \qquad \text{(幺元的定义)}$$
即 $a * x = a * y \Rightarrow x = y$,所以 a 是可约的。 ■

注意: 当元素 a 是可约的时,它却未必是可逆的。例如,在整数集合 $\mathbf{I}$ 中,对乘法运算来说,任何非零整数都是可约的。但是,除了整数 1(幺元)外,其他非零整数都是不可逆的。

习题 6.1

(1) 设 I 是整数集合, $g: I \times I \to I$, 且
$$g(x,y) = x * y = x + y - xy$$
① 试证明二元运算 $*$ 是可交换的、可结合的。
② 求出幺元, 并求出每个元素的逆元。

(2) 设 $*$ 是自然数集合 N 上的二元运算, 并给定成 $x * y = x$。
① 证明 $*$ 是不可交换的, 但是可结合的。
② 问哪些元素是等幂的? 是否有左幺元或右幺元?

(3) 设 $*$ 是正整数集合 I_+ 上的二元运算, 且 $x * y$ 等于 x 和 y 的最小公倍数。
① 试证明 $*$ 是可交换的和可结合的。
② 求出幺元, 并说明哪些元素是等幂的?

(4) 设 $*$ 是 X 上可结合的二元运算, 并且对任意的 $x, y \in X$, 若 $x * y = y * x$, 则 $x = y$。试证明 X 中的每个元素都是等幂的。

(5) 对于以下定义的 R 上的二元运算 $*$, 试确定其中哪些是可交换的? 哪些是可结合的? 关于哪些二元运算有幺元? 对于有幺元的二元运算, 找出 R 中的可逆元素。
① $a_1 * a_2 = |a_1 - a_2|$。
② $a_1 * a_2 = (a_1 + a_2)/2$。
③ $a_1 * a_2 = a_1/a_2$。

(6) 根据运算表如何识别一个二元运算是否为可交换的? 怎样识别幺元和逆元(如果存在的话)?

6.2 代数系统的概念

本节给出代数系统的定义及有关概念。举出几个熟知的代数系统的例子, 并讨论它们的性质。通过对这些代数系统实例的分析, 提出研究代数系统的所谓"代数观点"问题。

定义 6.2.1 设 X 为非空集合, Ω 为 X 上的代数运算构成的非空集合, 称序偶 $\langle X, \Omega \rangle$ 为一个**代数系统**(algebra system)或**代数结构**(algebra structure), 集合 X 称为 $\langle X, \Omega \rangle$ 的**定义域**(domain)。如果 $\Omega = \{w_1, w_2, \cdots, w_m\}$ 为有限集合, 则将 $\langle X, \Omega \rangle$ 记为 $\langle X, w_1, w_2, \cdots, w_m \rangle$。如果 X 为有限集合, 则称 $\langle X, \Omega \rangle$ 为有限代数系统, 并称 $|X|$ 为 $\langle X, \Omega \rangle$ 的**阶**(order)。

【例 6.2.1】 设 I 是整数集合, 定义 I 上的运算为普通的加法与乘法运算, 则 $\langle I, +, \times \rangle$ 是一个代数系统。下面列出这两个运算(二元运算)的一些重要性质。这些性质在讨论其他代数系统时会经常用到。

(1) **交换律** 对任意的 $a, b, c \in I$, 有
$$a + b = b + a, \quad a \times b = b \times a$$

(2) **结合律** 对任意的 $a, b, c \in I$, 有
$$(a + b) + c = a + (b + c), \quad (a \times b) \times c = a \times (b \times c)$$

（3）**分配律** 对任意的 $a,b,c \in \mathbf{I}$，有
$$a \times (b+c) = (a \times b) + (a \times c), \quad (a+b) \times c = (a \times c) + (b \times c)$$

（4）**幺元** $\mathbf{I}$ 中含有两个特殊元素 0 和 1，使得对任意 $a \in \mathbf{I}$，有
$$a + 0 = 0 + a = a, \quad a \times 1 = 1 \times a = a$$

（5）**加法逆元** 对任意的 $a \in \mathbf{I}$，都存在 $-a \in \mathbf{I}$，使得
$$(-a) + a = a + (-a) = 0$$

（6）**乘法的可约性** 对任意 $a、b、c \in \mathbf{I}$ 且 $a \neq 0$，则有
$$a \times b = a \times c \Rightarrow b = c$$

【例 6.2.2】 设 $\mathbf{R}$ 为实数集合，$+$ 和 $\times$ 是 $\mathbf{R}$ 上的加法和乘法运算，代数系统 $\langle \mathbf{R}, +, \times \rangle$ 具有对代数系统 $\langle \mathbf{I}, +, \times \rangle$ 所列出的全部性质。

当代数系统的定义域 X 为有限集时，X 中的代数运算也可以用运算表来定义，这样更有利于研究代数系统所具有的某些性质。

【例 6.2.3】 设集合 $X = \{1,2,3,4\}$，定义函数 $f: X \to X$ 为
$$f = \{\langle 1,2 \rangle, \langle 2,3 \rangle, \langle 3,4 \rangle, \langle 4,1 \rangle\}$$
用 f^0 表示 X 中的恒等函数，即
$$f^0 = I_X$$
$$f^1 = f$$
$$f^2 = f \circ f = \{\langle 1,3 \rangle, \langle 2,4 \rangle, \langle 3,1 \rangle, \langle 4,2 \rangle\}$$
$$f^3 = f^2 \circ f = \{\langle 1,4 \rangle, \langle 2,1 \rangle, \langle 3,2 \rangle, \langle 4,3 \rangle\}$$
$$f^4 = f^3 \circ f = \{\langle 1,1 \rangle, \langle 2,2 \rangle, \langle 3,3 \rangle, \langle 4,4 \rangle\} = f^0$$

令 $F = \{f^0, f^1, f^2, f^3\}$，在集合 F 上定义一个二元运算，即函数的合成运算。，其运算结果如表 6.2.1 所示。由该运算表不难看出，运算。对集合 F 封闭。因此，$\langle F, \circ \rangle$ 是个代数系统；因该表是对称的，所以运算。是可交换的；由合成运算的定义可知，运算。也是可结合的；元素 f^0 是个幺元；F 中的每个元素都是可逆的，且 $(f^0)^{-1} = f^0$，$(f^1)^{-1} = f^3$，$(f^2)^{-1} = f^2$，$(f^3)^{-1} = f^1$。

表 6.2.1 合成运算结果

$\circ$	f^0	f^1	f^2	f^3
f^0	f^0	f^1	f^2	f^3
f^1	f^1	f^2	f^3	f^0
f^2	f^2	f^3	f^0	f^1
f^3	f^3	f^0	f^1	f^2

表 6.2.2 运算结果

$+_4$	[0]	[1]	[2]	[3]
[0]	[0]	[1]	[2]	[3]
[1]	[1]	[2]	[3]	[0]
[2]	[2]	[3]	[0]	[1]
[3]	[3]	[0]	[1]	[2]

【例 6.2.4】 在集合 $Z_4 = \{[0],[1],[2],[3]\}$ 上定义一个代数运算 $+_4$ 为
$$[i] +_4 [j] = [(i+j)(\bmod 4)] \quad i,j = 0,1,2,3$$
其运算结果如表 6.2.2 所示。由该运算表不难看出，代数运算 $+_4$ 对集合 Z_4 封闭，因此，$\langle Z_4, +_4 \rangle$ 是个代数系统；由代数运算 $+_4$ 的定义可知，运算 $+_4$ 是交换的和可结合的；[0] 是个幺元；Z_4 中的每个元素都是可逆的，且 $([0])^{-1} = [0]$，$([1])^{-1} = [3]$，$([2])^{-1} = [2]$，$([3])^{-1} = [1]$。

上面这些例子表明，不同的代数系统可能具有某些共同的性质。比如，代数系统 $\langle \mathbf{R}, +, \rangle$

×〉与〈I,+,×〉,二者的区别只是集合部分不同,但前者具有后者的全部性质;代数系统〈F,∘〉与〈Z_4,$+_4$〉集合部分不同(但具有相同的元素个数),运算部分也不同(但都是二元运算),但二者却具有完全相同的性质。这些表面上看是不同的代数系统,却呈现某些共同的性质,是否它们之间存在某种内在的联系呢? 因此,我们面临着一个迫切需要解决的问题:如何认识一个代数系统的特征,怎样区别两个代数系统的异同。这是一个带有原则性的根本问题,即所谓的"代数观点"问题。在下一节将明确阐述这种观点。这对众多代数系统的"个性"与"共性"的深入研究是至关重要的。

> **定义 6.2.2** 设〈X,Ω〉为代数系统,如果非空集合 $S \subseteq X$ 对于每个 $\omega \in \Omega$ 皆封闭,则〈S,Ω〉也是代数系统,并称其为〈X,Ω〉的**子代数系统**或**子代数**(subalgebra);若 S 是 X 的真子集,则称〈S,Ω〉为〈X,Ω〉的**真子系统**或**真子代数**(proper subalgebra)。

【**例 6.2.5**】 考查代数系统〈$\mathbf{N}$,+,×〉,其中,+和×是普通意义上的加法和乘法,令 $\mathbf{N}' = \{0,2,4,6,\cdots\}$,则 $\mathbf{N}' \subset \mathbf{N}$ 且〈$\mathbf{N}'$,+,×〉是〈$\mathbf{N}$,+,×〉的真子代数。

习题 6.2

(1) 设 $A = \{1,2,3,4,6,12\}$,A 上的运算 * 定义为

$$a * b = |a - b|$$

① 写出二元运算 * 的运算表。

② A 和 * 能构成代数系统吗?

(2) 设 $A = \{1,2\}$,写出代数系统〈A^A,∘〉的运算表,其中 A^A 表示从 A 到 A 的所有函数组成的集合,∘是函数的复合运算。

(3) 设〈A,*〉是一个代数系统,使得对任意 a、b、c、$d \in A$,有

$$a * a = a, \quad (a * b) * (c * d) = (a * c) * (b * d)$$

证明:$a * (b * c) = (a * b) * (a * c)$。

(4) 设〈A,*〉是一个代数系统,使得对任意 a、$b \in A$,有

$$(a * b) * a = a, \quad (a * b) * b = (b * a) * a$$

证明:

① 对一切 a 和 b,有 $a * (a * b) = a * b$。

② 对一切 a 和 b,有 $a * a = (a * b) * (a * b)$。

③ 对一切 a 和 b,有 $a * a = b * b$。

④ $a * b = b * a$,当且仅当 $a = b$。

(5) 在整数集合 $\mathbf{I}$ 上定义二元运算 * 为

$$a * b = a + b - 2$$

请判断:

① 集合 $\mathbf{I}$ 和运算 * 能否构成代数系统?

② 运算 * 在 $\mathbf{I}$ 上可交换吗? 可结合吗?

③ 运算 * 在 $\mathbf{I}$ 中是否有幺元?

④ 对运算 *,是否所有元素都有逆元? 如果有,它们的逆元是什么?

6.3 同态与同构

在 6.2 节曾提及两个表面上看是不同的代数系统往往会呈现某些共同的性质,甚至呈现完全相同的性质。它们的内在联系是什么,或者说,两个什么样的代数系统才会呈现这种"共性"?这就是本节所要研究的问题。同态与同构是代数系统之间的重要关系,是研究上述问题的重要工具或手段。为此,先给出"同型"的概念。

> **定义 6.3.1** $\langle G_1,\Omega_1\rangle$ 和 $\langle G_2,\Omega_2\rangle$ 为两个代数系统。如果存在双射函数 $f:\Omega_1\to\Omega_2$,使每个 $\omega\in\Omega_1$ 和对应的 $f(\omega)\in\Omega_2$ 有相同的阶,则称 $\langle G_1,\Omega_1\rangle$ 和 $\langle G_2,\Omega_2\rangle$ 是**同型的**(same type)。

例如,代数系统 $\langle \mathbf{R}_+,\times\rangle$ 与 $\langle \mathbf{R},+\rangle$,$\langle \mathbf{I},+,\times\rangle$ 与 $\langle \mathbf{N},+,\times\rangle$ 都是同型的,其中 $\mathbf{R}_+$ 是正实数集合。但 $\langle \mathbf{N},+,\times\rangle$ 与 $\langle \mathbf{N},+\rangle$ 不是同型的。

> **定义 6.3.2** 设 $U=\langle X,\circ\rangle$,$V=\langle Y,*\rangle$ 是两个同型的代数系统,其中 $\circ$ 和 $*$ 都是二元运算,如果存在映射 $f:X\to Y$,使得对任意的 $x_1,x_2\in X$ 都有
> $$f(x_1\circ x_2)=f(x_1)*f(x_2)$$
> 则称 f 是从 U 到 V 的一个**同态映射**(homomorphism),同时称 U 与 V **同态**(homomorphic),记为 $U\sim V$,并且:
>
> (i) 如果 f 为满射,则称 f 是从 U 到 V 的**满同态**(surjective homomorphism);
>
> (ii) 如果 f 为单射,则称 f 是从 U 到 V 的**单同态**(monomorphism);
>
> (iii) 如果 $U=V$,则称 f 是从 U 到 U 的**自同态**(endomorphism)。

【例 6.3.1】 给定代数系统 $\langle \mathbf{R},+\rangle$ 和 $\langle \mathbf{R},\times\rangle$,其中 $\mathbf{R}$ 是实数集合,$+$ 和 $\times$ 都是普通的加法和乘法。对于 $x\in\mathbf{R}$,定义映射 $f:\mathbf{R}\to\mathbf{R}$ 且给定成 $f(x)=2^x$,则对于任意 $x,y\in\mathbf{R}$,有
$$f(x+y)=2^{x+y}=2^x\times 2^y=f(x)\times f(y)$$
因此,函数 $f(x)=2^x$ 是一个从 $\langle \mathbf{R},+\rangle$ 到 $\langle \mathbf{R},\times\rangle$ 的同态,并且 f 是个单同态。

必须注意,代数系统同态的概念不仅适合于具有一个二元运算的代数系统,也可把它推广到任意两个同型的代数系统。因此,代数系统中所含的运算也不仅限于二元运算。例如,设 $U=\langle X,\circ,\odot\rangle$,$V=\langle Y,*,\circledast\rangle$ 是两个同型的代数系统,它们所含的运算都是二元运算。如果存在函数 $f:X\to Y$,且对任意的 $x_1,x_2\in X$ 满足

$$f(x_1\circ x_2)=f(x_1)*f(x_2) \tag{6.3.1}$$

$$f(x_1\odot x_2)=f(x_1)\circledast f(x_2) \tag{6.3.2}$$

则称 f 是从 U 到 V 的同态映射,并称代数系统 U 和 V 同态。如果 $\circ$ 和 $*$ 都是一元运算,则式(6.3.1)变为

$$f(\circ x)=*f(x) \tag{6.3.3}$$

【例 6.3.2】 给定代数系统 $U=\langle \mathbf{I},+,\times\rangle$,其中 $\mathbf{I}$ 是整数集合,$+$ 和 $\times$ 是普通的加法和乘法,再给定代数系统 $V=\langle \mathbf{N}_m,+_m,\times_m\rangle$,其中 $\mathbf{N}_m=\{0,1,\cdots,m-1\}$,运算 $+_m$ 为"模 m 加法",$\times_m$ 为"模 m 乘法",并分别定义如下:

对任意 $x_1,x_2\in\mathbf{N}_m$,有
$$x_1+_m x_2=(x_1+x_2)(\bmod\ m),\quad x_1\times_m x_2=(x_1\times x_2)(\bmod\ m)$$

定义映射 $f: \mathbf{I} \rightarrow \mathbf{N}_m$，且对所有 $i \in \mathbf{I}$，有

$$f(i) = (i)(\bmod m)$$

试证明 f 是从 U 到 V 的一个满同态。

证 易知 f 是满射，因此欲证 f 是从 U 到 V 的一个满同态，只需证明 f 是从 U 到 V 的同态，即只需证明下面两式成立。

对任意 $x_1, x_2 \in \mathbf{I}$，有

$$f(x_1 + x_2) = f(x_1) +_m f(x_2) \tag{6.3.4}$$

$$f(x_1 \times x_2) = f(x_1) \times_m f(x_2) \tag{6.3.5}$$

先证式 (6.3.4) 成立。

$$
\begin{aligned}
f(x_1 + x_2) &= (x_1 + x_2)(\bmod m) && \text{(f 的定义)} \\
&= [(x_1)(\bmod m) + (x_2)(\bmod m)](\bmod m) && \text{(mod 的性质)} \\
&= (x_1)(\bmod m) +_m (x_2)(\bmod m) && \text{($+_m$ 的定义)} \\
&= f(x_1) +_m f(x_2) && \text{(f 的定义)}
\end{aligned}
$$

故式 (6.3.4) 成立。

再证式 (6.3.5) 成立。

$$
\begin{aligned}
f(x_1 \times x_2) &= (x_1 \times x_2)(\bmod m) && \text{(f 的定义)} \\
&= [(x_1)(\bmod m) \times (x_2)(\bmod m)](\bmod m) && \text{(mod 的性质)} \\
&= (x_1)(\bmod m) \times_m (x_2)(\bmod m) && \text{($\times_m$ 的定义)} \\
&= f(x_1) \times_m f(x_2) && \text{(f 的定义)}
\end{aligned}
$$

故式 (6.3.5) 成立。

由以上推得结果知 f 是从 U 到 V 的一个同态，因此 f 是从 U 到 V 的一个满同态。

【例 6.3.3】 代数系统 $\langle \mathbf{I}, + \rangle$ 与 $\langle \mathbf{I}, + \rangle$ 间存在映射 $f: \mathbf{I} \rightarrow \mathbf{I}$，且给定

$$f(x) = 3x, \quad x \in \mathbf{I}$$

则有

$$f(x_1 + x_2) = 3(x_1 + x_2) = 3x_1 + 3x_2 = f(x_1) + f(x_2)$$

故 f 是一个从 $\mathbf{I}$ 到 $\mathbf{I}$ 的同态，并且是一个自同态。

【例 6.3.4】 设 f 是从代数系统 $U = \langle X, \circ \rangle$ 到 $V = \langle Y, * \rangle$ 的同态映射，g 是 $V = \langle Y, * \rangle$ 到 $W = \langle Z, \otimes \rangle$ 的同态映射，则复合函数 $g \circ f$ 是从 U 到 W 的同态映射。

证 对任意的 $a, b \in X$，有

$$
\begin{aligned}
(g \circ f)(a \circ b) &= g(f(a \circ b)) && \text{(复合函数的定义)} \\
&= g(f(a) * f(b)) && \text{(f 是从 U 到 V 的同态)} \\
&= g(f(a)) \otimes g(f(b)) && \text{(g 是从 V 到 W 的同态)} \\
&= (g \circ f)(a) \otimes (g \circ f)(b) && \text{(复合函数的定义)}
\end{aligned}
$$

所以，$g \circ f$ 是从 U 到 W 的同态映射。

定理 6.3.1 给定代数系统 $U = \langle X, \circ \rangle$、$V = \langle Y, * \rangle$，并且函数 $f: X \rightarrow Y$ 是从 U 到 V 的同态，则代数系统 $V' = \langle f(X), * \rangle$ 是代数系统 V 的子系统，并称 V' 是在 f 作用下的代数系统 U 的同态像。

证 因为 $f: X \rightarrow Y$ 是函数，所以必有 $f(X) \subseteq Y$。

另外,对任意 $y_1,y_2 \in f(X)$,必存在 $x_1,x_2 \in X$,使得 $y_1 = f(x_1)$,$y_2 = f(x_2)$,再根据运算。对 X 的封闭性,知 $x_1 \circ x_2 \in X$,则有

$$y_1 * y_2 = f(x_1) * f(x_2) = f(x_1 \circ x_2) \in f(X)$$

故运算 $*$ 对 $f(X)$ 封闭。因此,V' 是 V 的子系统。 ■

定理 6.3.2 给定代数系统 $U = \langle X, \circ, \odot \rangle$ 和 $V = \langle Y, *, \otimes \rangle$,其中 $\circ$、$\odot$、$*$ 和 $\otimes$ 都是二元运算。设 $f: X \to Y$ 是从 U 到 V 的满同态,则:

(i) $\langle X, \circ \rangle$ 的运算 $\circ$ 满足交换律 $\Rightarrow \langle Y, * \rangle$ 的运算 $*$ 满足交换律。

(ii) $\langle X, \circ \rangle$ 的运算 $\circ$ 满足结合律 $\Rightarrow \langle Y, * \rangle$ 的运算 $*$ 满足结合律。

(iii) $\langle X, \circ, \odot \rangle$ 的运算 $\circ$ 对 $\odot$ 满足分配律 $\Rightarrow \langle Y, *, \otimes \rangle$ 的运算 $*$ 对 $\otimes$ 满足分配律。

(iv) $\langle X, \circ \rangle$ 的运算 $\circ$ 具有幺元 $e \Rightarrow \langle Y, * \rangle$ 的运算 $*$ 具有幺元 $f(e)$。

(v) $\langle X, \circ \rangle$ 的运算 $\circ$,每个元素 $x \in X$ 都有一个逆元 $x^{-1} \Rightarrow \langle Y, * \rangle$ 的运算 $*$,每个元素 $f(x) \in Y$ 都有一个逆元 $f(x^{-1})$。

(vi) $\langle X, \circ \rangle$ 的运算 $\circ$ 具有零元 $0 \Rightarrow \langle Y, * \rangle$ 的运算 $*$ 具有零元 $f(0)$。

此定理的证明留作练习。

定理 6.3.2 给出了满同态映射的 6 个性质。这 6 个性质表明了同态映射保持运算性质只是单方向的,即如果代数系统 $U = \langle X, \circ, \odot \rangle$ 与 $V = \langle Y, *, \otimes \rangle$ 间存在满同态映射 $f: X \to Y$,则 f 可将 U 的运算所具有的性质运载到 V 中,代数系统 U 所具有的性质(如交换律、结合律、分配律、幺元、逆元、零元等),代数系统 V 全部具有,而代数系统 V 具有的某些性质 U 却不一定具有。

注意:若 $f: X \to Y$ 不是满同态映射,那么,f 只能将 U 中的运算所具有的性质运载到它的同态像 $V' = \langle f(X), *, \otimes \rangle$ 中,而对 $V = \langle Y, *, \otimes \rangle$ 却不一定成立。

定义 6.3.3 设 $U = \langle X, \circ \rangle$,$V = \langle Y, * \rangle$ 是两个同型的代数系统,运算 $\circ$ 与 $*$ 都是二元运算。如果存在双射函数 $f: X \to Y$,对任意的 $x_1, x_2 \in X$,有

$$f(x_1 \circ x_2) = f(x_1) * f(x_2) \tag{6.3.6}$$

则称 f 是一个从代数系统 U 到 V 的**同构映射**(isomorphism),称代数系统 U 与 V 是**同构的** (isomorphic),记为 $U \overset{f}{\simeq} V$ 或简记 $U \simeq V$。

【**例 6.3.5**】 证明 6.2 节中的例 6.2.3 和例 6.2.4 给出的两个代数系统 $\langle F, \circ \rangle$ 与 $\langle Z_4, +_4 \rangle$ 同构。

证 首先建立双射函数 $g: F \to Z_4$,且给定成

$$g(f^i) = [i], \quad i = 0, 1, 2, 3$$

其次,由表 6.2.1 和表 6.2.2 不难验证,对所有的 $i, j = 0, 1, 2, 3$,有

$$g(f^i \circ f^j) = g(f^i) +_4 g(f^j)$$

这表明双射函数 g 满足式(6.3.6),故 $\langle F, \circ \rangle$ 与 $\langle Z_4, +_4 \rangle$ 是同构的。

【**例 6.3.6**】 设 $\mathbf{I}$ 为整数集,$\mathbf{I}_E$ 为偶整数集,则 $\langle \mathbf{I}, + \rangle$ 与 $\langle \mathbf{I}_E, + \rangle$ 为两个代数系统,证明它们是同构的。

证 设函数 $f: \mathbf{I} \to \mathbf{I}_E$,且给定成 $f(n) = 2n, n \in \mathbf{I}$,显然,$f$ 是个双射函数;又因为 $f(n + m) = 2(n+m) = 2n + 2m = f(n) + f(m)$,所以 f 是个同构映射,故 $\mathbf{I} \overset{f}{\simeq} \mathbf{I}_E$。

明显地，若 f 是 $\langle X, \circ \rangle$ 与 $\langle Y, * \rangle$ 间的同构映射，同时也是 $\langle X, \odot \rangle$ 与 $\langle Y, \otimes \rangle$ 间的同构映射，则 f 是 $\langle X, \circ, \odot \rangle$ 与 $\langle Y, *, \otimes \rangle$ 间的同构映射，故 $\langle X, \circ, \odot \rangle$ 与 $\langle Y, *, \otimes \rangle$ 同构。

另外，若 f 是 $\langle X, \circ \rangle$ 与 $\langle Y, * \rangle$ 间的同构映射，则 f^{-1} 是 $\langle Y, * \rangle$ 与 $\langle X, \circ \rangle$ 间的同构映射，即如果存在双射函数 $f: X \to Y$，使得对任意 $x_1, x_2 \in X$，有

$$f(x_1 \circ x_2) = f(x_1) * f(x_2)$$

则也必存在逆映射 $f^{-1}: Y \to X$，使得对任意 $y_1, y_2 \in Y$，有

$$f^{-1}(y_1 * y_2) = f^{-1}(y_1) \circ f^{-1}(y_2) \tag{6.3.7}$$

现在，来证明式（6.3.7）成立。因为 f 是 $X \to Y$ 的双射，故 f^{-1} 存在且是 $Y \to X$ 的双射，所以对任意 $y_1, y_2 \in Y$，必存在 $x_1, x_2 \in X$，使得 $f(x_1) = y_1, f(x_2) = y_2$，同时有 $f^{-1}(y_1) = x_1, f^{-1}(y_2) = x_2$。由此可推得

$$f^{-1}(y_1 * y_2) = f^{-1}(f(x_1) * f(x_2)) = f^{-1}(f(x_1 \circ x_2))$$

$$= (f^{-1} \circ f)(x_1 \circ x_2) = I_X(x_1 \circ x_2)$$

$$= x_1 \circ x_2 = f^{-1}(y_1) \circ f^{-1}(y_2)$$

得证。

上面讨论说明，同构映射具有"双射性"，即 $\langle X, \circ \rangle \overset{f}{\simeq} \langle Y, * \rangle \Leftrightarrow \langle Y, * \rangle \overset{f^{-1}}{\simeq} \langle X, \circ \rangle$，故同构的两个代数系统是相互同构，也就是说，同构关系是对称的。其实还可进一步证明同构关系是自反的和可传递的，从而同构关系必是个等价关系。

下面来讨论同构的性质（以定理形式给出）。

定理 6.3.3 给定代数系统 $U = \langle X, \circ, \odot \rangle$ 和 $V = \langle Y, *, \otimes \rangle$，其中 $\circ, \odot, *, \otimes$ 都是二元运算。设 $f: X \to Y$ 是从 U 到 V 的同构映射，即 $U \simeq V$，则：

(i) $\langle X, \circ \rangle$ 的运算 $\circ$ 满足交换律 $\Leftrightarrow \langle Y, * \rangle$ 的运算 $*$ 满足交换律。

(ii) $\langle X, \circ \rangle$ 的运算 $\circ$ 满足结合律 $\Leftrightarrow \langle Y, * \rangle$ 的运算 $*$ 满足结合律。

(iii) $\langle X, \circ, \odot \rangle$ 的运算 $\circ$ 对 $\odot$ 满足分配律 $\Leftrightarrow \langle Y, *, \otimes \rangle$ 的运算 $*$ 对 $\otimes$ 满足分配律。

(iv) $\langle X, \circ \rangle$ 的运算 $\circ$ 具有幺元 $e \Leftrightarrow \langle Y, * \rangle$ 的运算 $*$ 具有幺元 $f(e)$。

(v) $\langle X, \circ \rangle$ 的运算 $\circ$，每个元素 $x \in X$ 都有一个逆元 $x^{-1} \Leftrightarrow \langle Y, * \rangle$ 的运算 $*$，每个元素 $f(x) \in Y$ 都有一个逆元 $f(x^{-1})$。

(vi) $\langle X, \circ \rangle$ 的运算 $\circ$ 具有零元 $0_X \Leftrightarrow \langle Y, * \rangle$ 的运算 $*$ 具有零元 $f(0_X)$。

证 (i)（必要性）对任意 $y_1, y_2 \in Y$，因为 f 是 $X \to Y$ 的双射，所以必存在 $x_1, x_2 \in X$，使 $f(x_1) = y_1, f(x_2) = y_2$，再根据运算 $\circ$ 满足交换律，可得

$$y_1 * y_2 = f(x_1) * f(x_2) = f(x_1 \circ x_2)$$

$$= f(x_2 \circ x_1) = f(x_2) * f(x_1) = y_2 * y_1$$

即 $\langle Y, * \rangle$ 的运算 $*$ 满足结合律。

（充分性）对任意 $x_1, x_2 \in X$，因为 f 是 $X \to Y$ 的双射，所以必存在 $Y \to X$ 的逆映射 f^{-1}，且存在 $y_1, y_2 \in Y$，使得 $f^{-1}(y_1) = x_1, f^{-1}(y_2) = x_2$。再根据 $*$ 可交换和式（6.3.7），可得

$$x_1 \circ x_2 = f^{-1}(y_1) \circ f^{-1}(y_2) = f^{-1}(y_1 * y_2)$$
$$= f^{-1}(y_2 * y_1) = f^{-1}(y_2) \circ f^{-1}(y_1) = x_2 \circ x_1$$

即$\langle X, \circ \rangle$的运算$\circ$满足交换律。

(iv)（必要性）设e是$\langle X, \circ \rangle$的幺元，来证$e' = f(e)$是$\langle Y, * \rangle$的幺元。因为f是$X \to Y$的双射，所以对任意$y \in Y$，必存在$x \in X$，使得$y = f(x)$，于是有

$$y * e' = f(x) * f(e) = f(x \circ e) = f(x) = y$$
$$e' * y = f(e) * f(x) = f(e \circ x) = f(x) = y$$

由此得$y * e' = e' * y = y$，故$e' = f(e)$是$\langle Y, * \rangle$中的幺元。

（充分性）设e'是$\langle Y, * \rangle$的幺元，来证$e = f^{-1}(e')$是$\langle X, \circ \rangle$的幺元。因为f是$X \to Y$的双射，所以存在逆映射$f^{-1}: Y \to X$，使得对任意$x \in X$，必存在$y \in Y$，使$x = f^{-1}(y)$，于是有

$$x \circ e = f^{-1}(y) \circ f^{-1}(e') = f^{-1}(y * e') = f^{-1}(y) = x$$
$$e \circ x = f^{-1}(e') \circ f^{-1}(y) = f^{-1}(e' * y) = f^{-1}(y) = x$$

由此得$x \circ e = e \circ x = x$，故$e = f^{-1}(e')$是$\langle X, \circ \rangle$中的幺元。

其他的性质证明与此类似，请读者自己完成。 ■

定理 6.3.3 表明，同构映射是一种保持运算性质的映射，如交换律、结合律、分配律、幺元和逆元等，在与 U 同构的代数系统中都能够保持下来。因为同构映射具有"双射性"，所以同构的两个代数系统运算所带来的规律性是相同的。这表明同构的两个代数系统，虽然形式上可能存在各种差别，但它们的本质是相同的，如运算所体现的规律性。于是，阐明前面提到的"代数观点"问题即是：凡同构的代数系统都认为是（代数）相等的。

在这样的观点下，一个代数系统经同构映射而保持不变的性质叫作它的代数性质。把代数系统的代数性质的总和统称为它的代数结构。因此，同构的代数系统具有完全相同的代数结构。研究代数系统的首要目的，就是确定所有互不同构的代数系统的代数结构。为了确定新的代数系统的代数结构，只需让它与一个代数结构已经清楚的代数系统同构即可。

> **定义 6.3.4** 给定代数系统$U = \langle X, \circ \rangle$，若存在同构映射$f: X \to X$，则称$f$是$U$到$U$的**自同构**（automorphism）。

【例 6.3.7】 给定代数系统$U = \langle \mathbf{I}, + \rangle$，运算$+$是普通的加法。对每个$x \in \mathbf{I}$，设双射函数$f: \mathbf{I} \to \mathbf{I}$为$f(x) = x$（或$f(x) = -x$），则$f$是个从$U$到$U$的自同构。

由上面讨论可知，若$A \overset{f}{\simeq} A'$，则有$A' \overset{f^{-1}}{\simeq} A$，即$f$可把$A$中的运算所呈现的性质全部运载到$A'$中，而$f^{-1}$又可将$A'$中的运算所呈现的性质全部运载到$A$中。倘若$f$是满射，则$f^{-1}$就不一定存在，故运载也只能单方向进行。这时虽然不能再把A和A'等同起来，但还是可以通过对A的代数结构的认识去掌握A'的部分代数性质。这也是研究代数系统的一种有效方法，而且是比同构映射更为灵活、简单的一种方法。

习题 6.3

(1) 给定代数系统$U = \langle \mathbf{N}, \cdot \rangle$，$V = \langle \{0, 1\}, \cdot \rangle$，其中$\cdot$是普通意义上的乘法运算。定义函数$f: \mathbf{N} \to \{0, 1\}$为

$$f(n) = \begin{cases} 1, & \text{存在 } k \in \mathbf{N}, \text{使 } n = 2^k \\ 0, & \text{其他} \end{cases}$$

证明：f 是一个从 U 到 V 的同态。

（2）设 f_1 和 f_2 是代数系统 $\langle A, \circ \rangle$ 到 $\langle B, * \rangle$ 上的两个同态。令 g 从 A 到 B 的函数，使得对任意的 $a \in A$，有 $g(a) = f_1(a) * f_2(a)$。求证：如果运算 $*$ 是可交换的和可结合的，则 g 是从 $\langle A, \circ \rangle$ 到 $\langle B, * \rangle$ 的同态。

（3）给定代数系统 $U = \langle \{a, b, c, d\}, * \rangle$ 和 $V = \langle \{1, 2, 3, 4\}, \circ \rangle$，其中 $*$ 和 $\circ$ 的定义如表 6.3.1 和表 6.3.2 所示。证明这两个代数系统是同构的。

表 6.3.1　$*$ 的定义

$*$	a	b	c	d
a	d	a	b	d
b	d	b	c	d
c	a	d	c	c
d	a	b	a	a

表 6.3.2　$\circ$ 的定义

$\circ$	1	2	3	4
1	2	2	2	4
2	1	1	4	2
3	3	2	3	1
4	1	1	3	4

（4）设集合 $S = \{a, b, c\}$，问代数系统 $U = \langle \{\varnothing, S\}, \cap, \cup \rangle$ 和 $V = \langle \{\{a, b\}, S\}, \cap, \cup \rangle$ 是否同构？

（5）问 $\langle \{1, 2, 3, 4\}, \times_5 \rangle$ 和 $\langle \{0, 1, 2, 3\}, +_4 \rangle$ 是否同构？

（6）设 X 为集合，证明 $\langle \rho(X), \cap \rangle$ 与 $\langle \rho(X), \cup \rangle$ 是同构的。

（7）设 $G = \langle \mathbf{R} - \{0\}, \cdot \rangle$，其中 $\cdot$ 是普通意义上的乘法运算，问下列函数是否为 G 的自同态，为什么？

① $f(x) = 1/x$。

② $f(x) = 2x$。

③ $f(x) = x^2$。

6.4　同余关系

这里阐明同余关系是为了说明同态与同余之间的联系。同余关系是代数系统的集合中的等价关系，并且在运算的作用下，能够保持关系的等价类。为了说明什么是同余关系，首先引入"代换性质"的概念。

定义 6.4.1　给定代数系统 $\langle X, * \rangle$，其中 $*$ 是二元运算。设 R 是集合 X 上的一个等价关系，对于任何 $x_1, x_2 \in X$ 和 $y_1, y_2 \in X$，当且仅当有

$$\langle x_1, x_2 \rangle \in R \wedge \langle y_1, y_2 \rangle \in R \Rightarrow \langle x_1 * y_1, x_2 * y_2 \rangle \in R \qquad (6.4.1)$$

则称等价关系 R 对运算 $*$ 具有**代换性质**（substitution property）。

【例 6.4.1】　给定代数系统 $\langle \mathbf{I}, +, \times \rangle$，其中 $\mathbf{I}$ 是整数集合，$+$ 和 $\times$ 都是一般的加法和乘法。现在定义 $\mathbf{I}$ 上的等价关系 R 如下。

对任意 $i_1, i_2 \in \mathbf{I}$，有

$$\langle i_1, i_2 \rangle \in R \Leftrightarrow |i_1| = |i_2|$$

试验证等价关系 R 对于运算＋和×是否具有代换性质。

解　对于加法运算来说,取 $a=2,b=1$,显然 $a,-a\in\mathbf{I},b\in\mathbf{I}$,且 $|a|=|-a|$ 和 $|b|=|b|$,但 $|a+b|\neq|-a+b|$,于是

$$\langle a,-a\rangle\in R\wedge\langle b,b\rangle\in R\nRightarrow\langle a+b,-a+b\rangle\in R$$

因此,对于加法来说,等价关系 R 不具有代换性质。

对于乘法运算来说,设 $i_1,i_2\in\mathbf{I},j_1,j_2\in\mathbf{I}$。若 $\langle i_1,i_2\rangle\in R$ 且 $\langle j_1,j_2\rangle\in R$,则 $|i_1|=|i_2|$ 和 $|j_1|=|j_2|$,此时

$$|i_1\times j_1|=|i_2\times j_2|\Leftrightarrow\langle i_1\times j_1,i_2\times j_2\rangle\in R$$

即对所有 $i_1,i_2\in\mathbf{I}$ 和 $j_1,j_2\in\mathbf{I}$,都有

$$\langle i_1,i_2\rangle\in R\wedge\langle j_1,j_2\rangle\in R\Rightarrow\langle i_1\times j_1,i_2\times j_2\rangle\in R$$

故等价关系 R 对乘法具有代换性质。

定义 6.4.2　给定代数系统 $U=\langle X,*\rangle$,且 R 是集合 X 上的等价关系,如果等价关系 R 对运算 $*$ 具有代换性质,则称 R 是代数系统 U 上的**同余关系**(congruence relation)。与此相对应,称等价关系 R 的等价类为**同余类**(congruence classes)。

上述定义可以推广到任何类型的代数系统,只要等价关系对该系统中的所有运算都具有代换性质。同理,代换性质的定义也不仅限于二元运算,式(1)也可以推广到任意 n 元运算。

例如,设代数系统 $U=\langle X,\circ,*\rangle$,$R$ 为 X 上的一个等价关系。如果 R 对于运算 $\circ$ 和 $*$ 都具有代换性质,则称 R 为代数系统 U 上的同余关系。

当 U 的运算 $\circ$ 为一元运算时,其代换性质式(1)改为

$$\langle x_1,x_2\rangle\in R\Rightarrow\langle\circ x_1,\circ x_2\rangle\in R \tag{6.4.2}$$

在 4.4 节中曾提到同余关系,在那里称为模 m 同余关系,并证实了模 m 同余关系是个等价关系。下面就来具体讨论这种关系。

【例 6.4.2】　设代数系统 $U=\langle\mathbf{I},+\rangle$,$R$ 为 $\mathbf{I}$ 上的模 3 同余关系(也必为等价关系),即

$$R=\{\langle x,y\rangle\mid x,y\in\mathbf{I}\wedge(x-y)\text{可被 3 整除}\}$$

试证明 R 是 U 上的同余关系。

证　对任意 $x_1,x_2\in\mathbf{I}$ 和 $y_1,y_2\in\mathbf{I}$,如果 $\langle x_1,x_2\rangle\in R$ 且 $\langle y_1,y_2\rangle\in R$,则 x_1-x_2 和 y_1-y_2 都可被 3 整除。又因为

$$(x_1+y_1)-(x_2+y_2)=(x_1-x_2)+(y_1-y_2)$$

该等式左右两侧均可被 3 整除,因此 $\langle x_1+y_1,x_2+y_2\rangle\in R$,即

$$\langle x_1,x_2\rangle\in R\wedge\langle y_1,y_2\rangle\in R\Rightarrow\langle x_1+y_1,x_2+y_2\rangle\in R$$

也即模 3 同余关系 R 对＋运算具有代换性质,故模 3 同余关系 R 是 U 上的同余关系。

相应地,等价类称为同余类,即

$$[0]_R=\{\cdots,-6,-3,0,3,6,\cdots\}$$
$$[1]_R=\{\cdots,-5,-2,1,4,7,\cdots\}$$
$$[2]_R=\{\cdots,-4,-1,2,5,8,\cdots\}$$

这个关系 R 把 $\mathbf{I}$ 划分成三类。进一步考查可知,这个关系 R 有一特性,它能把所划分的类 $[0]_R,[1]_R,[2]_R$ 中任意两个类中的元素相加所得的结果仍在其中的某个类中。例如,

$[1]_R$ 中的任一元素和 $[2]_R$ 中的任一元素相加,所得结果均在 $[0]_R$ 这个类中。

【例 6.4.3】 给定代数系统 $\langle \mathbf{I}, * \rangle$,其中 $\mathbf{I}$ 是整数集合, $*$ 是一个一元运算, $*$ 的定义如下。

对任意 $i \in \mathbf{I}$ 和 $m \in \mathbf{I}_+$,有

$$* (i) = (i^2)(\bmod \ m)$$

再定义 $\mathbf{I}$ 上的一个等价关系 R:对任意 $i_1, i_2 \in \mathbf{I}$ 来说,有

$$\langle i_1, i_2 \rangle \in R \Leftrightarrow (i_1)(\bmod \ m) = (i_2)(\bmod \ m)$$

试证明等价关系 R 是代数系统 $\langle \mathbf{I}, * \rangle$ 上的同余关系。

证 欲证明 R 是 $\langle \mathbf{I}, * \rangle$ 上的同余关系,只需证明 R 对运算 $*$ 具有代换性质,即证明 $\langle i_1, i_2 \rangle \in R \Rightarrow \langle * i_1, * i_2 \rangle \in R$ 成立。

设 $i_1, i_2 \in \mathbf{I}$,如果 $\langle i_1, i_2 \rangle \in R$,则有

$$(i_1)(\bmod \ m) = (i_2)(\bmod \ m)$$

即 i_1 和 i_2 除以 m 所得余数相同,所以 i_1 和 i_2 可表示成 $i_1 = a_1 m + r, i_2 = a_2 m + r$,其中 $a_1, a_2 \in \mathbf{I}, 0 \leqslant r < m$。于是有

$$* (i_1) = (i_1^2)(\bmod \ m) = (a_1 m + r)^2 (\bmod \ m) = (r^2)(\bmod \ m)$$

$$* (i_2) = (i_2^2)(\bmod \ m) = (a_2 m + r)^2 (\bmod \ m) = (r^2)(\bmod \ m)$$

这表明 $* (i_1) = * (i_2)$,故 $* (i_1)(\bmod \ m) = * (i_2)(\bmod \ m)$,因此有 $\langle i_1, i_2 \rangle \in R \Rightarrow \langle * i_1, * i_2 \rangle \in R$,故 R 是个同余关系。结论得证。

一般来说,作为模 m 等价关系的同余关系,常具有代换性质。但是,由例 6.4.1 可知,并不是任何等价关系都具有代换性质。当然,定义的同余关系的概念,不仅局限在余数相同的意义之上,而是具有更为广泛、更为抽象的意义。

综上讨论可知,代数系统中的同余关系即是具有代换性质的等价关系。一个等价关系是否具有代换性质,与给定的代数运算有关。此外,前面曾提到阐述同余关系是为了说明同态与同余之间的联系,现在就来说明这一点。

定理 6.4.1 给定代数系统 $U = \langle X, \circ \rangle$ 和 $V = \langle Y, * \rangle$,其中 $\circ, *$ 都是二元运算。设 $f: X \to Y$ 是从 U 到 V 的同态,对应同态 f,定义一个 U 上的关系 R,使对任意 $x_1, x_2 \in X$,有

$$\langle x_1, x_2 \rangle \in R \Leftrightarrow f(x_1) = f(x_2)$$

则 R 是 U 上的同余关系。

证 易验证 R 是个等价关系。下面来证 R 对运算 $\circ$ 具有代换性质。设 $x_1, x_2 \in X, y_1, y_2 \in X$,且有 $\langle x_1, x_2 \rangle \in R$ 和 $\langle y_1, y_2 \rangle \in R$,即 $f(x_1) = f(x_2)$ 和 $f(y_1) = f(y_2)$。因为

$$f(x_1 \circ y_1) = f(x_1) * f(y_1) = f(x_2) * f(y_2), \quad f(x_2 \circ y_2) = f(x_2) * f(y_2)$$

所以 $f(x_1 \circ y_1) = f(x_2 \circ y_2)$,再由 R 的定义可知,应有 $\langle x_1 \circ y_1, x_2 \circ y_2 \rangle \in R$,由此可得

$$\langle x_1, x_2 \rangle \in R \wedge \langle y_1, y_2 \rangle \in R \Rightarrow \langle x_1 \circ y_1, x_2 \circ y_2 \rangle \in R$$

故 R 对运算 $\circ$ 满足代换性质,即 R 是 U 上的同余关系。 ■

这个定理说明,对于任何代数系统 U 到 V 的同态 f,都可根据同态 f 来定义 U 上的一个同余关系。

习题 6.4

(1) 给定代数系统 $U=\langle \mathbf{I}, * \rangle$，其中 $*$ 是 $\mathbf{I}$ 上的一元运算，并定义为：对于 $m,k\in \mathbf{I}_+$，有

$$*(i)=i^k(\mathrm{mod}\ m)$$

定义集合 $\mathbf{I}$ 上的关系 R 为 $\langle i_1,i_2\rangle\in R\Leftrightarrow(i_1)(\mathrm{mod}\ m)=(i_2)(\mathrm{mod}\ m)$。$R$ 是否为 U 中的同余关系？

(2) 考查代数系统 $V=\langle \mathbf{I},+,\cdot\rangle$，其中 $+$ 和 $\cdot$ 分别为普通意义上的加法和乘法运算，定义 $\mathbf{I}$ 中的关系 R 为 $\langle i_1,i_2\rangle\in R$，当且仅当 $|i_1|=|i_2|$。对于运算 $+$，R 是否满足代换性质？对于乘法 $\cdot$ 呢？

(3) 证明一个代数系统上的两个同余关系的交必为同余关系。

(4) 给定代数系统 $F_3=\langle \mathbf{N}_3,+_3,\times_3\rangle$，其中 $\mathbf{N}_3=\{0,1,2\}$，R 为 $\mathbf{N}_3$ 中的任一等价关系。

① 证明：对于运算 $+_3$，如果关系 R 具有代换性质，则对于 $\times_3$，R 也具有代换性质。

② 试求出 $\mathbf{N}_3$ 中的一种等价关系 S，它对于运算 $\times_3$ 具有代换性质，而对于运算 $+_3$ 却没有代换性质。

(5) 试确定 $\mathbf{I}$ 上的下述关系 R 是否为 $\langle \mathbf{I},+\rangle$ 上的同余关系。

① $\langle x,y\rangle\in R$，当且仅当 $(x<0\wedge y<0)\vee(x\geqslant 0\wedge y\geqslant 0)$。

② $\langle x,y\rangle\in R$，当且仅当 $|xy|<10$。

③ $\langle x,y\rangle\in R$，当且仅当 $(x=y=0)\vee(x\neq 0\wedge y\neq 0)$。

④ $\langle x,y\rangle\in R$，当且仅当 $x\geqslant y$。

6.5 商代数与积代数

商代数与积代数都是由原始代数系统所构成的新的代数系统。本节就来讨论这两种代数系统的具体构造方法。

6.5.1 商代数

定义 6.5.1 给定代数系统 $U=\langle X,\circ\rangle$，其中 $\circ$ 是个二元运算，R 是 U 上的同余关系。构造一个新的代数系统 $W=\langle X/R,\otimes\rangle$，其中：

(i) $X/R=\{[x]_R\mid x\in X\}$。

(ii) 对于 $x_1,x_2\in X$ 来说，$[x_1]_R\otimes[x_2]_R=[x_1\circ x_2]_R$。

则称代数系统 W 为 U 关于 R 的**商代数**(quotient algebra)，简称**商代数**，并记为 U/R。

下面证明商代数 $W=\langle X/R,\otimes\rangle$ 确实是一个代数系统。首先证明在运算 $\otimes$ 的作用下，商集 X/R 是封闭的。因为 $U=\langle X,\circ\rangle$ 是个代数系统，所以在运算 $\circ$ 的作用下集合 X 是封闭的，又因为运算 $\otimes$ 是由运算 $\circ$ 来定义的，故运算 $\otimes$ 对商集 X/R 是封闭的。

再证明使用 $\otimes$ 所得结果不依赖于选取的进行运算的等价类中的代表元素，即证明如果

$[x_1]_R = [x_2]_R$，$[y_1]_R = [y_2]_R$，则应有 $[x_1]_R \otimes [y_1]_R = [x_2]_R \otimes [y_2]_R$。由 $[x_1]_R = [x_2]_R$ 和 $[y_1]_R = [y_2]_R$，得 $\langle x_1, x_2 \rangle \in R$ 和 $\langle y_1, y_2 \rangle \in R$。注意到 R 是个同余关系，R 对运算。具有代换性质，故

$$\langle x_1, x_2 \rangle \in R \wedge \langle y_1, y_2 \rangle \in R \Rightarrow \langle x_1 \circ y_1, x_2 \circ y_2 \rangle \in R \Rightarrow [x_1 \circ y_1]_R = [x_2 \circ y_2]_R$$

再由(ii)可知

$$[x_1]_R \otimes [y_1]_R = [x_1 \circ y_1]_R, \quad [x_2]_R \otimes [y_2]_R = [x_2 \circ y_2]_R$$

由此可得，$[x_1]_R \otimes [y_1]_R = [x_2]_R \otimes [y_2]_R$。因此，定义中的商代数 $W = \langle X/R, \otimes \rangle$ 是个代数系统。

【例 6.5.1】 重新考查 6.4 节中的例 6.4.2，代数系统 $U = \langle \mathbf{I}, + \rangle$，$R$ 是 $\mathbf{I}$ 上的模 3 同余关系，试构造代数系统 U 的商代数。

解 先定义商集

$$\mathbf{I}/R = \{[0]_R, [1]_R, [0]_R\}$$

再定义一个代数运算 $+_3$，即

$$[i]_R +_3 [j]_R = [(i+j)(\bmod 3)]_R$$

于是能构成 U 的商代数 $U/R = \langle \mathbf{I}/R, +_3 \rangle$。

由商代数的定义不难得出这样的结论，即商代数 $W = \langle X/R, \otimes \rangle$ 中的运算 $\otimes$，能够保持原始代数 $U = \langle X, \circ \rangle$ 中的运算。的若干性质。举例如下。

(1) 如果运算。是可交换的，则运算 $\otimes$ 也是可交换的。

证 任取 $[x_1]_R, [x_2]_R \in X/R$，则由商代数的定义(ii)和可交换的定义，知

$$[x_1]_R \otimes [x_2]_R = [x_1 \circ x_2]_R = [x_2 \circ x_1]_R = [x_2]_R \otimes [x_1]_R$$

因此运算 $\otimes$ 是可交换的。

(2) 如果运算。是可结合的，则运算 $\otimes$ 也是可结合的。

证 任取 $[x_1]_R, [x_2]_R, [x_3]_R \in X/R$，则由商代数的定义(ii)和可结合的定义，知

$$([x_1]_R \otimes [x_2]_R) \otimes [x_3]_R = [x_1 \circ x_2]_R \otimes [x_3]_R = [(x_1 \circ x_2) \circ x_3]_R$$
$$= [x_1 \circ (x_2 \circ x_3)]_R = [x_1]_R \otimes ([x_2]_R \otimes [x_3]_R)$$

因此运算 $\otimes$ 是可结合的。

(3) 如果运算。有幺元 e，则运算 $\otimes$ 有幺元 $[e]_R$。

证 任取 $[x]_R \in X/R$，则由商代数的定义(ii)及幺元的定义，知

$$[x]_R \otimes [e]_R = [x \circ e]_R = [x]_R, \quad [e]_R \otimes [x]_R = [e \circ x]_R = [x]_R$$

故有 $[x]_R \otimes [e]_R = [e]_R \otimes [x]_R = [x]_R$，即 $[e]_R$ 为运算 $\otimes$ 的幺元。

(4) 如果运算。有零元 0，则运算 $\otimes$ 有零元 $[0]_R$。

证 任取 $[x]_R \in X/R$，则由商代数的定义(ii)及零元的定义，知

$$[x]_R \otimes [0]_R = [x \circ 0]_R = [0]_R, \quad [0]_R \otimes [x]_R = [0 \circ x]_R = [0]_R$$

故有 $[x]_R \otimes [0]_R = [0]_R \otimes [x]_R = [0]_R$，即 $[0]_R$ 为运算 $\otimes$ 的有零元。

定义 6.5.2 给定集合 X，且 R 是 X 上的等价关系。设函数 $g: X \to X/R$，且对任何 $x \in X$，给定成 $g(x) = [x]_R$，则称函数 g 是从集合 X 到商集 X/R 的**正则映射**（regular mapping）。

显然，正则映射必是满射。

定理 6.5.1 给定代数系统 $U = \langle X, \circ \rangle$,其中。是二元运算。设 R 是 U 上的同余关系,且 U 关于 R 的商代数是 $U/R = \langle X/R, \otimes \rangle$,则从 X 到 X/R 的正则映射 $g: X \to X/R$,必是从 U 到 U/R 的同态。这个同态也称为与 R 相关的自然同态,简称为**自然同态**(natural homomorphism)。

证 由正则映射和定义可知,$g: X \to X/R$ 且 $g(x) = [x]_R$。故有
$$g(x_1 \circ x_2) = [x_1 \circ x_2]_R = [x_1]_R \otimes [x_2]_R = g(x_1) \otimes g(x_2)$$
由此可知,正则映射是从 U 到 U/R 的同态。 ■

此定理说明,对于代数系统 U 上的任何同余关系 R 都可以定义从 U 到 U/R 的自然同态(也是同态);而定理 6.4.1 说明,对于代数系统 U 到 V 的任何同态 f,也可定义 U 上的一个相应的同余关系 R。由此可见,同态与同余之间有着密切的联系。

定理 6.5.2 给定代数系统 $U = \langle X, \circ \rangle$ 和 $V = \langle Y, * \rangle$,其中。和 * 都是二元运算。如果同时满足:

(i) $f: X \to Y$ 是从 U 到 V 的满同态。

(ii) R 是对应于 f 的同余关系。

(iii) $g: X \to X/R$ 是从 U 到 $U/R = \langle X/R, \otimes \rangle$ 的自然同态。

则在商代数 U/R 和代数系统 V 之间存在着一个同构映射 $h: X/R \to Y$。

证 设映射 $h: X/R \to Y$,且对任意 $x \in X$ 给定成
$$h([x]_R) = f(x)$$
下面来证明 $h: X/R \to Y$ 是从 U/R 到 V 的同构映射。

首先证明 h 是单射。对任何 $x_1, x_2 \in X$,如果 $h([x_1]_R) = h([x_2]_R)$,根据 h 的定义可知,必有 $f(x_1) = f(x_2)$,因为 R 是对应于同态 f 的同余关系,由定理 6.4.1 知必有 $\langle x_1, x_2 \rangle \in R$,所以 $[x_1]_R = [x_2]_R$,即由 $h([x_1]_R) = h([x_2]_R)$,得到 $[x_1]_R = [x_2]_R$,因此 h 是单射。

其次证明 h 是满射。对任意 $y \in Y$,因为 $f: X \to Y$ 是从 U 到 V 的满同态,所以必存在 $x \in X$ 使得 $f(x) = y$,再由 h 的定义可知,必存在 $[x]_R$,使 $h([x]_R) = f(x) = y$,即任意 $y \in Y$,在 h 下均有原像 $[x]_R$,因此 h 是满射。

最后证明 h 是个同态映射。对于任意 $x_1, x_2 \in X$,有

$$\begin{aligned} h([x_1]_R \otimes [x_2]_R) &= h(g(x_1) \otimes g(x_2)) = h(g(x_1 \circ x_2)) && (g \text{ 的定义})\\ &= h([x_1 \circ x_2]_R) = f(x_1 \circ x_2) && (g \text{ 和 } h \text{ 的定义})\\ &= f(x_1) * f(x_2) = h([x_1]_R) * h([x_2]_R) && (f \text{ 和 } h \text{ 的定义}) \end{aligned}$$

综上知,h 是个同态的,且又是个双射的,故 h 是个同构映射。 ■

图 6.5.1 给出了上述映射间的关系图解,即若一个代数系统 U 与另一个代数系统 V 存在一个满同态 f,则可由代数系统 U 构造一个代数系统 U/R 与代数系统 V 同构。

图 6.5.1 映射关系图解

代数系统基础

6.5.2 积代数

把笛卡儿乘积的概念推广到同一类型的代数系统中,从而能够生成新的代数系统,这种新的代数系统通常称为代数系统的直接乘积,简称为积代数。

> **定义 6.5.3** 给定两个同型的代数系统 $U=\langle X,\circ\rangle$ 和 $V=\langle Y,*\rangle$,它们构成一个新的代数系统 $U\times V=\langle X\times Y,\otimes\rangle$,其中的 $X\times Y$ 是集合 X 和 Y 的笛卡儿乘积,且运算 $\otimes$ 的定义为:对任意 x_1、$x_2\in X$ 和 y_1、$y_2\in Y$,有 $\langle x_1,y_1\rangle\otimes\langle x_2,y_2\rangle=\langle x_1\circ x_2,y_1*y_2\rangle$,则称 $U\times V$ 是 U 和 V 的**积代数**(product algebra),同时称 U 和 V 是 $U\times V$ 的**因子代数**(factor algebra)。

注意,积代数的定义可以推广到任何两个同型的代数系统。如果重复地使用定义 6.5.3 中的方法,也可以定义任意有限个同型的代数系统的积代数。

【**例 6.5.2**】 给定两个代数 $U=\langle A,\circ\rangle$ 和 $V=\langle B,*\rangle$,其中集合 $A=\{a_1,a_2\}$,$B=\{b_1,b_2,b_3\}$。二元运算 $\circ$ 和 $*$ 的定义分别由表 6.5.1 和表 6.5.2 给定。试构成代数系统 U 和 V 的积代数。

表 6.5.1 $\circ$ 的定义

$\circ$	a_1	a_2
a_1	a_1	a_2
a_2	a_2	a_1

表 6.5.2 $*$ 的定义

$*$	b_1	b_2	b_3
b_1	b_1	b_1	b_3
b_2	b_2	b_2	b_3
b_3	b_1	b_3	b_3

解 代数系统 U 和 V 的积代数为

$$U\times V=\langle A\times B,\otimes\rangle$$

其中 $A\times B=\{\langle a_1,b_1\rangle,\langle a_1,b_2\rangle,\langle a_1,b_3\rangle,\langle a_2,b_1\rangle,\langle a_2,b_2\rangle,\langle a_2,b_3\rangle\}$;运算 $\otimes$ 的定义为对所有的序偶 $\langle a_i,b_j\rangle\in A\times B$ 和 $\langle a_i',b_j'\rangle\in A\times B$,有

$$\langle a_i,b_j\rangle\otimes\langle a_i',b_j'\rangle=\langle a_i\circ a_i',b_j*b_j'\rangle$$

如 $\langle a_1,b_2\rangle\otimes\langle a_2,b_1\rangle=\langle a_1\circ a_2,b_2*b_1\rangle=\langle a_2,b_2\rangle$。在表 6.5.3 中给出了 $\otimes$ 的运算表。

表 6.5.3 $\otimes$ 的运算表

$\otimes$	$\langle a_1,b_1\rangle$	$\langle a_1,b_2\rangle$	$\langle a_1,b_3\rangle$	$\langle a_2,b_1\rangle$	$\langle a_2,b_2\rangle$	$\langle a_2,b_3\rangle$
$\langle a_1,b_1\rangle$	$\langle a_1,b_1\rangle$	$\langle a_1,b_1\rangle$	$\langle a_1,b_3\rangle$	$\langle a_2,b_1\rangle$	$\langle a_2,b_1\rangle$	$\langle a_2,b_3\rangle$
$\langle a_1,b_2\rangle$	$\langle a_1,b_2\rangle$	$\langle a_1,b_2\rangle$	$\langle a_1,b_3\rangle$	$\langle a_2,b_2\rangle$	$\langle a_2,b_2\rangle$	$\langle a_2,b_3\rangle$
$\langle a_1,b_3\rangle$	$\langle a_1,b_1\rangle$	$\langle a_1,b_3\rangle$	$\langle a_1,b_3\rangle$	$\langle a_2,b_1\rangle$	$\langle a_2,b_3\rangle$	$\langle a_2,b_3\rangle$
$\langle a_2,b_1\rangle$	$\langle a_2,b_1\rangle$	$\langle a_2,b_1\rangle$	$\langle a_2,b_3\rangle$	$\langle a_1,b_1\rangle$	$\langle a_1,b_1\rangle$	$\langle a_1,b_3\rangle$
$\langle a_2,b_2\rangle$	$\langle a_2,b_2\rangle$	$\langle a_2,b_2\rangle$	$\langle a_2,b_3\rangle$	$\langle a_1,b_2\rangle$	$\langle a_1,b_2\rangle$	$\langle a_1,b_3\rangle$
$\langle a_2,b_3\rangle$	$\langle a_2,b_1\rangle$	$\langle a_2,b_3\rangle$	$\langle a_2,b_3\rangle$	$\langle a_1,b_1\rangle$	$\langle a_1,b_3\rangle$	$\langle a_1,b_3\rangle$

习题 6.5

(1) 设代数系统 $F=\langle A,*,\oplus\rangle$,其中 $A=\{a_1,a_2,a_3,a_4,a_5\}$,$*$ 和 $\oplus$ 的定义如表 6.5.4 所示。设 R 为 A 上的等价关系,$A/R=\{\{a_1,a_3\},\{a_2,a_5\},\{a_4\}\}$。

表 6.5.4 ∗和⊕的定义

	∗	⊕
a_1	a_4	a_3
a_2	a_3	a_2
a_3	a_4	a_1
a_4	a_2	a_3
a_5	a_1	a_5

① 证明 R 是 F 上的同余关系。

② 用构成运算表的方法,求商代数 $F/R=\langle A/R,∗_R,⊕_R\rangle$,并求从 F 到 F/R 的自然同态。

(2) 给定代数系统 $F_2=\langle \mathbf{N}_2,+_2,\times_2\rangle$ 和 $F_3=\langle \mathbf{N}_3,+_3,\times_3\rangle$,其中 $N_2=\{0,1\}$,$N_3=\{0,1,2\}$,试求积代数 $F_2\times F_3$ 和 $F_3\times F_2$。

(3) 设代数系统 $U=\langle X,\cdot\rangle$ 和 $V=\langle Y,∗\rangle$,其中 $\cdot$ 和 $∗$ 为二元运算,$U\times V=\langle X\times Y,\Delta\rangle$。证明:

① 若 $\cdot$ 和 $∗$ 是可交换的,则 Δ 也是可交换的。

② 若 $\cdot$ 和 $∗$ 是可结合的,则 Δ 也是可结合的。

(4) 给定代数系统 $A_m=\langle \mathbf{N}_m,+_m\rangle$,其中 $\mathbf{N}_m=\{0,1,2,\cdots,m-1\}$,$+_m$ 是 $\mathbf{N}_m$ 中的模 m 加法。

① 证明积代数 $A_2\times A_3$ 同构于 A_6。

② 列举出积代数 $A_2\times A_3$ 中的一些同余关系。

第7章 群、环和域

任何具有一定实际意义的代数系统都要满足某些特定的条件,从而组成具有不同特征的代数系统。从本章开始,就来讨论一些具体的代数系统。它们是具有一个二元运算的代数系统——群,以及具有两个二元运算的代数系统——环和域。在第 8 章还将讨论具有两个二元运算的代数系统——格,以及具有两个二元运算和一个一元运算的代数系统——布尔代数。

本章将从半群这一最简单的代数系统开始,逐步引入群的一些基本概念和性质,并讨论一些特殊的群(如阿贝尔群、循环群、变换群和商群等)。最后简要介绍环和域的一些基本概念和知识。

7.1 半群与含幺半群

半群是一种特殊的、也是最简单的代数系统。它在形式语言、自动机等领域中都有具体的应用。

定义 7.1.1 设 $\langle S, * \rangle$ 是一个代数系统,$*$ 是 S 上的二元运算。

(i) 若运算 $*$ 是可结合的,则称 $\langle S, * \rangle$ 为一个**半群**(semigroup)。

(ii) 若运算 $*$ 是可结合的,且具有幺元 e,则称 $\langle S, * \rangle$ 是一个**含幺半群**或**独异点**(monoid),并记为 $\langle S, *, e \rangle$。

【例 7.1.1】 设 $\mathbf{N}$ 是自然数集合,则 $\langle \mathbf{N}, + \rangle$ 和 $\langle \mathbf{N}, \times \rangle$ 都是半群,对于运算 $+$,$\mathbf{N}$ 中存在幺元 0,对于运算 $\times$,$\mathbf{N}$ 中存在幺元 1,故它们也都是含幺半群,分别记为 $\langle \mathbf{N}, +, 0 \rangle$ 和 $\langle \mathbf{N}, \times, 1 \rangle$。

【例 7.1.2】 设 $\mathbf{N}'$ 是正偶数集合,则 $\langle \mathbf{N}', + \rangle$ 和 $\langle \mathbf{N}', \times \rangle$ 都是半群,但它们都没有幺元,因此都不是含幺半群。

【例 7.1.3】 设 S 是非空集合,$\rho(S)$ 是其幂集,则代数系统 $\langle \rho(S), \bigcup \rangle$ 和 $\langle \rho(S), \bigcap \rangle$ 都是半群,且运算 $\bigcup$ 的幺元是空集 $\varnothing$,运算 $\bigcap$ 的幺元是 S,故它们也都是含幺半群,分别记为 $\langle \rho(S), \bigcup, \varnothing \rangle$ 和 $\langle \rho(S), \bigcap, S \rangle$。

【例 7.1.4】 整数集 $\mathbf{I}$ 中的模 m 同余关系 R 所划分的等价类为 $[0]_R, [1]_R, \cdots, [m-1]_R$,若简写成 $[0], [1], \cdots, [m-1]$,则 $\mathbf{I}$ 对 R 的商集 $\mathbf{I}/R$(简记为 Z_m),即

$$Z_m = \mathbf{I}/R = \{[0], [1], \cdots, [m-1]\}$$

在 Z_m 中分别定义运算 $+_m$ 及 $\times_m$,对任何的 $[i]$、$[j] \in Z_m$,有

$$[i] +_m [j] = [(i+j) \bmod m]$$

$$[i] \times_m [j] = [(i \times j) \bmod m]$$

显然$\langle Z_m, +_m \rangle$和$\langle Z_m, \times_m \rangle$都是含幺半群,它们的幺元分别是$[0]$和$[1]$,并将它们分别记为$\langle Z_m, +_m, [0] \rangle$和$\langle Z_m, \times_m, [1] \rangle$。

定义 7.1.2 设$\langle S, * \rangle$是半群,如果运算 $*$ 是可交换的,则称$\langle S, * \rangle$是**可交换半群**(commutative semigroup)。如果可交换半群$\langle S, * \rangle$具有幺元,则称$\langle S, * \rangle$为**可交换含幺半群**(commutative monoid)。

如例 7.1.2 中的$\langle \mathbf{N}', + \rangle$和$\langle \mathbf{N}', \times \rangle$都是可交换半群;例 7.1.3 中的$\langle \rho(S), \bigcup, \varnothing \rangle$和$\langle \rho(S), \bigcap, S \rangle$也都是可交换含幺半群。

【例 7.1.5】 设$\langle A, * \rangle$是半群,对任意的$a, b \in A$,若$a \neq b$,则$a * b \neq b * a$。试证明:

(1) 对任意的$a \in A$有$a * a = a$。

(2) 对任意$a, b \in A$有$a * b * a = a$。

证 (1) 因为对任意的$a, b \in A$,若$a \neq b$,则$a * b \neq b * a$,所以若$a * b = b * a$,则必有$a = b$。因此由 $*$ 是可结合的,知$(a * a) * a = a * (a * a)$,得$a * a = a$。

(2) 因为

$$
\begin{aligned}
(a * b * a) * a &= a * b * (a * a) && (\text{因 } * \text{ 可结合})\\
&= a * b * a = (a * a) * (b * a) && (a * a = a)\\
&= a * (a * b * a) && (\text{因 } * \text{ 可结合})
\end{aligned}
$$

故由(1)的证明知,$a * b * a = a$。

在 6.2 中所介绍的子代数的概念,同样可以应用到半群或含幺半群。

定义 7.1.3 设$\langle S, * \rangle$是一个半群,且非空集合$H \subseteq S$,如果集合 H 在运算 $*$ 作用下封闭,则称$\langle H, * \rangle$是$\langle S, * \rangle$的**子半群**(subsemigroup)。设$\langle S, *, e \rangle$是一个含幺半群,且$H \subseteq S$,如果 H 在运算 $*$ 作用下封闭,且$e \in H$,则称$\langle H, *, e \rangle$是$\langle S, *, e \rangle$的**子含幺半群**(submonoid)。

【例 7.1.6】 $\langle \mathbf{N}, +, 0 \rangle$是个含幺半群,且是含幺半群$\langle \mathbf{I}, +, 0 \rangle$的子含幺半群;$\langle \mathbf{N} - \{0\}, + \rangle$是个半群,且是$\langle \mathbf{I}, +, 0 \rangle$的子半群,但不是子含幺半群。

【例 7.1.7】 设$U = \langle S, * \rangle$是一个半群,其中$S = \{a, b, c, d\}$,运算 $*$ 的定义由表 7.1.1 给出。由该表不难看出元素 d 是个幺元,故 U 也是个含幺半群,记为$U = \langle S, *, d \rangle$。根据该表不难验证:$\langle \{d\}, * \rangle$,$\langle \{c, d\}, * \rangle$,$\langle \{b, c, d\}, * \rangle$都是 U 的含幺子半群;$\langle \{b, c\}, * \rangle$、$\langle \{c\}, * \rangle$都是 U 的子半群,但不是含幺子半群;$\langle \{a, b\}, * \rangle$却不是 U 的子半群,因为不封闭。

表 7.1.1 $*$ 的定义(例 7.1.7)

$*$	a	b	c	d
a	d	c	b	a
b	b	b	b	b
c	c	c	c	c
d	a	b	c	d

在含幺半群$\langle S, *, e \rangle$中,任意元素$a \in S$,它的幂被定义为

$$a^0 = e, a^1 = a, a^2 = a * a, \cdots, a^{k+1} = a^k * a, \quad k \in \mathbf{N}$$

再利用结合律,对任意的 $i,j\in\mathbf{N}$,有

$$a^{i+j}=a^i*a^j=a^j*a^i,a^{ij}=(a^i)^j=(a^j)^i$$

定理 7.1.1 设 $\langle S,*\rangle$ 是一个半群,如果 S 是一个有限集,则必存在 $a\in S$,使得 $a*a=a$。

证 因为 $\langle S,*\rangle$ 是半群,由运算 $*$ 的封闭性和可结合性可知,对任意元素 $b\in S$,有

$$b^2=b*b\in S,\quad b^3=b^2*b\in S,\quad b^4=b^3*b\in S,\cdots$$

又因为 S 是有限集,所以必存在 $j>i$,使得 $b^i=b^j$,令 $p=j-i$,便有 $b^i=b^j=b^p*b^i$,$b^{i+1}=b^p*b^{i+1},\cdots$,即 $b^q=b^p*b^q,q\geq i$。

因为 $p\geq 1$,所以必存在 $k\geq 1$,使得 $kp\geq i$,于是有

$$b^{kp}=b^p*b^{kp}=b^p*(b^p*b^{kp})=b^{2p}*b^{kp}$$
$$=b^{2p}*(b^p*b^{kp})=b^{3p}*b^{kp}=\cdots$$
$$=b^{kp}*b^{kp}$$

令 $a=b^{kp}$,便有 $a*a=a$。 ◼

定理 7.1.2 设 $\langle S,*,e\rangle$ 是一个含幺半群,则关于运算 $*$ 的运算表中任何两行或两列都是不相同的。

证 利用反证法。设 $a,b\in S$ 且 $a\neq b$,若运算表中 a 行和 b 行完全相同,则应有 $a*e=b*e$,从而 $a=b$,这与 $a\neq b$ 矛盾;若运算表中 a 列和 b 列完全相同,则应有 $e*a=e*b$,从而 $a=b$,这与 $a\neq b$ 矛盾。综上,定理得证。 ◼

定理 7.1.3 设 $\langle S,*\rangle$ 是一个可交换含幺半群,H 是 S 的等幂元素所构成的集合,则 $\langle H,*\rangle$ 是 $\langle S,*\rangle$ 的子含幺半群。

证 因为幺元 $e\in S$ 且是等幂的,所以 $e\in H$。

设任意 $a,b\in H$,因为 H 中的元素都是等幂的,所以 $a*a=a,b*b=b$,又因为 $\langle S,*\rangle$ 是可交换的,所以 $a*b=b*a$,由此可得

$$(a*b)*(a*b)=(a*b)*(b*a)=a*(b*b)*a \quad (可交换,可结合)$$
$$=a*b*a=a*(b*a)=a*(a*b) \quad (b \text{ 等幂的,交换})$$
$$=(a*a)*b=a*b \quad\quad\quad (a \text{ 等幂的})$$

这说明 $a*b$ 也是等幂的,故 $a*b\in H$,即对运算 $*$ 的作用下集合 H 是封闭的。

综上知,$\langle H,*\rangle$ 是 $\langle S,*\rangle$ 的一个子含幺半群。 ◼

定义 7.1.4 给定一个半群 $\langle S,*\rangle$(或含幺半群 $\langle S,*,e\rangle$),如果存在一个元素 $g\in S$,对每个元素 $a\in S$ 都有一个相应的 $n\in\mathbf{N}$,可把元素 a 写成 g^n 的形式,即 $a=g^n$,则称 $\langle S,*\rangle$ 是个**循环半群**(cyclic semigroup,或**循环含幺半群**,cyclic monoid),并且称元素 g 是循环半群(或循环含幺半群)的**生成元**(generator)。

例如,代数系统 $\langle \mathbf{I}_+,+\rangle$ 是个无限循环半群,其中 $\mathbf{I}_+$ 是正整数集,运算 $+$ 是一般的加法,它的生成元是 1。

【例 7.1.8】 设 $U=\langle X,*\rangle$ 是一个含幺半群,其中 $X=\{1,a,b,c,d\}$,运算 $*$ 的定义由表 7.1.2 给出。试证明 U 是个循环含幺半群,且拥有生成元 c。

表 7.1.2　＊ 的定义(例 7.1.8)

＊	1	a	b	c	d
1	1	a	b	c	d
a	a	a	b	d	d
b	b	b	d	a	a
c	c	d	a	b	b
d	d	d	a	b	b

解　由运算表 7.1.2 不难看出：

$$c^0 = 1, c^1 = c, c^2 = c * c = b$$
$$c^3 = c^2 * c = b * c = a$$
$$c^4 = c^3 * c = a * c = d$$
$$c^5 = c^4 * c = d * c = b = c^2$$

可见,X 中的元素都可表示成元素 c 的整数幂的形式,且 $1 = c^0, a = c^3, b = c^2, c = c^1, d = c^4$,故 U 是个循环含幺半群,它的生成元是 c,幺元是 1。

> **定理 7.1.4**　每个循环半群(或含幺循环半群)都是可交换半群(或可交换含幺半群)。

证　设 $\langle X, * \rangle$ 是一个循环半群(或含幺循环半群),则 X 中必存在生成元 g,使得对任意 $a, b \in X$,都存在 $m, n \in \mathbf{N}$,使 $a = g^m, b = g^n$,于是有

$$a * b = g^m * g^n = g^{m+n} = g^n * g^m = b * a$$

即运算 ＊ 是可交换的。■

> **定理 7.1.5**　设 $\langle S, * \rangle$ 是一个半群,H 是 S 中任一元素的幂所构成的集合,则 $\langle H, * \rangle$ 是 $\langle S, * \rangle$ 的子半群,且是一个循环子半群。

证　设 a 是 S 中的任意一个元素,由元素 a 的幂构成的集合 $H = \{a, a^2, a^3, \cdots\}$,则对任意 $a^m, a^n \in H$。显然有 $a^m * a^n = a^{m+n} = a^{n+m} = a^n * a^m$,这说明 H 中的元素对于运算 ＊ 是可交换的,且 H 对运算 ＊ 是封闭的,故 $\langle H, * \rangle$ 是 $\langle S, * \rangle$ 的子半群,且元素 a 即是 $\langle H, * \rangle$ 的生成元,因此 $\langle H, * \rangle$ 也是一个循环子半群。■

在 6.3 节中介绍了代数系统的同态的概念。现在,把这个概念应用到半群和含幺半群中。半群与含幺半群的同态在时序机的节省设计和在形式语言中都很有用处。

> **定义 7.1.5**　令 $\langle X, \circ \rangle$ 和 $\langle Y, * \rangle$ 是任意两个半群。如存在映射 $g: X \to Y$,且对任意 $a, b \in X$,有 $g(a \circ b) = g(a) * g(b)$,则称 g 是从 $\langle X, \circ \rangle$ 到 $\langle Y, * \rangle$ 的**半群同态**(semigroup homomorphism)。

同样地,根据映射是否是单射、满射或双射,分别把一个半群同态称为半群单同态、半群满同态和半群同构。因为半群也是代数系统,所以前面讨论的关于同构、同态(特别是满同态)的一些结论,对半群仍然成立。

> **定理 7.1.6**　设 f 是从代数系统 $\langle X, \circ \rangle$ 到代数系统 $\langle Y, * \rangle$ 的满同态映射。如果 $\langle X, \circ \rangle$ 是半群(或含幺半群、可交换半群),则 $\langle Y, * \rangle$ 也是半群(或幺半群、可交换半群)。

可由满同态保持运算性质的结论(定理 6.3.2)直接推得此定理的结论是正确的。

利用对一般代数系统所讨论的同余关系、商代数等概念及有关结论也适用于半群或含

幺半群。显然,半群的商代数仍是半群,含幺半群的商代数仍是含幺半群,习惯上把它们分别称为商半群和商独异点。

习题 7.1

(1) N 上的运算 $*$ 的定义为 $x*y=\max\{x,y\}$,证明 $\langle N,*\rangle$ 构成一个半群。$\langle N,*\rangle$ 是含幺半群吗?

(2) 设 $\langle S,*\rangle$ 是半群,$a\in S$,在 S 上定义一个二元代数运算 $\Box$,使得对任意的 $x,y\in S$,有 $x\Box y=x*a*y$。试证明运算 $\Box$ 是可结合的。

(3) 设 $*$ 是实数集合 R 上的二元运算,其定义为 $a*b=a+b-2ab$。

① 求 $2*3$ 和 $3*(-5)$。

② $\langle R,*\rangle$ 是半群吗? $*$ 是可交换的吗?

③ 求 R 中关于运算 $*$ 的幺元。

④ R 中哪些元素有逆元,其逆元素是什么?

(4) 试给出一个半群,它拥有左幺元和右零元,但它不是含幺半群。

(5) 设 $\langle\{a,b\},*\rangle$ 是半群,其中 $a*a=b$。证明:

① $a*b=b*a$。

② $b*b=b$。

(6) 设 $\langle A,*\rangle$ 是半群,a 是 A 中的一个元素,使得对 A 中的每个 x,A 中都存在满足 $a*u=v*a=x$ 的 u 和 v。证明 A 中存在幺元。

(7) 设 $S=\{a,b,c,d\}$,定义 S 上的一个二元运算 $*$ 如表 7.1.3 所示。

① 证明 $U=\langle S,*\rangle$ 是个循环含幺半群,并给出它的生成元。

② 把 U 中的每一元素都表示成生成元的幂。

③ 列出 U 中的所有等幂元素。

表 7.1.3　二元运算 $*$

$*$	a	b	c	d
a	a	b	c	d
b	b	c	d	a
c	c	d	a	b
d	d	a	b	c

表 7.1.4　代数运算 $\otimes$

$\otimes$	1	2	3	4
1	3	2	1	4
2	2	2	2	2
3	1	2	3	4
4	4	2	4	2

(8) 给定一个二元代数 $U=\langle S,\otimes\rangle$,其中 $S=\{1,2,3,4\}$,S 上的代数运算 $\otimes$ 由表 7.1.4 给出。

① 试给出 U 的幺元和生成元。

② 判定 U 是否是循环含幺半群,并说明理由。

(9) 设 $\langle S,*\rangle$ 是具有幺元 e 和生成元 g 的有限循环含幺半群,试证明 S 中至少含有一个除 e 以外的等幂元。

(10) 证明:含幺半群的左可逆元素(或右可逆元素)的集合,能够构成一个子含幺半群。

(11) 试求出$\langle Z_6, \times_6 \rangle$的所有子半群,并证明含幺半群的子半群可能是一个含幺半群,而不是子含幺半群。

(12) 考查代数系统$\langle S, * \rangle$,其中$S = \{a, 0, 1\}$,运算$*$由表7.1.5给出。

① 证明$\langle S, * \rangle$是个含幺半群。

② 考虑代数$\langle \{a, 0\}, * \rangle$和$\langle \{0, 1\}, * \rangle$,它们是含幺半群吗?它们是$\langle S, * \rangle$的子含幺半群吗?

表 7.1.5　运算 $*$

$*$	a	0	1
a	a	0	1
0	0	0	0
1	1	0	1

7.2　群的定义及基本性质

本节研究一种称为群的抽象代数系统。群论是抽象代数中发展得很完善的一个分支,群论在自然科学的各个领域以及计算机科学(如快速加法器和纠错码的设计)中都有着重要的应用。

> **定义 7.2.1**　设$\langle G, * \rangle$是一个代数系统,如果G上的运算$*$满足:
> (i) 结合律。对所有$x, y, z \in G$,有$x * (y * z) = (x * y) * z$;
> (ii) 含幺元。存在一个元素$e \in G$,使得对任意的$x \in G$,有$x * e = e * x = x$;
> (iii) 逆元素。对每个$x \in G$,存在一个元素$x^{-1} \in G$,使$x^{-1} * x = x * x^{-1} = e$。
> 则称$\langle G, * \rangle$是一个**群**(group)。

显然,一个代数系统$\langle S, * \rangle$,若满足条件(i),称为半群;若同时满足条件(i)和(ii),则称为含幺半群;含幺半群$\langle S, * \rangle$若再满足条件(iii),即G中的每个元素都是可逆的,则称为群。因此,群是半群和含幺半群的特例,它必然满足半群和含幺半群的全部性质。

群满足条件(iii)决定了群的独特性质。实际上,正是这一条件将含幺半群与群区分开来。如果把代数系统$\langle G, * \rangle$(只要求二元运算对G封闭)称为广群,那么,所讨论问题的过程是按$\langle S, * \rangle$所满足的不同条件(或性质)对其进行归类,形成了半群、含幺半群和群,从而组成具有不同特征的代数体系。图7.2.1给出了这种示意图。

图 7.2.1　群、半群、含幺半群代数体系

定义 7.2.2 设 $\langle G, * \rangle$ 为群。

(i) 如果 G 为无限集,则称 $\langle G, * \rangle$ 为**无限群**(infinite group),否则称为**有限群**(finite group),且 G 中元素的个数称为群的**阶**(order),记为 $|G|$。

(ii) 如果 G 上的运算 $*$ 满足交换律,则称群 $\langle G, * \rangle$ 为**可交换群**(commutative group)或**阿贝尔群**(Abelian group)。

常常把可交换群的运算叫作加法,并记为"$+$",并称此类群为加群。

【例 7.2.1】 代数系统 $\langle \mathbf{I}, + \rangle$,对加法运算满足结合律;有幺元 0:对任意 $a \in \mathbf{I}$,有

$$0 + a = a + 0 = a$$

$\mathbf{I}$ 中的每个元素 a,都存在逆元 $-a \in \mathbf{I}$,使得

$$a + (-a) = (-a) + a = 0$$

故 $\langle \mathbf{I}, + \rangle$ 是群。因为加法满足交换律,所以 $\langle \mathbf{I}, + \rangle$ 是一个阿贝尔群,或称为加群。特别地,称 $\langle \mathbf{I}, + \rangle$ 为整数加群。

因为代数系统 $\langle \mathbf{I}, \times \rangle$ 对乘法运算满足结合律,所以是半群。因为 $\langle \mathbf{I}, \times \rangle$ 对乘法运算满足交换律,所以 $\langle \mathbf{I}, \times \rangle$ 是交换半群。因为 $\langle \mathbf{I}, \times \rangle$ 对 $\times$ 运算有幺元 1,但并不是每个元素都可逆,例如 2 就不可逆,所以 $\langle \mathbf{I}, \times \rangle$ 是一个含幺半群,但不是群。

【例 7.2.2】 设 $G = \{a, b, c, d\}$,G 上的运算 $*$ 在表 7.2.1 中给出。不难看出,a 是个幺元,且每个元素都可逆,其中 $a^{-1} = a$,$b^{-1} = b$,$c^{-1} = d$,$d^{-1} = c$。可以验证运算 $*$ 是可结合的,故 $\langle G, * \rangle$ 是一个群。因为 $|G| = 4$,所以 G 是个 4 阶群。

此外,从表 7.2.1 中还可以看出运算 $*$ 可交换,故 $\langle G, * \rangle$ 也是个阿贝尔群。

表 7.2.1　G 上的运算 $*$

$*$	a	b	c	d
a	a	b	c	d
b	b	a	d	c
c	c	d	b	a
d	d	c	a	b

表 7.2.2　复合运算

$\circ$	f^0	f^1	f^2	f^3
f^0	f^0	f^1	f^2	f^3
f^1	f^1	f^0	f^3	f^2
f^2	f^2	f^3	f^1	f^0
f^3	f^3	f^2	f^0	f^1

注意:从运算表中验证一个运算是否满足结合律并不是一件容易的事。如上例,欲验证结合性必须考查 b, c 和 d(幺元 a 除外)的 $3^3 = 27$ 种组合。

【例 7.2.3】 函数集合 $F = \{f^0, f^1, f^2, f^3\}$,$F$ 中的运算 $\circ$ 是由表 7.2.2 给出的复合运算,则 $\langle F, \circ \rangle$ 是一个 4 阶阿贝尔群(即可交换群),并且与例 7.2.2 中的群是同构的。

定理 7.2.1 设 $\langle G, * \rangle$ 是一个群,则对任意 $a, b \in G$,方程 $a * x = b$ 和 $y * a = b$ 在 G 中都有唯一解。

证 首先证明方程有解。因为 G 为群,所以对任意 $a \in G$,存在逆元 a^{-1},则

$$a * (a^{-1} * b) = (a * a^{-1}) * b = e * b = b$$

$$(b * a^{-1}) * a = b * (a^{-1} * a) = b * e = b$$

因此 $x = a^{-1} * b$,$y = b * a^{-1}$ 即为上述方程的解,从而方程都有解。

再证明方程的解是唯一的。若 c_1 和 c_2 分别为方程 $a * x = b$ 和 $y * a = b$ 的任意解,即

$$a * c_1 = b, \quad c_2 * a = b$$

于是有

$$a^{-1} * (a * c_1) = a^{-1} * b \Rightarrow (a^{-1} * a) * c_1 = a^{-1} * b \quad \text{（因 * 可结合）}$$

$$\Rightarrow e * c_1 = a^{-1} * b \quad \text{（逆元的定义）}$$

$$\Rightarrow c_1 = a^{-1} * b \quad \text{（幺元的定义）}$$

$$(c_2 * a) * a^{-1} = b * a^{-1} \Rightarrow c_2 * (a * a^{-1}) = b * a^{-1} \quad \text{（因 * 可结合）}$$

$$\Rightarrow c_2 * e = b * a^{-1} \quad \text{（逆元的定义）}$$

$$\Rightarrow c_2 = b * a^{-1} \quad \text{（幺元的定义）}$$

这就证明了原方程有唯一解，且分别是 $x = a^{-1} * b$，$y = b * a^{-1}$。 ■

定理 7.2.2 设 $\langle G, * \rangle$ 为半群，对任意 $a, b \in G$，如果方程

$$a * x = b, \quad y * a = b$$

有解（不要求解是唯一的），则 $\langle G, * \rangle$ 是群。

证 只须验证满足定义 7.2.1 中的条件(ii)和条件(iii)。

首先证明满足条件(ii)，即 $\langle G, * \rangle$ 有幺元。取 $a \in G$，将方程 $y * a = a$ 的解记为 e_1，即

$$e_1 * a = a$$

对任意 $b \in G$，令 c 是方程 $a * x = b$ 的解，即 $a * c = b$，则有

$$e_1 * b = e_1 * (a * c) = (e_1 * a) * c = a * c = b$$

由 b 的任意性知，e_1 是 G 的左幺元。同理，可证存在元素 $e_r \in G$，对任意 $b \in G$，有 $b * e_r = b$，即 e_r 是 G 的右幺元。根据定理 6.1.2 可知，$e_r = e_1 = e$，即 $\langle G, * \rangle$ 有幺元 e，满足条件(ii)。

其次证明满足条件(iii)，即每个元素都有逆元。令 $b = e$，由条件知，对任意 $a \in G$，方程 $y * a = e$ 有解，其解即为 a 的左逆元，记为 a_1^{-1}，同理，方程 $a * x = e$ 有解，且其解即为 a 的右逆元，记为 a_r^{-1}。再根据定理 6.1.4 可知，$a_r^{-1} = a_1^{-1} = a^{-1}$，这说明满足条件(iii)，所以 $\langle G, * \rangle$ 是群。 ■

综上所述，得到群的一个等价的定义。

定义 7.2.3 如果代数系统 $\langle G, * \rangle$ 满足条件：

(i) $\langle G, * \rangle$ 是半群；

(ii) 对任意 $a, b \in G$，方程 $a * x = b$ 与 $y * a = b$ 在 G 中有解。

则称 $\langle G, * \rangle$ 是**群**。

在后续的学习过程中，可以灵活选择群的定义（定义 7.2.1）和此等价定义来处理有关问题。

定理 7.2.3 设 $\langle G, * \rangle$ 是群，则对任意的 $a, b, c \in G$，有：

(i) **左消去律**：$a * b = a * c \Rightarrow b = c$。

(ii) **右消去律**：$b * a = c * a \Rightarrow b = c$。

证 (i) 对任意的 $a, b, c \in G$，如果 $a * b = a * c$，则有

$$a * b = a * c \Rightarrow a^{-1} * (a * b) = a^{-1} * (a * c) \quad \text{（因每个元素均可逆）}$$

$$\Rightarrow (a^{-1} * a) * b = (a^{-1} * a) * c \quad \text{（因运算 * 可结合）}$$

$$\Rightarrow e * b = e * c \quad \text{（逆元的定义）}$$

$$\Rightarrow b = c \quad \text{（幺元的定义）}$$

第 7 章

群、环和域

即左消去律成立。

同理可证(ii)。

定理 7.2.3 说明，群满足左、右消去律。

定理 7.2.4 设 $\langle G, * \rangle$ 是群，则对任意 $a, b \in G$，有
$$(a * b)^{-1} = b^{-1} * a^{-1}$$

证 因为
$$(a*b)*(b^{-1}*a^{-1}) = a*(b*b^{-1})*a^{-1} = a*e*a^{-1} = a*a^{-1} = e$$
$$(b^{-1}*a^{-1})*(a*b) = b^{-1}*(a^{-1}*a)*b = b^{-1}*e*b = b^{-1}*b = e$$

所以 $b^{-1}*a^{-1}$ 为 $a*b$ 的逆，即 $(a*b)^{-1} = b^{-1}*a^{-1}$。

【例 7.2.4】 设 $\langle G, * \rangle$ 是个具有幺元 e 的群，试证明：

(1) 如果对某个 $a \in G$ 有 $a^2 = a$，则 $a = e$。

(2) 如果对所有的 $a \in G$ 有 $a^2 = e$，则 $\langle G, * \rangle$ 必是个阿贝尔群(可交换群)。

证 (1) 因为 $a^2 = a$，即 $a*a = a$，所以
$$a = a*e = a*(a*a^{-1}) = (a*a)*a^{-1} \quad (因 * 可结合)$$
$$= a*a^{-1} = e \quad (因 a*a = a)$$

这说明群中只有幺元是等幂的。

(2) 因为对所有的 $a \in G$ 有 $a^2 = e$，即 $a*a = e$，所以
$$a = a*e = a*(a*a^{-1}) = (a*a)*a^{-1} \quad (因 * 可结合)$$
$$= e*a^{-1} = a^{-1} \quad (因 a*a = e)$$

又因任意的 $a, b \in G$，有 $a*b \in G$，所以 $a*b = (a*b)^{-1} = b^{-1}*a^{-1} = b*a$，结论得证。

定理 7.1.2 证明了一个含幺半群的运算表中任何两行或两列都是不相同的。对于群也有一个相应的定理。在叙述这个定理前，先介绍一下变换、双变换和置换的概念。所谓集合 A 上的**变换**(transformation)就是指从集合 A 到 A 的满射函数；而集合 A 上的**双变换**(bidirectional transformation)就是指从集合 A 到 A 的双射函数。若集合 A 是个有限集，相应地称集合 A 上的双变换为**置换**或**排列**(permutation)，集合 A 所含的元素个数称为置换的**阶**(order)。因此，置换一定是双变换，双变换一定是变换；反之不一定成立。

【例 7.2.5】 设集合 $A = \{1, 2, 3, 4, 5\}$，令
$$p_1 = \begin{pmatrix} 1 & 2 & 3 & 4 & 5 \\ 2 & 3 & 4 & 5 & 1 \end{pmatrix}, \quad p_2 = \begin{pmatrix} 1 & 2 & 3 & 4 & 5 \\ 3 & 4 & 5 & 1 & 2 \end{pmatrix}$$

则 p_1 和 p_2 都是集合 A 上的置换。因为 $|A| = 5$，故集合 A 上可构成 5! 个不同的置换。

定理 7.2.5 群 $\langle G, * \rangle$ 的运算表中的每行或每列都是 G 中元素的一个双变换。

证 首先，证明运算表中的任一行中所含 G 中的元素不可能多于一次。利用反证法，假设对应元素 $a \in G$ 的那一行中有某个元素 c 在 b_1 列和 b_2 列各出现一次，$c, b_1, b_2 \in G$ 且 $b_1 \neq b_2$，则有
$$a*b_1 = a*b_2 = c$$

再根据定理 7.2.3(消去律)，可得到 $a*b_1 = a*b_2 \Rightarrow b_1 = b_2$，这与 $b_1 \neq b_2$ 矛盾。

其次，要证明 G 中的每个元素都在运算表的每行中出现。为此，考查对应元素 $a \in G$

的那一行。假设有某一元素 $b \in G$ 没在此行出现,则方程 $a * x = b$ 无解,这与定理 7.2.2 矛盾。

再由定理 7.1.2 知,群 $\langle G, * \rangle$ 的运算表中没有两行相同的事实,便可得出结论:G 中的每个元素在每一行必出现且仅出现一次,即 $\langle G, * \rangle$ 的运算表中的每行都是 G 中元素的一个双变换。

对列的证明类似,得证。 ∎

注意:如果群 $\langle G, * \rangle$ 是有限群,则 $\langle G, * \rangle$ 的运算表中的每行或每列都是 G 中元素的一个置换。

有了以上的讨论,可以在任一群 $\langle G, * \rangle$ 中定义幂的概念,这对群的进一步研究是很有用的。规定

$$a^n = \underbrace{a * a * a * \cdots * a}_{n\text{个}}$$

$$a^{-n} = (a^{-1})^n \qquad (a^{-1} \text{ 表示 } a \text{ 的逆元})$$

$$a^0 = e$$

其中,n 为任一正整数;a 为群 $\langle G, * \rangle$ 中任一元素。于是有

$$a^m * a^n = a^{m+n}$$

$$(a^m)^n = a^{mn} \qquad m, n \text{ 为任意整数}$$

对于交换群(阿贝尔群)还有

$$(a * b)^m = a^m * b^m$$

例如,对于加群 $\langle \mathbf{I}, + \rangle$,对任一元素 $a \in \mathbf{I}$,有

$$a^n = \underbrace{a + a + a + \cdots + a}_{n\text{个}} = na$$

$$a^{-n} = (a^{-1})^n = \underbrace{(-a) + (-a) + (-a) + \cdots + (-a)}_{n\text{个}} = -na$$

$$a^0 = 0 \qquad 0 \text{ 为幺元}$$

前面介绍过同态、半群同态的概念。对于群也有相应的群同态的概念。同样可根据映射是否是单射、满射和双射,分别把群同态分为单群同态、群满同态和群同构。

【例 7.2.6】 设 $\langle G, * \rangle$ 是一个群,a 是 G 中一个元素,如果 f 是从 G 到 G 的满射函数,使得对任意的 $x \in G$,有

$$f(x) = a * x * a^{-1}$$

证明:f 是一个从 G 到 G 的群同构(称 f 为自同构)。

证 欲证明 f 是个同构映射,只需证明 f 是个双射,且 f 满足同态的定义。

(1)证明 f 是个双射。

首先证明 f 是单射,即对任意的 $x_1, x_2 \in G$ 且 $x_1 \neq x_2 \Rightarrow f(x_1) \neq f(x_2)$。

(反证法)现假设 $x_1 \neq x_2$,若 $f(x_1) = f(x_2)$,则有

$$a * x_1 * a^{-1} = a * x_2 * a^{-1} \Rightarrow a * x_1 = a * x_2 \qquad \text{(右消去律)}$$

$$\Rightarrow x_1 = x_2 \qquad \text{(左消去律)}$$

这与 $x_1 \neq x_2$ 矛盾,所以 f 是一个单射。

其次证明 f 是满射。这是条件，显然成立。

综上知，f 是双射。

（2）证明 f 是个同态映射。对任意的 $x_1,x_2 \in G$，有

$$f(x_1 * x_2) = a*(x_1*x_2)*a^{-1} = (a*x_1)*e*(x_2*a^{-1})$$
$$= (a*x_1)*a^{-1}*a*(x_2*a^{-1}) = (a*x_1*a^{-1})*(a*x_2*a^{-1})$$
$$= f(x_1)*f(x_2)$$

即 f 是个同态映射。

由（1）、（2）可知，f 是一个从 G 到 G 的同构。

最后，对于群这种特殊的代数系统，重新明确一下我们的代数观点。

两个群 G 与 G'，如果作为代数系统它们是同构的，就称 G 与 G' 是同构群。代数观点认为有以下几点：

（1）同构的群是（代数）相等的。

（2）研究群的首要任务就是确定出所有互不同构的群的代数结构。

（3）为了研究一个群 G 的代数结构，就要寻求一个已知其代数结构的群 G_1，使 $G_1 \simeq G$ 或 $G_1 \sim G$。前者说明 G 与 G_1 是代数相等的；后者说明从 G_1 的代数结构可以部分地推测 G 的一些代数性质。

习题 7.2

（1）下列二元代数 $\langle S, * \rangle$ 中哪些能构成群？如果是群，指出其幺元，并给出每个元素的逆元。

① $S = \{1,3,4,5,9\}$，$*$ 是模 11 乘法。

② $S = \mathbf{Q}$，$*$ 是一般的乘法。

③ $S = \mathbf{Q}$，$*$ 是一般的加法。

④ $S = \mathbf{I}$，$*$ 是一般的减法。

⑤ $S = \{a,b,c,d\}$，$*$ 如表 7.2.3 的定义。

⑥ $S = \{a,b,c,d\}$，$*$ 如表 7.2.4 的定义。

表 7.2.3 $S = \{a,b,c,d\}$ 的定义

*	a	b	c	d
a	b	d	a	c
b	d	c	b	a
c	a	b	c	d
d	c	a	d	b

表 7.2.4 $S = \{a,b,c,d\}$ 的定义

*	a	b	c	d
a	a	b	c	d
b	b	a	d	c
c	c	d	a	a
d	d	c	b	b

（2）$\mathbf{R}$ 为实数集，令 $\mathbf{R}^* = \mathbf{R} - \{0\}$，在集合 $\mathbf{R}^* \times \mathbf{R}$ 上定义二元运算。为

$$\langle a,b \rangle \circ \langle c,d \rangle = \langle ac, bc+d \rangle$$

证明：$\langle \mathbf{R}^* \times \mathbf{R}, \circ \rangle$ 是一个群。

（3）设 $\langle G, * \rangle$ 是一个群，$\langle H, \circ \rangle$ 是个代数系统，$\circ$ 是 H 上的二元运算。若存在从 $\langle G, * \rangle$ 到 $\langle H, \circ \rangle$ 的满同态 f，则 $\langle H, \circ \rangle$ 也是一个群。

（4）设$\langle S, * \rangle$是一个有限可交换含幺半群,并且对任意的$a, b, c \in S$,若$a * b = a * c$,可推得$b = c$。证明:$\langle S, * \rangle$是一个阿贝尔群。

（5）设$\langle G, * \rangle$为一个群,证明:

① 如果对任意$a \in G$,有$a^2 = e$,则$\langle G, * \rangle$是个阿贝尔群。

② 如果对任意$a, b \in G$,有$(a * b)^2 = a^2 * b^2$,则$\langle G, * \rangle$是个阿贝尔群。

7.3　循环群与变换群

本节介绍两种类型的群,即循环群与变换群。前者构造简单,是最容易掌握的一类群;后者在群论中具有普遍性。

7.3.1　循环群

在定义 7.1.4 中曾给出过循环半群和循环含幺半群的概念,这种半群的特点是它的每个元素均可表示成其中某个固定元素的自然数幂的形式。对于群也有一个类似的概念,下面给出它的定义。

定义 7.3.1　设$\langle G, * \rangle$是群,如果 G 中的每个元素都是 G 中的某一固定元素 a 的整数幂,则把$\langle G, * \rangle$叫作**循环群**(cyclic group),也称群$\langle G, * \rangle$是由 a 生成的,并用符号 $G = (a)$ 来表示,元素 a 叫作群 G 的**生成元**(generator)。

【例 7.3.1】　对整数加群$\langle \mathbf{I}, + \rangle$来说,0 是它的幺元,对每个元素$a \in \mathbf{I}$,则它的逆元为$-a$,即$a^{-1} = -a$,且$(-a)^{-1} = a$。因为对任意$m \in \mathbf{I}$,均有$m = 1^m$;$0 = 1^0$;对任意$-m \in \mathbf{I}$,均有$-m = m^{-1} = (1^m)^{-1} = 1^{-m}$,因此 1 是这个群的一个生成元。因此$\langle \mathbf{I}, + \rangle$是一个循环群,$\mathbf{I} = (1)$。读者也可以自己验证$-1$也是它的一个生成元,故$\mathbf{I} = (-1)$。此例说明一个循环群的生成元不一定是唯一的。

【例 7.3.2】　设$G = \{\cdots, 10^{-2}, 10^{-1}, 10^0, 10^1, 10^2, \cdots\}$,定义 G 上的运算为普通乘法,则$\langle G, \times \rangle$是一个群。因为这个群中的任一元素都是 10 的整数幂的形式,即$G = (10)$,所以此群也是个循环群,10 为它的生成元。

下面来讨论循环群的结构。

命题 1　设循环群 $G = (a)$。若 a 的所有不同的整数幂都互不相等,则 G 中含有无限多个元素,且有

$$G = \{\cdots, a^{-2}, a^{-1}, a^0, a^1, a^2, \cdots\}$$

此命题结论成立是显然的。

命题 2　设循环群 $G = (a)$。若 a 的不同整数幂中有两个是相等的,则存在最小的正整数 n 使$a^n = e$,且有

$$G = (a) = \{a^0, a^1, a^2, \cdots, a^{n-1}\}$$

证　假定 a 的幂中有某两个相等,不妨设$j > i$时有$a^j = a^i$,则在$a^j = a^i$两边同时 * 上a^{-i},可得

$$a^{j-i} = a^0 = e, \text{且}\ j - i > 0 \quad j - i \in \mathbf{N}_+$$

因此，存在最小的正整数 n，使 $a^n = e$。

下证 $G = (a)$ 恰好由下列元素组成，即

$$G = \{a^0, a^1, a^2, \cdots, a^{n-1}\}$$

首先证明 G 中的元素是互不相同的，若不然，必有 $0 \leq i < j < n$，使 $a^i = a^j$，那么必有

$$a^{j-i} = a^0 = e$$

而 $0 < i < j < n$，$0 < j - i < n$，这与 n 的最小性的假设矛盾。

其次，证明 a 的任意幂 a^m（m 为任一整数），必有 $a^m \in G$。令 $m = nq + r$，$0 \leq r < n$，于是有

$$a^m = a^{nq+r} = a^{nq} * a^r = (a^n)^q * a^r = e^q * a^r = e * a^r = a^r$$

这说明 a 的任一幂必与 $\{a^0, a^1, a^2, \cdots, a^{n-1}\}$ 中的某一元素相等，故 $G = (a)$ 是含有 n 个元素的有限循环群，即定理结论成立。

上面命题表明，循环群 $G = (a)$ 所含元素是无限个还是有限个，取决于 a 的不同整数幂是否有相等的。如果没有相等的，则含无限个元素；如果有相等的，则含有限个元素，并且必存在最小正整数 n，使 $a^n = e$，且 $G = (a)$ 中恰好含 n 个元素。于是，循环群 $G = (a)$ 所含元素个数与是否存在最小正整数 n，使 $a^n = e$ 有着密切的关系。由此可知，讨论循环群 $G = (a)$ 的构造，这个最小正整数 n 是起重要作用的，为此给出下面的概念。

定义 7.3.2 设 a 为群 $\langle G, * \rangle$ 中的任一元素，若存在使 $a^n = e$ 的最小正整数 n，则称 n 为 a 的**周期**（period）或**阶**（order）。若这样的正整数 n 不存在，则称 a 的周期或阶是无限的。

注意：周期的概念是对群中任一元素来定义的，由此可知，任意一个群 $\langle G, * \rangle$ 的幺元的周期都是 1。再如，加法群 $\langle \mathbf{I}, + \rangle$ 中，除幺元 0 外，其他元素的周期都是无限的。

如果群 $\langle G, * \rangle$ 是个循环群，有时也称它的生成元的周期为该循环群的周期。这样，可以称 $\langle \mathbf{I}, + \rangle$ 是一个周期无限的循环群，因为它的生成元 1 的周期是无限的。

【例 7.3.3】 证明 $\langle Z_m, +_m \rangle$ 是一个群，并且是周期为 m 的循环群，其中

$$Z_m = \{[0], [1], [2], \cdots, [m-1]\}$$
$$[i] +_m [j] = [(i+j)(\bmod m)], \quad [i], [j] \in Z_m$$

证 首先证明它是一个群。例 7.1.4 已经说明了 $\langle Z_m, +_m \rangle$ 是个含幺半群，且 $[0]$ 是它的幺元。任意的 $[i] \in Z_m$，其逆元素为 $[m-i]$，这是因为

$$[i] +_m [m-i] = [m-i] +_m [i] = [0]$$

由此可知，$\langle Z_m, +_m \rangle$ 是个群。

其次，证明它是周期为 m 的循环群。不难看出它的生成元是 $[1]$，对任意一个小于 m 的正整数 i，有 $[i] = ([1])^i$，对于 $[0]$ 有 $[0] = ([1])^m$，故 $\langle Z_m, +_m \rangle$ 是个循环群，记 $Z_m = ([1])$。由于 $([1])^m = [0]$，而 $[0]$ 为幺元，因此群 $Z_m = ([1])$ 是周期为 m 的循环群，也常称为剩余类加法群。

为清楚起见，将剩余类加法群的运算表列在表 7.3.1 中。

定理 7.3.1 设循环群 $G = (a)$。

(i) 若 a 为无限周期，则 $(a) \simeq \langle \mathbf{I}, + \rangle$。

(ii) 若 a 的周期为 m，则 $(a) \simeq \langle Z_m, +_m \rangle$。

表 7.3.1　剩余类加法群

$+_m$	[0]	[1]	[2]	[3]	$\cdots$	[$m-1$]
[0]	[0]	[1]	[2]	[3]	$\cdots$	[$m-1$]
[1]	[1]	[2]	[3]	[4]	$\cdots$	[0]
[2]	[2]	[3]	[4]	[5]	$\cdots$	[1]
[3]	[3]	[4]	[5]	[6]	$\cdots$	[2]
$\vdots$	$\vdots$	$\vdots$	$\vdots$	$\vdots$	$\ddots$	$\vdots$
[$m-1$]	[$m-1$]	[0]	[1]	[2]	$\cdots$	[$m-2$]

证　(i) 若 a 的周期是无限的,令映射 $g(a^k)=k$,由本节命题 1 知,g 是从 (a) 到 $\langle \mathbf{I},+\rangle$ 的双射。又因为对任意 $a^i,a^j\in(a)$,有

$$g(a^i * a^j)=g(a^{i+j})=i+j=g(a^i)+g(a^j)$$

所以,g 是从 (a) 到 $\langle \mathbf{I},+\rangle$ 的同构映射,故 $(a)\simeq\langle \mathbf{I},+\rangle$。

(ii) 设 a 的周期为 m,令映射 $g(a^k)=[k(\mathrm{mod}\ m)]$,由本节命题 2 可知,$g$ 是从 (a) 到 $\langle Z_m,+_m\rangle$ 的双射。又因为对任意 $a^i,a^j\in(a)$,有

$$g(a^i * a^j)=g(a^{i+j})=[(i+j)(\mathrm{mod}\ m)]=[i]+_m[j]$$
$$=[i(\mathrm{mod}\ m)]+_m[j(\mathrm{mod}\ m)]=g(a^i)+_mg(a^j)$$

所以,g 是从 (a) 到 $\langle Z_m,+_m\rangle$ 的一个同构映射,即 $(a)\simeq\langle Z_m,+_m\rangle$。 ■

这个定理说明,从代数观点看,循环群只有两种。当生成元的周期为无限时,它与整数加法群代数相等,或抽象看就是整数加法群 $\langle \mathbf{I},+\rangle$;当生成元的周期为 m 时,它与以 m 为模的剩余类加法群代数相等,或抽象地看就是剩余类加法群 $\langle Z_m,+_m\rangle$。

根据上述的代数观点可知,对循环群的研究可归结为对整数加法群和剩余类加法群的研究,而人们对整数加法群的认识已有数千年的历史,故它的性质几乎已被全部了解;对于剩余类加法群的研究在数论中也已有深入的分析,早在数千年前我国数学家就在这方面做出了突出的贡献,著名的孙子定理(国外称为中国剩余定理,Chinese Remainder Theorem)就是其中一例,故循环群的结构问题已经基本解决。

此外,应该注意到,在对循环群结构的研究过程中,充分体现了数学研究问题的观点和方法,是代数学研究问题的一个典型而又理想的模式。这对于认识和把握群以及其他代数系统的研究方法是大有益处的。

最后,讨论群中元素周期的一些性质,这些性质在后面章节中要用到。

定理 7.3.2　设 a 为群 $\langle G,*\rangle$ 的一个元素,若 a 的周期为 n,则 $a^m=e\Leftrightarrow n\mid m$。

注:符号 $n\mid m$ 可以从两方面理解,一是存在整数 k,使 $m=nk$;二是以 n 除 m 所得余数为 0,即 n 整除 m。

证　(必要性)即证明 $a^m=e\Rightarrow n\mid m$。对于 m,n,必存在两个整数 q,r,使

$$m=nq+r \quad 0\leqslant r<n$$

于是有

$$a^m=a^{nq+r}=a^{nq}*a^r=(a^n)^q*a^r=e^q*a^r=e*a^r=a^r$$

即 $a^m=a^r$。再由 $a^m=e$ 知,$a^r=e$。因为 a 的周期是 n,且 $0\leqslant r<n$,所以必有 $r=0$,从而有 $m=nq$,即 $n\mid m$ 成立。

（充分性）即证明 $n|m \Rightarrow a^m = e$。若 $n|m$，则存在整数 k，使 $m = nk$，于是有

$$a^m = a^{nk} = (a^n)^k = e^k = e$$

综上知，定理成立。

由此定理可以得知，如果有 $a^n = e$，而没有 n 的因子 $d(1 < d < n)$ 能使 $a^d = e$，则 n 就是元素 a 的周期，这提供了寻找元素周期的一个基本方法。

例如，$a^8 = e$，且 $a^2 \neq e$，$a^4 \neq e$，则 8 就是 a 的周期。

定理 7.3.3 群中元素 a 和它的逆元 a^{-1} 必定具有同样的周期。

证 首先证明周期为有限时结论成立。设 a 是群中任意一个具有有限周期，且周期为 n 的元素，即 $a^n = e$，于是可有

$$(a^{-1})^n = (a^n)^{-1} = e^{-1} = e$$

这说明 a^{-1} 必有有限周期。现在假设 a^{-1} 的周期为 n_1，则必有 $n_1 \leqslant n$。此外，又因为

$$a^{n_1} = ((a^{-1})^{-1})^{n_1} = ((a^{-1})^{n_1})^{-1} = e^{-1} = e$$

所以又有 $n \leqslant n_1$，从而推得 $n = n_1$，即有限周期时结论成立。

由上述证明过程可知，当元素 a 的周期为无限时，a^{-1} 的周期也必为无限。

定理 7.3.4 在有限群 $\langle G, * \rangle$ 中，每个元素都有一个有限周期，而且每个元素的周期不超过该群的阶 $|G|$。

证 设 a 是 G 的任一元素。因为 $\langle G, * \rangle$ 是个有限群，所以在序列 $a, a^2, a^3, \cdots, a^{|G|+1}$ 中至少有两个元素是相同的，设为 $a^p = a^q$，$1 \leqslant p < q \leqslant |G| + 1$，则有

$$a^{q-p} = a^q * a^{-p} = a^p * a^{-p} = a^0 = e$$

从而 a 的周期至多为 $q - p$。因为 $q - p \leqslant |G|$，所以 a 的周期至多是 $|G|$。

显然，当 $\langle G, * \rangle$ 是无限群时，G 中元素的周期不一定都是有限的，如无限群 $\langle \mathbf{I}, + \rangle$ 中，除幺元 0 外，其他元素的周期均为无限的。

7.3.2 变换群

前面 7.2 节曾介绍过从集合 A 到集合 A 的变换、双变换和置换的概念。现在把双变换和置换的概念应用于群，从而引入变换群和置换群的概念。

命题 3 集合 A 的所有双变换组成的集合及其复合运算构成群。

证 令 P_A 表示 A 的所有双变换构成的集合。因为双变换是 A 到 A 的双射函数，所以任意双变换的复合运算仍是 A 的双变换，故 P_A 关于复合运算封闭，即 $\langle P_A, \circ \rangle$，是个代数系统。根据函数的复合运算的结论（定理 5.2.2）可知，运算 $\circ$ 是可结合的，故 $\langle P_A, \circ \rangle$ 是个半群。

因为 A 的恒等变换 I_A 是关于运算 $\circ$ 的幺元，而且 A 的每个双变换 p 都有逆变换 $p^{-1} \in P_A$，且有

$$p \circ p^{-1} = p^{-1} \circ p = I_A$$

所以 $\langle P_A, \circ \rangle$ 是一个群。

当集合 A 是含有 n 个元素的有限集时，A 的不同的双变换有 $n!$ 个。如果集合 A 为无限集时，那么 A 的双变换将有无穷多个。因此，由集合 A 的双变换构成的群也不止一个。

定义 7.3.3 集合 A 的一些双变换与复合运算构成的群叫作**变换群**(transformation group)。

下面的定理揭示了研究变换群的重要性。

定理 7.3.5(凯莱定理,Cayley's Theorem) 任何一个群都与一个变换群同构。

证 设 $\langle G, * \rangle$ 是一个群。任取 $a \in G$,对任意 $x \in G$,定义变换

$$p_a(x) = a * x$$

则 p_a 是 G 的一个双变换。事实上,p_a 显然是从 G 到 G 的一个变换。又因为方程 $a * x = b$ 在 G 中有唯一解,所以对任意 $b \in G$,存在唯一的 $x \in G$,使 $p_a(x) = b$,即 p_a 是满变换;再根据群的消去律,可知 p_a 也是单变换。故 p_a 是一个双变换。

按上述方法,任意 $a \in G$,可以得到 G 的一个双变换 p_a,将它们构成集合

$$G' = \{ p_a \mid a \in G \}$$

下面证明 $\langle G, * \rangle \simeq \langle G', \circ \rangle$,其中。为函数的复合运算。首先定义映射 $f: G \to G'$ 为

$$f(a) = p_a \quad a \in G$$

显然 f 是 G 到 G' 的满射;f 也是 G 到 G' 的单射,即若 $a, b \in G$ 且 $a \neq b$,则必有 $p_a \neq p_b$,若不然,必有 $x \in G$ 使 $p_a(x) = p_b(x)$,即 $a * x = b * x$,由消去律可得 $a = b$,这与 $a \neq b$ 矛盾。故 f 是个双射。

又因为 $f(a * b) = p_{a*b}$,而

$$p_{a*b}(x) = (a * b) * x = a * (b * x) = a * p_b(x) = p_a(p_b(x)) = (p_a \circ p_b)(x)$$

即有

$$p_{a*b} = p_a \circ p_b$$

故

$$f(a * b) = p_{a*b} = p_a \circ p_b = f(a) \circ f(b)$$

所以,f 是从 G 到 G' 的同构映射,即 $G \simeq G'$。再根据定理 6.3.3 知,$\langle G', \circ \rangle$ 是群,且是个变换群,从而证明了群 $\langle G, * \rangle$ 同构于 G 上的一个变换群 $\langle G', \circ \rangle$。 ■

这个定理说明,任意一个群都与一个变换群代数相等,也就是说,任一抽象群都能在变换群中找到一个具体实例。因此,对群的研究可归结为对变换群的研究。由此可见,变换群在群论中具有普遍性,是一种重要类型的群。

命题 4 有限集 A 的所有置换组成的集合及其复合运算构成群。

命题结论成立是显然的,因为置换是有限集上的双变换,再由命题 3 可知其结论为真。

定义 7.3.4 含有 n 个元素的有限集 A 的一些置换组成的集合及其复合运算所构成的群叫作 A 的**置换群**(permutation group);A 的所有置换组成的集合及其复合运算所构成的群叫作 A 的 n 次**对称群**(symmetric group)。

显然,对称群一定是置换群,置换群一定是变换群;反之,不真。

【例 7.3.4】 设集合 $X = \{1, 2, 3\}$,则 X 的所有置换有 3! 种,即

$$p_1 = \begin{pmatrix} 1 & 2 & 3 \\ 1 & 2 & 3 \end{pmatrix}, \qquad p_2 = \begin{pmatrix} 1 & 2 & 3 \\ 2 & 1 & 3 \end{pmatrix}, \qquad p_3 = \begin{pmatrix} 1 & 2 & 3 \\ 3 & 2 & 1 \end{pmatrix},$$

$$p_4 = \begin{pmatrix} 1 & 2 & 3 \\ 1 & 3 & 2 \end{pmatrix}, \qquad p_5 = \begin{pmatrix} 1 & 2 & 3 \\ 2 & 3 & 1 \end{pmatrix}, \qquad p_6 = \begin{pmatrix} 1 & 2 & 3 \\ 3 & 1 & 2 \end{pmatrix}$$

令 $S_3 = \{p_1, p_2, \cdots, p_6\}$，则 $\langle S_3, \circ \rangle$ 是 X 的对称群。表 7.3.2 给出了该对称群的运算表。

表 7.3.2　对称群的运算表

$\circ$	p_1	p_2	p_3	p_4	p_5	p_6
p_1	p_1	p_2	p_3	p_4	p_5	p_6
p_2	p_2	p_1	p_6	p_5	p_4	p_3
p_3	p_3	p_5	p_1	p_6	p_2	p_4
p_4	p_4	p_6	p_5	p_1	p_3	p_2
p_5	p_5	p_3	p_4	p_2	p_6	p_1
p_6	p_6	p_4	p_2	p_3	p_1	p_5

从表 7.3.2 可知，p_1 是 $\langle S_3, \circ \rangle$ 的幺元，且 $p_1^{-1} = p_1$，$p_2^{-1} = p_2$，$p_3^{-1} = p_3$，$p_4^{-1} = p_4$，$p_5^{-1} = p_6$，$p_6^{-1} = p_5$；$\langle \{p_1\}, \circ \rangle$ 是 X 的一阶置换群；$\langle \{p_1, p_2\}, \circ \rangle$、$\langle \{p_1, p_3\}, \circ \rangle$、$\langle \{p_1, p_4\}, \circ \rangle$ 都是 X 的 2 阶置换群；$\langle \{p_1, p_5, p_6\}, \circ \rangle$ 是 X 的 3 阶置换群；$\langle S_3, \circ \rangle$ 是 X 的 6 阶置换群，也是 X 的 3 次对称群。

定理 7.3.6　任一有限群都与一个置换群同构。

本定理可由定理 7.3.5 直接推证。

这个定理说明，任意一个有限群都与一个置换群代数相等，也就是说，任意一个有限群都能在置换群中找到一个具体实例，故对有限群的研究可归结为对置换群的研究。由此可见，置换群是有限群的一个典型代表，也是一种重要类型的群。

习题 7.3

(1) 证明：任意偶阶有限群 $\langle G, * \rangle$ 中必含有元素 $a \neq e$，使得 $a^2 = e$。

(2) 设 a 是有限群 $\langle G, * \rangle$ 的元素，且 a 的周期大于 2，则 $a \neq a^{-1}$。

(3) 设 $f: G \to H$ 是从群 $\langle G, * \rangle$ 到群 $\langle H, \circ \rangle$ 的同构映射。若 $f(a) = b$，则 a 和 b 具有相同的周期。

(4) 求出群 $\langle Z_8, +_8 \rangle$ 中各元素的周期。

(5) 设 $\mathbf{R}$ 是实数集合，$G = \{f \mid f: \mathbf{R} \to \mathbf{R}, (\forall x) x \in \mathbf{R}, f(x) = ax + b, a \neq 0, a, b \in \mathbf{R}\}$，试证 G 是一个变换群。

(6) 给定集合 $S = \{1, 2, 3, 4, 5\}$，并给定 S 中的置换为

$$a = \begin{pmatrix} 1 & 2 & 3 & 4 & 5 \\ 2 & 3 & 1 & 4 & 5 \end{pmatrix}, \qquad b = \begin{pmatrix} 1 & 2 & 3 & 4 & 5 \\ 1 & 2 & 3 & 5 & 4 \end{pmatrix},$$

$$c = \begin{pmatrix} 1 & 2 & 3 & 4 & 5 \\ 5 & 4 & 3 & 1 & 2 \end{pmatrix}, \qquad d = \begin{pmatrix} 1 & 2 & 3 & 4 & 5 \\ 3 & 2 & 1 & 5 & 4 \end{pmatrix}$$

试求 $a \circ b$，$b \circ a$，a^2，$c \circ b$，d^{-1}，$a \circ b \circ c$，并求解方程 $a \circ x = b$。

7.4 子　　群

对于代数系统的子系统的研究是代数学的一种重要手法。这种手法的重要性及意义，在群的讨论中，可以通过对子群的研究具体、充分地体现出来，而且子群的问题也是群论中具有独立价值的课题。

7.4.1 子群

> **定义 7.4.1**　设 $\langle G, * \rangle$ 是群，H 是 G 的非空子集，如果：
> (i) $\langle H, * \rangle$ 是 $\langle G, * \rangle$ 的子系统；
> (ii) $\langle H, * \rangle$ 本身也是群。
> 则称 $\langle H, * \rangle$ 是 $\langle G, * \rangle$ 的一个**子群**（subgroup），并简称 H 是 G 的子群。

按定义知，对任意群 $\langle G, * \rangle$，$\langle G, * \rangle$ 和 $\langle \{e\}, * \rangle$ 都是 $\langle G, * \rangle$ 的子群，把这两个子群统称为**平凡子群**（trivial subgroup）。此外，若 G 还有其他子群，则称其为**真子群**（proper subgroup）。

为方便起见，有时把群 $\langle G, * \rangle$ 简单地记为群 G，不再明显地指出它的二元运算。

【例 7.4.1】　设 $\langle \mathbf{I}, + \rangle$ 为整数加群，$\mathbf{I}_E$ 为全体偶数组成的集合。显然，$\mathbf{I}_E \subset \mathbf{I}$ 且 $\mathbf{I}_E \neq \varnothing$，则 $\langle \mathbf{I}_E, + \rangle$ 是 $\langle \mathbf{I}, + \rangle$ 的真子群。

证　因为任何两个偶数之和还是偶数，所以 $\mathbf{I}_E$ 对加法运算 $+$ 封闭，这说明 $\langle \mathbf{I}_E, + \rangle$ 是 $\langle \mathbf{I}, + \rangle$ 的子系统。显然，$\langle \mathbf{I}_E, + \rangle$ 对加法运算 $+$ 是可结合的。其次，$\mathbf{I}_E$ 对加法运算 $+$ 有幺元 0，且对每个偶数 $2n$，都有 $-2n$，使得

$$2n + (-2n) = (-2n) + 2n = 0$$

这说明 $\mathbf{I}_E$ 中每个元素均可逆，即 $(2n)^{-1} = -2n$，故 $\langle \mathbf{I}_E, + \rangle$ 是 $\langle \mathbf{I}, + \rangle$ 的真子群。

现在讨论子群的判定条件。

> **定理 7.4.1**　一个群 $\langle G, * \rangle$ 的非空子集 H 构成 G 的子群的充要条件如下。
> (i) 封闭性：$a, b \in H \Rightarrow a * b \in H$；
> (ii) 可逆性：$a \in H \Rightarrow a^{-1} \in H$。

证　（必要性）因为 H 是 G 的子群，所以 $a, b \in H \Rightarrow a * b \in H$ 显然成立。下证(ii)成立。任取 $a \in H$，因为子群也是群，所以 H 中必有幺元 e'，使 $e' * a = a$。又因为 $H \subseteq G$，所以 $a, e \in G$，且 $e * a = a$。再根据消去律和 $e' * a = e * a$，可得 $e' = e \in H$。这说明子群 H 的幺元就是群 G 的幺元。由 H 是群可知，对于 $a \in H$，必存在逆元 a'，使 $a' * a = e$，再由 $a' * a = e, a^{-1} * a = e$，即 $a' * a = a^{-1} * a$，根据消去律可知 $a^{-1} = a' \in H$。

（充分性）由(i)知，$\langle H, * \rangle$ 是 $\langle G, * \rangle$ 的子代数。显然，H 中的元素对运算 $*$ 满足结合律；由式(ii)可知 $a \in H$，则 $a^{-1} \in H$，再由式(i)可知 $a * a^{-1} = e \in H$，即 H 中有幺元 e；又由式(ii)可知 H 中的每一元素都可逆，故 H 是 G 的子群。

这个定理给出了判断一个群 G 的子集 H 是否构成 G 的子群的条件，即验证定理中的式(i)、式(ii)两个条件是否都成立。实际上，还可将上述两个条件合并成一个条件。

定理 7.4.2 设 H 是群 $\langle G, * \rangle$ 的非空子集,则 $\langle H, * \rangle$ 是 $\langle G, * \rangle$ 的子群当且仅当若 $a, b \in H$,则 $a * b^{-1} \in H$。

证 (必要性)任取 $a, b \in H$,由于 H 是 G 的子群,必有 $b^{-1} \in H$,又因为 H 对运算 $*$ 封闭,故 $a * b^{-1} \in H$。

(充分性)因为 H 非空,必存在 $a \in H$,由条件 $a * a^{-1} = e \in H$ 可知,即 H 中有幺元;任取 $a \in H$,则有 $e * a^{-1} = a^{-1} \in H$,即 H 中的每个元素均可逆;任取 $a, b \in H$,必有 $b^{-1} \in H$,从而有 $a * (b^{-1})^{-1} = a * b \in H$,即运算 $*$ 对 H 封闭;再由运算 $*$ 满足结合律可知,H 是 G 的子群。 ■

定理 7.4.3 设 $\langle G, * \rangle$ 是个有限群。若 $\langle H, * \rangle$ 是 $\langle G, * \rangle$ 的子代数,则 $\langle H, * \rangle$ 是 $\langle G, * \rangle$ 的子群。

证 对任意 $a \in H$,由定理 7.3.4 可知,a 必有有限周期,设为 m,即 $a^m = e$。因为 H 对运算 $*$ 封闭,所以元素 $a^1, a^2, \cdots, a^{m-1}, a^m$ 均在 H 中,因为

$$a^{m-1} = a^m * a^{-1} = e * a^{-1} = a^{-1}$$

故 $a^{-1} \in H$。这说明 H 中的元素都可逆,再由定理 7.4.1 可知,H 是 G 的子群。 ■

此定理说明,若给定一个有限群 $\langle G, * \rangle$,为了确定 G 的某一非空子集 H 是否能构成 G 的子群,只需验证 H 对运算封闭即可。

【例 7.4.2】 重新考查 7.3 节中的例 7.3.4 所给出的运算表(表 7.3.2)。在运算 ∘ 的作用下集合 $\{p_1, p_4\}$ 和 $\{p_1, p_5, p_6\}$ 都是封闭的,根据定理 7.4.3 可知,$\langle \{p_1, p_4\}, \circ \rangle$ 和 $\langle \{p_1, p_5, p_6\}, \circ \rangle$ 都是 $\langle S_3, \circ \rangle$ 的子群。表 7.4.1 和表 7.4.2 分别给出了这两个子群的群表。

<table>
<tr><td colspan="3">表 7.4.1 $\langle \{p_1, p_4\}, \circ \rangle$ 子群</td></tr>
<tr><td>∘</td><td>p_1</td><td>p_2</td></tr>
<tr><td>p_1</td><td>p_1</td><td>p_4</td></tr>
<tr><td>p_4</td><td>p_4</td><td>p_1</td></tr>
</table>

表 7.4.1 $\langle \{p_1, p_4\}, \circ \rangle$ 子群

∘	p_1	p_2
p_1	p_1	p_4
p_4	p_4	p_1

表 7.4.2 $\langle \{p_1, p_5, p_6\}, \circ \rangle$ 子群

∘	p_1	p_5	p_6
p_1	p_1	p_5	p_6
p_5	p_5	p_6	p_1
p_6	p_6	p_1	p_5

7.4.2 子群的陪集

子群的陪集是一个很重要的概念,由它可直接得出一个重要结果——拉格朗日定理。

定义 7.4.2 设 $\langle H, * \rangle$ 为群 $\langle G, * \rangle$ 的子群,a 是 G 中的一个任意元素。

(i) 把集合 $aH = \{a * h \mid h \in H\}$ 称为 G 的子群 H 的**左陪集**(left coset),把集合 $\Sigma = \{aH \mid a \in G\}$ 称为 G 关于子群 H 的**左商集**(left quotient group)。有时 aH 也称为 a 所在的左陪集,或称由元素 a 所代表的左陪集。

(ii) 把集合 $Ha = \{h * a \mid h \in H\}$ 称为 G 的子群 H 的**右陪集**(right coset),把集合 $\Sigma' = \{Ha \mid a \in G\}$ 称为 G 关于子群 H 的**右商集**(right quotient group)。有时 Ha 也称为 a 所在的右陪集,或称由元素 a 所代表的右陪集。

显然,子群 H 的左商集是 H 的所有左陪集构成的集合。同样,子群 H 的右商集是 H 的所有右陪集构成的集合。

【例 7.4.3】 考查例 7.3.4 所给出的对称群 $\langle S_3, \circ \rangle$,其中 $S_3 = \{p_1, p_2, \cdots, p_6\}$,运算 ∘

见表 7.3.2。取群 $\langle S_3, \circ \rangle$ 的两个子群 $\langle \{p_1, p_4\}, \circ \rangle$ 和 $\langle \{p_1, p_5, p_6\}, \circ \rangle$，求它们的左、右陪集和左、右商集。

解 （1）首先求子群 $\langle \{p_1, p_4\}, \circ \rangle$ 的所有左陪集及左商集。

$p_1\{p_1, p_4\} = \{p_1 \circ p_1, p_1 \circ p_4\} = \{p_1, p_4\}, \quad p_4\{p_1, p_4\} = \{p_4 \circ p_1, p_4 \circ p_4\} = \{p_4, p_1\},$

$p_2\{p_1, p_4\} = \{p_2 \circ p_1, p_2 \circ p_4\} = \{p_2, p_5\}, \quad p_5\{p_1, p_4\} = \{p_5 \circ p_1, p_5 \circ p_4\} = \{p_5, p_2\},$

$p_3\{p_1, p_4\} = \{p_3 \circ p_1, p_3 \circ p_4\} = \{p_3, p_6\}, \quad p_6\{p_1, p_4\} = \{p_6 \circ p_1, p_6 \circ p_4\} = \{p_6, p_3\}.$

显然有 $p_1\{p_1, p_4\} = p_4\{p_1, p_4\}, p_2\{p_1, p_4\} = p_5\{p_1, p_4\}, p_3\{p_1, p_4\} = p_6\{p_1, p_4\}$。于是，由 $\langle \{p_1, p_4\}, \circ \rangle$ 子群所确定的左商集为

$$\Sigma = \{p_1\{p_1, p_4\}, p_2\{p_1, p_4\}, p_3\{p_1, p_4\}\}$$
$$= \{\{p_1, p_4\}, \{p_2, p_5\}, \{p_3, p_6\}\}$$

其次再求子群 $\langle \{p_1, p_4\}, \circ \rangle$ 的所有右陪集及右商集。

$\{p_1, p_4\}p_1 = \{p_1 \circ p_1, p_4 \circ p_1\} = \{p_1, p_4\}, \quad \{p_1, p_4\}p_4 = \{p_1 \circ p_4, p_4 \circ p_4\} = \{p_4, p_1\},$

$\{p_1, p_4\}p_2 = \{p_1 \circ p_2, p_4 \circ p_2\} = \{p_2, p_6\}, \quad \{p_1, p_4\}p_6 = \{p_1 \circ p_6, p_4 \circ p_6\} = \{p_6, p_2\},$

$\{p_1, p_4\}p_3 = \{p_1 \circ p_3, p_4 \circ p_3\} = \{p_3, p_5\}, \quad \{p_1, p_4\}p_5 = \{p_1 \circ p_5, p_4 \circ p_5\} = \{p_5, p_3\}.$

显然有 $\{p_1, p_4\}p_1 = \{p_1, p_4\}p_4, \{p_1, p_4\}p_2 = \{p_1, p_4\}p_6, \{p_1, p_4\}p_3 = \{p_1, p_4\}p_5$。于是，由子群 $\langle \{p_1, p_4\}, \circ \rangle$ 所确定的右商集为

$$\Sigma' = \{\{p_1, p_4\}p_1, \{p_1, p_4\}p_2, \{p_1, p_4\}p_3\}$$
$$= \{\{p_1, p_4\}, \{p_2, p_6\}, \{p_3, p_5\}\}$$

（2）再求子群 $\langle \{p_1, p_5, p_6\}, \circ \rangle$ 的所有左陪集及左商集和右陪集及右商集。

先求左陪集及左商集，其结果为

$$p_1\{p_1, p_5, p_6\} = \{p_1 \circ p_1, p_1 \circ p_5, p_1 \circ p_6\} = \{p_1, p_5, p_6\}$$
$$= p_5\{p_1, p_5, p_6\} = p_6\{p_1, p_5, p_6\}$$
$$p_2\{p_1, p_5, p_6\} = \{p_2 \circ p_1, p_2 \circ p_5, p_2 \circ p_6\} = \{p_2, p_3, p_4\}$$
$$= p_3\{p_1, p_5, p_6\} = p_4\{p_1, p_5, p_6\}$$

于是，由子群 $\langle \{p_1, p_5, p_6\}, \circ \rangle$ 所确定的左商集为

$$\Sigma = \{p_1\{p_1, p_5, p_6\}, p_2\{p_1, p_5, p_6\}\}$$
$$= \{\{p_1, p_5, p_6\}, \{p_2, p_3, p_4\}\}$$

类似地，再求子群 $\langle \{p_1, p_5, p_6\}, \circ \rangle$ 的右陪集及右商集，其结果为

$$\{p_1, p_5, p_6\}p_1 = \{p_1, p_5, p_6\}p_5 = \{p_1, p_5, p_6\}p_6 = \{p_1, p_5, p_6\}$$
$$\{p_1, p_5, p_6\}p_2 = \{p_1, p_5, p_6\}p_3 = \{p_1, p_5, p_6\}p_4 = \{p_2, p_3, p_4\}$$

于是，由子群 $\langle \{p_1, p_5, p_6\}, \circ \rangle$ 所确定的右商集为

$$\Sigma' = \{\{p_1, p_5, p_6\}p_1, \{p_1, p_5, p_6\}p_2\}$$
$$= \{\{p_1, p_5, p_6\}, \{p_2, p_3, p_4\}\}$$

注意：

（1）对子群 $\langle \{p_1, p_4\}, \circ \rangle$，可见 $p_2\{p_1, p_4\} = \{p_2, p_5\} \neq \{p_2, p_6\} = \{p_1, p_4\}p_2$，这说明一个元素 a 所在的左陪集 aH 与右陪集 Ha 可能不同，此时随之确定的左、右商集也就是两个不同的集合，即 $\Sigma \neq \Sigma'$。

(2) 对子群 $\langle\{p_1,p_5,p_6\},\circ\rangle$，它的每个左陪集同时也是一个右陪集，即对任意 $a\in G$，均有 $aH=Ha$，从而使得对应的左商集和右商集也必相同，即 $\Sigma=\Sigma'$。给定子群 H，若任意 $a\in G$，均有 $aH=Ha$，则称 H 为**正规子群**(normal subgroup)，它在群论中占有十分重要的地位。

【例 7.4.4】 整数加群 $\langle\mathbf{I},+\rangle$，令 $H=\{3\times i\mid i\in\mathbf{I}\}=\{\cdots,-9,-6,-3,0,3,6,9,\cdots\}$，不难验证 $\langle H,+\rangle$ 是 $\langle\mathbf{I},+\rangle$ 的子群，于是子群 $\langle H,+\rangle$ 的陪集为

$$0H=\{0+h\mid h\in H\}=\{\cdots,-9,-6,-3,0,3,6,9,\cdots\}=H0$$
$$1H=\{1+h\mid h\in H\}=\{\cdots,-8,-5,-2,1,4,7,10,\cdots\}=H1$$
$$2H=\{2+h\mid h\in H\}=\{\cdots,-7,-4,-1,2,5,8,11,\cdots\}=H2$$

由于

$$(3m)H=0H=H(3m),(3m+1)H=1H=H(3m+1)$$
$$(3m+2)H=2H=H(3m+2)$$

其中 $m\in\mathbf{I}$，所以 $\langle\mathbf{I},+\rangle$ 的子群 $\langle H,+\rangle$ 的所有陪集恰为 3 个，即 $0H,1H,2H$，故其商集为
$$\Sigma=\Sigma'=\{0H,1H,2H\}$$

下面来讨论陪集的性质。

定理 7.4.4 设 $\langle H,*\rangle$ 为群 $\langle G,*\rangle$ 的子群，则
(i) 若 $a\in bH$，则 $aH=bH$；
(ii) 若 $a\in Hb$，则 $Ha=Hb$。

证 (i) 对任意 $c\in aH$，必存在 $h_1\in H$，使 $c=a*h_1$，再由 $a\in bH$ 可知，存在 $h_2\in H$，使 $a=b*h_2$，于是有
$$c=(b*h_2)*h_1=b*(h_2*h_1)$$
因为 $\langle H,*\rangle$ 是子群，由 $h_1,h_2\in H$，知 $h_2*h_1\in H$，所以 $c\in bH$，由此可得 $aH\subseteq bH$。

对任意 $c\in bH$，必存在 $h_1\in H$，使 $c=b*h_1$；由 $a\in bH$ 可知，存在 $h_2\in H$，使 $a=b*h_2$，即 $b=a*h_2^{-1}$。于是有
$$c=(a*h_2^{-1})*h_1=a*(h_2^{-1}*h_1)$$
又因为 $h_2^{-1}*h_1\in H$，所以 $c\in aH$，即有 $bH\subseteq aH$。从而 $aH=bH$，即式(i)得证。

(ii) 证明与(i)类似，留作练习。 ∎

定理 7.4.5 设 $\langle H,*\rangle$ 是群 $\langle G,*\rangle$ 的子群，则 H 的左(右)商集为
$$\Sigma=\{aH\mid a\in G\}\quad(\Sigma'=\{Ha\mid a\in G\})$$
恰为群 G 的一个划分。

证 按划分定义逐条来验证。

(1) 对任意 $a\in G$，因为 $e\in H$，所以 $a=a*e\in aH$，这说明 Σ 中的每一元素均为非空集合。

(2) 当 $aH\neq bH$ 时，$aH\bigcap bH=\varnothing$，$a,b\in G$。

事实上，若 $aH\bigcap bH\neq\varnothing$，任取元素 $x\in aH\bigcap bH$，即 $x\in aH,x\in bH$。于是必存在 $h_1,h_2\in H$，使
$$x=a*h_1=b*h_2$$

从而有
$$a = (b * h_2) * h_1^{-1} = b * (h_2 * h_1^{-1})$$

又因为 $h_2 * h_1^{-1} \in H$，所以 $a \in bH$，由定理 7.4.4 可知，$aH = bH$，这与 $aH \neq bH$ 的假设矛盾，故(2)成立。

(3) $G = \bigcup_{a \in G} aH$。

任取 $x \in \bigcup_{a \in G} aH$，即存在某个 $a \in G$，使 $x \in aH$，从而存在 $h_1 \in H$，使 $x = a * h_1$。又由 H 为 G 的子群，知 $h_1 \in G$，所以 $x = a * h_1 \in G$。由 x 的任意性，知 $\bigcup_{a \in G} aH \subseteq G$。

任取 $x \in G$，由 H 为 G 的子群，知 H 中存在幺元 e，因此 $x = x * e \in xH \subseteq \bigcup_{a \in G} aH$。由 x 的任意性知，$G \subseteq \bigcup_{a \in G} aH$，从而 $G = \bigcup_{a \in G} aH$。

综上知，H 的左商集 $\Sigma = \{aH \mid a \in G\}$ 恰为群 G 的一个划分。

完全类似地可证，H 的右商集 $\Sigma' = \{Ha \mid a \in G\}$ 也是 G 的一个划分。 ■

通常，称左商集 $\Sigma = \{aH \mid a \in G\}$ 为 $\langle G, * \rangle$ 中对于 H 的左陪集划分；称右商集 $\Sigma' = \{Ha \mid a \in G\}$ 为 $\langle G, * \rangle$ 中对于 H 的右陪集划分。

定理 7.4.6 设 $\langle H, * \rangle$ 为群 $\langle G, * \rangle$ 的子群，则：
(i) H 的任意两个左(右)陪集等势。
(ii) H 的左商集 $\Sigma = \{aH \mid a \in G\}$ 与右商集 $\Sigma' = \{Ha \mid a \in G\}$ 等势。

证 (i) 任取 H 的两个左陪集 aH 和 bH，证明 $|aH| = |bH|$。

令 $g : aH \to bH$，且对任意 $h \in H$ 给定成 $g(a * h) = b * h$，则 g 是从 aH 到 bH 的映射，且为满射。

再证 g 是单射。任取 $a * h_1, a * h_2 \in aH$，且 $a * h_1 \neq a * h_2$，则必有 $g(a * h_1) \neq g(a * h_2)$。否则，若 $g(a * h_1) = g(a * h_2)$，即 $b * h_1 = b * h_2$，由消去律可得 $h_1 = h_2$，从而有 $a * h_1 = a * h_2$，这与假设 $a * h_1 \neq a * h_2$ 矛盾，从而 g 为从 aH 到 bH 的单射。

综上知，g 是从 aH 到 bH 的双射，因此 H 的任意两个左陪集等势。

对右陪集的情况，类似可证。

(ii) 令 $g : \Sigma \to \Sigma'$，且对任意 $a \in G$ 给定成 $g(aH) = Ha^{-1}$。

首先证明 g 是从 Σ 到 Σ' 的映射。显然 g 满足全域性。下证 g 满足唯一性。若 $aH = bH$，则必存在 $h \in H$，使 $b = a * h$，于是 $b^{-1} = h^{-1} * a^{-1}$，$h^{-1} \in H$，故 $b^{-1} \in Ha^{-1}$，由定理 7.4.4(ii)可知，$Hb^{-1} = Ha^{-1}$。由此可得，若 $aH = bH$，则 $g(aH) = g(bH)$，这说明在 g 作用下，若原像相同，其像必相同，即 g 满足唯一性，因此 g 是从 Σ 到 Σ' 的映射。

其次证明 g 是满射。任取 $Hb \in \Sigma'$，则由 g 的定义，知存在 $b^{-1}H \in \Sigma$，满足
$$g(b^{-1}H) = H(b^{-1})^{-1} = Hb$$
故 g 是满射的。

最后证明 g 是单射。任取 $aH, bH \in \Sigma$，若 $aH \neq bH$，则必有 $g(aH) \neq g(bH)$。否则，若 $g(aH) = g(bH)$，则由 g 的定义知 $Ha^{-1} = Hb^{-1}$，从而必存在 $h \in H$ 使 $a^{-1} = h * b^{-1}$，即 $a = b * h^{-1}$，于是 $a \in bH$，从而由定理 7.4.4(i)知，$aH = bH$，与 $aH \neq bH$ 矛盾，故

g 是单射。

综上知，g 是 Σ 到 Σ' 的双射，因此 H 的左商集 Σ 与右商集 Σ' 等势。∎

定理 7.4.6 的结论(i)说明，对任意 $a,b\in G$，有 $|aH|=|bH|$，若取 $b=e$，$eH=H$，故可得 $|H|=|aH|$，这说明子群 H 与它的任意一个左陪集 aH 等势。特别地，当 G 为有限群时，子群 H 所含元素个数与任一左陪集 aH 所含元素个数相同。对于右陪集具有同样的结论。

定理 7.4.6 的结论(ii)说明，当子群 H 的左陪集为有限个时，则 H 的右陪集也是有限个，且左、右陪集的个数相等。特别地，当 G 为有限群时，H 的左、右陪集的个数均有限且相等。有限群 G 关于其子群 H 的左(右)陪集个数称为 H 在 G 中的**指数**(index)。

定理 7.4.4 至定理 7.4.6 所给出的结论，均可由例 7.4.3 和例 7.4.4 所求得结果得到验证。

将以上讨论所得结果用于有限群，便得到拉格朗日定理。

定理 7.4.7（拉格朗日定理，Lagrange's Theorem） 设 $\langle G,*\rangle$ 为含 n 个元素的有限群，H 为 G 的含 m 个元素的子群，则 $m\mid n$。

证 考虑 H 的所有左陪集。由于 G 为有限群，故 G 的左陪集的个数有限，令 H 的所有左陪集为 $a_1H,a_2H,\cdots,a_kH$，其中 $k\leqslant|G|$，则由定理 7.4.5，知

$$G=a_1H\bigcup a_2H\bigcup\cdots\bigcup a_kH,\quad a_iH\bigcap a_jH\neq\varnothing\quad 1\leqslant i\neq j\leqslant k$$

又因每个左陪集的元素个数均与子群 H 的元素个数相同，即 $|a_iH|=|H|=m(1\leqslant i\leqslant k)$，所以由包含排斥原理，知 $|G|=|a_1H|+|a_2H|+\cdots+|a_kH|=km$，即 $n=km$，所以 n 可被 m 整除，即 $m\mid n$。∎

根据拉格朗日定理，可直接得到下面两个推论。

推论 1 任何素数阶的群不可能有非平凡子群。

证 利用反证法。假设素数阶的群 G 有非平凡子群 H，那么 H 的阶必定是群 G 的阶的一个因子，这与群 G 的阶是素数矛盾，因此任何素数阶的群不可能有非平凡子群。∎

推论 2 设 $\langle G,*\rangle$ 是 n 阶群，那么对任意的 $a\in G$，a 的周期必是 n 的因子且必有 $a^n=e$。

证 设 $a\in G$，且 a 的周期为 m，易验证 $\langle\{e,a,a^2,\cdots,a^{m-1}\},*\rangle$ 是 $\langle G,*\rangle$ 的一个子群，由拉格朗日定理知，m 是 n 的因子，因此存在 $k\in\mathbf{N}$ 使 $n=km$，使 $a^n=a^{mk}=(a^m)^k=e^k=e$。∎

本节最后给出一些重要子群的实例。

【**例 7.4.5**】 设 $\langle G,*\rangle$ 是一个群，令 $C=\{a\in G\mid a*x=x*a,x\in G\}$，试证明 $\langle C,*\rangle$ 是 $\langle G,*\rangle$ 的子群。

证 利用定理 7.4.1，只需要验证 $\langle G,*\rangle$ 满足子群的判定条件。

显然 $e\in C$，即 C 为 G 的非空子集。

首先证明若 a、$b\in C$，则 $a*b\in C$。对任意 $x\in G$，有

$$(a*b)*x=a*(b*x)=a*(x*b)=(a*x)*b$$
$$=(x*a)*b=x*(a*b)$$

故有 $a * b \in C$。

其次，证明若 $a \in C$，则 $a^{-1} \in C$。对任意 $x \in G$，有

$$a^{-1} * x = a^{-1} * x * e = a^{-1} * x * (a * a^{-1}) = a^{-1} * (x * a) * a^{-1}$$

$$= a^{-1} * (a * x) * a^{-1} = (a^{-1} * a) * x * a^{-1}$$

$$= e * x * a^{-1} = x * a^{-1}$$

故 $a^{-1} \in C$。

综上，由定理 7.4.1 知，$\langle C, * \rangle$ 是 $\langle G, * \rangle$ 的子群。

通常把这样的子群 C 叫作 G 的**中心**(center)。

【例 7.4.6】 证明循环群 $G = (a)$ 的子群 H 也是循环群。

证 设 H 是 G 的子群，若 $H = (e)$，则 H 是循环群。若 $H \neq (e)$，即除元素 e 外，H 还有其他元素，该元素当然也在 G 中，即必存在 $m > 0$，$a^m \in H$(如果存在 $m < 0$，$a^m \in H$，由于 H 也是群，故 $a^{-m} \in H$，这里 $-m > 0$)，m 是满足上述条件的最小正整数。下面证明 H 中的任意元素都是 a^m 的幂。

若 $a^l \in H$，$l = mk + r$，$0 \leqslant r < m$，$k > 0$，则有

$$a^r = a^{l-mk} = a^l * a^{-mk} = a^l * (a^m)^{-k} \in H$$

因为 m 是使 $a^m \in H$ 的最小正整数，且 $0 \leqslant r < m$，所以 $r = 0$，此时 $l = mk$，$a^l = a^{mk} = (a^m)^k$。再由 a^l 的任意性可知，H 中任意元素都是 a^m 的幂，故 $H = (a^m)$。

【例 7.4.7】 设 $\langle H, * \rangle$ 和 $\langle K, * \rangle$ 是群 $\langle G, * \rangle$ 的两个子群，令

$$HK = \{ h * k \mid h \in H, k \in K \}$$

试证明 $\langle HK, * \rangle$ 是 $\langle G, * \rangle$ 的子群，当且仅当 $HK = KH$。

证 (充分性)即若 $HK = KH$，证明 $\langle HK, * \rangle$ 是 $\langle G, * \rangle$ 的子群。

任取 $h_1 * k_1$，$h_2 * k_2 \in HK$，有 $(h_2 * k_2)^{-1} = k_2^{-1} * h_2^{-1}$。因为 H 和 K 都是群，所以 $k_2^{-1} * h_2^{-1} \in KH$。又因为 $HK = KH$，所以 $k_2^{-1} * h_2^{-1} \in HK$，必存在 $h_3 \in H$，$k_3 \in K$，使得 $k_2^{-1} * h_2^{-1} = h_3 * k_3$，则

$$(h_1 * k_1) * (h_2 * k_2)^{-1} = (h_1 * k_1) * (k_2^{-1} * h_2^{-1})$$

$$= (h_1 * k_1) * (h_3 * k_3) = h_1 * (k_1 * h_3) * k_3$$

$$= h_1 * (h_4 * k_4) * k_3 = (h_1 * h_4) * (k_4 * k_3) \in HK$$

根据定理 7.4.2 知，$\langle HK, * \rangle$ 是 $\langle G, * \rangle$ 的子群。

注意：因为 $k_1 * h_3 \in KH = HK$，所以存在 $h_4 \in H$，$k_4 \in K$，使 $k_1 * h_3 = h_4 * k_4$。

(必要性)即若 $\langle HK, * \rangle$ 是 $\langle G, * \rangle$ 的子群，证明 $HK = KH$。

任取 $h * k \in HK$，因为 $\langle HK, * \rangle$ 是群，所以 $(h * k)^{-1} \in HK$，因此可记 $(h * k)^{-1} = h' * k'$，其中 $h' \in H$，$k' \in K$，于是有

$$h * k = ((h * k)^{-1})^{-1} = (h' * k')^{-1} = (k')^{-1} * (h')^{-1} \in KH$$

故 $HK \subseteq KH$。

任取 $k * h \in KH$，因为 $(k * h)^{-1} = h^{-1} * k^{-1} \in HK$；而 $\langle HK, * \rangle$ 是群，所以 HK 中任一元素的逆元也在 HK 中。于是

$$k * h = ((k * h)^{-1})^{-1} \in HK$$

故 $KH \subseteq HK$。

综上知，$HK = KH$。

习题 7.4

(1) 设 f 和 g 是群 $\langle G , * \rangle$ 到群 $\langle H , * \rangle$ 的两个同态，定义 $C = \{x \in G \mid f(x) = g(x)\}$，证明：$\langle C , * \rangle$ 是 $\langle G , * \rangle$ 的子群。

(2) 设 $\langle G , * \rangle$ 是群，且 $S \subseteq G$，S 的定义是对所有的 $b \in G$，有
$$S = \{a \in G \mid a * b = b * a\}$$
试证明 $\langle S , * \rangle$ 是 $\langle G , * \rangle$ 的子群。

(3) 设 $\langle H_1 , * \rangle$ 和 $\langle H_2 , * \rangle$ 是群 $\langle G , * \rangle$ 的两个子群。试证明 $\langle H_1 \bigcap H_2 , * \rangle$ 也是 G 的子群。

(4) 求出 $\langle Z_5 , +_5 \rangle$ 和 $\langle Z_{12} , +_{12} \rangle$ 的所有子群。

(5) 证明循环群的子群必是阿贝尔群。

(6) 在群 $\langle Z_6 , +_6 \rangle$ 中，取 $H = \{[0] , [3]\}$。问 $\langle H , +_6 \rangle$ 是 $\langle Z_6 , +_6 \rangle$ 的子群吗？若是，求出其全部相异的左陪集和右陪集。

(7) 设 $\langle H , * \rangle$ 是群 $\langle G , * \rangle$ 的子群，$a , b \in G$。证明以下 6 个条件等价。

① $b^{-1} * a \in H$。

② $a^{-1} * b \in H$。

③ $b \in aH$。

④ $a \in bH$。

⑤ $aH = bH$。

⑥ $aH \bigcap bH \neq \varnothing$。

(8) 设 $\langle H , * \rangle$ 是群 $\langle G , * \rangle$ 的任一子群，定义 G 上的关系 R 为
$$R = \{\langle a , b \rangle \mid b \in aH , a , b \in G\}$$
证明：

① R 是 G 上的一个等价关系。

② 对每个 $a \in G$，有 $[a]_R = aH$。

(9) 设 $\langle H , * \rangle$ 是群 $\langle G , * \rangle$ 的子群，试问 H 的所有左陪集中是否有 G 的子群，都是哪些？为什么？

(10) 设 $\langle H , * \rangle$ 是群 $\langle G , * \rangle$ 的一个子群，如果左陪集 aH 与右陪集 Ha 相等，即 $aH = Ha$，对任意 $h \in H$，是否恒有 $a * h = h * a$？

7.5 环 和 域

本节讨论具有两个代数运算的特殊代数系统——环和域。环的原始模型是整数环，环的理论已经形成代数学的一个重要分支——环论，而域则是一类特殊的环，是条件最强的环。环论与域论的内容都十分丰富，这里只介绍环和域的一些基本概念和性质。环和域的概念在编码理论和自动机理论中有着重要的意义。

7.5.1 环

> **定义 7.5.1** 设 $\langle A, +, \cdot \rangle$ 是一个具有两个二元运算的代数系统,如果:
> (i) $\langle A, + \rangle$ 是交换群;
> (ii) $\langle A, \cdot \rangle$ 是半群;
> (iii) 运算 $\cdot$ 对 $+$ 满足分配律,即对任意 $a, b, c \in A$,有
> $$a \cdot (b + c) = a \cdot b + a \cdot c, \quad (b + c) \cdot a = b \cdot a + c \cdot a$$
> 则称 $\langle A, +, \cdot \rangle$ 是一个**环**(ring),也简称 A 为环。

在环 $\langle A, +, \cdot \rangle$ 中的运算符"$+$"和"$\cdot$"通常称为"加"与"乘",但它们的含义并不仅限于算术运算中的加法和乘法。同样地,对于加运算的单位元素(幺元)通常用"0"表示,对于乘法的单位元素(如果存在的话)用"1"表示,但 0 和 1 的含义也并不仅限于算术运算中的 0 与 1。

对于 $a, b \in A$,$a + b$ 称为 a 和 b 的和,$a \cdot b$ 称为 a 和 b 的积。对 $\langle A, + \rangle$ 中的元素 a 的逆元称为 a 的加法逆元,用 $-a$ 表示,即 $a^{-1} = -a$。

$\langle A, + \rangle$ 叫作环 A 的加法群,$\langle A, \cdot \rangle$ 叫作环 A 的乘法半群。

对于 $a, b \in A$,把 $a + (-b)$ 简记 $a - b$;对于 $a_1, a_2, \cdots, a_n \in A$,把 $a_1 + a_2 + \cdots + a_n$ 记为 $\sum_{i=1}^{n} a_i$;若 $a_1 = a_2 = \cdots = a_n = a$,则 $a + a + \cdots + a$ 记为 $n \cdot a$。

按环的定义可知,$\langle \mathbf{I}, +, \times \rangle$,$\langle \mathbf{Q}, +, \times \rangle$,$\langle \mathbf{R}, +, \times \rangle$,$\langle \mathbf{C}, +, \times \rangle$ 都是环,即所谓的四大数系:整数环 $\mathbf{I}$、有理数环 $\mathbf{Q}$、实数环 $\mathbf{R}$ 和复数环 $\mathbf{C}$。这些环都含有无穷多个元素。把含无穷多个元素的环叫作无限环,含有限多个元素的环叫作有限环。显然,上述例子都是无限环。下面再举两个有限环的例子。

【例 7.5.1】 设 $Z_m = \{[0], [1], [2], \cdots, [m-1]\}$,由例 7.3.3 和例 7.1.4 可知,$\langle Z_m, +_m \rangle$ 是交换群,$\langle Z_m, \times_m \rangle$ 是半群,并且易证 $\times_m$ 对于 $+_m$ 满足分配律,故 $\langle Z_m, +_m, \times_m \rangle$ 是个环,把它叫作以 m 为模的剩余类环。它是一个含 m 个元素的有限环。

【例 7.5.2】 设 $A = \{0, a, b\}$,其运算表如表 7.5.1 和表 7.5.2 所示。从表中易知,$\langle A, + \rangle$ 是交换群,$\langle A, \cdot \rangle$ 是半群,并且可以验证,运算"$\cdot$"对"$+$"满足分配律,故 $\langle A, +, \cdot \rangle$ 是环。

表 7.5.1 〈A,+〉交换群

+	0	a	b
0	0	a	b
a	a	b	0
b	b	0	a

表 7.5.2 〈A,·〉半群

·	0	a	b
0	0	0	0
a	0	0	0
b	0	0	0

由上面两例可见,环中的运算"$+$"和"$\cdot$"并非仅局限于普通的"加"和"乘"运算。

> **定理 7.5.1** 若 $\langle A, +, \cdot \rangle$ 是环,则对任意 $a, b, c \in A$,有
> (i) $a \cdot 0 = 0 \cdot a = 0$。
> (ii) $(-a) \cdot b = a \cdot (-b) = -(a \cdot b)$。

(iii) $(-a) \cdot (-b) = a \cdot b$。

(iv) $a \cdot (b-c) = a \cdot b - a \cdot c$。

(v) $(b-c) \cdot a = b \cdot a - c \cdot a$。

证 (i) 因为 $a \cdot 0 + a \cdot 0 = a \cdot (0+0) = a \cdot 0$,所以 $a \cdot 0 = 0$。类似可得 $0 \cdot a = 0$。

(ii) $(-a) \cdot b = a \cdot b + (-a) \cdot b + (-(a \cdot b)) = (a + (-a)) \cdot b + (-(a \cdot b))$

$$= 0 \cdot b + (-(a \cdot b)) = 0 + (-(a \cdot b)) = -(a \cdot b)$$

类似可得 $a \cdot (-b) = -(a \cdot b)$。

(iii) $(-a) \cdot (-b) = a \cdot b + (-(a \cdot b)) + (-a) \cdot (-b)$

$$= a \cdot b + (-a) \cdot b + (-a) \cdot (-b)$$

$$= a \cdot b + (-a) \cdot (b-b) = a \cdot b + (-a) \cdot 0 = a \cdot b$$

(iv) $a \cdot (b-c) = a \cdot (b + (-c)) = a \cdot b + a \cdot (-c)$

$$= a \cdot b + (-(a \cdot c)) = a \cdot b - a \cdot c$$

(v) $(b-c) \cdot a = (b + (-c)) \cdot a = b \cdot a + (-c) \cdot a$

$$= b \cdot a + (-(c \cdot a)) = b \cdot a - c \cdot a$$

定义 7.5.2 设 S 为环 A 的非空子集,如果:

(i) $\langle S, +, \cdot \rangle$ 是 $\langle A, +, \cdot \rangle$ 的子系统;

(ii) $\langle S, +, \cdot \rangle$ 是环。

则称 $\langle S, +, \cdot \rangle$ 是环 $\langle A, +, \cdot \rangle$ 的**子环**(subring),简称 S 是 A 的子环,称 A 为 S 的**扩环**(extension ring)。

把环 $\langle A, +, \cdot \rangle$ 和 $\langle \{0\}, +, \cdot \rangle$ 统称为环 A 的**平凡子环**(trivial subring)。如果环 A 的子环 S 是 A 的真子集,则称 S 为 A 的**真子环**(proper subring)。

【例 7.5.3】 整数环 $\mathbf{I}$、有理数环 $\mathbf{Q}$ 和实数环 $\mathbf{R}$ 均是复数环 $\mathbf{C}$ 的真子环。

【例 7.5.4】 设以 6 为模的剩余类环 $Z_6 = \{[0], [1], [2], [3], [4], [5]\}$,$S_1 = \{[0], [2], [4]\}$,$S_2 = \{[0], [3]\}$ 均为 Z_6 的真子环。

下面给出子环的判定条件。

定理 7.5.2 $\langle S, +, \cdot \rangle$ 是环 $\langle A, +, \cdot \rangle$ 的子环的充要条件如下。

(i) 若 $a, b \in S$,则 $a - b \in S$;

(ii) 若 $a, b \in S$,则 $a \cdot b \in S$。

证 (必要性)利用环和子环的定义知,$\langle S, + \rangle$ 是 $\langle A, + \rangle$ 的子群,因此由定理 7.4.2 知,当 $a, b \in S$ 时,$a - b \in S$;$\langle S, \cdot \rangle$ 是半群,S 对运算 $\cdot$ 封闭,因此当 $a, b \in S$ 时,有 $a \cdot b \in S$。

(充分性)由(i)可知,对任意 $a \in S$,$a - a = 0 \in S$,即环 A 的加法幺元 0 在 S 中;$0 - a = -a \in S$,即若 $a \in S$,则 a 的加法逆元 $-a \in S$;对任意 $a, b \in S$,则 $-b \in S$,且 $a - (-b) = a + b \in S$,故由定理 7.4.1 知,$\langle S, + \rangle$ 是 $\langle A, + \rangle$ 的子群,且 S 是交换群。由(ii)及 $\langle A, +, \cdot \rangle$ 是环,知 $\langle S, \cdot \rangle$ 是半群,且运算 $\cdot$ 对 $+$ 满足分配律,故由环的定义知 $\langle S, +, \cdot \rangle$ 是环,即 S 是 A 的子环。

【例 7.5.5】 证明:环 A 的子集 $C = \{a \in A \mid a \cdot x = x \cdot a, x \in A\}$ 是 A 的子环。

证 逐一验证满足定理 7.5.2 的两个条件。

首先证明满足(i)。任取 $a_1, a_2 \in C$，对任意 $x \in A$，有
$$(a_1 - a_2) \cdot x = a_1 \cdot x - a_2 \cdot x = x \cdot a_1 - x \cdot a_2 = x \cdot (a_1 - a_2)$$
故 $a_1 - a_2 \in C$，即(i)成立。

再证明满足(ii)。任取 $a_1, a_2 \in C$，对任意 $x \in A$，有
$$(a_1 \cdot a_2) \cdot x = a_1 \cdot (a_2 \cdot x) = a_1 \cdot (x \cdot a_2) = (a_1 \cdot x) \cdot a_2$$
$$= (x \cdot a_1) \cdot a_2 = x \cdot (a_1 \cdot a_2)$$
故 $a_1 \cdot a_2 \in C$，即(ii)成立。因此，C 为 A 的子环。

通常把子环 C 叫作环 A 的**中心**(center)。

下面讨论一种特定类型的子环——理想。

定义 7.5.3 设 N 为环 A 的子环。对任意的 $a \in A$，有：
(i) 若 $aN \subseteq N$，则称 N 是 A 的左理想子环，简称为 A 的**左理想**(left ideal)；
(ii) 若 $Na \subseteq N$，则称 N 是 A 的右理想子环，简称为 A 的**右理想**(right ideal)；
(iii) 若 $aN \subseteq N$, $Na \subseteq N$，则称 N 是 A 的理想子环，简称为 A 的**理想**(ideal)。

注意，这里的 $aN = \{a \cdot n \mid n \in N\}$, $Na = \{n \cdot a \mid n \in N\}$。

【**例 7.5.6**】 对任一环 A，取 $N_1 = A$, $N_2 = \{0\}$，则 N_1, N_2 是 A 的两个平凡子环，其中 0 为 A 的加法幺元。因为对任意 $a \in A$，有
$$aN_1 = aA \subseteq A = N_1, \quad N_1 a = Aa \subseteq A = N_1$$
$$aN_2 = a\{0\} = \{0\} \subseteq N_2, \quad N_2 a = \{0\}a = \{0\} \subseteq N_2$$
所以 $N_1 = A$ 和 $N_2 = \{0\}$ 均是 A 的理想，把它们称为 A 的**平凡理想**(trivial ideal)。若 $N \subset A$，则称 $\langle N, +, \cdot \rangle$ 是 $\langle A, +, \cdot \rangle$ 的**真理想**(proper ideal)，异于 $\{0\}$ 的理想称为 A 的**非零理想**(nonzero ideal)。

【**例 7.5.7**】 偶数环 $\mathbf{I}_E$ 是整数环 $\mathbf{I}$ 的理想，且是 $\mathbf{I}$ 的真理想。

关于理想子环的判定有以下定理。

定理 7.5.3 $\langle N, +, \cdot \rangle$ 是环 $\langle A, +, \cdot \rangle$ 的理想子环的充要条件如下。
(i) 若 $n_1, n_2 \in N$，则 $n_1 - n_2 \in N$；
(ii) 若 $a \in A$, $n \in N$，则 $a \cdot n \in N$, $n \cdot a \in N$。

证 （必要性）由定理 7.5.2 知，若 $n_1, n_2 \in N$，则 $n_1 - n_2 \in N$；由理想子环的定义知，若 $a \in A$, $n \in N$，有 $a \cdot n \in aN \subseteq N$, $n \cdot a \in Na \subseteq N$。因此必要性成立。

（充分性） 由(i)可知，N 是 A 的加法群，且是交换群。由(ii)可知，对任意 $n_1, n_2 \in N$，有 $n_1 \cdot n_2 \in N$。故由定理 7.5.2 可知，N 是 A 的子环。再由(ii)可知，对任意 $a \in A$，有
$$aN \subseteq N, \quad Na \subseteq N$$
于是，N 是 A 的理想子环。∎

定义 7.5.4 设 $\langle N, +, \cdot \rangle$ 是 $\langle A, +, \cdot \rangle$ 的真理想，若 $\langle A, +, \cdot \rangle$ 再没有真理想 $\langle N', +, \cdot \rangle$，使 $N \subset N'$，则称 N 是 A 的**极大理想**(maximal ideal)。

下面将根据环 $\langle A, +, \cdot \rangle$ 中的乘法所满足的条件来划分环的类型——交换环、含幺环、整环、除环和域。

定义 7.5.5 设 $\langle A,+,\cdot\rangle$ 是一个具有两个二元运算的代数系统,如果:

(i) $\langle A,+\rangle$ 是交换群;

(ii) $\langle A,\cdot\rangle$ 是可交换半群;

(iii) 运算 $\cdot$ 对 $+$ 满足分配律。

则称 $\langle A,+,\cdot\rangle$ 为**交换环**(commutative ring),或简称 A 为交换环。

例如,整数环 $\mathbf{I}$、有理数环 $\mathbf{Q}$、实数环 $\mathbf{R}$ 和复数环 $\mathbf{C}$ 都是交换环;以 m 为模的剩余类环 Z_m 是交换环,例如取 $m=4$ 时,$Z_4=\{[0],[1],[2],[3]\}$,表 7.5.3 和表 7.5.4 给出了 Z_4 中的两个二元运算。不难判断 $\langle Z_4,+_4,\times_4\rangle$ 是一个交换环。

表 7.5.3 $+_4$ 二元运算

$+_4$	$[\mathbf{0}]$	$[\mathbf{1}]$	$[\mathbf{2}]$	$[\mathbf{3}]$
$[0]$	$[0]$	$[1]$	$[2]$	$[3]$
$[1]$	$[1]$	$[2]$	$[3]$	$[0]$
$[2]$	$[2]$	$[3]$	$[0]$	$[1]$
$[3]$	$[3]$	$[0]$	$[1]$	$[2]$

表 7.5.4 $\times_4$ 二元运算

$\times_4$	$[\mathbf{0}]$	$[\mathbf{1}]$	$[\mathbf{2}]$	$[\mathbf{3}]$
$[0]$	$[0]$	$[0]$	$[0]$	$[0]$
$[1]$	$[0]$	$[1]$	$[2]$	$[3]$
$[2]$	$[0]$	$[2]$	$[0]$	$[2]$
$[3]$	$[0]$	$[3]$	$[2]$	$[1]$

定义 7.5.6 设 $\langle A,+,\cdot\rangle$ 是具有两个二元运算的代数系统。如果:

(i) $\langle A,+\rangle$ 是交换群;

(ii) $\langle A,\cdot\rangle$ 是含幺半群;

(iii) 运算 $\cdot$ 对 $+$ 满足分配律。

则称 $\langle A,+,\cdot\rangle$ 为**含幺环**(ring with identity),简称 A 为含幺环。

例如,整数环 $\langle \mathbf{I},+,\times\rangle$ 是一个含幺环,其乘法幺元是 1;偶数环 $\langle \mathbf{I}_E,+,\times\rangle$ 没有乘法幺元 1,故不是含幺环。

再如,以 4 为模的剩余类环 $\langle Z_4,+_4,\times_4\rangle$ 也是一个含幺环,其乘法幺元是 $[1]$,且是一个含幺交换环。

定义 7.5.7 设 $\langle A,+,\cdot\rangle$ 是具有两个二元运算的代数系统。如果:

(i) $\langle A,+\rangle$ 是交换群;

(ii) $\langle A,\cdot\rangle$ 是可交换含幺半群,且无零因子,即任意 $a,b\in A,a\neq 0,b\neq 0$,必有 $a\cdot b\neq 0$;

(iii) 运算 $\cdot$ 对 $+$ 满足分配律。

则称 $\langle A,+,\cdot\rangle$ 为**整环**(integral domain),简称 A 为整环。

换句话说,整环是具有乘法幺元并且无零因子的可交换环。定义中的条件(ii)表明,整环中任何两个非零元素之积不为零,也就是说,对整环中任意两个元素 a,b,若 $a\cdot b=0$,则必有 $a=0$ 或 $b=0$ (0 是加法幺元)。

例如,整数环 $\langle \mathbf{I},+,\times\rangle$ 是整环。以 6 为模的剩余类环 $\langle Z_6,+_6,\times_6\rangle$ 不是整环,因为 $[2]\times_6[3]=[0],[3]\times_6[4]=[0]$,即 $[2]$、$[3]$ 和 $[4]$ 都是 Z_6 的零因子。由表 7.5.4 可知,$\langle Z_4,+_4,\times_4\rangle$ 也不是整环。

定理 7.5.4 在整环 $\langle A,+,\cdot\rangle$ 中的无零因子条件等价于乘法满足消去律,即对于 $c\neq 0$ 且 $c\cdot a=c\cdot b$,必有 $a=b$。

证　若无零因子,并设 $c \cdot a = c \cdot b, c \neq 0$,则有

$$c \cdot a - c \cdot b = c \cdot (a - b) = 0$$

故必有 $a = b$,即满足消去律。

若满足消去律,设 $a \neq 0, a \cdot b = 0$,即 $a \cdot b = a \cdot 0$,由消去律可知,必有 $b = 0$,即 $\langle A, +, \cdot \rangle$ 中无零因子。■

上文提到 $\langle Z_4, +_4, \times_4 \rangle$ 和 $\langle Z_6, +_6, \times_6 \rangle$ 均不是整环,那么是否对任意的非零自然数 m,以 m 为模的剩余类环 $\langle Z_m, +_m, \times_m \rangle$ 均不是整环呢?下面的定理给出了答案。

定理 7.5.5　环 $\langle Z_m, +_m, \times_m \rangle$ 是一个整环,当且仅当 m 是一个素数。

证　(必要性)利用反证法。如果 m 是一个合数,即存在正整数 $n, k(1 < n < m, 1 < k < m)$,使得 $m = nk$,则 $[n] \times_m [k] = [(n \times k)(\bmod m)] = [0]$,又因为 $[0]$ 为 $\langle Z_m, +_m \rangle$ 的幺元,$[n] \neq [0], [k] \neq [0]$,即存在零因子,这与 $\langle Z_m, +_m, \times_m \rangle$ 是整环矛盾(整环的定义(ii)),因此 m 必定是一个素数。

(充分性)结合例 7.1.4 和例 7.5.1 的结果,又 $\langle Z_m, \times_m \rangle$ 显然满足交换律,对比环和整环的定义,知为证明环 $\langle Z_m, +_m, \times_m \rangle$ 是一个整环,只需要证明 Z_m 无零因子。设 $[a] \times_m [b] = [0]$,即 $(a \times b)(\bmod m) \equiv 0$,于是 m 整除 $a \times b$。因为 m 为素数,所以 m 整除 a 或 b,即 $a(\bmod m) \equiv 0$ 或 $b(\bmod m) \equiv 0$,即 $[a] = [0]$ 或 $[b] = [0]$,从而 Z_m 无零因子。因此 $\langle Z_m, +_m, \times_m \rangle$ 是整环。■

当 m 为素数时,常把 Z_m 写成 Z_p。例如,当 $p = 2$ 时,$Z_2 = \{[0], [1]\}$ 为含两个元素的整环;当 $p = 3$ 时,$Z_3 = \{[0], [1], [2]\}$ 为含 3 个元素的整环等。由这个定理,更容易理解 $\langle Z_4, +_4, \times_4 \rangle$ 和 $\langle Z_6, +_6, \times_6 \rangle$ 为什么均不是整环了。

定义 7.5.8　设 $\langle A, +, \cdot \rangle$ 是具有两个二元运算的代数系统,如果:

(i) $\langle A, + \rangle$ 是交换群;

(ii) $\langle A - \{0\}, \cdot \rangle$ 是群;

(iii) 运算 $\cdot$ 对 $+$ 满足分配律。

则称 $\langle A, +, \cdot \rangle$ 为**除环**(division ring),简称 A 为除环,也称 A 为**体**。

群 $\langle A - \{0\}, \cdot \rangle$ 中的幺元称为乘法幺元,记为 1;$A - \{0\}$ 中的任意元素 a 的逆元称为乘法逆元,记为 a^{-1}。

由定义不难验证,有理数环 $\langle \mathbf{Q}, +, \times \rangle$、实数环 $\langle \mathbf{R}, +, \times \rangle$、复数环 $\langle \mathbf{C}, +, \times \rangle$ 都是除环;因为 $\langle \mathbf{I} - \{0\}, \times \rangle$ 不是群,所以 $\langle \mathbf{I}, +, \times \rangle$ 不是除环。

如果对除环的条件作进一步限制则可以得到域的概念。下面就来介绍域的基本概念。

7.5.2　域

定义 7.5.9　设 $\langle A, +, \cdot \rangle$ 是具有两个二元运算的代数系统。如果:

(i) $\langle A, + \rangle$ 是交换群;

(ii) $\langle A - \{0\}, \cdot \rangle$ 是交换群;

(iii) 运算 $\cdot$ 对 $+$ 满足分配律。

则称 $\langle A, +, \cdot \rangle$ 为**域**(field),简称 A 为域。

显然,域必是除环,除环未必是域。下面还将证明域也必为整环,从而说明了域是条件最强的环。

由定义不难验证,有理数环$\langle \mathbf{Q},+,\times \rangle$、实数环$\langle \mathbf{R},+,\times \rangle$、复数环$\langle \mathbf{C},+,\times \rangle$都是域。但整数环$\langle \mathbf{I},+,\times \rangle$只是整环,而不是域,这是因为$\langle \mathbf{I}-\{0\},\times \rangle$不是群。

再如,对于环$\langle Z_3,+_3,\times_3 \rangle$,由定理7.5.5可知,它是一个整环,同时也是一个域。下面给出了它的运算表,如表7.5.5和表7.5.6所示。由表可知,它的乘法幺元是$[1]$,每个非零元素a有乘法逆元a^{-1},即$[1]^{-1}=[1]$,$[2]^{-1}=[2]$,因此$\langle Z_3,+_3,\times_3 \rangle$是域。

表 7.5.5 $+_3$ 运算表

$+_3$	$[\mathbf{0}]$	$[\mathbf{1}]$	$[\mathbf{2}]$
$[0]$	$[0]$	$[1]$	$[2]$
$[1]$	$[1]$	$[2]$	$[0]$
$[2]$	$[2]$	$[0]$	$[1]$

表 7.5.6 $\times_3$ 运算表

$\times_3$	$[\mathbf{0}]$	$[\mathbf{1}]$	$[\mathbf{2}]$
$[0]$	$[0]$	$[0]$	$[0]$
$[1]$	$[0]$	$[1]$	$[2]$
$[2]$	$[0]$	$[2]$	$[1]$

定理 7.5.6 每个域均满足消去律(因此无零因子)。

证 令$\langle A,+,\cdot \rangle$为任意一个域,$a,b,c \in A$,且$a \neq 0$,$a$有乘法逆元$a^{-1}$,此时如果$a \cdot b = a \cdot c$,则$a^{-1} \cdot a \cdot b = a^{-1} \cdot a \cdot c$,因此$b=c$,即每个域均满足消去律。∎

定理 7.5.7 每个域一定是整环。

由域和整环的定义,不难看出此定理成立;这条定理的逆定理一般不成立,例如因为整环$\langle \mathbf{I},+,\times \rangle$乘法逆元素不存在,因此它不是域。但当为有限整环时,其逆定理成立。

定理 7.5.8 每个有限整环一定是域。

证 假设$\langle A,+,\cdot \rangle$为有限整环,对比整环和域的定义,可知只需证明对于任意$a \in A-\{0\}$,均有乘法逆元。设$A=\{a_1,a_2,\cdots,a_n\}$,任取$a \in A$,且$a \neq 0$,考虑

$$A'=aA=\{a \cdot a_1,a \cdot a_2,\cdots,a \cdot a_n\}$$

因为a是非零元素,由消去律可知

$$a \cdot a_i = a \cdot a_j \Rightarrow a_i = a_j$$

从而A'中的n个元素互异,有A'与A等势。又由$\langle A,\cdot \rangle$为半群,对$\cdot$封闭,即$A' \subseteq A$,所以必有$A=A'$。因此,A'中必有一元素是乘法幺元e。不妨设$a \cdot a_k = e$,因此,a_k是a的乘法逆元。因为a是A中任意一个非零元素,即任意$a \in A-\{0\}$均有乘法逆元,所以$\langle A,+,\cdot \rangle$是域。∎

【例 7.5.8】 证明:如果p是素数,则Z_p是一个域。

证 因为p是素数,所以由定理7.5.5知,Z_p是一个整环。又因为$Z_p=\{[0],[1],\cdots,[p-1]\}$是有限整环,故由定理7.5.8知,$Z_p$是域。

至此得到,p为素数$\Rightarrow Z_p$是整环$\Rightarrow Z_p$是域。

定义 7.5.10 设$\langle A,+,\cdot \rangle$是域,$S \subseteq A$。如果$\langle S,+,\cdot \rangle$也是域,则称$\langle S,+,\cdot \rangle$为$\langle A,+,\cdot \rangle$的**子域**(subfield),并称$\langle A,+,\cdot \rangle$是$\langle S,+,\cdot \rangle$的**扩域**(extension field)。

由定理7.5.2和域的定义不难证明下面的定理成立。

定理 7.5.9　域 A 至少含有两个元素的子集 S 是子域的充要条件如下。

(i) 若 $a,b\in S$，则 $a-b\in S$；

(ii) 若 $a,b,\in S$，则 $a\cdot b\in S$；

(iii) 若 $a\in S,a\neq 0$，则 $a^{-1}\in S$。

详细证明留作练习。

由域的定义可知，一个域 $\langle A,+,\cdot\rangle$ 是由两个相联系的群所组成：一个是加法群 $\langle A,+\rangle$，一个是乘法群 $\langle A-\{0\},\cdot\rangle$，它们之间的联系就是运算 $\cdot$ 对 $+$ 满足分配律。因此，在域 $\langle A,+,\cdot\rangle$ 中每个非零元素 a 都具有两个相互有联系的周期：一个是在加法群中的加法周期；另一个是在乘法群中的乘法周期(注意，加法幺元是乘法零元)。

例如，在域 $\langle \mathbf{R},+,\times\rangle$ 中，每个非零元素的加法周期均为无限；1 的乘法周期是 $1,-1$ 的乘法周期是 2，其他非零元素的乘法周期均为无限。

又如，在域 $\langle Z_3,+_3,\times_3\rangle$ 中，$[1]$ 和 $[2]$ 的加法周期均是 3；$[1]$ 的乘法周期是 $1,[2]$ 的乘法周期是 2。

定理 7.5.10　设 $\langle A,+,\cdot\rangle$ 是一个域，则 A 中所有非零元素都具有相同的加法周期。

证　设 a、b 是 A 中任意两个非零元素，且 a 的有限周期为 n，即 $n\cdot a=0$，于是
$$n\cdot b=n\cdot(a\cdot a^{-1}\cdot b)=(n\cdot a)\cdot(a^{-1}\cdot b)=0\cdot(a^{-1}\cdot b)=0$$
因此，b 也有有限加法周期，设为 n'，则有 $n'\leqslant n$。类似地，有
$$n'\cdot a=n'\cdot(b\cdot b^{-1}\cdot a)=(n'\cdot b)\cdot(b^{-1}\cdot a)=0\cdot(b^{-1}\cdot a)=0$$
因此有 $n\leqslant n'$，故 $n=n'$。　■

定义 7.5.11　在 A 中所有非零元素所具有的相同的加法周期，叫作域 $\langle A,+,\cdot\rangle$ 的**特征**(characteristic)。

例如，域 $\langle \mathbf{R},+,\times\rangle$ 的特征为无限；域 $\langle Z_3,+_3,\times_3\rangle$ 的特征是 3。

定理 7.5.11　每个有限域的特征是一个素数。

证　设有限域 $\langle A,+,\cdot\rangle$ 的特征为 r，则 r 必是一有限数。现假设 r 不是素数，则必有 $r=m\cdot n$，其中 $1<m<r,1<n<r$。于是有
$$0=r\cdot 1=(m\cdot n)\cdot 1=m\cdot(n\cdot 1)$$
因为 $n\cdot 1\in A$ 的加法周期也是 r，所以应有 $r\leqslant m$。这与 $m<r$ 矛盾，因此 r 必为素数。　■

作为本章的小结，用一个图展示一下本章介绍的重要的代数结构之间的关系，如图 7.5.1 所示。

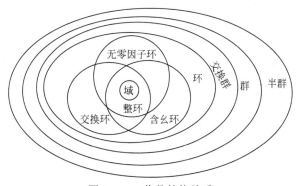

图 7.5.1　代数结构关系

习题 7.5

(1) 设 $\langle A,\oplus,\odot\rangle$ 是一个代数系统,其中 $\odot$ 是任意一个二元运算,对于 A 中任意的 a 和 b,有 $a\oplus b=a$,证明 $\odot$ 对 $\oplus$ 是可分配的。

(2) 设 $\langle A,+,\cdot\rangle$ 是一个环,使得对一切 $a\in A$,有 $a\cdot a=a$,证明:

① 对一切 $a\in A$,有 $a+a=0$,其中 0 是加法幺元。

② 运算 $\cdot$ 是可交换的。

(3) 设 $\langle\{a,b,c,d\},+,\cdot\rangle$ 是一个环,$+$ 和 $\cdot$ 由表 7.5.7 和表 7.5.8 定义。问:它是否为可交换环?是否为含幺环?它是否为含零因子环?哪些元素是零因子?并求出每个元素的加法逆元。

表 7.5.7 ＋的定义

+	a	b	c	d
a	a	b	c	d
b	b	c	d	a
c	c	d	a	b
d	d	a	b	c

表 7.5.8 ·的定义

·	a	b	c	d
a	a	a	a	a
b	a	c	a	c
c	a	a	a	a
d	a	c	a	a

(4) $\langle\mathbf{I},\oplus,\odot\rangle$ 为一个代数系统,对于任何 $a,b\in\mathbf{I}$,有 $a\oplus b=a+b-1$ 和 $a\odot b=a+b-a\cdot b$,证明:$\langle\mathbf{I},\oplus,\odot\rangle$ 是一个含幺可交换环。

(5) 对于环 $\langle A,+,\cdot\rangle$ 的任一子集 $S\subseteq A$,令
$$C(S)=\{r\in A\mid r\cdot x=x\cdot r,\forall x\in S\}$$
试证 $\langle C(S),+,\cdot\rangle$ 是 $\langle A,+,\cdot\rangle$ 的一个子环。

(6) 设 $\langle A,+,\cdot\rangle$ 是一个环,试证明:若 $a,b\in A$,则 $(a+b)^2=a^2+a\cdot b+b\cdot a+b^2$,这里 $a^2=a\cdot a,b^2=b\cdot b$。

(7) 设 $\langle A,+,\cdot\rangle$ 是一个环,其中 $A=\{5x\mid x\in\mathbf{I}\}$,$+$ 和 $\cdot$ 是一般的加法和乘法。问:它是否是一个整环?

(8) 试证明:对任何整数 m,$\{mx\mid x\in\mathbf{I}\}$ 能够构成 $\langle\mathbf{I},+,\cdot\rangle$ 的子环。

(9) 对于 $m=6,8$,求出环 $\langle Z_m,+_m,\times_m\rangle$ 的所有子环和理想。

(10) 设 $\langle G,+\rangle$ 是任一(加法)阿贝尔群。在 G 中定义一个乘法:对任意 $a,b\in G$,有 $a\cdot b=0$。试证明 $\langle G,+,\cdot\rangle$ 是一个环。

(11) 证明:在整环 $\langle G,+,\cdot\rangle$ 中,若 $x\cdot x=x$,则 $x=0$ 或 $x=1$。

(12) 设 $\langle A,+,\cdot\rangle$ 是一个无零因子环,若 A 中的元素 a 有左逆元,则 a 必有右逆元,从而 a 有逆元。

(13) 证明:环 A 的两个子环 S_1 与 S_2 的交 $S_1\cap S_2$ 也是 A 的子环。

(14) 如果 p 不是素数,$\langle Z_p,+_p,\times_p\rangle$ 是一个域吗?为什么?

(15) 在 $A\times A=\{\langle a_1,a_2\rangle\mid a_1,a_2\in A\}$ 中规定运算
$$\langle a_1,a_2\rangle\oplus\langle b_1,b_2\rangle=\langle a_1+b_1,a_2+b_2\rangle$$
$$\langle a_1,a_2\rangle\odot\langle b_1,b_2\rangle=\langle a_1b_1-a_2b_2,a_1b_2+a_2b_1\rangle$$
证明:$\langle R\times R,\oplus,\odot\rangle$ 是一个域。

第8章　格与布尔代数

在本章中将讨论另外两个抽象代数系统——格与布尔代数。这两种代数系统与前面讨论过的代数系统之间存在一个基本的区别是：次序关系在格与布尔代数中将起着重要的作用。为了强调次序关系的作用，先把格作为偏序集合引入，然后把格定义为代数系统。在讨论了格与格的基本性质之后，还将介绍几种特殊格，由此引入布尔代数。

对于计算机科学来说，格与布尔代数是两个重要的代数系统。它们在开关理论、计算机逻辑设计以及其他一些科学与工程领域中均有重要应用。

8.1　格的基本概念

本节先把格作为满足某些性质的偏序集来介绍，引入偏序格的概念。继之再把格定义为代数系统，称为代数格。然后，将证明它们是格的两个等价的定义。

在第 4 章中，曾介绍过偏序关系的概念，即如果集合 X 上的关系 R 是自反、反对称和可传递的，则称 R 为 X 上的偏序关系，并把偏序关系 R 记为"$\leqslant$"，而把序偶 $\langle X,\leqslant\rangle$ 称为偏序集。大家知道，对于偏序集 $\langle X,\leqslant\rangle$ 来说，它的任一子集并不一定都存在上确界(LUB)或下确界(GLB)。

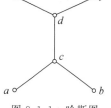

图 8.1.1　哈斯图

例如，在图 8.1.1 所示的偏序集中，$\{a,b\}$ 的上确界是 c，但没有下确界；$\{e,f\}$ 的下确界是 d，但没有上确界。

然而，图 8.1.2 所示的偏序集却都有这样一个共同的特性，那就是在这些偏序集中，任何两个元素都有上确界和下确界。把具有这种性质的偏序集称为偏序格。

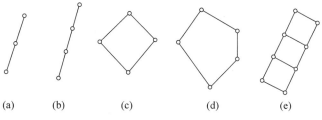

图 8.1.2　偏序关系的哈斯图

定义 8.1.1　设 $\langle L,\leqslant\rangle$ 为一个偏序集。如果对任意 $a,b\in L$，子集 $\{a,b\}$ 在 L 中都有上确界和下确界，则称 $\langle L,\leqslant\rangle$ 为一个**偏序格**(complete lattice)。

L 的子集 $\{a,b\}$ 的上、下确界分别用 $a\oplus b$ 和 $a*b$ 表示。通常，把 LUB$\{a,b\}=a\oplus b$ 叫作

a 与 b 的**保联运算**（或并，join），把 GLB$\{a,b\}=a*b$ 叫作 a 与 b 的**保交运算**（或交，meet）。

例如，图 8.1.2 所给出的偏序集都是偏序格；而图 8.1.1 给出的偏序集却不是偏序格。

【例 8.1.1】 设 $\rho(S)$ 是给定集合 S 的幂集，则 $\langle\rho(S),\subseteq\rangle$ 是一个偏序集。因为 $\rho(S)$ 中的任意两个元素 S_1,S_2，它们的下确界是 $S_1\cap S_2$，上确界是 $S_1\cup S_2$，即 $S_1*S_2=S_1\cap S_2$，$S_1\oplus S_2=S_1\cup S_2$，所以 $\langle\rho(S),\subseteq\rangle$ 是一个偏序格。

回顾集合 S 上的任一偏序关系 $\leqslant$，其逆关系 $\geqslant$ 也是 S 上的一个偏序关系。$\langle S,\geqslant\rangle$ 的哈斯图可以简单地由 $\langle S,\leqslant\rangle$ 的哈斯图上下颠倒而得到。偏序集 $\langle S,\leqslant\rangle$ 和 $\langle S,\geqslant\rangle$ 称为互为对偶。显然，若关系 $\leqslant$ 和 $\geqslant$ 互换，则 GLB 和 LUB 也互换，即在 $\langle L,\leqslant\rangle$ 中的保交运算与保联运算分别变成了 $\langle L,\geqslant\rangle$ 中的保联与保交运算。在任何情况下，若 $\langle L,\leqslant\rangle$ 是一个偏序格，则 $\langle L,\geqslant\rangle$ 也必是一个偏序格。下面就来阐述偏序格的对偶原理。

设 $\langle L,\leqslant\rangle$ 与 $\langle L,\geqslant\rangle$ 为两个偏序格，$*$ 和 $\oplus$ 是其中的代数运算，如果 $*$ 和 $\oplus$ 互换，$\leqslant$ 和 $\geqslant$ 互换，则关于偏序格 $\langle L,\leqslant\rangle$ 与 $\langle L,\geqslant\rangle$ 的任何命题仍然成立，这就是格的**对偶原理**（duality principle）。这个对偶原理说明，就如同偏序关系"$\leqslant$"和"$\geqslant$"互为对偶，运算 $*$ 和 $\oplus$ 互为对偶；同样，偏序格 $\langle L,\leqslant\rangle$ 与 $\langle L,\geqslant\rangle$ 也互为对偶。有了格的对偶原理，在证明格的性质时，只需证明其中的一个命题就可以了。

> **定理 8.1.1** 设 $\langle L,\leqslant\rangle$ 是个偏序格，$*$ 和 $\oplus$ 是 L 上的二元运算，对任意的 $a,b,c\in L$ 满足：
>
> (i) 等幂律。$a\oplus a=a,a*a=a$。
>
> (ii) 交换律。$a\oplus b=b\oplus a,a*b=b*a$。
>
> (iii) 结合律。$(a\oplus b)\oplus c=a\oplus(b\oplus c),(a*b)*c=a*(b*c)$。
>
> (iv) 吸收律。$a\oplus(a*b)=a,a*(a\oplus b)=a$。

证 (i) 任取 $a\in L$，因为 $a\oplus a$ 是 a 的最小上界（即上确界），所以 $a\leqslant a\oplus a$；又由自反性可知 $a\leqslant a$，即 a 为 a 的一个上界，故由上确界的定义知，$a\oplus a\leqslant a$。因此由偏序关系是反对称的知，$a\oplus a=a$。利用对偶原理，得 $a*a=a$。

(ii) 因为 $a\oplus b$ 表示子集 $\{a,b\}$ 的上确界，显然 $\{a,b\}$ 的上确界与 $\{b,a\}$ 的上确界相同，故 $a\oplus b=b\oplus a$。由对偶原理，得 $a*b=b*a$。

(iii) 任取 $a,b,c\in L$，由上确界的定义有

$$a\leqslant a\oplus b\leqslant(a\oplus b)\oplus c \tag{8.1.1}$$

$$b\leqslant a\oplus b\leqslant(a\oplus b)\oplus c \tag{8.1.2}$$

$$c\leqslant(a\oplus b)\oplus c \tag{8.1.3}$$

由式(8.1.2)和式(8.1.3)，得

$$b\oplus c\leqslant(a\oplus b)\oplus c \tag{8.1.4}$$

再由式(8.1.1)和式(8.1.4)，得

$$a\oplus(b\oplus c)\leqslant(a\oplus b)\oplus c$$

同理可证

$$(a\oplus b)\oplus c\leqslant a\oplus(b\oplus c)$$

因为偏序关系是反对称的，所以

$$a\oplus(b\oplus c)=(a\oplus b)\oplus c$$

由对偶原理,得 $a*(b*c)=(a*b)*c$。

(iv) 任取 $a,b \in L$,显然有

$$a \leqslant a \oplus (a*b) \qquad (8.1.5)$$

又由 $a \leqslant a$,$a*b \leqslant a$,可得

$$a \oplus (a*b) \leqslant a \qquad (8.1.6)$$

再由反对称性和式(8.1.5)与式(8.1.6)可得,$a \oplus (a*b)=a$。

根据对偶原理可得 $a*(a \oplus b)=a$。 ■

下面将把格定义成一个代数系统,把格定义成代数系统的好处是可把与代数系统相关的一些概念应用于格。这样,就可以定义子格、格的积代数、格同态等。同时,也研究偏序格与代数格之间的关系。

> **定义 8.1.2** 设 $\langle L,*,\oplus \rangle$ 是一个代数系统。如果运算 $*$ 和 $\oplus$ 均满足:
> (i) 交换律。$a*b=b*a$,$a \oplus b=b \oplus a$。
> (ii) 结合律。$a*(b*c)=(a*b)*c$,
> $\qquad a \oplus (b \oplus c)=(a \oplus b)\oplus c$。
> (iii) 吸收律。$a*(a \oplus b)=a$,$a \oplus (a*b)=a$。
> 则称 $\langle L,*,\oplus \rangle$ 为一个**代数格**(algebraic lattice)。

【例 8.1.2】 设 S 是一个集合,$\rho(S)$ 是 S 的幂集。由例 8.1.1 知 $\langle \rho(S),\subseteq \rangle$ 是一个偏序格。由集合论的结果(见 3.2 节)知,交运算 $\bigcap$ 和并运算 $\bigcup$ 都满足交换律、结合律和吸收律,故 $\langle \rho(S),\bigcap,\bigcup \rangle$ 还是一个代数格。

> **定理 8.1.2** 设 $\langle L,*,\oplus \rangle$ 是一个代数格,$a \in L$,则必有
> $$a*a=a, \quad a \oplus a=a \qquad (\text{等幂律})$$

证 因为 $\langle L,*,\oplus \rangle$ 是一个代数格,所以,运算 $*$ 和 $\oplus$ 满足定义 8.1.2 中所给出的性质,由吸收律 $a \oplus (a*b)=a$ 及 b 的任意性得,$a \oplus (a*a)=a$,从而 $a*a=a*(a \oplus (a*a))$。利用吸收律 $a*(a \oplus b)=a$ 及 b 的任意性知,$a*(a \oplus (a*a))=a$,从而有 $a*a=a$。

类似可证 $a \oplus a=a$。故定理得证。 ■

> **定理 8.1.3** 设 $\langle L,*,\oplus \rangle$ 是一个代数格,定义 L 上的关系 $\leqslant$ 为
> $$a \leqslant b \Longleftrightarrow a*b=a$$
> 则 $\langle L,\leqslant \rangle$ 是一个偏序格。

证 欲证 $\langle L,\leqslant \rangle$ 是一个偏序格,只需验证以下几点。
(1) $\leqslant$ 是偏序关系,即 $\leqslant$ 符合自反性、反对称性和传递性。
(2) 对任意 $a,b \in L$,子集 $\{a,b\}$ 存在下确界。
(3) 对任意 $a,b \in L$,子集 $\{a,b\}$ 存在上确界。

首先证明(1)成立。任取 $a \in L$,由定理 8.1.2 可知 $a*a=a$,再由关系"$\leqslant$"的定义可知 $a \leqslant a$,故自反性成立。任取 $a,b \in L$,如果有 $a \leqslant b$,$b \leqslant a$,则 $a*b=a$,$b*a=b$,又因运算 $*$ 是可交换的,即 $a*b=b*a$,得 $a=b$。因此,有 $a \leqslant b$,$b \leqslant a \Rightarrow a=b$,即 $\leqslant$ 是反对称的。任取 $a,b,c \in L$,如果有 $a \leqslant b$,$b \leqslant c$,则 $a*b=a$,$b*c=b$,再根据结合律有

$$a*c=(a*b)*c \qquad (\text{因 } a*b=a)$$

$$= a * (b * c) \qquad\qquad (因 * 可结合)$$
$$= a * b \qquad\qquad (因 b * c = b)$$
$$= a \qquad\qquad (因 a \leqslant b)$$

所以 $a \leqslant c$，即 $\leqslant$ 是可传递的。故 $\leqslant$ 是个偏序关系。

其次证明(2)成立。任取 $a, b \in L$，由结合律和等幂律知，$(a * b) * b = a * (b * b) = a * b$，因此由关系 $\leqslant$ 的定义知 $a * b \leqslant b$；由交换律、结合律和等幂律知，$(a * b) * a = (a * a) * b = a * b$，因此由关系 $\leqslant$ 的定义知，$a * b \leqslant a$。这说明 $a * b$ 是子集 $\{a, b\}$ 的下界。现假设 $c \in L$ 也是 $\{a, b\}$ 的一个下界，来证明 $c \leqslant a * b$，从而说明 $a * b$ 是 $\{a, b\}$ 的最大下界，即下确界(GLB)。事实上，有

$$c * (a * b) = (c * a) * b \qquad\qquad (结合律)$$
$$= c * b \qquad\qquad (因 c \leqslant a)$$
$$= c \qquad\qquad (因 c \leqslant b)$$

再由关系 $\leqslant$ 的定义知，$c \leqslant a * b$。

最后，证明(3)成立。这只需在(2)的证明过程中，把 $*$ 换成 $\oplus$，把 GLB 换成 LUB，$\leqslant$ 换成 $\geqslant$，下界换为上界，即得(3)的证明。

综上知，$\langle L, \leqslant \rangle$ 是一个偏序格。 ■

定理 8.1.4 设 $\langle L, \leqslant \rangle$ 是一个偏序格，定义格上的运算 $*$ 和 $\oplus$ 为
$$a * b = \mathrm{GLB}\{a, b\}, \quad a \oplus b = \mathrm{LUB}\{a, b\}$$
则 $\langle L, *, \oplus \rangle$ 是一个代数格。

证 欲证 $\langle L, *, \oplus \rangle$ 是一个代数格，只需证明运算 $*$ 和 $\oplus$ 都满足交换律、结合律、吸收律。前两者显然成立，因此只需证明吸收律成立。事实上，因为 $\mathrm{GLB}\{a, b\} \leqslant a \leqslant \mathrm{LUB}\{a, b\}$，故

$$a * (a \oplus b) = \mathrm{GLB}\{a, \mathrm{LUB}\{a, b\}\} = a$$
$$a \oplus (a * b) = \mathrm{LUB}\{a, \mathrm{GLB}\{a, b\}\} = a$$

因此，$\langle L, *, \oplus \rangle$ 是一个代数格。 ■

定理 8.1.3 表明，给定一个代数格，可以诱导出一个偏序格；定理 8.1.4 又表明，给定一个偏序格，可以诱导出一个代数格。这就证明了格的两种定义的等价性。因此，今后不再区分偏序格和代数格，而统称为格，根据需要选取方便的形式。

本节最后再举几个例子。

【例 8.1.3】 当 $S = \{a\}$、$S = \{a, b\}$ 或 $S = \{a, b, c\}$ 时，则 $\langle \rho(S), \subseteq \rangle$ 都是(偏序)格。它们所对应的格的哈斯图分别如图 8.1.3(a)~图 8.1.3(c)所示，且仅当 S 含有一个元素 $a \in S$ 时，它对应的哈斯图才是一个链。

【例 8.1.4】 设 n 是一个正整数，S_n 是 n 的所有因子的集合。当 $n = 6$ 时，$S_6 = \{1, 2, 3, 6\}$；当 $n = 8$ 时，$S_8 = \{1, 2, 4, 8\}$；当 $n = 24$ 时，$S_{24} = \{1, 2, 3, 4, 6, 8, 12, 24\}$；当 $n = 30$ 时，$S_{30} = \{1, 2, 3, 5, 6, 10, 15, 30\}$。令 D 是 S_n 中的整除关系，即对任何 $a, b \in S_n$，当且仅当 a 整除 b 时，才有 $\langle a, b \rangle \in D$，则 $\langle S_n, D \rangle$ 是个(偏序)格。图 8.1.4 分别给出了 $n = 8$，$n = 6$，$n = 24$ 和 $n = 30$ 时，格 $\langle S_n, D \rangle$ 所对应的哈斯图。

注意：图 8.1.3(b)和(c)与图 8.1.4(b)和(d)仅仅结点标记不同。如果忽略结点标记

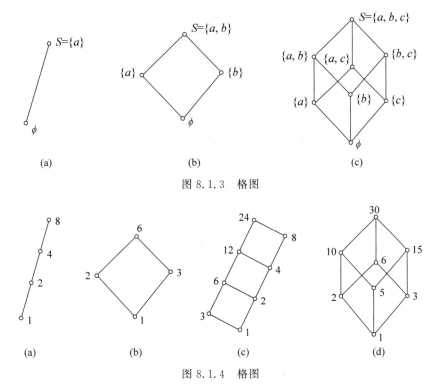

图 8.1.3　格图

图 8.1.4　格图

（即抽象地看），它们表示同一个格。

【例 8.1.5】　图 8.1.5 中所给出的偏序关系的哈斯图,均不是格(注意到,如果上确界或下确界存在,则必是唯一的)。

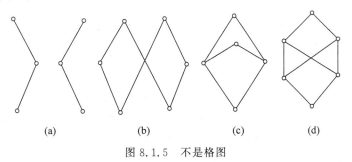

图 8.1.5　不是格图

习题 8.1

(1) 试说明图 8.1.5 中所给的偏序集为什么不是格?

(2) 对于 $n=4,10,12,15,45$,试画出格 $\langle S_n, D \rangle$ 的哈斯图。当 n 为何值时,$\langle S_n, D \rangle$ 是链?

(3) 证明:在格中如果有 $a \leqslant b \leqslant c$,则

$$a \oplus b = b * c, \quad (a * b) \oplus (b * c) = b = (a \oplus b) * (a \oplus c)$$

(4) 试证明在格 $\langle L, \leqslant \rangle$ 中,对任意 $a,b,c,d \in L$,下列命题成立。

① $(a * b) \oplus (c * d) \leqslant (a \oplus c) * (b \oplus d)$。

② $a \leqslant b \Rightarrow a \oplus (b * c) \leqslant b * (a \oplus c)$。

(5) 设 $\langle L, *, \oplus \rangle$ 是一个格,试证明对任意 $a, b, c \in L$,下列命题成立。

① 若 $a * b = a \oplus b$,则 $a = b$。

② 若 $a * b * c = a \oplus b \oplus c$,则 $a = b = c$。

③ $a \oplus ((a \oplus b) * (a \oplus c)) = (a \oplus b) * (a \oplus c)$。

(6) 试说明具有 3 个或更少元素的格是一个链。

8.2 格的性质和格同态

首先列出格 $\langle L, *, \oplus \rangle$ 的两个二元运算——保交 $*$ 和保联 $\oplus$ 的一些性质,这些性质在前面已经证明过了。对任意 $a, b, c \in L$,有

$(L-1)$	$a * a = a$	$(L-1)'$	$a \oplus a = a$	(等幂律)
$(L-2)$	$a * b = b * a$	$(L-2)'$	$a \oplus b = b \oplus a$	(交换律)
$(L-3)$	$(a * b) * c = a * (b * c)$	$(L-3)'$	$(a \oplus b) \oplus c = a \oplus (b \oplus c)$	(结合律)
$(L-4)$	$a * (a \oplus b) = a$	$(L-4)'$	$a \oplus (a * b) = a$	(吸收律)

另外,对于在 4.6 节中给出的上确界和下确界的定义,这里将用保交和保联运算的语言,重新把它们加以描述如下,设偏序集 $\langle L, \leqslant \rangle$ 和 $\langle L, \geqslant \rangle$,则对任意 $a, b, c \in L$,有

$(P-1)$	$a \leqslant a \oplus b, b \leqslant a \oplus b$	$(P-1)'$	$a \geqslant a * b, b \geqslant a * b$
$(P-2)$	$a * b \leqslant a, a * b \leqslant b$	$(P-2)'$	$a \oplus b \geqslant a, a \oplus b \geqslant b$
$(P-3)$	$a \leqslant b \wedge a \leqslant c \Rightarrow a \leqslant b * c$	$(P-3)'$	$a \geqslant b \wedge a \geqslant c \Rightarrow a \geqslant b \oplus c$
$(P-4)$	$a \leqslant b \wedge a \leqslant c \Rightarrow a \leqslant b \oplus c$	$(P-4)'$	$a \geqslant b \wedge a \geqslant c \Rightarrow a \geqslant b * c$

根据格的对偶原理可以看出,命题 $(L-1)' \sim (L-4)'$,$(P-1)' \sim (P-4)'$ 分别是命题 $(L-1) \sim (L-4)$,$(P-1) \sim (P-4)$ 的对偶。

定理 8.2.1 设 $\langle L, \leqslant \rangle$ 是格,$*$ 和 $\oplus$ 分别表示保交和保联运算,则对任意 $a, b \in L$,有
$$a \leqslant b \Leftrightarrow a * b = a \Leftrightarrow a \oplus b = b$$

证 这里按 $a \leqslant b \Rightarrow a * b = a \Rightarrow a \oplus b = b \Rightarrow a \leqslant b$ 的次序来证明。

首先,证 $a \leqslant b \Rightarrow a * b = a$。任取 $a, b \in L$,由 $a \leqslant a$ 和 $a \leqslant b$ 可知,a 是 $\{a, b\}$ 的下界,故 $a \leqslant a * b$。又因为 $a * b \leqslant a$,利用 $\leqslant$ 的反对称性,可知 $a * b = a$。

其次,证 $a * b = a \Rightarrow a \oplus b = b$。根据吸收律和交换律,有 $b = b \oplus (b * a) = b \oplus (a * b)$,再由 $a * b = a$,得 $b = b \oplus (a * b) = b \oplus a$,从而利用交换律,得 $a \oplus b = b$。

最后,证 $a \oplus b = b \Rightarrow a \leqslant b$。由 $a \leqslant a \oplus b$ 和 $a \oplus b = b$,可得 $a \leqslant b$。

综上知,定理成立。 ▪

定理 8.2.2 设 $\langle L, *, \oplus \rangle$ 是一个格,$\leqslant$ 为其偏序关系(自然偏序),则对于任何 $a, b, c \in L$,有
$$b \leqslant c \Rightarrow \begin{cases} a * b \leqslant a * c \\ a \oplus b \leqslant a \oplus c \end{cases}$$

这种性质称为保序性。

证 由于 $b \leqslant c$,由定理 8.2.1 知,$b * c = b$,于是

$$(a * b) * (a * c) = a * (b * a) * c = a * (a * b) * c \quad \text{（结合律、交换律）}$$
$$= (a * a) * (b * c) = a * (b * c) \quad \text{（结合律、等幂律）}$$
$$= a * b \quad (b * c = b)$$

再根据定理 8.2.1 可知，$a * b \leqslant a * c$。

由于 $b \leqslant c$，由定理 8.2.1 知，$b \oplus c = c$，于是

$$(a \oplus b) \oplus (a \oplus c) = a \oplus (b \oplus a) \oplus c = a \oplus (a \oplus b) \oplus c \quad \text{（结合律、交换律）}$$
$$= (a \oplus a) \oplus (b \oplus c) = a \oplus (b \oplus c) \quad \text{（结合律、幂律）}$$
$$= a \oplus c \quad (b \oplus c = c)$$

再根据定理 8.2.1 可知，$a \oplus b \leqslant a \oplus c$。　■

定理 8.2.3　设 $\langle L, *, \oplus \rangle$ 是一个格，$\leqslant$ 是其偏序关系（自然偏序），$\geqslant$ 是 $\leqslant$ 的逆关系，则对任何 $a, b, c \in L$，有：

(i) $a \oplus (b * c) \leqslant (a \oplus b) * (a \oplus c)$。

(ii) $a * (b \oplus c) \geqslant (a * b) \oplus (a * c)$。

上述不等式通常称为分配不等式。

证　(i) 由 $(P-1)$ 可知，$a \leqslant a \oplus b$，$a \leqslant a \oplus c$，从而由 $(P-3)$，知

$$a \leqslant (a \oplus b) * (a \oplus c) \tag{8.2.1}$$

另外，由保交运算 $*$ 和保联运算 $\oplus$ 的定义，知

$$b * c \leqslant b \leqslant a \oplus b$$
$$b * c \leqslant c \leqslant a \oplus c$$

从而由 $(P-3)$，知

$$b * c \leqslant (a \oplus b) * (a \oplus c) \tag{8.2.2}$$

由式(8.2.1)和式(8.2.2)，再根据 $(P-3)'$，可得(i)的分配不等式，即

$$a \oplus (b * c) \leqslant (a \oplus b) * (a \oplus c)$$

对第二个分配不等式，可以用类似的方法或用对偶原理证明。　■

定理 8.2.4　设 $\langle L, *, \oplus \rangle$ 是一个格，$\leqslant$ 为其偏序关系，则对任何 $a, b, c \in L$，有
$$a \leqslant c \Leftrightarrow a \oplus (b * c) \leqslant (a \oplus b) * c$$
此不等式通常称为模不等式。

证　由定理 8.2.1 知，$a \leqslant c \Leftrightarrow a \oplus c = c$，所以可将定理 8.2.3 中的第一不等式中的 $a \oplus c$ 用 c 代替，即得

$$a \oplus (b * c) \leqslant (a \oplus b) * c$$

从而模不等式得证。　■

下面介绍子格、直积和格同态（同构）的概念。

定义 8.2.1　设 $\langle L, *, \oplus \rangle$ 是一个格，$S \subseteq L$。当且仅当子集 S 对运算 $*$ 和 $\oplus$ 皆封闭时，称代数系统 $\langle S, *, \oplus \rangle$ 为 $\langle L, *, \oplus \rangle$ 的**子格**(sublattice)。

从子格的定义可知，子格也是一个格。值得注意的是，子集 S 对运算 $*$ 和 $\oplus$ 皆封闭是指，对任意 $a, b \in S$，子集 $\{a, b\}$ 的上确界和下确界也都在 S 中，即 $a * b \in S$，$a \oplus b \in S$。

【**例 8.2.1**】　设 $\langle L, \leqslant \rangle$ 是一个格，其中 $L = \{a_1, a_2, \cdots, a_8\}$，且 S_1, S_2, S_3 是 L 的子

集,其中 $S_1=\{a_1,a_2,a_4,a_6\}$,$S_2=\{a_3,a_5,a_7,a_8\}$,$S_3=\{a_1,a_2,a_4,a_8\}$。格 $\langle L,\leqslant\rangle$ 的哈斯图如图 8.2.1 所示。不难验证 $\langle S_1,\leqslant\rangle$,$\langle S_2,\leqslant\rangle$ 是 $\langle L,\leqslant\rangle$ 的两个子格,但 $\langle S_3,\leqslant\rangle$ 不是子格,因为 $a_2,a_4\in S_3$,但 $a_2*a_4=a_6\notin S_3$。

> **定义 8.2.2** 设 $\langle L,*,\oplus\rangle$ 和 $\langle S,\wedge,\vee\rangle$ 是两个格,再定义一个代数系统 $\langle L\times S,\cdot,+\rangle$,其中 $\cdot$ 和 $+$ 的定义为:对任何序偶 $\langle a_1,b_1\rangle,\langle a_2,b_2\rangle\in L\times S$,有
> $$\langle a_1,b_1\rangle\cdot\langle a_2,b_2\rangle=\langle a_1*a_2,b_1\wedge b_2\rangle$$
> $$\langle a_1,b_1\rangle+\langle a_2,b_2\rangle=\langle a_1\oplus a_2,b_1\vee b_2\rangle$$
> 则称 $\langle L\times S,\cdot,+\rangle$ 是格 $\langle L,*,\oplus\rangle$ 和 $\langle S,\wedge,\vee\rangle$ 的**直积**或**积代数**(product algebra)。

由定义可知,格的积代数也是一个格,这是因为 $L\times S$ 中的二元运算是由 L 和 S 上的运算来定义的,交换律、结合律和吸收律仍然保持。

【**例 8.2.2**】 试考查 4 和 9 的各因子集合 $S_4=\{1,2,4\}$,$S_9=\{1,3,9\}$,则 $\langle S_4,D\rangle$ 和 $\langle S_9,D\rangle$ 是格,这里的 D 是 S_4 和 S_9 中的“整除”关系。图 8.2.2 给出了格 $S_4\times S_9$ 的哈斯图。

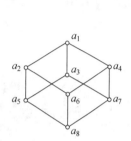

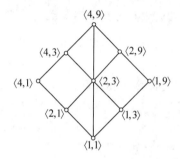

图 8.2.1　$\langle L,\leqslant\rangle$ 的哈斯图　　　　图 8.2.2　格 $S_4\times S_9$ 的哈斯图

> **定义 8.2.3** 设 $\langle L,*,\oplus\rangle$ 和 $\langle S,\wedge,\vee\rangle$ 是两个格,若映射 $g:L\to S$ 满足对任何 $a,b\in L$,有
> $$g(a*b)=g(a)\wedge g(b),\quad g(a\oplus b)=g(a)\vee g(b)$$
> 则称 g 是从 $\langle L,*,\oplus\rangle$ 到 $\langle S,\wedge,\vee\rangle$ 的**格同态**(lattice homomorphism)。如果 g 是格同态且是双射的,则称 g 是从 $\langle L,*,\oplus\rangle$ 到 $\langle S,\wedge,\vee\rangle$ 的**格同构**(lattice isomorphism),此时格 $\langle L,*,\oplus\rangle$ 与格 $\langle S,\wedge,\vee\rangle$ 称为是同构的。

下面介绍格同态和格同构的一些性质。

> **定理 8.2.5**(保序定理) 设 g 是从格 $\langle L,*,\oplus\rangle$ 到格 $\langle S,\wedge,\vee\rangle$ 的同态,$\leqslant$ 和 $\leqslant'$ 分别是这两个格的偏序。对任意 $a,b\in L$,若 $a\leqslant b$,则 $g(a)\leqslant'g(b)$。

证 由定理 8.2.1 知,$a\leqslant b\Leftrightarrow a*b=a$,所以
$$g(a)=g(a*b)=g(a)\wedge g(b)$$
即
$$g(a)\wedge g(b)=g(a)$$
由定理 8.2.1 知,$g(a)\leqslant'g(b)$。

此定理说明,如果映射 g 是一个格同态,则
$$a\leqslant b\Rightarrow g(a)\leqslant'g(b)$$

即格同态是保序的,但是这种保序只是单方向的。

定理 8.2.6 设 g 是从格 $\langle L, *, \oplus \rangle$ 到格 $\langle S, \wedge, \vee \rangle$ 的双射,$\leqslant$ 和 $\leqslant'$ 分别为这两个格的偏序,则 g 为格同构的充要条件是:对任意 $a, b \in L, a \leqslant b \Leftrightarrow g(a) \leqslant' g(b)$。

证 (必要性)设 g 是格同构。若 $a \leqslant b$,则根据定理 8.2.5 可知,必有 $g(a) \leqslant' g(b)$;反之,若 $g(a) \leqslant' g(b)$,由定理 8.2.1 知 $g(a) \wedge g(b) = g(a)$,所以

$$g(a) \wedge g(b) = g(a) \Leftrightarrow g(a * b) = g(a) \quad\quad (g \text{ 是同构})$$
$$\Leftrightarrow a * b = a \quad\quad (g \text{ 是双射})$$
$$\Leftrightarrow a \leqslant b \quad\quad (\text{定理 8.2.1})$$

即 $g(a) \leqslant' g(b) \Rightarrow a \leqslant b$。因此 $a \leqslant b \Leftrightarrow g(a) \leqslant' g(b)$。

(充分性) 若对任意 $a, b \in L$,有 $a \leqslant b \Leftrightarrow g(a) \leqslant' g(b)$,来证 g 是同构映射。事实上,因为已知 g 是双射,只需证明:

① $g(a * b) = g(a) \wedge g(b)$;
② $g(a \oplus b) = g(a) \vee g(b)$。

由于②的证明与①类似,下面仅给出①的证明。欲证明①只须证明:

$$g(a * b) = \text{GLB}\{g(a), g(b)\}$$

事实上,因为 $a * b \leqslant a, a * b \leqslant b$,所以由已知条件,可有

$$g(a * b) \leqslant' g(a), \quad g(a * b) \leqslant' g(b)$$

这说明,$g(a * b)$ 是 $\{g(a), g(b)\}$ 的一个下界。现在假设 $g(c)$ 为 $\{g(a), g(b)\}$ 的任意一个下界,则

$$g(c) \leqslant' g(a), \quad g(c) \leqslant' g(b)$$

由已知条件知,它们等价于 $c \leqslant a, c \leqslant b$。由 $(P-3)$ 知,有 $c \leqslant a * b$。再由已知条件,有 $g(c) \leqslant' g(a * b)$。这说明 $g(a * b)$ 是 $\{g(a), g(b)\}$ 的下确界,即 $g(a * b) = \text{GLB}\{g(a), g(b)\}$。∎

此定理表明,可用同样的图来表达互为同构的格,只是图中结点的标记不同,或抽象地(以代数观点)看,互为同构的格是(代数)相等的。

【例 8.2.3】 设 $S = \{a, b, c\}$,$S_{30} = \{1, 2, 3, 5, 6, 10, 15, 30\}$,则格 $\langle \rho(S), \subseteq \rangle$ 与格 $\langle S_{30}, D \rangle$ 是同构的(图 8.1.3(c)和图 8.1.4(d))。当 $S = \{a, b\}$,$S_6 = \{1, 2, 3, 6\}$ 时,则 $\langle \rho(S), \subseteq \rangle$ 与 $\langle S_6, D \rangle$ 是同构的(图 8.1.3(b)和图 8.1.4(b))。

仅有 1 个、2 个或 3 个元素的格,分别同构于拥有 1 个、2 个或 3 个元素的链。另外,任何 4 阶的格都必同构于图 8.1.2(b)或图 8.1.2(c)所示的两个格之一。与此类似,任何 5 阶的格,都必同构于图 8.2.3 中的 5 个格图之一。

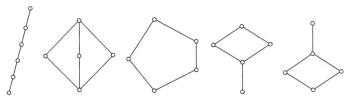

图 8.2.3 格图

习题 8.2

(1) 设 $\langle L_1,\wedge,\vee\rangle$ 是一个格, $\langle L_2,\bigcap,\bigcup\rangle$ 是一个具有两个二元运算的代数系统, 令 $f:L_1\to L_2$, 且对任意 $a,b\in L$, 有

$$f(a\wedge b)=f(a)\bigcap f(b)$$
$$f(a\vee b)=f(a)\bigcup f(b)$$

若 f 是满射的, 问 $\langle L_2,\bigcap,\bigcup\rangle$ 是否是格? 若 f 不是满射的, 那么 $\langle L_2,\bigcap,\bigcup\rangle$ 是否是格? 为什么?

(2) 求出格 $\langle S_{12},D\rangle$ 的所有子格。

(3) 试证明: $n=216$ 的格 $\langle S_n,D\rangle$ 同构于 $n=8$ 和 $n=27$ 的两个格的积代数。

(4) 设 $\langle L_1,\wedge,\vee\rangle$ 与 $\langle L_2,\bigcap,\bigcup\rangle$ 是两个格。f 是从 L_1 到 L_2 的格同态, 试证 $\langle f(L_1),\bigcap,\bigcup\rangle$ 是 $\langle L_2,\bigcap,\bigcup\rangle$ 的子格。

8.3 几种特殊格

本节介绍几种满足特殊性质的格, 即有界格、有补格和分配格。

大家知道, 在一个格中每对元素均有一个上确界和一个下确界。基于这一事实, 用数学归纳法不难证明每个有限子集都有一个上确界和下确界。

设 $\langle L,*,\oplus\rangle$ 是一个格, $S=\{a_1,a_2,\cdots,a_n\}$ 是 L 的一个有限子集。一般地, 可以把 S 的下确界和上确界分别表示为

$$\mathrm{GLB}(S)=\mathop{*}_{i=1}^{n}a_i=a_1*a_2*\cdots*a_n$$

$$\mathrm{LUB}(S)=\mathop{\oplus}_{i=1}^{n}a_i=a_1\oplus a_2\oplus\cdots\oplus a_n$$

然而, 对于 L 中的无穷子集来说, 上述结论却不一定成立。例如, 在格 $\langle \mathbf{I}_+,\leqslant\rangle$ 中, 由正偶数组成的子集 S 就没有上确界。下面给出有界格的定义。

定义 8.3.1 设 $\langle L,*,\oplus\rangle$ 是一个格。如果 L 中具有最大元素和最小元素, 则称 $\langle L,*,\oplus\rangle$ 为**有界格**(bounded lattice)。通常把有界格的最大元素和最小元素分别记为 1 和 0, 并称它们为格的**界**(bound)。常把有界格记为 $\langle L,*,\oplus,0,1\rangle$。

显然, 有限格 $\langle L,*,\oplus\rangle$ 是有界格, 并且

$$0=\mathop{*}_{i=1}^{n}a_i,\quad 1=\mathop{\oplus}_{i=1}^{n}a_i$$

其中 $L=\{a_1,a_2,\cdots,a_n\}$。

对于有界格 $\langle L,*,\oplus,0,1\rangle$, 对每个 $a\in L$, 都有 $0\leqslant a\leqslant 1$。因此:

(1) $a\oplus 0=a,a*1=a$。

(2) $a\oplus 1=1,a*0=0$。

在有界格中, 1 和 0 互为对偶。因此在求对偶命题时, 需将 0 和 1 对换。(1)中两式互为对偶,(2)中的两式互为对偶。

显然,补元的定义是相互的,即如果a是b的补元,则b也是a的补元。一个元素可能有补元,也可能没有补元。如果有补元的话,补元也不一定是唯一的。

【**例 8.3.1**】 观察图 8.3.1(a)~图 8.3.1(d)中各有界格的补元。

在图 8.3.1(a)中,a、b、c 这 3 个元素都没有补元。

在图 8.3.1(b)中,a、b、c 这 3 个元素都有补元,且互为补元,补元均不唯一。

在图 8.3.1(c)中,a 只有一个补元c;b 只有一个补元c;c 有两个补元a 和b。

在图 8.3.1(d)中,a 有两个补元b 和e;b 有两个补元a 和c;c 只有一个补元b;d 无补元;e 只有一个补元a。

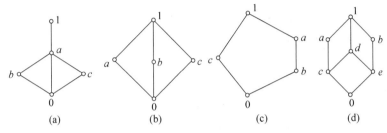

图 8.3.1　有界格

证 因为$0 * 1 = 0, 0 \oplus 1 = 1$,所以 0 和 1 互为补元。现假设元素$c$也是 0 的一个补元,且$c \neq 1$,则$0 * c = 0, 0 \oplus c = 1$。但$0 \oplus c = c$,于是有$c = 1$,这与$c \neq 1$矛盾。

同理可证,1 的补元也是唯一的。 ■

由定义可知,有补格必为有界格,但有界格未必是有补格。

例如,图 8.3.1(b)和图 8.3.1(c)都有补格,而虽然图 8.3.1(a)和图 8.3.1(d)都是有界格,但都不是有补格。

【**例 8.3.2**】 有两个以上元素的链不是有补格。

【**例 8.3.3**】 设S是个有限集,则$\langle \rho(S), \subseteq \rangle$是个有补格。它的界是$\varnothing$和$S$;对任意$A \in \rho(S)$,$A$的补元是$S - A$,即$A$的补集$\sim A$。

在定理 8.2.3 中,证明了任何一个格$\langle L, *, \oplus \rangle$中的任意元素$a, b, c \in L$,都满足下列分配不等式:

(1) $a \oplus (b * c) \leqslant (a \oplus b) * (a \oplus c)$。

(2) $a * (b \oplus c) \geqslant (a * b) \oplus (a * c)$。

若有些格,对所有元素均能使(1)和(2)中的等式成立,则把这类格称为分配格。

【**例 8.3.4**】 设非空有限集 S ,则 $\langle \rho(S), \cap, \cup \rangle$ 是一个分配格。这是由于对任意的 A ,$B, C \in \rho(S)$,有

$$A \cup (B \cap C) = (A \cup B) \cap (A \cup C), \quad A \cap (B \cup C) = (A \cap B) \cup (A \cap C)$$

【**例 8.3.5**】 图 8.3.2 中给出的两个格都不是分配格。这是因为图 8.3.2(a)中,有

$$b * (c \oplus d) = b * a = b, \quad (b * c) \oplus (b * d) = e \oplus e = e$$

所以

$$b * (c \oplus d) \neq (b * c) \oplus (b * d)$$

从而图 8.3.2(a)给出的格不是分配格。

在图 8.3.2(b)中,有

$$c * (b \oplus d) = c * a = c, \quad (c * b) \oplus (c * d) = e \oplus d = d$$

所以

$$c * (b \oplus d) \neq (c * b) \oplus (c * d)$$

从而图 8.3.2(b)给出的格不是分配格。

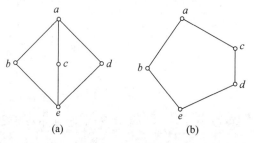

(a)   (b)

图 8.3.2 不是分配格的格

定理 8.3.2 设 $\langle L, *, \oplus \rangle$ 是一个格,则 $*$ 对 $\oplus$ 是可分配的,当且仅当 $\oplus$ 对 $*$ 是可分配的。

证 若 $*$ 对 $\oplus$ 是可分配的,则对任意 $a, b, c \in L$,有

$$(a \oplus b) * (a \oplus c) = ((a \oplus b) * a) \oplus ((a \oplus b) * c) = a \oplus ((a * c) \oplus (b * c))$$
$$= (a \oplus (a * c)) \oplus (b * c) = a \oplus (b * c) \quad \text{(结合律、吸收律)}$$

即 $\oplus$ 对 $*$ 也是可分配的。

同理可证,若 $\oplus$ 对 $*$ 可分配,则 $*$ 对 $\oplus$ 也是可分配的。 ∎

此定理说明,判断一个格是不是分配格,只需检验两个分配律之一即可。

下面定理说明某些格总是具有可分配性。

定理 8.3.3 每个链都是分配格。

证 设 $\langle L, \leqslant \rangle$ 是一个链,知 $\leqslant$ 是全序,任取 $a, b, c \in L$,则只有两种可能情况。

(1) a 是三者中最大的,即 $b \leqslant a, c \leqslant a$ 。

(2) a 不是三者中最大的,不妨设 $a \leqslant b$ 。

对于情况(1),有 $b \oplus c \leqslant a$,于是

$$a * (b \oplus c) = b \oplus c$$
$$(a * b) \oplus (a * c) = b \oplus c = a * (b \oplus c)$$

对于情况(2), $a * b = a$,且 $a \leqslant b \oplus c$,故 $a * (b \oplus c) = a$,于是

$$(a * b) \oplus (a * c) = a \oplus (a * c) = a = a * (b \oplus c)$$

综上知，$*$ 对 $\oplus$ 是可分配的。根据定理 8.3.2 知，$\oplus$ 对 $*$ 也是可分配的，故每个链都是分配格。

定理 8.3.4 两个分配格的积代数仍是分配格。

证 设格 $\langle L \times S, \cdot, + \rangle$ 是分配格 $\langle L, *, \oplus \rangle$ 和 $\langle S, \wedge, \vee \rangle$ 的积代数。任取 $\langle a_1, b_1 \rangle$，$\langle a_2, b_2 \rangle, \langle a_3, b_3 \rangle \in L \times S$，则

$$
\begin{aligned}
\langle a_1, b_1 \rangle \cdot (\langle a_2, b_2 \rangle + \langle a_3, b_3 \rangle) &= \langle a_1, b_1 \rangle \cdot \langle a_2 \oplus a_3, b_2 \vee b_3 \rangle && \text{(积代数定义)} \\
&= \langle a_1 * (a_2 \oplus a_3), b_1 \wedge (b_2 \vee b_3) \rangle && \text{(积代数定义)} \\
&= \langle (a_1 * a_2) \oplus (a_1 * a_3), (b_1 \wedge b_2) \vee (b_1 \wedge b_3) \rangle && \\
& && \text{(分配格的定义)} \\
&= \langle a_1 * a_2, b_1 \wedge b_2 \rangle + \langle a_1 * a_3, b_1 \wedge b_3 \rangle && \text{(积代数定义)} \\
&= (\langle a_1, b_1 \rangle \cdot \langle a_2, b_2 \rangle) + (\langle a_1, b_1 \rangle \cdot \langle a_3, b_3 \rangle) && \\
& && \text{(积代数定义)}
\end{aligned}
$$

故 $\langle L \times S, \cdot, + \rangle$ 是分配格。

下面两个定理反映了分配格的性质。

定理 8.3.5 设 $\langle L, *, \oplus \rangle$ 是分配格，则对任意 $a, b, c \in L$，都有
$$(a * b = a * c) \wedge (a \oplus b = a \oplus c) \Rightarrow b = c$$

证
$$
\begin{aligned}
b &= b * (a \oplus b) && \text{(吸收律)} \\
&= b * (a \oplus c) && \text{(条件 } a \oplus b = a \oplus c \text{)} \\
&= (b * a) \oplus (b * c) && \text{(分配格的定义)} \\
&= (c * a) \oplus (c * b) && \text{(条件 } a * b = a * c \text{, 交换律)} \\
&= c * (a \oplus b) && \text{(分配格的定义)} \\
&= c * (a \oplus c) = c && \text{(条件 } a \oplus b = a \oplus c \text{, 吸收律)}
\end{aligned}
$$

定理得证。

定理 8.3.6 设 $\langle L, *, \oplus, 0, 1 \rangle$ 是个有界分配格。如果 $a \in L$ 有补元，则 a 的补元必是唯一的。此时，把 a 的补元记为 a'。

证 设 b、c 都是 a 的补元，则有
$$a * b = a * c = 0, \quad a \oplus b = a \oplus c = 1$$
由定理 8.3.5 可得 $b = c$。

定义 8.3.5 设 $\langle L, *, \oplus \rangle$ 是个格，如果它既是有补格又是分配格，则称它为**有补分配格**(complemented distributive lattice)，或称**布尔格**(Boolean lattice)。

由定义易知，有补分配格一定是有界分配格，有界分配格未必是有补分配格。关于有补分配格有以下一些性质。

定理 8.3.7 设 $\langle L, *, \oplus \rangle$ 是个有补分配格，则对任意 $a \in L$，都有
$$a'' = (a')' = a$$

证 由补元的定义知，$a * a' = 0$，$a \oplus a' = 1$，以及 $(a')' * a' = 0$、$(a')' \oplus a' = 1$，从而 a 和 $(a')'$ 均为 a' 的补元，根据补元的唯一性（即定理 8.3.6），可得 $(a')' = a$。 ∎

定理 8.3.8 设 $\langle L, *, \oplus \rangle$ 是个有补分配格，则对任意 $a, b \in L$，有：
(i) $(a * b)' = a' \oplus b'$。
(ii) $(a \oplus b)' = a' * b'$。
通常称为**德·摩根律**。

证 (i) 由于
$$
\begin{aligned}
(a * b) * (a' \oplus b') &= (a * b * a') \oplus (a * b * b') & \text{（分配格的定义）}\\
&= ((a * a') * b) \oplus (a * (b * b')) & \text{（交换律，结合律）}\\
&= 0 \oplus 0 = 0 & \text{（补元的定义，最小元素的定义）}\\
(a * b) \oplus (a' \oplus b') &= (a \oplus a' \oplus b') * (b \oplus a' \oplus b') & \text{（分配格的定义）}\\
&= ((a \oplus a') \oplus b') * ((b \oplus b') \oplus a') & \text{（结合律，交换律）}\\
&= 1 * 1 = 1 & \text{（补元的定义，最大元素的定义）}
\end{aligned}
$$

由补元的定义知，$a' \oplus b'$ 是 $a * b$ 的一个补元。又由有补分配格的补元具有唯一性（即定理 8.3.6），可知

$$(a * b)' = a' \oplus b'$$

(ii) 由于
$$
\begin{aligned}
(a \oplus b) * (a' * b') &= (a * a' * b') \oplus (b * a' * b') & \text{（分配格的定义）}\\
&= ((a * a') * b') \oplus ((b * b') * a') & \text{（结合律，交换律）}\\
&= 0 \oplus 0 = 0 & \text{（补元的定义，最小元素的定义）}\\
(a \oplus b) \oplus (a' * b') &= (a \oplus b \oplus a') * (a \oplus b \oplus b') & \text{（分配格的定义）}\\
&= ((a \oplus a') \oplus b) * (a \oplus (b \oplus b')) & \text{（交换律，结合律）}\\
&= 1 * 1 = 1 & \text{（补元的定义，最大元素的定义）}
\end{aligned}
$$

由补元的定义知，$a' * b'$ 是 $a \oplus b$ 的一个补元。又由有补分配格的补元具有唯一性（即定理 8.3.6）可知，$(a \oplus b)' = a' * b'$。

综上，定理得证。 ∎

定理 8.3.9 设 $\langle L, *, \oplus \rangle$ 是个有补分配格，$\leqslant$ 是其自然偏序，则对任意 $a, b \in L$，有
$$a \leqslant b \Leftrightarrow a * b' = 0 \Leftrightarrow a' \oplus b = 1$$

证 这里按 $a \leqslant b \Rightarrow a * b' = 0 \Rightarrow a' \oplus b = 1 \Rightarrow a \leqslant b$ 的次序来证明。

首先，证 $a \leqslant b \Rightarrow a * b' = 0$。若 $a \leqslant b$，则由定理 8.2.1 知，$a * b = a$，于是有
$$
\begin{aligned}
a * b' &= (a * b) * b' & (a * b = a)\\
&= a * (b * b') & \text{（结合律）}\\
&= a * 0 = 0 & \text{（补元的定义，最小元素的定义）}
\end{aligned}
$$

其次，证 $a * b' = 0 \Rightarrow a' \oplus b = 1$。若 $a * b' = 0$，则由有补分配格的逆元的唯一性，可知 $(a * b')' = 0'$，因此
$$
\begin{aligned}
a' \oplus b &= a' \oplus (b')' & \text{（定理 8.3.7）}\\
&= (a * b')' & \text{（定理 8.3.8）}\\
&= 0' = 1 & ((a * b')' = 0'\text{，定理 8.3.1})
\end{aligned}
$$

最后，证 $a' \oplus b = 1 \Rightarrow a \leqslant b$。若 $a' \oplus b = 1$，则有

$$a = a * 1 = a * (a' \oplus b) \qquad \text{（最大元素的定义,}a' \oplus b = 1)$$
$$= (a * a') \oplus (a * b) \qquad \qquad \text{（分配格的定义）}$$
$$= 0 \oplus (a * b) = a * b \qquad \text{（补元的定义,最小元素的定义）}$$

所以,由定理 8.2.1 知,$a \leqslant b$。 ∎

习题 8.3

(1) 画出所有五元素的格,并指出哪些是有补格。

(2) $\langle S_{30}, D \rangle$ 和 $\langle S_{45}, D \rangle$ 是否为分配格?

(3) 验证图 8.3.3 所示的两个格不是分配格。

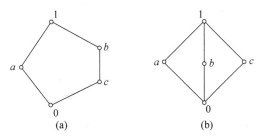

图 8.3.3　两个格

(4) 设 $\langle L, *, \oplus \rangle$ 是格,证明:L 是分配格当且仅当,对任意 $a, b, c \in L$,有
$$(a * b) \oplus (b * c) \oplus (c * a) = (a \oplus b) * (b \oplus c) * (c \oplus a)$$

(5) 设 $\langle L, *, \oplus \rangle$ 是分配格,证明:对任意 $a, b_1, b_2, \cdots, b_n \in L$,有
$$a * \left(\mathop{\oplus}\limits_{i=1}^{n} b_i \right) = \mathop{\oplus}\limits_{i=1}^{n} (a * b_i), \quad a \oplus \left(\mathop{*}\limits_{i=1}^{n} b_i \right) = \mathop{*}\limits_{i=1}^{n} (a \oplus b_i)$$

(6) 证明:在有界分配格中,有补元的各元素构成一个子格。

(7) 设 $\langle L, *, \oplus \rangle$ 是格,证明:L 是分配格当且仅当,对任意 $a, b, c \in L, (a \oplus b) * c \leqslant a \oplus (b * c)$。

(8) 设 $\langle L, *, \oplus \rangle$ 是分配格,$a \in L$。定义 f 为:对任意 $x \in L, f(x) = x * a$。定义 g 为:对任意 $x \in L, g(x) = x \oplus a$。证明:$f$ 和 g 都是 L 的自同态。

(9) 设 $\langle L, *, \oplus \rangle$ 是分配格,$a, b \in L$ 且 $a < b, b/a = \{x \mid x \in L \wedge a \leqslant x \leqslant b\}$。定义从 L 到 b/a 的映射 $\varphi(x) = (x \oplus a) * b$。证明:$\varphi$ 是个同态映射。

(10) 若对于有界格 $\langle L, *, \oplus \rangle$ 中的任意元素 x 和 y,有 $x \oplus y = 0$,则 $x = y = 0$;若 $x * y = 1$,则 $x = y = 1$。

(11) 如果格 $\langle L, \leqslant \rangle$ 中不存在最小元素 0,证明:L 中存在递减的无穷序列
$$x_0 > x_1 > x_2 > \cdots > x_n > \cdots$$

8.4　布　尔　代　数

本节讨论具有两个二元运算、一个一元运算的代数系统——布尔代数(Boolean algebra),它是英国数学家乔治·布尔(George Boole)于 1854 年提出的一种较为复杂的代数系统,在

开关网络和计算机科学中有重要应用。

> **定义 8.4.1** 一个有补分配格称为**布尔代数**。

一般用 $\langle B, *, \oplus, ', 0, 1 \rangle$ 来表示一个布尔代数,其中 $\langle B, *, \oplus \rangle$ 是个格,$'$ 是 B 中的一元求补运算。由于 B 中的每个元素均有唯一的补元,故运算 $'$ 对 B 封闭,即对任意 $a \in B$,a 的补元 $a' \in B$;0 和 1 是格 $\langle B, *, \oplus \rangle$ 的界。

显然,布尔代数作为一种特殊格,它具有格及有界格、有补格和分配格的全部性质。这些性质在上两节中基本上都已经推导,现汇总如下。

(1) $\langle B, *, \oplus \rangle$ 是一个格。在保交 $*$ 和保联 $\oplus$ 作用下,对任何 $a, b, c \in B$ 都能满足下列性质,其中 $\leqslant$ 是其自然偏序。

$(L-1)$ $a * b \leqslant a, a * b \leqslant b$	$(L-1)'$ $a \oplus b \geqslant a, a \oplus b \geqslant b$
$(L-2)$ $a \leqslant b \wedge a \leqslant c \Rightarrow a \leqslant b * c$	$(L-2)'$ $a \geqslant b \wedge a \geqslant c \Rightarrow a \geqslant b \oplus c$
$(L-3)$ $a \leqslant b \wedge a \leqslant c \Rightarrow a \leqslant b \oplus c$	$(L-3)'$ $a \geqslant b \wedge a \geqslant c \Rightarrow a \geqslant b * c$
$(L-4)$ $a * b = b * a$	$(L-4)'$ $a \oplus b = b \oplus a$
$(L-5)$ $a * (b * c) = (a * b) * c$	$(L-5)'$ $a \oplus (b \oplus c) = (a \oplus b) \oplus c$
$(L-6)$ $a * a = a$	$(L-6)'$ $a \oplus a = a$
$(L-7)$ $a * (a \oplus b) = a$	$(L-7)'$ $a \oplus (a * b) = a$
$(L-8)$ $a \leqslant b \Leftrightarrow a * b = a \Leftrightarrow a \oplus b = b$	$(L-8)'$ $a \geqslant b \Leftrightarrow a * b = b \Leftrightarrow a \oplus b = a$

(2) $\langle B, *, \oplus \rangle$ 是一个分配格,对于任何 $a, b, c \in B$,都能满足下列恒等式。

$(C-1)$ $a * (b \oplus c) = (a * b) \oplus (a * c)$	$(C-1)'$ $a \oplus (b * c) = (a \oplus b) * (a \oplus c)$
$(C-2)$ $(a * b = a * c) \wedge (a \oplus b = a \oplus c) \Rightarrow b = c$	
$(C-3)$ $(a * b) \oplus (b * c) \oplus (c * a) = (a \oplus b) * (b \oplus c) * (c \oplus a)$	

(3) $\langle B, *, \oplus, 0, 1 \rangle$ 是一个有界格,对于任何 $a \in B$,都能满足下列性质。

$(D-1)$ $0 \leqslant a \leqslant 1$	
$(D-2)$ $a * 0 = 0$	$(D-2)'$ $a \oplus 1 = 1$
$(D-3)$ $a * 1 = a$	$(D-3)'$ $a \oplus 0 = a$

(4) $\langle B, *, \oplus, ', 0, 1 \rangle$ 是一个有补分配格,对任何 $a, b \in B$,都能满足下列性质。

$(B-1)$ $a * a' = 0$	$(B-1)'$ $a \oplus a' = 1$
$(B-2)$ $0' = 1$	$(B-2)'$ $1' = 0$
$(B-3)$ $(a * b)' = a' \oplus b'$	$(B-3)'$ $(a \oplus b)' = a' * b'$
$(B-4)$ $a \leqslant b \Leftrightarrow a * b' = 0 \Leftrightarrow a' \oplus b = 1$	$(B-4)'$ $a \geqslant b \Leftrightarrow a' * b = 0 \Leftrightarrow a \oplus b' = 1$

注意,上述的这些性质并不都是彼此独立的,即有冗余的,特别是利用对偶原理,有很多性质可以相互推导。但还是列出了这些性质,是由于这些性质的重要性。

下面给出一些布尔代数实例。

【例 8.4.1】 设 $B = \{0, 1\}$,表 8.4.1～表 8.4.3 给出了运算 $*$、$\oplus$ 和 $'$ 的定义,则 $\langle B, *, \oplus, ', 0, 1 \rangle$ 是布尔代数。不难验证它满足上面列出的所有性质。此布尔代数是最简单的二元布尔代数,习惯上称为电路代数。

【例 8.4.2】 设 S 是非空集合,不难验证 $\langle \rho(S), \cap, \cup, \sim, \varnothing, S \rangle$ 是一个布尔代数,习惯上称为集合代数,其中对任何 $A \in \rho(S)$,A 的补元为 $\sim A = S - A$。$\rho(S)$ 的偏序关系是 $\subseteq$。如果 S 有 n 个元素,则 $\rho(S)$ 有 2^n 个元素。该布尔代数的图是一个 n 维立方体。

表 8.4.1	$*$ 运算的定义	
$*$	**0**	**1**
0	0	0
1	0	1

表 8.4.2	$\oplus$ 运算的定义	
$\oplus$	**0**	**1**
0	0	1
1	1	1

表 8.4.3	$'$ 运算的定义
x	x'
0	1
1	0

【例 8.4.3】 设 S 是有 n 个命题变元的合式公式的集合,则代数系统 $\langle S,\wedge,\vee,\neg,F,T\rangle$ 是一个布尔代数,习惯上称为命题代数,其中 $\wedge,\vee,\neg$ 分别是合取、析取和否定,F 和 T 分别是永假式和永真式,并把互为等价的公式看成是相等的。对应于 $\wedge$ 和 $\vee$ 的偏序关系是蕴涵关系 $\Rightarrow$。

例如,设 $n=1$,于是命题变元的合式公式的集合 $S=\{p,\neg p,p\wedge\neg p,p\vee\neg p\}$,布尔代数 $\langle S,\wedge,\vee,\neg,F,T\rangle$ 的图如图 8.4.1 所示。

【例 8.4.4】 令 $B_n=\{0,1\}^n$,对任意 $a=\langle a_1,a_2,\cdots,a_n\rangle,b=\langle b_1,b_2,\cdots,b_n\rangle\in B_n$,定义

$$a*b=\langle a_1\wedge b_1,a_2\wedge b_2,\cdots,a_n\wedge b_n\rangle$$
$$a\oplus b=\langle a_1\vee b_1,a_2\vee b_2,\cdots,a_n\vee b_n\rangle$$
$$a'=\langle\neg a_1,\neg a_2,\cdots,\neg a_n\rangle$$

这里的 $\wedge,\vee,\neg$ 是 $\{0,1\}$ 上的逻辑运算,则代数系统 $\langle B_n,*,\oplus,',0_n,1_n\rangle$ 是一个布尔代数,其中 0_n 和 1_n 分别表示成员都为 0 和成员都为 1 的 n 元序偶,这个代数通常称为开关代数。

例如,设 $n=3$,则 $B_3=\{\langle 0,0,0\rangle,\langle 0,0,1\rangle,\langle 0,1,0\rangle,\langle 0,1,1\rangle,\langle 1,0,0\rangle,\langle 1,0,1\rangle,\langle 1,1,0\rangle,\langle 1,1,1\rangle\},0_3=\langle 0,0,0\rangle,1_3=\langle 1,1,1\rangle$。此时该布尔代数可记为 $\langle B_3,*,\oplus,',0_3,1_3\rangle$。该布尔代数的图如图 8.4.2 所示。

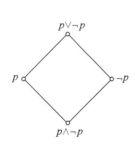

图 8.4.1 一个命题变元的命题代数

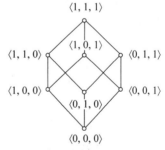

图 8.4.2 布尔代数的图

定义 8.4.2 设 $\langle B,*,\oplus,',0,1\rangle$ 是一个布尔代数,$S\subseteq B$。如果 S 中有元素 0 和 1,且在运算 $*$、$\oplus$ 和 $'$ 的作用下,S 是封闭的,则称代数系统 $\langle S,*,\oplus,',0,1\rangle$ 是 $\langle B,*,\oplus,',0,1\rangle$ 的**子布尔代数**(Boolean sublattice)。

如对任意布尔代数 $\langle B,*,\oplus,',0,1\rangle$,$S=\{0,1\}$ 和 $S=B$ 对应的 $\langle S,*,\oplus,',0,1\rangle$ 都是 $\langle B,*,\oplus,',0,1\rangle$ 的子布尔代数;对任意 $a\in B$,且 $a\neq 0,a\neq 1$,令 $S=\{a,a',0,1\}$,此时 $\langle S,*,\oplus,',0,1\rangle$ 也是 $\langle B,*,\oplus,',0,1\rangle$ 的一个子布尔代数。

定理 8.4.1 设 $\langle B,*,\oplus,',0,1\rangle$ 是一个布尔代数,S 是 B 的非空子集。如果 S 对于 $\{*,'\}$ 或 $\{\oplus,'\}$ 封闭,则 S 是 B 的子布尔代数。

证 设 S 对 $*$ 和 $'$ 封闭,则由 $S \neq \varnothing$ 知,必存在 $a \in S$,因 S 对 $'$ 封闭,故 $a' \in S$。又因对 $*$ 封闭,故 $a * a' = 0, 0' = 1$,即 $0, 1 \in S$。任取 $a, b \in S$,则 $a', b' \in S$,从而 $a' * b' \in S$。又因为 $a \oplus b = (a' * b')'$,故 $a \oplus b \in S$。因此,S 是 B 的子布尔代数。同理可证,若 S 对 $\oplus$ 和 $'$ 封闭,则 S 是 B 的子布尔代数。 ■

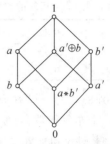

图 8.4.3 例 8.4.5 的布尔代数

【例 8.4.5】 考查图 8.4.3 中的布尔代数。令 $S_1 = \{b, b', 0, 1\}$,$S_2 = \{a, b, 0, 1\}$,则 S_1 是子布尔代数,因为它对 $*$ 和 $'$ 封闭;S_2 不是子布尔代数,因为它对 $'$ 不封闭。

定义 8.4.3 设 $\langle B, *, \oplus, ', 0, 1 \rangle$ 和 $\langle P, \bigcap, \bigcup, \sim, \alpha, \beta \rangle$ 是两个布尔代数。定义映射 $f: B \to P$,使得在 f 的作用下,能够保持布尔代数的所有运算,即对任何 $a, b \in B$,都有
$$f(a * b) = f(a) \bigcap f(b), \quad f(a \oplus b) = f(a) \bigcup f(b)$$
$$f(a') = \sim f(a), \quad f(0) = \alpha, \quad f(1) = \beta$$
则称映射 f 是一个**布尔同态**(Boolean homomorphism);当 f 为双射时,这两个布尔代数**同构**(isomorphic)。

判断映射 f 是否为布尔同态,利用定义较为麻烦,为此介绍以下两个定理。

定理 8.4.2 设 $\langle B, *, \oplus, ', 0, 1 \rangle$ 和 $\langle P, \bigcap, \bigcup, \sim, \alpha, \beta \rangle$ 是两个布尔代数,令 $f: B \to P$。如果对任意 $a, b \in B$ 有
$$f(a * b) = f(a) \bigcap f(b), \quad f(a') = \sim f(a)$$
则 f 是从 B 到 P 的布尔同态。

证 任取 $a, b \in B$,则有

$$
\begin{aligned}
f(a \oplus b) &= f((a' * b')') & \text{(公式(B-3)')} \\
&= \sim f(a' * b') & \text{(条件 } f(a') = \sim f(a)) \\
&= \sim (f(a') \bigcap f(b')) & \text{(条件 } f(a * b) = f(a) \bigcap f(b)) \\
&= \sim f(a') \bigcup \sim f(b') & \text{(德·摩根律)} \\
&= f(a'') \bigcup f(b'') & \text{(条件 } f(a') = \sim f(a)) \\
&= f(a) \bigcup f(b) & \text{(定理 8.3.7)} \\
f(0) &= f(a * a') & \text{(公式(B-1))} \\
&= f(a) \bigcap f(a') & \text{(条件 } f(a * b) = f(a) \bigcap f(b)) \\
&= f(a) \bigcap \sim f(a) & \text{(条件 } f(a') = \sim f(a)) \\
&= \alpha & \text{(公式(B-1),} \alpha \text{ 的定义)} \\
f(1) &= f(0') & \text{(公式(B-2))} \\
&= \sim f(0) & \text{(条件 } f(a') = \sim f(a)) \\
&= \sim \alpha = \beta
\end{aligned}
$$

所以,f 是个从 B 到 P 的布尔同态。 ■

定理 8.4.3 设 $\langle B, *, \oplus, ', 0, 1 \rangle$ 和 $\langle P, \bigcap, \bigcup, \sim, \alpha, \beta \rangle$ 是两个布尔代数,令 $f: B \to P$。如果对任意 $a, b \in B$,有

$$f(a \oplus b) = f(a) \bigcup f(b)$$
$$f(a') = \sim f(a)$$

则 f 是个布尔同态。

此定理的证明留作练习。

习题 8.4

(1) 试证明下列布尔恒等式。

① $a \oplus (a' * b) = a \oplus b$。

② $a * (a' \oplus b) = a * b$。

③ $(a * b) \oplus (a * b') = a$。

④ $(a * b * c) \oplus (a * b) = a * b$。

(2) 试证明,在任何布尔代数中以下性质成立。

① $a = b \Leftrightarrow (a * b') \oplus (a' * b) = 0$。

② $a = 0 \Leftrightarrow (a * b') \oplus (a' * b) = b$。

③ $(a \oplus b') * (b \oplus c') * (c \oplus a') = (a' \oplus b) * (b' \oplus c) * (c' \oplus a)$。

④ $(a \oplus b) * (a' \oplus c) = (a * c) \oplus (a' * b) = (a * c) \oplus (a' * b) \oplus (b * c)$。

⑤ $a \leqslant b \Rightarrow a \oplus (b * c) = b * (a \oplus c)$。

(3) 给定集合代数 $\langle \rho(S), \bigcap, \bigcup, \sim, \varnothing, S \rangle$ 和电路代数 $\langle B, *, \oplus, ', 0, 1 \rangle$,其中 $S = \{a, b, c\}$,$B = \{0, 1\}$。定义映射 $g: \rho(S) \to B$,使得对于 $X \in \rho(S)$ 来说,如果有 $b \in X$,则 $g(X) = 1$;否则,$g(X) = 0$。证明:映射 g 是一个布尔同态。

(4) 设 $E = \{a_1, a_2, \cdots, a_n\}$,证明:存在从集合代数 $\langle \rho(E), \bigcap, \bigcup, \sim, \varnothing, E \rangle$ 到开关代数 $\langle B_n, *, \oplus, ', 0_n, 1_n \rangle$ 的同构映射。

(5) 试简化下列布尔表达式。

① $(a * b)' \oplus (a \oplus b)'$。

② $(a' * b' * c') \oplus (a * b' * c) \oplus (a * b' * c')$。

③ $(a * c) \oplus c \oplus ((b \oplus b') * c)$。

④ $(1 * a) \oplus (0 * a')$。

第4篇 图 论

图论起源于 1736 年莱昂哈德·欧拉（Leonhard Euler）著名的哥尼斯堡（Königsberg）七桥问题的讨论，以后又停顿了 100 多年。直至 19 世纪中叶，由于对电路网络、晶体模型和分子结构的研究，图论又重新引起了人们的兴趣。1847 年，古斯塔夫·罗伯特·基尔霍夫（Gustav Robert Kirchhoff）第一次把图论应用于电路网络的拓扑分析，开创了图论面向实际应用的成功先例。

近几十年来，尤其是在高速电子计算机问世后，图论有了惊人的发展。目前，图论已成为一门十分活跃的新兴的独立学科。它不仅应用于自然科学，也应用于社会科学，在各种应用领域中扮演着越来越重要的角色，特别是在计算机科学领域中，图论起着相当重要的作用，如在逻辑设计、计算机网络、人工智能、操作系统、数据结构、编译理论和计算机程序设计电路的故障诊断等的研究中，图论是一个十分有力的工具。为此，学好本篇内容，不仅可为继续深入学习图论知识奠定一个良好的基础，也为学习后续课程奠定必备的基础知识。由于图论在不同的领域中发展和应用，各种新概念不断涌现，致使图论中的名词术语很不统一，请读者注意。

第9章　图 论 基 础

在第 4 章中曾经讨论过关系图,图在那里是作为表达关系的一种手段,涉及了图的一些概念。在本章中,将把图的概念加以推广,并作为一种抽象代数来研究。

9.1　图的基本概念

图是用来研究一组具体事物之间相互关系的抽象代数。用结点表示事物,用边表示事物与事物之间的关系,也可以把图看作研究事物之间联系的一种数学模型。下面给出图的一般化定义。

> **定义 9.1.1**　一个图(graph)G 是一个三元组 $\langle V(G),E(G),\varphi_G\rangle$,其中 $V(G)$ 是一个非空的结点集合,$E(G)$ 是边的集合,φ_G 是从边集合 $E(G)$ 到结点无序偶(或有序偶)集合上的映射。

【例 9.1.1】　令 $G=\langle V(G),E(G),\varphi_G\rangle$,其中 $V(G)=\{a,b,c,d\}$,$E(G)=\{e_1,e_2,e_3,e_4,e_5,e_6\}$,映射 φ_G 给定为

$$\varphi_G(e_1)=(a,b),\quad \varphi_G(e_2)=(a,c),\quad \varphi_G(e_3)=(b,d)$$
$$\varphi_G(e_4)=(b,c),\quad \varphi_G(e_5)=(d,c),\quad \varphi_G(e_6)=(a,d)$$

可以用几何图形来表示一个图:用小圆圈表示结点;用线段表示边。若 $\varphi_G(e)=(v_1,v_2)$,就用连接点 v_1 和 v_2 的无向线段表示边 e,此时称 v_1 和 v_2 **相邻接**(adjacent),或称 v_1 和 v_2 为邻接结点,称 e 与 v_1,v_2 **相关联**(incident);若 $\varphi_G(e)=\langle v_1,v_2\rangle$,就用由 v_1 指向 v_2 的有向线段表示边 e,此时称 v_1 为边 e 的**始点**(initial vertex),称 v_2 为边 e 的**终点** (terminal vertex),称 v_1 邻接到 v_2,称 v_2 邻接于 v_1。至于线段的长短及结点的位置是无关紧要的。在此意义下,图 9.1.1(a)和图 9.1.1(b)均表示了例 9.1.1 中所给出的图 G。

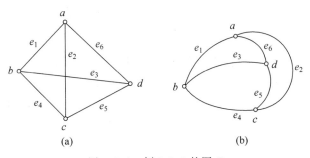

图 9.1.1　例 9.1.1 的图 G

若把图中的边 e_i 看作总是与两个结点关联,那么一个图也可简记为 $G=\langle V,E\rangle$,其中 V 是非空结点集,E 是连接结点的边集,把 $|V|$ 称为 G 的**阶**(order)。

若 e_i 与结点的无序偶 (v_i,v_j) 相关联,则称边 e_i 为**无向边**(undirected edge);若 e_i 与结点的有序偶 $\langle v_i,v_j\rangle$ 相关联,则称边 e_i 为**有向边**(directed edge)。

定义 9.1.2 设图 $G=\langle V,E\rangle$。

(i) 若 E 中的每条边都是无向边,则称图 G 为**无向图**(undirected graph)。

(ii) 若 E 中的每条边都是有向边,则称图 G 为**有向图**(digraph)。

(iii) 若 E 中的一些边是有向边,另一些边是无向边,则称图 G 为**混合图**(mixed graph)。

【**例 9.1.2**】 在图 9.1.2 中,图 9.1.2(a)表示一个无向图,图 9.1.2(b)表示一个有向图,图 9.1.2(c)表示一个混合图。

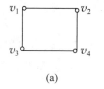 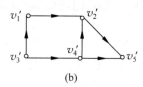 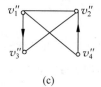

     (a)   (b)   (c)

图 9.1.2　例 9.1.2 用图

这些图可分别表示为

$G=\langle V,E\rangle$,其中 $V=\{v_1,v_2,v_3,v_4\}$,$E=\{(v_1,v_2),(v_1,v_3),(v_2,v_4),(v_3,v_4)\}$

$G'=\langle V',E'\rangle$,其中 $V=\{v_1',v_2',v_3',v_4',v_5'\}$,

$\qquad E'=\{\langle v_1',v_2'\rangle,\langle v_3',v_1'\rangle,\langle v_3',v_4'\rangle,\langle v_4',v_2'\rangle,\langle v_4',v_5'\rangle,\langle v_2',v_5'\rangle\}$

$G''=\langle V'',E''\rangle$,其中 $V=\{v_1'',v_2'',v_3'',v_4''\}$,

$\qquad E''=\{\langle v_1'',v_3''\rangle,\langle v_4'',v_2''\rangle,(v_1'',v_2''),(v_1'',v_4''),(v_2'',v_3'')\}$

后面只讨论有向图和无向图,有向图和无向图统称为图。

在一个图中,由一条边(有向或无向)相连接的两个结点称为邻接结点;关联同一个结点的两条边称为邻接边。例如,图 9.1.2(a)中,v_1 和 v_2 是邻接结点,而 v_2 和 v_3 却不是邻接结点,(v_1,v_2) 和 (v_2,v_4) 是邻接边,而 (v_1,v_2) 和 (v_3,v_4) 却不是邻接边等。

定义 9.1.3 设图 $G=\langle V,E\rangle$,e_1 和 e_2 是 G 中的两条不同的边。

(i) 若边 e_1 关联于同一个结点,则称 e_1 为**闭环**或**自环**(self-loop)。

(ii) 若边 e_1 和 e_2 关联于同一对结点,则称 e_1 和 e_2 为**平行边**(parallel edges)。

(iii) 若图 G 中无自环且无平行边,则称 G 为**简单图**(simple graph)。

注意:在有向图中,如果两条边关联于同一对结点,但方向相反,则它们不是平行边。简单图是一类非常重要的图。在某些图论著作中,把定义中的简单图称为图,而把允许有平行边的图称为**多重边图**(multiple graph),把定义的图称为**伪图**(pseudograph)。有的图论书中,简单图允许有自环。在本书中,如无特殊说明,相关概念均按定义 9.1.3 理解。

例如,图 9.1.3 所给出的两个图都是多重边图。

常常需要知道有多少条边与某一个结点相关联,由此引出一个重要的概念——度。

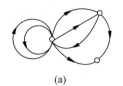
(a)

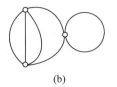
(b)

图 9.1.3　多重边图

定义 9.1.4　设图 $G = \langle V, E \rangle, v \in V$。

(i) 若 G 是无向图,则与结点 v 相关联的边的数目称为结点 v 的**度**(degree),记为 $\deg(v)$,或简记 $d(v)$。

(ii) 若 G 是有向图,则以 v 为始点的边的数目称为 v 的**出度**(out-degree),记为 $d^+(v)$;以 v 为终点的边的数目称为 v 的**入度**(in-degree),记为 $d^-(v)$;v 的出度与入度之和称为 v 的**度**(degree),记为 $\deg(v)$,或简记 $d(v)$。

需要指出的是,对于无向图中的一个自环,给它关联的结点的度数增加 2;对于有向图中的一个自环,给它关联的结点增加一个入度和一个出度,故也给该结点的度数增加 2。

另外,设 $G = \langle V, E \rangle$ 为无向图,记 $\Delta(G) = \max\{d(v) \mid v \in V\}$,$\delta(G) = \min\{d(v) \mid v \in V\}$,分别表示图 G 中结点的**最大度数**(maximum degree)和**最小度数**(minimum degree)。如果 $G = \langle V, E \rangle$ 为有向图,用

$$\Delta^+(G) = \max\{d^+(v) \mid v \in V\}, \quad \Delta^-(G) = \max\{d^-(v) \mid v \in V\}$$

$$\delta^+(G) = \min\{d^+(v) \mid v \in V\}, \quad \delta^-(G) = \min\{d^-(v) \mid v \in V\}$$

分别表示有向图 G 中结点的最大出度、最大入度、最小出度和最小入度。

定义 9.1.5　度数为奇数的结点称为**奇结点**(odd vertex),度数为偶数的结点称为**偶结点**(even vertex)。

【**例 9.1.3**】　(i) 在图 9.1.4 所示的无向图 G_1 中,$d(v_1) = 4$,$d(v_2) = 2$,$d(v_3) = 2$,均为偶结点;$\Delta(G_1) = 4$,$\delta(G_1) = 2$。

(ii) 在图 9.1.5 所示的有向图 G_2 中,$d^+(v_1) = 3$,$d^+(v_2) = 2$,$d^+(v_3) = 1$,$d^+(v_4) = 1$;$d^-(v_1) = 1$,$d^-(v_2) = 1$,$d^-(v_3) = 2$,$d^-(v_4) = 3$;$d(v_1) = 4$,$d(v_2) = 3$,$d(v_3) = 3$,$d(v_4) = 4$,v_1 和 v_4 为两个偶结点,v_2 和 v_3 为两个奇结点;$\Delta^+(G_2) = 3$,$\Delta^-(G_2) = 3$,$\delta^+(G_2) = 1$,$\delta^-(G_2) = 1$。

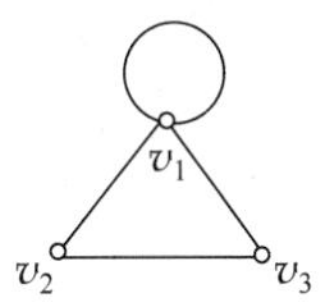

图 9.1.4　无向图 G_1

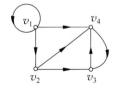

图 9.1.5　有向图 G_2

【**例 9.1.4**】　证明:设 G 为任意 n 阶无向简单图,则 $\Delta(G) \leqslant n-1$。

证　因为 G 是简单图,所以 G 中无自环和平行边。因此,G 中任何结点 v 至多与其余 $n-1$ 个结点相邻接,故 $d(v) \leqslant n-1$。由于 v 是 G 中的任意一个结点,故 $\Delta(G) \leqslant n-1$。

对任意一个具有 n 个结点、m 条边的图,记为 (n, m),则有下面结论。

定理 9.1.1(握手定理,The Handshaking Theorem) 对任意一个(n,m)图,结点的度数总和等于边数的 2 倍,即

$$\sum_{i=1}^{n} d(v_i) = 2m$$

证 因为每条边(有向或无向)必关联两个结点(这两个结点也可能相同),而一条边给它所关联的两个结点的度各增加 1,即给所有的结点的度数总和增加 2,所以结点的度数总和恰为边数的 2 倍。 ■

【例 9.1.5】 设图 $G=(n,m)$,如果 G 中每个结点度均为 3,且结点数 n 与边数 m 满足等式 $2n-3=m$,问 G 中的结点数和边数各为多少?

解 由握手定理知,$\sum_{i=1}^{n} d(v_i)=2m$,又因 G 的每个结点的度均为 3,可得 $3n=2m$。又由条件知 $2n-3=m$,解得 $n=6,m=9$,即 G 的结点数和边数分别为 6 和 9。

定理 9.1.2 对任何一个(n,m)有向图,有

$$\sum_{v \in V} d^+(v) = \sum_{v \in V} d^-(v) = m$$

此定理的证明留作练习。

【例 9.1.6】 若一个 4 阶有向图的度数序列为 4,4,4,4,那么它的出度序列可以为 1,2,2,4 么?

解 由有向图的度、出度和入度的定义知,若出度序列为 1,2,2,4,度数序列为 4,4,4,4,则入度序列为 3,2,2,0,出度之和为 9,入度之和为 7,两者不相等,与定理 9.1.2 矛盾,故出度序列不可以为 1,2,2,4。

定理 9.1.3 在任何图中,奇结点的个数必为偶数个。

证 设 $G=\langle V,E \rangle$,且 $|E|=m$,V_1 和 V_2 分别为 V 中的奇结点和偶结点的集合,则由定理 9.1.1,有

$$\sum_{v_i \in V_1} d(v_i) + \sum_{v_j \in V_2} d(v_j) = 2m$$

由于 $\sum_{v_j \in V_2} d(v_j)$ 是偶结点的度数之和,必为偶数,而 $2m$ 是偶数,故得 $\sum_{v_i \in V_1} d(v_i)$ 是偶数,又因 $v_i \in V_1$ 时 $d(v_i)$ 均为奇数,所以 $|V_1|$ 是偶数。 ■

【例 9.1.7】 在一次集会中,与别人握手次数为奇数的人数必定是个偶数。

解 如果用点表示人,用边表示两人互相握手。于是得到一个图,这个图就是描述集会中握手的数学模型。握手次数为奇数次的人对应图中的奇结点。由定理 9.1.3 可知,它们的数目必是偶数。

定义 9.1.6 设图 $G=\langle V,E \rangle$,且 $v \in V$。

(i) 若 $d(v)=0$,则称结点 v 为**孤立点**(isolated vertex)。

(ii) 若 $d(v)=1$,则称结点 v 为**悬挂点**(pendant vertex),与悬挂点关联的边称为**悬挂边**(pendant edge)。

例如,图 9.1.6 所给出的图中,结点 v_6 是孤立点,结点 v_5 是悬挂点,e_5 是悬挂边。

定义 9.1.7　设 $G=\langle V,E\rangle$ 为简单无向图,则:

(i) 若 $E=\varnothing$,则称 G 为**零图**(null graph)。

(ii) 若 $|V|=1$ 且 $E=\varnothing$,则称 G 为**平凡图**(trivial graph)。

(iii) 若 G 中的各结点的度均等于 d,则称 G 为 d **次正则图**(d-regular graph)。

(iv) 若 G 中任意两点间恰有一条边连接,则称 G 为**完全图**(complete graph),一个具有 n 个结点的完全图记为 K_n。

【例 9.1.8】　在图 9.1.7 中分别给出了零图、平凡图、3 次正则图和完全图 K_5 的示例。从图中可知,所谓零图是由一些孤立点组成的图。零图虽然没有边,但是不能没有点。因此,图的点集 V 不能等于 $\varnothing$;否则,就不能构成图了。

图 9.1.6　无向图 G

(a) 4 个结点的零图　　(b) 平凡图　　(c) 3 次正则图　　(d) 5 阶完全图

图 9.1.7　例 9.1.8 用图

显然,完全无向图中的任意两个不同的结点都邻接。此外,根据完全无向图的定义可知,完全图也一定是正则图,但其逆不真。对于一个简单有向图来说,若任意两个不同的结点之间都有一对方向相反的有向边相连接,则称该有向图为**完全有向图**(complete digraph)。

定理 9.1.4　在具有 n 个结点的完全无向图 K_n 中边数为 $\dfrac{1}{2}n(n-1)$。

证　因为在 K_n 中任意两点间都恰有一条边相连,n 个点中任取两点的组合数为

$$C_n^2=\frac{1}{2}n(n-1)$$

故 K_n 中的边数为 $|E|=\dfrac{1}{2}n(n-1)$。　■

显然,在 n 阶完全有向图中,边数为 $n(n-1)$。

定义 9.1.8　如果图 G 的每条边 (v_i,v_j)(或 $\langle v_i,v_j\rangle$)都标有一相应的数字 $w(i,j)$(或简记 w_{ij}),则称 G 为**赋权图**或**加权图**(weighted graph)。边上所标的数字 w_{ij} 称为该边上的**权**(weight)。

【例 9.1.9】　图 9.1.8(a) 和图 9.1.8(b) 是两个赋权图。

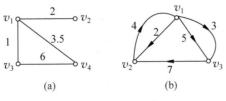

(a)　　　　　　(b)

图 9.1.8　赋权图

权具有广泛的意义,它可以表示从 v_i 到 v_j 的距离,也可表示从 v_i 到 v_j 所需要的时间,或从 v_i 到 v_j 运送某种物质所需用的运费等。赋权图在实际中有广泛的应用(见第10章)。

由上面讨论可知,一个图可用几何图形来表示。由于图形的结点位置和连线长度、直或曲都可任意选择,故一个图的图形表示并不唯一,也就是说,两个表面看起来不同的图形可能表示的是同一个图,因此有必要讨论图的同构问题。

> **定义 9.1.9** 设 $G = \langle V, E \rangle$ 和 $G' = \langle V', E' \rangle$ 是两个图。如果存在双射 $g: V \to V'$,对于 $v_i \in V$,有 $g(v_i) = v_i'$,且满足
>
> $$(v_i, v_j) \in E \Leftrightarrow (g(v_i), g(v_j)) \in E' \qquad (9.1.1)$$
>
> 或
>
> $$\langle v_i, v_j \rangle \in E \Leftrightarrow \langle g(v_i), g(v_j) \rangle \in E' \qquad (9.1.2)$$
>
> 称 G 与 G' **同构**(isomorphic),记为 $G \cong G'$。

式(9.1.1)表明,对于无向图来说,双射 g 必须保持结点间的邻接关系。

式(9.1.2)表明,对于有向图来说,双射 g 不仅要保持结点间的邻接关系,还要保持边的方向。

【**例 9.1.10**】 图 9.1.9 给出了两个同构的无向图。图 9.1.10 给出了两个同构的有向图。

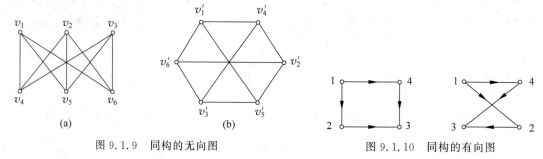

图 9.1.9　同构的无向图　　　　　　　　图 9.1.10　同构的有向图

判断两个图是否同构并不是一件容易的事情。在图论中,检查同构性既简单又有效的判断准则仍是一个有待解决的问题。下面只给出判断两图同构的必要条件。

(1) 结点数相同。

(2) 边数相同。

(3) 度数相同的结点数目相等。

在实际应用中,有很多问题可以转换为图的处理问题。本节最后再给出 3 个例子,通过这些例子能进一步理解如何利用图的基本概念和理论来处理图论中一些相关问题。

【**例 9.1.11**】 证明:在任何两人或两人以上的聚会中,至少存在两人有相同个数的朋友。

证 用结点表示人,如果两人是朋友关系就用一条边连接。这样可构成一个简单图 G。该图就是描述聚会中朋友关系的数学模型。所以,原命题等价于证明:在结点数为 $n(n \geqslant 2)$ 的简单无向图 G 中至少存在两个度数相同的结点。

(反证法)现假设图 G 中有 n 个结点,且任何一对结点的度数均不相同。所以,G 中 n

个结点的度数序列只可能为 $0,1,\cdots,n-1$。

现从图 G 中删去度为 0 的结点得到 G'。由假设可知，G 中不可能有两个度为 0 的结点。所以，G' 中有 $n-1$ 个结点，这 $n-1$ 个点的度数序列可能是 $1,2,3,\cdots,n-1$，即 G' 中必存在度为 $n-1$ 的结点。所以，图 G' 中必有自环或平行边，即 G' 不是简单图，从而 G 也不是简单图，这与 G 是简单图矛盾。

同理，如果 G 中不存在度数为 0 的结点，则 G 中的 n 个结点的度数序列只可能为 $1,2,\cdots,n-1,n$，则在具有 n 个结点的图 G 中必存在度数为 n 的结点，所以在 G 中也必有自环或平行边，同样与 G 是简单图矛盾。因此，在图 G 中必存在度数相同的两个结点，即必存在两人有相同个数的朋友。

【例 9.1.12】 已知图 G 中有 10 条边，4 个度为 3 的结点，其余结点的度数均不大于 2。问 G 中至少有多少个结点？

解 假设 G 中有 n 个结点，由握手定理可得 $4\times3+(n-4)\times2\geqslant2\times10$，解得 $n\geqslant8$，故 G 中至少有 8 个结点。

【例 9.1.13】 证明：设 G 是个 (n,m) 图，则有 $\delta(G)\leqslant\dfrac{2m}{n}\leqslant\Delta(G)$，其中 $\Delta(G)$ 和 $\delta(G)$ 是 G 中结点的最大度数和最小度数。

证 因为 $n\delta(G)\leqslant\displaystyle\sum_{i=1}^{n}d(v_i)\leqslant n\Delta(G)$。再由握手定理可知 $\displaystyle\sum_{i=1}^{n}d(v_i)=2m$，故 $n\delta(G)\leqslant2m\leqslant n\Delta(G)$。又因结点数 $n>0$，所以 $\delta(G)\leqslant\dfrac{2m}{n}\leqslant\Delta(G)$。

习题 9.1

(1) 画出图 $G=\langle V,E,\varphi\rangle$ 的几何图形，并指出哪些图是简单图。

① $V=\{v_1,v_2,v_3,v_4,v_5\}$，$E=\{e_1,e_2,e_3,e_4,e_5,e_6,e_7\}$，

$\varphi=\{\langle e_1,(v_2,v_2)\rangle,\langle e_2,(v_2,v_4)\rangle,\langle e_3,(v_1,v_2)\rangle,\langle e_4,(v_1,v_3)\rangle,\langle e_5,(v_1,v_3)\rangle,\langle e_6,(v_3,v_4)\rangle,\langle e_7,(v_4,v_5)\rangle\}$。

② $V=\{v_1,v_2,v_3,v_4,v_5\}$，$E=\{e_1,e_2,e_3,e_4,e_5,e_6,e_7,e_8,e_9,e_{10}\}$，

$\varphi=\{\langle e_1,(v_1,v_3)\rangle,\langle e_2,(v_1,v_4)\rangle,\langle e_3,(v_4,v_1)\rangle,\langle e_4,(v_1,v_2)\rangle,\langle e_5,(v_2,v_2)\rangle,\langle e_6,(v_3,v_4)\rangle,\langle e_7,(v_5,v_4)\rangle,\langle e_8,(v_5,v_3)\rangle,\langle e_9,(v_5,v_3)\rangle,\langle e_{10},(v_5,v_3)\rangle\}$。

③ $V=\{v_1,v_2,v_3,v_4,v_5,v_6,v_7,v_8\}$，$E=\{e_1,e_2,e_3,e_4,e_5,e_6,e_7,e_8,e_9,e_{10},e_{11}\}$，

$\varphi=\{\langle e_1,(v_2,v_1)\rangle,\langle e_2,(v_1,v_2)\rangle,\langle e_3,(v_1,v_8)\rangle,\langle e_4,(v_2,v_4)\rangle,\langle e_5,(v_3,v_4)\rangle,\langle e_6,(v_4,v_5)\rangle,\langle e_7,(v_5,v_8)\rangle,\langle e_8,(v_3,v_5)\rangle,\langle e_9,(v_6,v_7)\rangle,\langle e_{10},(v_7,v_8)\rangle,\langle e_{11},(v_8,v_6)\rangle\}$。

(2) 写出图 9.1.11 所示图形的抽象数学定义(以三元组或二元组的形式表示)。

(3) 试画出 1～5 阶完全无向图。

(4) 试画出 1～3 阶完全有向图。

(5) 证明在 n 阶简单有向图中，完全有向图的边数最多，其边数为 $n(n-1)$。

(6) 证明 3 次正则图必有偶数个结点。

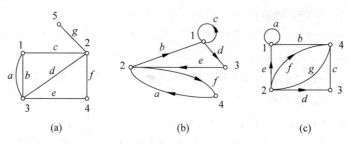

图 9.1.11　图 G

(7) 证明：在任意 6 人中，若没有 3 人彼此都认识，则必有 3 人彼此都不认识。

(8) 画出具有 4 个结点、6 个结点和 8 个结点的 3 次正则图。

(9) 对于 $(n, n+1)$ 图 G，证明 G 至少有一个结点的度数不小于 3。

(10) 证明任何阶大于 1 的简单无向图必有两个结点的度相等。

(11) 设 n 阶无向图 G 有 m 条边，其中 n_k 个结点的度为 k，其余结点的度为 $k+1$。证明：$n_k = (k+1)n - 2m$。

(12) 证明图 9.1.12 中的两个图是同构的。

(13) 证明图 9.1.13 中的两个图不同构。

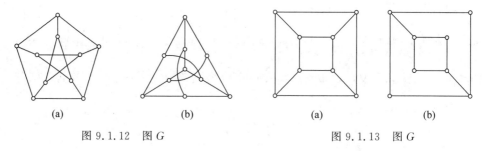

图 9.1.12　图 G　　　　　图 9.1.13　图 G

(14) 图 9.1.14 中的两个图是否同构？说明理由。

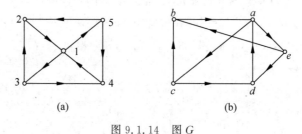

图 9.1.14　图 G

9.2　子图与图的运算

在研究和描述图的性质以及图的局部结构中，子图的概念占有十分重要的地位。本节将给出子图的概念并介绍图的几种基本运算。

定义 9.2.1　设 $G = \langle V, E \rangle$ 和 $G' = \langle V', E' \rangle$ 是两个图。

(i) 若 $V' \subseteq V$ 且 $E' \subseteq E$，则称 G' 是 G 的**子图**(subgraph)。

(ii) 若 $V' \subset V$ 或 $E' \subset E$，则称 G' 是 G 的**真子图**(proper subgraph)。

(iii) 若 $V' = V$ 且 $E' \subseteq E$，则称 G' 是 G 的**生成子图**(spanning subgraph)。

【例 9.2.1】 如图 9.2.1(b) 和图 9.2.1(c) 都是图 9.2.1(a) 的子图，并且也都是图 9.2.1(a) 的真子图和生成子图。

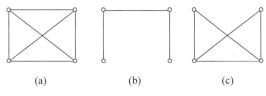

(a)　　　　(b)　　　　(c)

图 9.2.1　子图与图

定义 9.2.2 设图 $G = \langle V, E \rangle$，$V_1 \subseteq V$ 且 $V_1 \neq \varnothing$，则以 V_1 为结点集，以所有两端点均在 V_1 中的边的为边集 E_1 所构成的 G 的子图 $G_1 = \langle V_1, E_1 \rangle$，称为 V_1 的**导出子图**(induced subgraph)，记为 $G[V_1]$。导出子图 $G[V/V_1]$ 记为 $G - V_1$，它是从 G 中去掉 V_1 中的结点以及与这些结点相关联的边所得的子图。若 $V_1 = \{v\}$，则把 $G - \{v\}$ 简记为 $G - v$，称为**主子图**(primary subgraph)。

【例 9.2.2】 在图 9.2.2 中，G_1、G_2 和 G_3 分别是 G 的生成子图、导出子图和主子图。

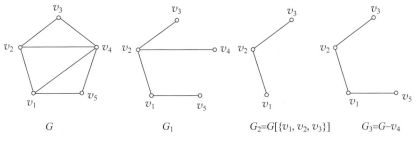

G　　　　G_1　　　$G_2 = G[\{v_1, v_2, v_3\}]$　　　$G_3 = G - v_4$

图 9.2.2　例 9.2.2 用图

定义 9.2.3 设 $G = \langle V, E \rangle$ 为无向图。

(i) 设 $e \in E$，用 $G - e$ 表示从 G 中去掉边 e，称为**删除边** e；又设 $E' \subseteq E$，用 $G - E'$ 表示从 G 中删除 E' 中的所有边，称为**删除** E'。

(ii) 设 $v \in V$，用 $G - v$ 表示从 G 中去掉 v 及与其相关联的边，称为**删除结点** v；又设 $V' \subset V$，用 $G - V'$ 表示从 G 中删除 V' 中所有的结点，称为**删除** V'。

需要指出的是，如果在图 G 中删除一条边 e，但与该边相关联的两个结点保留；如果在图 G 中删除一个或多个结点，则这些结点和与它们相关联的边一起删除。

下面讨论图的运算。设 G_1 和 G_2 是两个图。若 G_1 和 G_2 无公共边，则称它们是边不相交的或边不重的；若 G_1 和 G_2 无公共点，则称它们是点不相交的或点不重的。

定义 9.2.4 设 G_1 和 G_2 是任意两个图。

(i) 由 G_1 和 G_2 中所有的结点和边组成的图，称为 G_1 和 G_2 的**并**(union)，记为 $G_1 \bigcup G_2$。

(ii) 由 G_1 和 G_2 的公共结点和公共边组成的图，称为 G_1 和 G_2 的**交**(intersection)，记为 $G_1 \bigcap G_2$。

(iii) 在 G_1 中去掉 G_2 中的边所得到的图,称为 G_1 与 G_2 的**差**(difference),记为 $G_1 - G_2$。

(iv) 在 G_1 和 G_2 的并中去掉 G_1 和 G_2 的交所得到的图,称为 G_1 与 G_2 的**对称差**(symmetric difference)或**环和**(cycle sum),记为 $G_1 \oplus G_2$。

由对称差的定义可知

$$G_1 \oplus G_2 = (G_1 \bigcup G_2) - (G_1 \bigcap G_2) = (G_1 - G_2) \bigcup (G_2 - G_1)$$

【例 9.2.3】 设 G_1 和 G_2 分别如图 9.2.3 所示。它们的并、交、差与对称差分别如图 9.2.4(a)~图 9.2.4(e)所示。

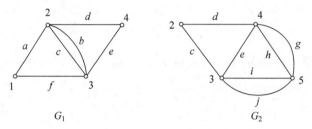

图 9.2.3 G_1 和 G_2 图

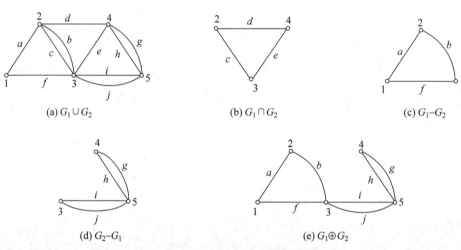

(a) $G_1 \cup G_2$ (b) $G_1 \cap G_2$ (c) $G_1 - G_2$

(d) $G_2 - G_1$ (e) $G_1 \oplus G_2$

图 9.2.4 G 图的并、交、差和对称差

定义 9.2.5 给定一个图 G,由 G 中所有结点和所有能使 G 成为完全图所添加边构成的图,称为 G 的**相对于完全图的补图**(complementary graph),或简称为 G 的**补图**,记为 $\overline{G}$。

例如,图 9.2.5(b)是图 9.2.5(a)的补图,图 9.2.5(d)是图 9.2.5(c)的补图。

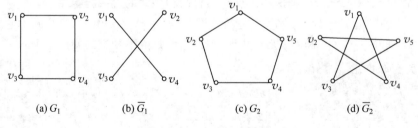

(a) G_1 (b) $\overline{G}_1$ (c) G_2 (d) $\overline{G}_2$

图 9.2.5 图与补图

由补图的定义知,补图是可逆的,即若 $\bar{G}$ 是 G 的补图,则 G 也是 $\bar{G}$ 的补图。零图与完全图互为补图。

习题 9.2

(1) 画出 K_4 的所有不同构的生成子图,并说明哪些是生成子图,找出互为补图的生成子图。

(2) 设 $G = \langle V, E \rangle$ 是完全有向图。证明:对 V 的任意非空子集 $V', G[V']$ 是完全有向图。

(3) 画出图 9.2.6 中的两个图的交、并和对称差。

(4) 若 G 是一个 n 阶不完全图,则 G 必同构于 K_n 的一个子图。

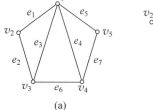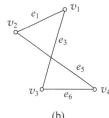

(5) 一个图 G 如果与它的补图 $\bar{G}$ 同构,则称该图为**自补图**(self-complementary graph)。

① 给出一个有 4 个结点的自补图。

② 给出一个有 5 个结点的自补图。

(a)   (b)

图 9.2.6 求两个图的交、并和对称差

③ 证明:一个自补图或者有 $4k$ 个或者有 $4k+1$ 个结点(k 为正整数)。

9.3 路径、回路和连通性

路径问题是图论的一个重要内容,也是图论在应用上卓有成效的一个广阔领域。本节先给出路径的概念,继之讨论图的连通性问题。

在现实世界中,常常要考虑这样一个问题:从某座城市出发,如何抵达另一座城市?这往往归结为寻找路径问题。如果用结点和边分别表示城市和连接城市之间的双轨铁路,从一座城市 v_0 到另一座城市 v_n,就相当于找出结点和边的交叉序列 $v_0 e_1 v_1 e_2 \cdots v_{n-1} e_n v_n$,其中 $v_1, v_2, \cdots, v_{n-1}$ 表示途经城市,e_i 表示连接城市 v_{i-1} 和 v_i 的铁路。这个序列就是一条从 v_0 到 v_n 的路径。下面给出路径的一般化定义。

> **定义 9.3.1** 给定图 $G = \langle V, E \rangle$,设 $v_0, v_1, \cdots, v_n \in V, e_1, e_2, \cdots, e_n \in E$,其中 e_i 是关联于结点 v_{i-1} 和 v_i 的边,则把结点和边的交叉序列 $v_0 e_1 v_1 e_2 \cdots e_n v_n$ 称为从结点 v_0 到结点 v_n 的路径(walk)。其中,v_0 和 v_n 分别称为路径的**起点**(origin)和**终点**(terminus),路径中边的数目称为路径的**长度**(length)。

一般来说,从结点 v_0 到 v_n 可能有多条不同的路径,把长度最短的一条路径的长度称为**距离**(distance),记为 $d(v_0, v_n)$;如果从结点 v_0 到 v_n 不存在任何路径,则将从 v_0 到 v_n 的距离定义为 $d(v_0, v_n) = \infty$。

当 $v_0 = v_n$ 时,即起始和终止于同一结点的路径,这条路径称为**回路**(circuit)。

若一条路径中所有的边 $e_1, e_2, \cdots, e_n$ 均不相同,即边不重复,则称该路径为**迹**(trail)。

若一条路径中所有的结点 $v_0, v_1, \cdots, v_n$ 均不相同,即点不重复,则称该路径为**通路**(path)。

除 $v_0 = v_n$ 外,其余结点均不相同的路径,即封闭的通路,称为**圈**(cycle)。

【例 9.3.1】 在图 9.3.1 所示的无向图中,有以下几种情形。

(i) $v_1 a v_2 b v_3 c v_3 b v_2 e v_4$ 是一条从结点 v_1 到结点 v_4 的长度为 5 的路径,该路径既不是迹,也不是通路。

(ii) $v_2 b v_3 c v_3 d v_4$ 是一条从结点 v_2 到结点 v_4 的长度为 3 的迹,但不是通路。

(iii) $v_2 a v_1 g v_3 d v_4$ 是一条从结点 v_2 到结点 v_4 的长度为 3 的通路,也是迹。

【例 9.3.2】 在图 9.3.2 所示的有向图中,有以下几种情形。

(i) $v_1 c v_4 b v_1 c v_4$ 是路径,但不是迹,也不是通路。

(ii) $v_1 a v_1 c v_4$ 是迹,但不是通路。

(iii) $v_2 g v_1 c v_4$ 是通路,也是迹。

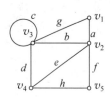
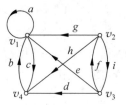

图 9.3.1　例 9.3.1 用图　　　　　图 9.3.2　例 9.3.2 用图

在简单图中的一条路径 $v_0 e_1 v_1 e_2 \cdots e_n v_n$,由它的结点序列 $v_0 v_1 \cdots v_n$ 确定,因此简单图中的路径可仅用其结点序列来表示。在有向图中,结点数大于 1 的一条路径也可由边序列 $e_1 e_2 \cdots e_n$ 来表示,其中 e_i 的终点是 e_{i+1} 的起点。

定理 9.3.1 设 v 和 v' 是图 G 中的结点。如果存在从 v 到 v' 的路径,则必存在从 v 到 v' 的通路。

证 现假设从 v 到 v' 存在路径 $P_{v_0 v_l}: v_0 e_1 v_1 e_2 \cdots e_l v_l$,其中 $v_0 = v, v_l = v'$。若 $P_{v_0 v_l}$ 不是通路,则必有结点 v_i 在该路径中不止一次出现,不妨设该交叉序列为

$$v_0 e_1 v_1 e_2 \cdots e_i v_i e_{i+1} \cdots e_j v_i e_{j+1} \cdots e_l v_l$$

在该路径中去掉从 v_i 到 v_i 的那些边,得到序列

$$v_0 e_1 v_1 e_2 \cdots e_i v_i e_{j+1} \cdots e_l v_l$$

它仍是从 v_0 到 v_l 的路径。如此重复下去,直至没有结点重复出现为止,此时即得到从 v_0 到 v_l 的一条通路。 ■

定理 9.3.2 n 阶图中的通路的长度小于 n。

证 因为在任何通路中,出现于序列中的各结点均互不相同,所以在长度为 l 的任何通路中,不同的结点数目是 $l+1$。因为图 G 仅有 n 个结点,所以 $l+1 \leqslant n$,即 $l \leqslant n-1$,因此任何通路的长度不会大于 $n-1$,即任何通路长度小于 n。 ■

下面讨论图的连通性问题。图的连通性是图的基本性质之一。

定义 9.3.2 设 v_1 和 v_2 是图 G 的结点。如果在 G 中存在从 v_1 到 v_2 的路径,则称从 v_1 到 v_2 是**可达的**(reachable);否则,称从 v_1 到 v_2 是不可达的。规定任何结点到自身总是可达的。

在无向图中,若从 v_1 到 v_2 是可达的,则从 v_2 到 v_1 也是可达的;而在有向图中,从 v_1 到 v_2 是可达的,但不能保证从 v_2 到 v_1 也是可达的。不难证明,无向图的可达关系是个等价关系;但有向图的可达关系只满足自反性和传递性,故不是等价关系。

定义 9.3.3 如果无向图 G 中的任意两个结点都是相互可达的,则称 G 为**连通的**(connected);否则,称 G 为**非连通的**(disconnected)。

例如,图 9.3.3 和图 9.3.4 分别为连通的和非连通的。

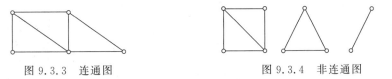

图 9.3.3　连通图　　　　　图 9.3.4　非连通图

定义 9.3.4 如果 G' 是 G 的连通子图,并且不存在 G 的连通的真子图 G'',使 G' 是 G'' 的真子图,则称 G' 是 G 的**连通分支**(connected components),简称为**支**或**成分**。

连通分支的定义也可以描述成非连通图 G 的极大连通子图。显然,一个非连通图至少存在两个以上的支。例如,图 9.3.4 是包含 4 个支的非连通图。

定理 9.3.3 如果图 G(连通或非连通)恰有两个奇结点,则必有连接此两点的路径。

证 设 G 中的两个奇结点为 v_1 和 v_2。若 G 是连通的,则 v_1 和 v_2 之间必有路径。若 G 为非连通的,则 G 至少有两个以上的支。因为任何一个图中度为奇数的结点个数必为偶数,故 v_1 和 v_2 必处于同一个分支内,故它们之间也必有路径相连。 ■

定理 9.3.4 一个有 n 个结点、k 个支的简单图最多能有 $\dfrac{(n-k)(n-k+1)}{2}$ 条边,即 $|E_n| \leqslant \dfrac{(n-k)(n-k+1)}{2}$,$|E_n|$ 是边数。

证 利用数学归纳法,对 n 进行归纳。

当 $n=1$ 时,则 $k=1$,$|E_n|=0$,命题成立。

假设对 n 个结点的图成立,来证对 $n+1$ 个结点的图也成立。设 $n+1$ 个结点的图 G 有 k 个支。在结点数大于 1 的某个支中删除一个点结 v,可得 n 个点 k' 个支的图 G'。显然,$k' \geqslant k$。

因为对 $n+1$ 个结点、k 个支的图 G,点数大于 1 的支最多有 $[(n+1)-(k-1)]$ 个结点,因而删除结点 v 最多删除 $[(n+1)-(k-1)]-1$ 条边,即 $n-k+1$ 条边。设 G 的边数为 $|E_{n+1}|$,G' 的边数为 $|E_{n'}|$,则有

$$|E_{n+1}| \leqslant |E_{n'}| + (n-k+1) \leqslant \frac{1}{2}(n-k')(n-k'+1) + (n-k+1)$$

$$\leqslant \frac{1}{2}(n-k)(n-k+1) + (n-k+1)$$

$$= \frac{1}{2}[(n-k)(n-k+1) + 2(n-k+1)]$$

$$= \frac{1}{2}[(n-k+1)(n-k+2)]$$

$$= \frac{1}{2}[(n+1)-k][(n+1)-k+1]$$

由归纳假设原理知,定理得证。

现在再来讨论有向图的连通性问题。

定义 9.3.5 设 G 是一个简单有向图。

(i) 如果忽略有向图中边的方向,把 G 看作无向图是连通的,则称 G 为**弱连通的**(weakly connected)。

(ii) 如果 G 中的任何一对结点中,至少有一个结点到另一个结点是可达的,则称 G 为**单向连通的**(unilateral connected)。

(iii) 如果 G 中任何一对结点之间都是相互可达的,则称 G 为**强连通的**(strongly connected)。

从定义易知,强连通图必是单向连通图;单向连通图必是弱连通图,但其逆均不真。

【**例 9.3.3**】 在图 9.3.5 中分别给出了强连通图(图 9.3.5(a))、单向连通图(图 9.3.5(b))、弱连通图(图 9.3.5(c))。

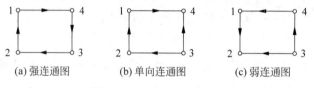

图 9.3.5 例 9.3.3 用图

定理 9.3.5 一个有向图 G 是强连通的,当且仅当 G 中有一个回路,至少包含每个结点一次。

证 (充分性)若 G 中有一个至少包含每个结点一次的回路,显然 G 中任意两个结点都相互可达,故 G 是强连通图。

(必要性)若 G 是强连通图,则任意两个结点都是相互可达的,故必可作一回路经过图中所有结点。若不然,则必有一回路不包含某个结点 v。因此,v 与回路上的各结点就不是相互可达的,这与强连通图条件矛盾。

定义 9.3.6 在简单有向图中,具有强连通性质的极大子图,称为**强分图**(strong component);具有单向连通性质的极大子图,称为**单向分图**(unilateral component);具有弱连通性质的极大子图,称为**弱分图**(weak component)。

【**例 9.3.4**】 在图 9.3.6 中,由 $\{v_1,v_2,v_3,v_4\}$ 和 $\{v_5\}$ 导出的子图都是强分图;由 $\{v_1,v_2,v_3,v_4,v_5\}$ 导出的子图是单向分图,也是弱分图。

【**例 9.3.5**】 在图 9.3.7 中,由 $\{1,2,3\}$、$\{4\}$、$\{5\}$、$\{6\}$ 导出的子图都是强分图;由 $\{1,2,3,4,5\}$、$\{5,6\}$ 导出的子图都是单向分图;由 $\{1,2,3,4,5,6\}$ 导出的子图是弱分图。

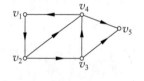

图 9.3.6 例 9.3.4 用图

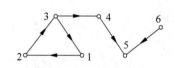

图 9.3.7 例 9.3.5 用图

定理 9.3.6 在简单有向图 $G=\langle V,E\rangle$ 中,每个结点都恰处于一个强分图中。

证 设任意 $v \in V$，且 S 是 G 中与结点 v 是相互可达的那些结点构成的集合。显然，S 是个强分图，且 $v \in S$。因为 v 是任意的，所以 G 中每个结点都处于某个强分图中。

现假设结点 v 处于两个强分图 S_1 和 S_2 中。因为 S_1 中的每个结点与 v 也相互可达，而 v 与 S_2 中的每个结点也相互可达。由可达的传递可知，S_1 中的任何一个结点与 S_2 中的任何一个结点通过 v 相互可达，这与假设 S_1 和 S_2 是强分图矛盾，故 G 中的每一结点只能处于一个强分图中。　■

习题 9.3

(1) 考查图 9.3.8 所示的无向图。

① 求从 a 到 h 的所有通路。

② 求从 a 到 h 的所有迹。

③ 求从 a 到 h 的距离。

(2) 证明任意图中的通路必为迹。

(3) 设 G 是弱连通有向图，如果对于 G 的任意结点 v，$d^+(v)=1$，则 G 恰有一条有向回路。试证明之。

(4) 一个有向图是单向连通的，当且仅当它有一条经过每一结点的通路。

(5) 证明：非连通简单无向图的补图必定是连通的。

(6) 设在一次国际会议上有 7 人，各懂的语言如下：a 会讲英语；b 会讲英语和西班牙语；c 会讲英语、汉语和俄语；d 会讲日语和西班牙语；e 会讲德语和汉语；f 会讲法语、日语和俄语；g 会讲法语和德语。

问：他们中间是否任何两人可以对话（必要时通过别人做翻译）？

(7) 一个具有 n 个结点的无向图 G，如果对于 G 的每对结点 u 和 v，$d(u)+d(v) \geqslant n-1$，则 G 是连通的。

(8) 证明：一个连通的 (n,m) 图中，$m \geqslant n-1$。

(9) 设 G 为 n 阶简单无向图，对 G 的任意结点 v，有 $d(v) \geqslant (n-1)/2$，证明：G 是连通的。

(10) 考查图 9.3.9 所示的有向图，求出它所有的强分图、单向分图和弱分图。

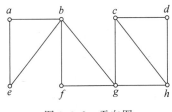

图 9.3.8　无向图

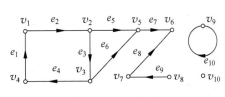

图 9.3.9　有向图

(11) 证明：有向图的每个结点和每条边恰处于一个弱分图中。

(12) 有向图的每个结点是否处于一个单向分图中？

9.4　可分图与不可分图

本节讨论连通图的局部性质，引进割点和桥的概念，并由此定义可分图与不可分图。对于连通的不可分图，还将引进断集和关联集的概念。它们在实际应用中都是十分重要的概念。

定义 9.4.1 设 $G=\langle V,E\rangle$ 为连通无向图,若有结点集 $V_1\subset V$ 且 $V_1\neq\varnothing$,在图 G 中删除 V_1 中所有的结点后使得 G 的支增加,而删除了 V_1 的任何真子集后所得到子图仍然是连通图,则把具有这种性质的子集 V_1 称为 G 的一个**点割集**(cut-set of vertices)。若 G 的某个结点 v 具有这种性质,则称该点为**割点**(cut-vertex)。

【例 9.4.1】 在图 9.4.1 中,$\{v_2,v_4\}$,$\{v_3\}$,$\{v_5\}$ 都是点割集,且 v_3 和 v_5 都是割点。而 v_1 和 v_6 却不是割点。

定理 9.4.1 当且仅当在 G 中存在与 v 不同的两个结点 u 和 w,使结点 v 在每条连接 u 和 w 的通路上时,v 才是割点。

证 设 v 是 G 的一个割点,$G-v$ 是不连通的,故它至少有两个支。令 U 是由其中一个支的所有结点构成的集合,W 是由 G 除 v 和 U 外的其余结点构成的集合,从而 U 和 W 构成 $V-\{v\}$(V 是 G 的结点集)的一个划分,于是任何两个结点 $u\in U$ 和 $w\in W$ 在 $G-v$ 的不同支中。因此,在 G 中的每条连接 u 和 w 的通路必都含结点 v。

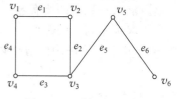

图 9.4.1 例 9.4.1 用图

反之,若 v 在 G 中的每条连接 u 和 w 的通路上,则在 $G-v$ 中不能有任何通路连接 u 和 w 这两个结点,从而 $G-v$ 是不连通的,故 v 是 G 的一个割点。 ◼

利用此定理,对图 9.4.1,如结点 v_1 和 v_6 之间的所有通路都包含 v_3,因此 v_3 是一个割点,同样可以验证 v_5 也是一个割点。因为 v_1 和 v_6 之间存在通路 $v_1e_4v_4e_3v_3e_5v_5e_6v_6$,这一通路不包含结点 v_2,因此 v_2 不是割点。

定理 9.4.2 每个连通图 G 中至少有两个结点不是割点。

证 若 G 是恰有两个结点的连通图,显然成立。当连通图 G 的结点数大于 2 时,令 u 和 v 是 G 中具有最大距离的两个结点。又假设 v 是割点,则一定有结点 w,使 u 与 w 处于 $G-v$ 的不同支中,从而 v 在每条连接 u 和 w 的通路上,故 $d(u,w)>d(u,v)$。这与假设矛盾,故结点 v 不是割点。类似地,可证 u 也不是割点。从而结论成立。 ◼

定义 9.4.2 设 $G=\langle V,E\rangle$ 为连通无向图,若有边集 $E_1\subset E$ 且 $E_1\neq\varnothing$,在图 G 中删除了 E_1 中所有的边后使得 G 的支增加,而删除了 E_1 的任何真子集后所得到子图仍然是连通图,则把具有这种性质的子集 E_1 称为 G 的一个**边割集**(cut-set of edges),简称割集。若 G 的某一条边 e 具有这种性质,则称该边为**割边**(cut-edge)或**桥**(bridge)。

【例 9.4.2】 在图 9.4.1 中,$\{e_5\}$,$\{e_6\}$,$\{e_1,e_2\}$,$\{e_2,e_3\}$,$\{e_3,e_4\}$,$\{e_1,e_4\}$,$\{e_2,e_4\}$ 都是边割集,其中 e_5 和 e_6 是割边(或桥),而 e_1,e_2,e_3,e_4 都不是割边。

【例 9.4.3】 在图 9.4.2 中,图 9.4.2(a)中的结点 v 是个割点,但不存在割边;图 9.4.2(b)中的结点 v' 是割点,e 是割边;在图 9.4.2(c)和图 9.4.2(d)中不存在割点和割边。

定理 9.4.3 当且仅当图 G 的一条边 e 不包含在 G 的任何结点不重复回路 C 中时,e 是割边。

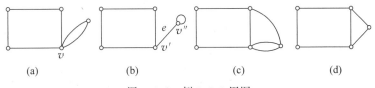

图 9.4.2 例 9.4.3 用图

证 设 e 是图 G 的一条割边。假设 e 包含在 G 的某个结点不重复的回路 C 中,则在 C 中删除边 e 后,G 与 $G-e$ 仍有相同的支数。这与 e 是割边矛盾。

反之,若某条边 e 不包含在 G 的任何结点不重复的回路中,且 e 不是割边,则 $G-e$ 与 G 有相同的支数。设 x 和 y 是边的两个端点,则在 G 中存在一条连接 x 和 y 的通路,即边 $e=(x,y)$,因此 x 和 y 在 G 的同一支中,且 x 和 y 在 $G-e$ 中必在同一个支中,从而在 $G-e$ 中必存在一条连接 x 和 y 的通路 P_{xy}。这样,e 必在 G 的回路 $P_{xy}+e$ 中,与假设矛盾。 ■

割点和桥的概念在实际应用中是有用的。例如,在设计电网络、通信网、运输网等网络时,为了提高网络的安全性和可靠性,应尽量避免或减少网络中的割点或桥。

定义 9.4.3 设 G 是个连通图。如果 G 中不存在割点,则称 G 为**不可分图**(nonseparable graph);否则,称为**可分图**(separable graph)。

例如,图 9.4.2(a)和图 9.4.2(b)都是可分图,而图 9.4.2(c)和图 9.4.2(d)都是不可分图。

定理 9.4.4 不可分图 G 的任意两结点之间至少有两条结点不重的通路。

证 因为不可分图必是连通的,所以 G 中的任意两结点 v_i 和 v_j 之间必有通路连接这两结点。假如 v_i 和 v_j 之间只存在一条通路 P_{ij},将 P_{ij} 的内部某点割开,则必使 G 变成分离的(不连通)。这与 G 是不可分图矛盾,故 v_i 和 v_j 之间至少存在另一条通路 P'_{ij},且 P_{ij} 和 P'_{ij} 是结点不重复的;否则如果这两条通路中有某结点 v 相重,将该结点断开,G 仍变成分离的。 ■

定理 9.4.5 不可分图 G 的任一边至少在某个结点不重复的回路中。

证 设 e 是 G 的任一边,v_i 和 v_j 是它的两个端点。由 G 为不可分图知,v_i 和 v_j 都不是割点,所以图 $G-e$ 是连通的,故在 $G-e$ 中必有一条连接 v_i 和 v_j 的通路 P_{ij}。于是 $P_{ij}+e$ 就构成 G 中的一条结点不重复的回路。 ■

下面讨论对图进行分割的运算,它对分析研究图的性质有重要的作用。以下总是假定图 G 是连通的不可分图。

定义 9.4.4 设 V_1 是图 G 的结点集 V 的一个非空子集,$\overline{V}_1=V-V_1$(即 $V_1 \bigcup \overline{V}_1=V$,$V_1 \bigcap \overline{V}_1=\varnothing$)。$G$ 中的端点分别属于 V_1 和 $\overline{V}_1$ 的所有边组成的集合,称为 G 的**断集**(cutset),记为 $S(V_1 \times \overline{V}_1)$。

由割集和断集的定义知,割集是最小的断集,即割集是使图 G 分离的最小的边的集合。

【**例 9.4.4**】 在图 9.4.3 所示的图 G 中,取 $V_1=\{3,4,7,8\}$,$\overline{V}_1=\{1,2,5,6,9,10\}$,则 $S(V_1 \times \overline{V}_1)=\{c,l,k,i,e,g\}$ 是 G 的一个断集。

離散数学

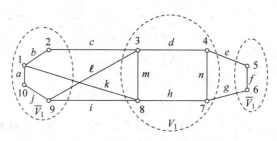

图 9.4.3　例 9.4.4 用图

由图 9.4.3 可以看到,在 G 中去掉断集 $S(V_1 \times \bar{V}_1)$ 中所有的边,使图 G 变成 3 个支的分离图,如图 9.4.4 所示。显然,V_1 的取法不同,所得到的断集 $S(V_1 \times \bar{V}_1)$ 也不同,使图 G 按不同的断集进行分割。

定义 9.4.5　设 v 是图 G 的某个结点,与 v 关联的所有边组成的集合称为结点 v 的**关联集**(incident set),记为 $S(v)$。

【**例 9.4.5**】　在图 9.4.5 所示的图 G 中,各结点的关联集分别是:$S(1)=\{a,b\}$,$S(2)=\{a,c,d\}$,$\cdots$,$S(9)=\{j,l\}$。由图 9.4.5 不难看出,结点 $1,2,4,\cdots,9$ 的关联集都是 G 的割集。

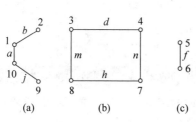

图 9.4.4　G 图变为 3 个分离图

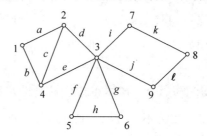

图 9.4.5　例 9.4.5 用图

习题 9.4

(1) 一个具有 n 个结点的图最多有几个割点?

(2) 设 v 是图 G 的一个割点,试证 v 不是 G 的补图 $\bar{G}$ 的割点。

(3) 设 e 是连通图 G 的一条边,则下列命题等价。

① e 是 G 的桥(割边)。

② e 不在 G 的任意一个基本回路上。

③ 存在 G 的两个不同结点 u 和 w,使边 e 在每条连接 u 和 w 的通路上。

④ 存在 V 的一个划分 $\{U,W\}$,使 $\forall u \in U$ 及 $\forall w \in W$,边 e 在每条连接 u 和 w 的通路上。

(4) 试证:在一个有一座桥的 3 次正则图中至少有 10 个结点。

(5) 考查图 9.4.6 所示的连通无向图。

① 求出每个结点 v 的关联集 $S(v)$。哪些关联集不是割集?为什么?

② 判断下列各边集的集合。哪些能构成 G 的割集?

$S_1=\{e_2,e_3,e_4\}$,$S_2=\{e_2,e_5,e_6,e_7\}$,$S_3=\{e_9,e_{10},e_{11}\}$,$S_4=\{e_{10},e_{11}\}$,$S_5=\{e_9\}$,

$S_6=\{e_9,e_{10},e_{12}\}$,$S_7=\{e_8,e_9,e_{10}\}$,$S_8=\{e_{10},e_{11},e_{12}\}$,$S_9=\{e_4,e_6,e_7\}$

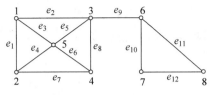

图 9.4.6 连通无向图

③ 令 $V_1 = \{1, 2, 5, 7, 8\}, V = \{3, 4, 6\}$，求断集 $S(V_1 \times \bar{V}_1)$。

(6) 证明：连通图 G 中的每个基本回路与任一割集有偶数条公共边。

9.5 图的矩阵表示法

用几何图形描述图具有直观、形象等优点，但是当一个图较庞大复杂时就显得十分不便，故目前多采用矩阵方法来表示图。这种方法简单，使用方便，特别是它将图的处理问题转换为对矩阵的处理问题，更有利于计算机来存储与处理图。由于考查图的角度不同，可用不同形式的矩阵表示一个图。本节主要介绍邻接矩阵、可达矩阵和关联矩阵。

9.5.1 邻接矩阵

定义 9.5.1 设 $G = \langle V, E \rangle$ 是个简单无向图，$V = \{v_1, v_2, \cdots, v_n\}$，则称 n 阶方阵 $\mathbf{A} = (a_{ij})_{n \times n}$ 为图 G 的**邻接矩阵**(adjacency matrix)，其中

$$a_{ij} = \begin{cases} 1, & (v_i, v_j) \in E \\ 0, & (v_i, v_j) \notin E \end{cases}$$

【**例 9.5.1**】 图 9.5.1 所示为简单无向图 G，G 的邻接矩阵 $\mathbf{A}$ 为

$$\mathbf{A} = \begin{array}{c} \\ v_1 \\ v_2 \\ v_3 \\ v_4 \\ v_5 \end{array} \begin{array}{c} \begin{array}{ccccc} v_1 & v_2 & v_3 & v_4 & v_5 \end{array} \\ \begin{pmatrix} 0 & 1 & 1 & 1 & 1 \\ 1 & 0 & 1 & 0 & 0 \\ 1 & 1 & 0 & 1 & 0 \\ 1 & 0 & 1 & 0 & 1 \\ 1 & 0 & 0 & 1 & 0 \end{pmatrix} \end{array}$$

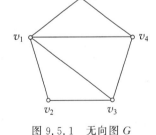

图 9.5.1 无向图 G

由邻接矩阵的定义，可以得到以下一些结论。

(1) 邻接矩阵是对称阵，且主对角线上的元素均为零(因为 G 是简单无向图，结点无自环)。

(2) 每一行(列)中"1"的个数是该行(列)所对应结点的度。

(3) 所有元素均为"0"的邻接矩阵对应的是零图；除主对角线外，所有元素均为"1"的邻接矩阵对应的是完全图。

把元素只有"0"或"1"的矩阵称为**布尔矩阵**(Boolean matrix)。采用类似的方法，可以定义简单有向图的邻接矩阵。

定义 9.5.2　设 $G = \langle V, E \rangle$ 是一个简单有向图，$V = \{v_1, v_2, \cdots, v_n\}$，则称 n 阶方阵 $\boldsymbol{A} = (a_{ij})_{n \times n}$ 为 G 的**邻接矩阵**（adjacent matrix），其中

$$a_{ij} = \begin{cases} 1, & \langle v_i, v_j \rangle \in E \\ 0, & \langle v_i, v_j \rangle \notin E \end{cases}$$

【例 9.5.2】　图 9.5.2 所示的简单有向图 G，则它的邻接矩阵 $\boldsymbol{A}$ 为

$$\boldsymbol{A} = \begin{array}{c} \\ v_1 \\ v_2 \\ v_3 \\ v_4 \end{array} \overset{\begin{array}{cccc} v_1 & v_2 & v_3 & v_4 \end{array}}{\begin{bmatrix} 0 & 1 & 0 & 0 \\ 0 & 0 & 1 & 1 \\ 1 & 1 & 0 & 1 \\ 1 & 0 & 0 & 0 \end{bmatrix}}$$

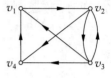

图 9.5.2　有向图 G

显然，有向图的邻接矩阵不一定是对称矩阵。第 i 行中 "1" 的个数等于结点 v_i 的出度，第 j 列中 "1" 的个数等于结点 v_j 的入度，第 i 行中 "1" 的个数与第 i 列中 "1" 的个数之和，恰为结点 v_i 的度。

从简单有向图的邻接矩阵，还可以得到图的许多重要性质。下面就来考查矩阵 $\boldsymbol{A}\boldsymbol{A}^{\mathrm{T}}$，$\boldsymbol{A}^{\mathrm{T}}\boldsymbol{A}$ 和 $\boldsymbol{A}^m$（$m = 1, 2, \cdots$）中元素的意义（$\boldsymbol{A}^{\mathrm{T}}$ 表示矩阵 $\boldsymbol{A}$ 的转置）。

1. 矩阵 $\boldsymbol{A}\boldsymbol{A}^{\mathrm{T}}$

设 $\boldsymbol{A}$ 是有向图 G 的邻接矩阵，$\boldsymbol{A}^{\mathrm{T}}$ 是 $\boldsymbol{A}$ 的转置矩阵，即

$$\boldsymbol{A} = (a_{ij})_{n \times n}, \quad \boldsymbol{A}^{\mathrm{T}} = (a_{ji})_{n \times n}$$

令

$$\boldsymbol{B} = \boldsymbol{A}\boldsymbol{A}^{\mathrm{T}} = (b_{ij})_{n \times n}$$

其中

$$b_{ij} = \sum_{k=1}^{n} a_{ik} a_{jk} = a_{i1}a_{j1} + a_{i2}a_{j2} + \cdots + a_{ik}a_{jk} + \cdots + a_{in}a_{jn}$$

由上式的求和展开式可知，若 $a_{ik} = 1$，且 $a_{jk} = 1$，则 $a_{ik}a_{jk} = 1$，即为 b_{ij} 的求和中的值增加 1。根据邻接矩阵的定义又可知，若 $a_{ik} = 1$，且 $a_{jk} = 1$，则 $\langle v_i, v_k \rangle \in E$，且 $\langle v_j, v_k \rangle \in E$，这表明，由 v_i 和 v_j 引出的边共同终止于结点 v_k。由此可知，矩阵 $\boldsymbol{A}\boldsymbol{A}^{\mathrm{T}}$ 中的第 i 行第 j 列上的记入值，等于从 v_i 和 v_j 二者引出的边能共同终止于不同结点的数目，其对角线上的记入值即为结点 v_i 的出度，如图 9.5.3 所示。

【例 9.5.3】　设有向图 G 如图 9.5.4 所示，求 $\boldsymbol{B} = \boldsymbol{A}\boldsymbol{A}^{\mathrm{T}}$。

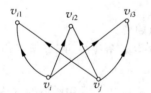 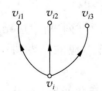

图 9.5.3　对角线上的记入值为 v_i 的出度

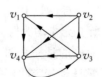

图 9.5.4　有向图 G

解　由简单有向图的邻接矩阵的定义，知

$$A = \begin{array}{c} \\ v_1 \\ v_2 \\ v_3 \\ v_4 \end{array} \overset{\begin{array}{cccc} v_1 & v_2 & v_3 & v_4 \end{array}}{\begin{pmatrix} 0 & 0 & 0 & 1 \\ 1 & 0 & 0 & 1 \\ 1 & 1 & 0 & 1 \\ 0 & 0 & 1 & 0 \end{pmatrix}}$$

从而

$$A^{\mathrm{T}} = \begin{pmatrix} 0 & 1 & 1 & 0 \\ 0 & 0 & 1 & 0 \\ 0 & 0 & 0 & 1 \\ 1 & 1 & 1 & 0 \end{pmatrix}$$

$$B = AA^{\mathrm{T}} = \begin{pmatrix} 0 & 0 & 0 & 1 \\ 1 & 0 & 0 & 1 \\ 1 & 1 & 0 & 1 \\ 0 & 0 & 1 & 0 \end{pmatrix} \begin{pmatrix} 0 & 1 & 1 & 0 \\ 0 & 0 & 1 & 0 \\ 0 & 0 & 0 & 1 \\ 1 & 1 & 1 & 0 \end{pmatrix} = \begin{pmatrix} 1 & 1 & 1 & 0 \\ 1 & 2 & 2 & 0 \\ 1 & 2 & 3 & 0 \\ 0 & 0 & 0 & 1 \end{pmatrix}$$

从 B 可知，$b_{14}=0$，表示从 v_1 和 v_4 二者引出的边没有共同终止的结点；$b_{23}=2$，表示从 v_2 和 v_3 二者引出的边能共同终止的结点有两个，它们是 v_1 和 v_4；$b_{33}=3$，表示 v_3 的出度为 3。这些结论可由图 9.5.4 中得到验证。

2. 矩阵 $A^{\mathrm{T}}A$

设 A 是有向图 G 的邻接矩阵。令 $\overline{B}=A^{\mathrm{T}}A=(\overline{b}_{ij})_{n \times n}$，其中

$$\overline{b}_{ij} = \sum_{k=1}^{n} a_{ki}a_{kj} = a_{1i}a_{1j} + a_{2i}a_{2j} + \cdots + a_{ki}a_{kj} + \cdots + a_{ni}a_{nj}$$

类似于 b_{ij} 的讨论，不难知道，从图 G 中其他结点引出的边，如果能共同终止于结点 v_i 和 v_j，则这样一些结点的数目等于矩阵 $\overline{B}$ 中 $\overline{b}_{ij}$ 的记入值；矩阵 $A^{\mathrm{T}}A$ 中主对角上的记入值等于结点 v_i 的入度（引入次数）。

【例 9.5.4】 如图 9.5.4 所示，有

$$\overline{B} = A^{\mathrm{T}}A = \begin{pmatrix} 0 & 1 & 1 & 0 \\ 0 & 0 & 1 & 0 \\ 0 & 0 & 0 & 1 \\ 1 & 1 & 1 & 0 \end{pmatrix} \begin{pmatrix} 0 & 0 & 0 & 1 \\ 1 & 0 & 0 & 1 \\ 1 & 1 & 0 & 1 \\ 0 & 0 & 1 & 0 \end{pmatrix} = \begin{pmatrix} 2 & 1 & 0 & 2 \\ 1 & 1 & 0 & 1 \\ 0 & 0 & 1 & 0 \\ 2 & 1 & 0 & 3 \end{pmatrix}$$

从矩阵 $\overline{B}$ 可知，$\overline{b}_{14}=2$，这表明图 9.5.4 中有两个结点（v_2 和 v_3），它们引出的边共同终止于 v_1 和 v_4；$\overline{b}_{44}=3$，这表明结点 v_4 的入度为 3。

3. 矩阵 $A^m (m=1,2,\cdots)$

设 A 是有向图 G 的邻接矩阵，则 $A^2=AA=(a_{ij})_{n \times n} \cdot (a_{ij})_{n \times n}=(a_{ij}^{(2)})_{n \times n}$，其中

$$a_{ij}^{(2)} = \sum_{k=1}^{n} a_{ik}a_{kj} = a_{i1}a_{1j} + a_{i2}a_{2j} + \cdots + a_{ik}a_{kj} + \cdots + a_{in}a_{nj}$$

当且仅当 $a_{ik}=1$，且 $a_{kj}=1$ 时，有 $a_{ik}a_{kj}=1$，而 $a_{ik}a_{kj}=1$ 表明有一条从 v_i 出发经 v_k 终止于 v_j 的长度为 2 的路径，所以 $a_{ij}^{(2)}$ 的记入值等于从 v_i 到 v_j 长度为 2 的路径数目；而 $a_{ii}^{(2)}$ 的记入值等于起始于 v_i 且终止于 v_i 的长度为 2 的回路数目。

【例 9.5.5】 如图 9.5.5 所示的有向图,则有

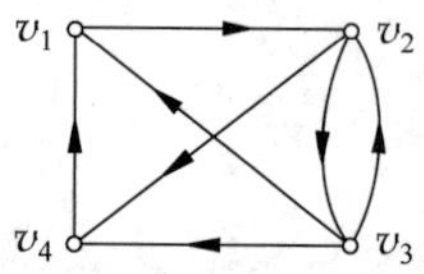

$$\boldsymbol{A}^2 = \boldsymbol{A}\boldsymbol{A} = \begin{pmatrix} 0 & 1 & 0 & 0 \\ 0 & 0 & 1 & 1 \\ 1 & 1 & 0 & 1 \\ 1 & 0 & 0 & 0 \end{pmatrix} \begin{pmatrix} 0 & 1 & 0 & 0 \\ 0 & 0 & 1 & 1 \\ 1 & 1 & 0 & 1 \\ 1 & 0 & 0 & 0 \end{pmatrix} = \begin{pmatrix} 0 & 0 & 1 & 1 \\ 2 & 1 & 0 & 1 \\ 1 & 1 & 1 & 1 \\ 0 & 1 & 0 & 0 \end{pmatrix}$$

图 9.5.5 有向图

从 $\boldsymbol{A}^2$ 可知,$a_{21}^{(2)}=2$,表明从 v_2 到 v_1 长度为 2 的路径有两条。$a_{23}^{(2)}=0$,表明从 v_2 到 v_3 不存在长度为 2 的路径;$a_{33}^{(2)}=1$,表明始于 v_3 又终止于 v_3 长度为 2 的回路有 1 条。这些结论可由图 9.5.5 中得到验证。

> **定理 9.5.1** 设 $G=\langle V,E\rangle$ 是具有 n 个结点集合 $V=\{v_1,v_2,\cdots,v_n\}$ 的简单有向图,$\boldsymbol{A}$ 是 G 的邻接矩阵,则矩阵 $\boldsymbol{A}^m(m=1,2,\cdots)$ 中的 $a_{ij}^{(m)}$ 记入值等于从 v_i 到 v_j 长度为 m 的路径数目。

证 利用数学归纳法,对 m 进行归纳证明。

当 $m=1$ 时,$\boldsymbol{A}^m=\boldsymbol{A}$,按定义显然成立。

假设当 $m=k$ 时成立,证明 $m=k+1$ 时也成立。由假设可知,矩阵 $\boldsymbol{A}^k=(a_{ij}^{(k)})_{n\times n}$ 的记入值 $a_{ij}^{(k)}$ 是从 v_i 到 v_j 长度为 k 的路径数目,而

$$\boldsymbol{A}^{k+1}=\boldsymbol{A}^k\boldsymbol{A}=(a_{ij}^{(k+1)})_{n\times n}$$

其中

$$a_{ij}^{(k+1)}=\sum_{h=1}^n a_{ih}^{(k)}a_{hj}=a_{i1}^{(k)}a_{1j}+a_{i2}^{(k)}a_{2j}+\cdots+a_{ih}^{(k)}a_{hj}+\cdots+a_{in}^{(k)}a_{nj}$$

当 $a_{ih}^{(k)}$ 和 a_{hj} 均不为 0 时,$a_{ih}^{(k)}$ 表示从 v_i 到 v_h 长度为 k 的路径数目,a_{hj} 表示从 v_h 到 v_j 长度为 1 的路径,故 $a_{ih}^{(k)}a_{hj}$ 表示从 v_i 经 v_h 到 v_j 长度为 $k+1$ 的路径数目,因此 $a_{ij}^{(k+1)}$ 表示从 v_i 到 v_j 长度为 $k+1$ 的路径总数,故当 $m=k+1$ 时也成立。

根据归纳假设原理知,结论成立。∎

【例 9.5.6】 给定有向图 G 如图 9.5.6 所示,G 的邻接矩阵 $\boldsymbol{A}$ 为

$$\boldsymbol{A} = \begin{array}{c} \\ v_1 \\ v_2 \\ v_3 \\ v_4 \\ v_5 \end{array} \begin{array}{c} \begin{array}{ccccc} v_1 & v_2 & v_3 & v_4 & v_5 \end{array} \\ \begin{pmatrix} 0 & 1 & 0 & 0 & 0 \\ 1 & 0 & 1 & 0 & 0 \\ 0 & 1 & 0 & 0 & 0 \\ 0 & 0 & 0 & 0 & 1 \\ 0 & 0 & 0 & 1 & 0 \end{pmatrix} \end{array}$$

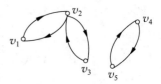

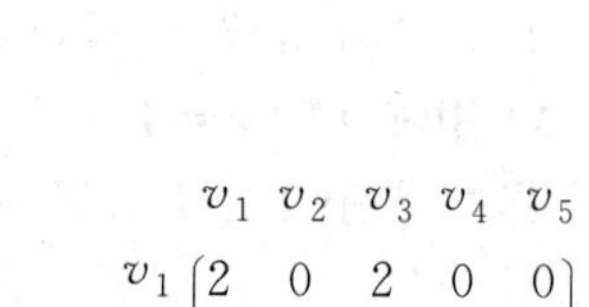

图 9.5.6 有向图

试求 $\boldsymbol{A}^2, \boldsymbol{A}^3, \boldsymbol{A}^4$。

解

$$\boldsymbol{A}^2 = \begin{array}{c} \\ v_1 \\ v_2 \\ v_3 \\ v_4 \\ v_5 \end{array} \begin{array}{c} \begin{array}{ccccc} v_1 & v_2 & v_3 & v_4 & v_5 \end{array} \\ \begin{pmatrix} 1 & 0 & 1 & 0 & 0 \\ 0 & 2 & 0 & 0 & 0 \\ 1 & 0 & 1 & 0 & 0 \\ 0 & 0 & 0 & 1 & 0 \\ 0 & 0 & 0 & 0 & 1 \end{pmatrix} \end{array}, \quad \boldsymbol{A}^3 = \begin{array}{c} \\ v_1 \\ v_2 \\ v_3 \\ v_4 \\ v_5 \end{array} \begin{array}{c} \begin{array}{ccccc} v_1 & v_2 & v_3 & v_4 & v_5 \end{array} \\ \begin{pmatrix} 0 & 2 & 0 & 0 & 0 \\ 2 & 0 & 2 & 0 & 0 \\ 0 & 2 & 0 & 0 & 0 \\ 0 & 0 & 0 & 0 & 1 \\ 0 & 0 & 0 & 1 & 0 \end{pmatrix} \end{array}, \quad \boldsymbol{A}^4 = \begin{array}{c} \\ v_1 \\ v_2 \\ v_3 \\ v_4 \\ v_5 \end{array} \begin{array}{c} \begin{array}{ccccc} v_1 & v_2 & v_3 & v_4 & v_5 \end{array} \\ \begin{pmatrix} 2 & 0 & 2 & 0 & 0 \\ 0 & 4 & 0 & 0 & 0 \\ 2 & 0 & 2 & 0 & 0 \\ 0 & 0 & 0 & 1 & 0 \\ 0 & 0 & 0 & 0 & 1 \end{pmatrix} \end{array}$$

从上述矩阵可得以下结论：从 v_1 和 v_2 有两条长度为 3 的路径；从 v_1 到 v_3 有一条长度为 2 的路径；结点 v_2 有两条长度为 2 的回路，有 4 条长度为 4 的回路，但没有长度为 3 的回路。

9.5.2 可达矩阵

在许多实际问题中，常常需要知道从 v_i 到 v_j 是否可达，而不需要求出从 v_i 到 v_j 长度不同的路径数目。根据定理 9.5.1 和定理 9.3.2 可知，为了确定从 v_i 到 v_j 是否存在路径，只需要计算邻接矩阵的 $\boldsymbol{A}^m$ 次幂就行了，$1 \leqslant m \leqslant n$（$n$ 是有向图中的结点个数）。为了确定可达性，可以令矩阵 $\boldsymbol{B}_n$ 为

$$\boldsymbol{B}_n = \boldsymbol{A} + \boldsymbol{A}^2 + \boldsymbol{A}^3 + \cdots + \boldsymbol{A}^n$$

其中 $\boldsymbol{B}_n$ 矩阵第 i 行第 j 列上的记入值表明从 v_i 到 v_j 长度不大于 n 的路径总数，若该记入值非零，则表明从 v_i 到 v_j 是可达的。但是，计算 $\boldsymbol{B}_n$ 较复杂，因此引进可达矩阵。

> **定义 9.5.3** 设 $G = \langle V, E \rangle$ 是个简单有向图，$V = \{v_1, v_2, \cdots, v_n\}$，则称 n 阶方阵 $\boldsymbol{P} = (p_{ij})_{n \times n}$ 为 G 的**可达矩阵**(reachable matrix)，其中
>
> $$p_{ij} = \begin{cases} 1, & \text{从 } v_i \text{ 到 } v_j \text{ 至少存在 1 条路径} \\ 0, & \text{从 } v_i \text{ 到 } v_j \text{ 不存在路径} \end{cases}$$

下面给出求可达矩阵 $\boldsymbol{P}$ 的一种较简便的方法。为此，引入布尔矩阵的 $\oplus$ 运算和 $\circ$ 运算：设 $\boldsymbol{A} = (a_{ij})_{n \times n}$ 与 $\boldsymbol{B} = (b_{ij})_{n \times n}$ 均为布尔矩阵，定义它们的布尔和、布尔积分别为

$$\boldsymbol{A} \oplus \boldsymbol{B} = (a_{ij} \vee b_{ij}), \quad \boldsymbol{A} \circ \boldsymbol{B} = (c_{ij})$$

其中 $c_{ij} = \bigvee_{k=1}^{n} (a_{ik} \wedge b_{kj})$，运算 $\wedge$ 和 $\vee$ 分别为逻辑"与"和逻辑"或"。并定义

$$\boldsymbol{A}^{(2)} = \boldsymbol{A} \circ \boldsymbol{A}, \quad \boldsymbol{A}^{(3)} = \boldsymbol{A}^{(2)} \circ \boldsymbol{A}, \cdots, \boldsymbol{A}^{(n)} = \boldsymbol{A}^{(n-1)} \circ \boldsymbol{A}$$

若 $\boldsymbol{A}$ 是有向图 G 的邻接矩阵，则可达矩阵为

$$\boldsymbol{P} = \boldsymbol{A} \oplus \boldsymbol{A}^{(2)} \oplus \cdots \oplus \boldsymbol{A}^{(n)}$$

因为这里 $\boldsymbol{A}^{(m)}$($m = 1, 2, \cdots$) 和 $\boldsymbol{P}$ 均为布尔矩阵，故计算较简单。

【例 9.5.7】 设有向图 G 如图 9.5.7 所示，求其可达矩阵 $\boldsymbol{P}$。

解 图 G 的邻接矩阵为

$$\boldsymbol{A} = \begin{array}{c} \\ v_1 \\ v_2 \\ v_3 \\ v_4 \\ v_5 \end{array} \begin{array}{c} \begin{array}{ccccc} v_1 & v_2 & v_3 & v_4 & v_5 \end{array} \\ \begin{pmatrix} 0 & 1 & 0 & 0 & 0 \\ 0 & 0 & 0 & 1 & 0 \\ 1 & 0 & 0 & 0 & 0 \\ 0 & 0 & 0 & 0 & 1 \\ 0 & 1 & 0 & 0 & 0 \end{pmatrix} \end{array}$$

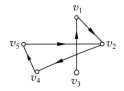

图 9.5.7 有向图 G

则由求可达矩阵的简便方法，知

$$\boldsymbol{A}^{(2)} = \begin{pmatrix} 0 & 1 & 0 & 0 & 0 \\ 0 & 0 & 0 & 1 & 0 \\ 1 & 0 & 0 & 0 & 0 \\ 0 & 0 & 0 & 0 & 1 \\ 0 & 1 & 0 & 0 & 0 \end{pmatrix} \circ \begin{pmatrix} 0 & 1 & 0 & 0 & 0 \\ 0 & 0 & 0 & 1 & 0 \\ 1 & 0 & 0 & 0 & 0 \\ 0 & 0 & 0 & 0 & 1 \\ 0 & 1 & 0 & 0 & 0 \end{pmatrix} = \begin{pmatrix} 0 & 0 & 0 & 1 & 0 \\ 0 & 0 & 0 & 0 & 1 \\ 0 & 1 & 0 & 0 & 0 \\ 0 & 1 & 0 & 0 & 0 \\ 0 & 0 & 0 & 1 & 0 \end{pmatrix}$$

$$A^{(3)} = A^{(2)} \circ A = \begin{pmatrix} 0 & 0 & 0 & 1 & 0 \\ 0 & 0 & 0 & 0 & 1 \\ 0 & 1 & 0 & 0 & 0 \\ 0 & 1 & 0 & 0 & 0 \\ 0 & 0 & 0 & 1 & 0 \end{pmatrix} \circ \begin{pmatrix} 0 & 1 & 0 & 0 & 0 \\ 0 & 0 & 0 & 1 & 0 \\ 1 & 0 & 0 & 0 & 0 \\ 0 & 0 & 0 & 0 & 1 \\ 0 & 1 & 0 & 0 & 0 \end{pmatrix} = \begin{pmatrix} 0 & 0 & 0 & 0 & 1 \\ 0 & 1 & 0 & 0 & 0 \\ 0 & 0 & 0 & 1 & 0 \\ 0 & 0 & 0 & 1 & 0 \\ 0 & 0 & 0 & 0 & 1 \end{pmatrix}$$

同理可得

$$A^{(4)} = A^{(3)} \circ A = \begin{pmatrix} 0 & 1 & 0 & 0 & 0 \\ 0 & 0 & 0 & 1 & 0 \\ 0 & 0 & 0 & 0 & 1 \\ 0 & 0 & 0 & 0 & 1 \\ 0 & 1 & 0 & 0 & 0 \end{pmatrix}, \quad A^{(5)} = A^{(4)} \circ A = \begin{pmatrix} 0 & 0 & 0 & 1 & 0 \\ 0 & 0 & 0 & 0 & 1 \\ 0 & 1 & 0 & 0 & 0 \\ 0 & 1 & 0 & 0 & 0 \\ 0 & 0 & 0 & 1 & 0 \end{pmatrix}$$

则

$$P = A \oplus A^{(2)} \oplus A^{(3)} \oplus A^{(4)} \oplus A^{(5)} = \begin{array}{c} \\ v_1 \\ v_2 \\ v_3 \\ v_4 \\ v_5 \end{array} \begin{array}{c} \begin{array}{ccccc} v_1 & v_2 & v_3 & v_4 & v_5 \end{array} \\ \begin{pmatrix} 0 & 1 & 0 & 1 & 1 \\ 0 & 1 & 0 & 1 & 1 \\ 1 & 1 & 0 & 1 & 1 \\ 0 & 1 & 0 & 1 & 1 \\ 0 & 1 & 0 & 1 & 1 \end{pmatrix} \end{array}$$

从可达矩阵 P 可知,v_1 到 v_2 可达、v_1 到 v_4 可达、v_1 到 v_5 可达、v_2 到 v_2 可达、v_3 到 v_3 不可达、v_5 到 v_3 不可达等。这些结论均可由图 9.5.7 得到验证。

值得注意的是,在定义 9.3.2 中曾指出可达关系是自反的,即任意结点 v_i 到 v_i 总认为是可达的。但是,在可达矩阵中没有考虑这一自反性问题,这是因为如果结点自身的可达性也考虑在内,P 矩阵中主对角上的元素必全为 1,这样就反映不出是否还存在某个结点通过其他结点形成的回路了,因此在考虑求可达矩阵 P 的这一简便方法时,未考虑可达的自反性,如需要考查,可以令 $P = I \oplus A \oplus A^{(2)} \oplus \cdots \oplus A^{(n)}$,这里 I 为单位矩阵。

9.5.3 关联矩阵

对于一个无向图 G,除了可用邻接矩阵表示外,还可利用结点与边的关联关系来表示,这种矩阵称为完全关联矩阵。以下讨论总是假定图 G 无自环。

> **定义 9.5.4** 设无向图 $G = \langle V, E \rangle$,且 $V = \{v_1, v_2, \cdots, v_n\}$,$E = \{e_1, e_2, \cdots, e_m\}$,则称矩阵 $A_e = (a_{ij})_{n \times m}$ 为 G 的**完全关联矩阵**(complete incidence matrix),其中
>
> $$a_{ij} = \begin{cases} 1, & v_i \text{ 与 } e_j \text{ 相关联} \\ 0, & \text{否则} \end{cases}$$

【例 9.5.8】 如图 9.5.8 所示的无向图,其完全关联矩阵为

$$\begin{array}{c} & \begin{array}{cccccc} e_1 & e_2 & e_3 & e_4 & e_5 & e_6 \end{array} \\ \boldsymbol{A}_e = \begin{array}{c} v_1 \\ v_2 \\ v_3 \\ v_4 \\ v_5 \end{array} & \left[\begin{array}{cccccc} 1 & 1 & 0 & 0 & 1 & 1 \\ 1 & 1 & 1 & 0 & 0 & 0 \\ 0 & 0 & 1 & 1 & 0 & 1 \\ 0 & 0 & 0 & 1 & 1 & 0 \\ 0 & 0 & 0 & 0 & 0 & 0 \end{array}\right] \end{array}$$

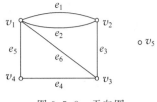

图 9.5.8　无向图

从完全关联矩阵中可以得到图的以下一些性质。

（1）$\boldsymbol{A}_e$ 中的每一行中"1"的个数，表示与该行所对应的结点 v_i 相关联的边数，即完全关联矩阵的所有行给出了一个图的全部关联集。

（2）$\boldsymbol{A}_e$ 的每列对应图 G 中的边。因为每条边与两个结点相关联，所以每列中恰有两个"1"。

（3）若某一行中元素全为"0"，则其对应的结点为孤立结点。

（4）两条平行边对应的两列完全相同。

（5）只有一个"1"的行，"1"所对应的边为悬挂边，该行对应的结点为悬挂点。

一个图的完全关联矩阵，描述了该图的全部结点与边的关联关系，而一个图的最本质的内容就是这种关联关系。因此，一个图的完全关联矩阵描述了图的全部特征。

定义 9.5.5　在图 G 的完全关联矩阵 $\boldsymbol{A}_e$ 中划去一行所得到的矩阵称为图 G 的**关联矩阵**（incidence matrix），记为 $\boldsymbol{A}$。划去的那一行所对应的结点称为**参考点**（reference vertex）。

【例 9.5.9】　在图 9.5.8 所示的图 G 中，取结点 v_5 为参考点，则 G 的关联矩阵为

$$\begin{array}{c} & \begin{array}{cccccc} e_1 & e_2 & e_3 & e_4 & e_5 & e_6 \end{array} \\ \boldsymbol{A} = \begin{array}{c} v_1 \\ v_2 \\ v_3 \\ v_4 \end{array} & \left[\begin{array}{cccccc} 1 & 1 & 0 & 0 & 1 & 1 \\ 1 & 1 & 1 & 0 & 0 & 0 \\ 0 & 0 & 1 & 1 & 0 & 1 \\ 0 & 0 & 0 & 1 & 1 & 0 \end{array}\right] \end{array}$$

显然，关联矩阵 $\boldsymbol{A}$ 包含了 $\boldsymbol{A}_e$ 的全部信息。因为 $\boldsymbol{A}_e$ 矩阵中每列恰有两个1，所以它所划去的那一行是很容易补上去的。当一个图是有向图（无自环）时，也可用结点与边的关联矩阵来表示。

定义 9.5.6　给定有向图 $G = \langle V, E \rangle$，且 $V = \{v_1, v_2, \cdots, v_n\}$，$E = \{e_1, e_2, \cdots, e_m\}$，则称矩阵 $\boldsymbol{B}_e = (b_{ij})_{n \times m}$ 为 G 的**完全关联矩阵**（complete incidence matrix），其中

$$b_{ij} = \begin{cases} 1, & v_i \text{ 是 } e_j \text{ 的起点} \\ -1, & v_i \text{ 是 } e_j \text{ 的终点} \\ 0, & v_i \text{ 与 } e_j \text{ 不关联} \end{cases}$$

【例 9.5.10】　如图 9.5.9 所示的有向图，其完全关联矩阵为

$$\begin{array}{c} & \begin{array}{cccccc} e_1 & e_2 & e_3 & e_4 & e_5 & e_6 \end{array} \\ \boldsymbol{B}_e = \begin{array}{c} v_1 \\ v_2 \\ v_3 \\ v_4 \\ v_5 \end{array} & \left[\begin{array}{cccccc} 1 & 1 & -1 & 0 & 0 & 0 \\ -1 & 0 & 0 & -1 & 1 & 0 \\ 0 & -1 & 1 & 1 & -1 & 1 \\ 0 & 0 & 0 & 0 & 0 & -1 \\ 0 & 0 & 0 & 0 & 0 & 0 \end{array}\right] \end{array}$$

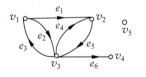

图 9.5.9　有向图

由有向图的完全关联矩阵的定义可知,$\boldsymbol{B}_e$ 中的每列元素之和为零,每行"1"的个数是该行所对应结点的出度,"-1"的个数是该行所对应结点的入度。全为零的行所对应的结点为孤立结点,其余性质与无向图类似,读者可自己归纳。

定义 9.5.7 在有向图 G 的完全关联矩阵 $\boldsymbol{B}_e$ 中划去一行所得到的矩阵称为 G 的**关联矩阵**(incidence matrix),记为 $\boldsymbol{B}$。划去的那一行所对应的结点称为**参考点**(reference vertex)。

与无向图类似,划去的那一行也是很容易补上去的。

通常规定,对于有向图,矩阵的两行相加即为普通的加法运算,对于无向图则采用模 2 加法,即 $0 \oplus 0 = 0$、$0 \oplus 1 = 1 \oplus 0 = 0$、$1 \oplus 1 = 0$。下面以无向图为例,讨论完全关联矩阵的秩。这种讨论对于有向图也成立。

引理 1 设 G 是连通的 (n, m) 无向图,则 G 的完全关联矩阵 $\boldsymbol{A}_e$ 的秩不大于 $n-1$。

证 矩阵 $\boldsymbol{A}_e$ 的每列恰有两个 1,若 $\boldsymbol{A}_e$ 的其余所有行加到最后一行上(模 2 加),所得矩阵为 $\bar{\boldsymbol{A}}_e$,它的最后一行必全为零。因为初等变换不改变矩阵的秩,所以 $\boldsymbol{A}_e$ 矩阵与 $\bar{\boldsymbol{A}}_e$ 矩阵的秩相同。而 $\bar{\boldsymbol{A}}_e$ 中有 $n-1$ 个非零行,它的秩最大为 $n-1$,因此 $\boldsymbol{A}_e$ 的秩不大于 $n-1$。 ■

引理 2 设 G 是连通的 (n, m) 无向图,则 G 的完全关联矩阵 $\boldsymbol{A}_e$ 的秩不小于 $n-1$。

证 (反证法)现假设 $\boldsymbol{A}_e$ 的秩小于 $n-1$,那么 $\boldsymbol{A}_e$ 阵的 $n-1$ 个行向量一定是线性相关的。用 $\alpha_1, \alpha_2, \cdots, \alpha_{n-1}$ 表示这 $n-1$ 个行向量。根据线性相关的定义可知,必存在不全为零的数 $k_1, k_2, \cdots, k_{n-1} \in \{0, 1\}$,有

$$k_1 \alpha_1 \oplus k_2 \alpha_2 \oplus \cdots \oplus k_{n-1} \alpha_{n-1} = 0 \tag{9.5.1}$$

式(9.5.1)表明,从 $\boldsymbol{A}_e$ 矩阵中任意取 $n-1$ 行,这又相当于从 $\boldsymbol{A}_e$ 矩阵中任意划去一行。因为图 G 是连通图,每个结点均会和边相关联,因此每行中都会有 1(可能不止一个 1),因此删掉该行之后,该行中元素 1 所在的列只有一个 1,故式(9.5.1)中按列模 2 加不可能为零,即式(9.5.1)不可能成立。这与假设矛盾,$\boldsymbol{A}_e$ 矩阵至少有 $n-1$ 个线性无关的行,即 $\boldsymbol{A}_e$ 的秩不小于 $n-1$。 ■

由上面的两引理可得出以下结论。

定理 9.5.2 设 G 是连通的 (n, m) 无向图,则 G 的完全关联矩阵的秩是 $n-1$。

显然,完全关联矩阵与关联矩阵的秩相同。

推论 1 若 G 是具有 k 个支的分离 (n, m) 图,则 G 的完全关联矩阵的秩为 $n-k$。

习题 9.5

(1) 在图 9.5.10 中给出了一个简单有向图。试求出它的邻接矩阵;求出从结点 v_1 到 v_4 的长度为 2 和 4 的路径,并计算 $\boldsymbol{A}^2$、$\boldsymbol{A}^3$、$\boldsymbol{A}^4$ 来验证这些结果。

(2) 对图 9.5.10 所示的有向图,试求出邻接矩阵 $\boldsymbol{A}$ 的转置 $\boldsymbol{A}^{\mathrm{T}}$、$\boldsymbol{A}\boldsymbol{A}^{\mathrm{T}}$、$\boldsymbol{A}^{\mathrm{T}}\boldsymbol{A}$ 和可达矩阵 $\boldsymbol{P}$,并说明它们的含义。

(3) 给定两个简单有向图 $G_1 = \langle V_1, E_1 \rangle$ 和 $G_2 = \langle V_2, E_2 \rangle$,$G_1$ 的邻接矩阵 $\boldsymbol{A}_1$ 和 G_2 的

邻接矩阵 $\boldsymbol{A}_2$ 分别为

$$\boldsymbol{A}_1 = \begin{pmatrix} 0 & 0 & 1 & 1 & 1 & 0 \\ 0 & 0 & 0 & 0 & 1 & 1 \\ 1 & 0 & 0 & 1 & 0 & 0 \\ 1 & 0 & 1 & 0 & 1 & 0 \\ 1 & 1 & 0 & 1 & 0 & 1 \\ 0 & 1 & 0 & 0 & 1 & 0 \end{pmatrix}, \quad \boldsymbol{A}_2 = \begin{pmatrix} 0 & 0 & 0 & 1 & 1 & 0 & 0 \\ 0 & 0 & 0 & 0 & 0 & 1 & 1 \\ 0 & 0 & 0 & 1 & 0 & 0 & 0 \\ 1 & 0 & 1 & 0 & 1 & 0 & 0 \\ 1 & 0 & 0 & 1 & 0 & 0 & 0 \\ 0 & 1 & 0 & 0 & 0 & 0 & 0 \\ 0 & 1 & 0 & 0 & 0 & 0 & 0 \end{pmatrix}$$

① 对于 $n=1,2,\cdots,6$,试计算出矩阵 $\boldsymbol{A}_1^n$ 和 $\boldsymbol{A}_2^n$。

② 求出图 G_1 和 G_2 的所有结点不重复的回路。

(4) 试分别求出图 9.5.11 所示图的完全关联矩阵,并验证其秩。

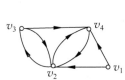

图 9.5.10 有向图

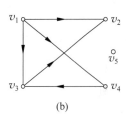

图 9.5.11 无向图与有向图

(5) 设 $\boldsymbol{A}_e=(a_{ij})_{n\times m}$ 是图 G 的完全关联矩阵,证明

$$\sum_{j=1}^{m} a_{ij} = d(v_i)$$

(6) 设 $\boldsymbol{A}=(a_{ij})_{n\times n}$ 是图 G 的邻接矩阵,试证:

① $(\boldsymbol{I}\oplus\boldsymbol{A})\circ(\boldsymbol{I}\oplus\boldsymbol{A})=\boldsymbol{I}\oplus\boldsymbol{A}\oplus\boldsymbol{A}^{(2)}$;

② $(\boldsymbol{I}\oplus\boldsymbol{A})^{(n)}=\boldsymbol{I}\oplus\boldsymbol{A}\oplus\boldsymbol{A}^{(2)}\oplus\cdots\oplus\boldsymbol{A}^{(n)}$。

其中 $\oplus$ 和 $\circ$ 的定义见 9.5 节,$\boldsymbol{A}^{(2)}=\boldsymbol{A}\circ\boldsymbol{A}$,$\boldsymbol{I}$ 为 $n\times n$ 单位矩阵。

(7) 给定简单有向图 $G=\langle V,E\rangle$,$\boldsymbol{A}$ 是 G 的邻接矩阵,$\boldsymbol{P}$ 是 G 的可达矩阵,证明:$\boldsymbol{P}=(\boldsymbol{I}\oplus\boldsymbol{A})^n$。

(8) 设 $G=\langle V,E\rangle$ 是个简单有向图,$\boldsymbol{A}$ 是 G 的邻接矩阵,定义图 G 的距离矩阵 $\boldsymbol{D}=(d_{ij})_{n\times n}$ 为

$$d_{ij} = \begin{cases} \infty, & v_i \text{ 到 } v_j \text{ 不可达} \\ 0, & i=j \\ k, & k \text{ 是能使 } a^{(k)}\neq 0 \text{ 的最小整数} \end{cases}$$

试求出图 9.5.10 所示图的距离矩阵,并指出 $d_{ij}=1$ 意味着什么?

(9) 在一个简单有向图中,如何从它的距离矩阵求得它的可达矩阵?

(10) 设 $G=\langle V,E\rangle$ 是个简单有向图,$\boldsymbol{D}$ 是 G 的距离矩阵。试证明:除了 $\boldsymbol{D}$ 中的主对角上的元素外,若 $\boldsymbol{D}$ 中的所有其他的元素都是非零的,那么 G 必定是个强连通有向图。

(11) 求出图 9.5.12 所示图形的距离矩阵 $\boldsymbol{D}$,并由此验证该图是个强连通有向图。

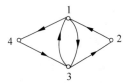

图 9.5.12 有向图

图论基础

第 10 章　特殊图与应用

本章将介绍几种特殊图。所谓特殊图是指具有一些特殊性质的一类图,其中树是在计算机科学中应用最为广泛的一种特殊图,树的概念也是图论中最重要的概念之一。本章最后以运输网络为例,介绍网络流及有关问题,网络流的理论广泛应用于各个领域。

10.1　欧拉图与哈密顿图

早期图论与"数学游戏"密切相关。哥尼斯堡城(即现在的加里宁格勒,Kaliningrad)有一条普莱格尔河,河中有两个岛,城市的各部分由七座桥连接,如图 10.1.1 所示。当时城市居民热衷于讨论这样一个问题:游人从 4 块陆地的任一块出发,是否能够经过每座桥一次且仅一次,最后又回到出发点? 这一问题被称为"哥尼斯堡七桥问题"。

针对这一问题,1736 年,瑞士数学家欧拉发表了一篇论文。在该论文中,他用 4 个小圆圈表示两岸和两个岛,用两点间的连线表示桥,如图 10.1.2 所示。于是问题转换为:在这个图中,从任何一点出发,能否经过每条边一次且仅一次又回到出发点。欧拉证明了这是不可能的(见下面的讨论),从而奠定了图论的基础。

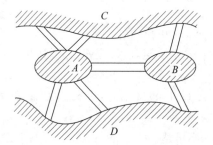
图 10.1.1　哥尼斯堡七桥问题

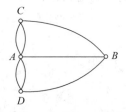
图 10.1.2　土桥连接简化图

定义 10.1.1　给定无孤立点的无向图 G,若存在一条路径,经过图中的每条边一次且仅一次,则称该路径为**欧拉路径**(Euler walk);若存在一条回路,经过图中的每条边一次且仅一次,则称该回路为**欧拉回路**(Euler circuit)。具有欧拉回路的图称为**欧拉图**(Euler graph)。

现在介绍一个重要定理,它能立即告诉我们一个图是否为欧拉图。

定理 10.1.1　设 G 为一个至少有两个结点的连通图,则 G 为欧拉图的充要条件是 G 的所有结点的度均为偶数。

证　（必要性）设 G 是个欧拉图,则 G 有一条欧拉回路。当沿着这条回路行走时,每遇到一个结点 v,必有一条边是进入的边,一条边是出去的边,故每经过一个结点时必为该结点的度增加 2。这不仅适于每个中间结点,而且也适于起点和终点(实际上这两个结点是同一个结点),因此如果 G 是欧拉图,每个结点的度必均为偶数。

（充分性）设连通图 G 的每个结点的度均为偶数,证明 G 是个欧拉图。为此,从 G 的任一点 v 出发,找一条迹。由于 G 的每个点的度均为偶数,故每个点若有一条进入边,同时也必有一条出去的边。当沿着这条路径行走时,必可经过 G 的不同边最后抵达点 v,由此形成一个闭迹 C_1。若 C_1 包括 G 的所有边,则 C_1 便是一个欧拉回路;否则,从 G 中删除 C_1 中的所有边,得到一个由 G 中剩余边所组成的子图 G_1。因为 G 和 C_1 两者的所有点的度均为偶数,所以 G_1 的各点的度也必为偶数。又因为 G 是连通的,所以 C_1 和 G_1 至少在某个点 v_{i1} 是连通的。从点 v_{i1} 开始重复上面的过程,又可找到一个新的闭迹 C_2。设 C 是由 C_1 和 C_2 的所有边组成的回路,它是以点 v 为始点,沿着 C_1 中的某些边走到点 v_{i1},然后再从 v_{i1} 开始,绕行 C_2 一圈又抵达 v_{i1},再沿着 C_1 中的另一些未走过的边继续向前行走,最终必抵达结点 v,如图 10.1.3 所示。显然,这样得到的回路 C 必是闭迹。这个过程可重复进行多次,直至回路 C 包括 G 的所有边,即 C 成为一个欧拉回路,故 G 是个欧拉图。　■

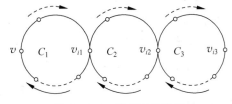

图 10.1.3　连通图示意图

现在重新考查哥尼斯堡七桥问题(图 10.1.2)。因为这个图中每个结点的度并不都是偶数,它不是个欧拉图,即不存在欧拉回路,所以一个人不可能从 4 块陆地的某一地出发,每座桥经过一次且仅一次最后又回到出发点,也就是说哥尼斯堡七桥问题无解。

【例 10.1.1】　判断图 10.1.4 中给出的 3 个图是否为欧拉图? 如果是,试分别找出一条欧拉回路。

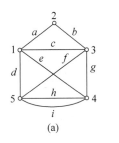
(a)

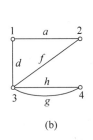
(b)

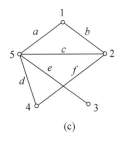
(c)

图 10.1.4　欧拉图

对于图 10.1.4(a),每个点的度都是偶数,所以它是欧拉图,如 $1a2b3c1e4g3f5h4i5d1$ 是一个欧拉回路。

对于图 10.1.4(b),每个点的度都是偶数,所以它是欧拉图,如 $1a2f3h4g3d1$ 是一个欧拉回路。

对于图 10.1.4(c),点 2 和点 3 度数为奇数,所以它不是欧拉图。

推论 1　在连通的无向图中,当且仅当结点 v_i 和 v_j 的度为奇数,其余结点的度均为偶数时,v_i 和 v_j 之间存在欧拉路径。

由推论 1 知,图 10.1.4(c)存在欧拉路径,如 $2f4d5a1b2c5e3$。

定义 10.1.2 经过有向图 G 的每条有向边一次且仅一次的有向路径称为**有向欧拉路径**(directed Euler walk);经过有向图 G 的每条有向边一次且仅一次的有向回路称为**有向欧拉回路**(directed Euler circuit);具有有向欧拉回路的有向图称为**有向欧拉图**(directed Euler graph)。

参照定理 10.1.1 的证明,可以得到下面判断一个有向图是否为有向欧拉图的定理。

定理 10.1.2 一个连通有向图 G 是有向欧拉图,当且仅当对 G 中的所有结点 v,有

$$d^+(v) = d^-(v)$$

此定理可看作无向图的推广,因为每个点的入度与出度都相等,所以每个点的度均为偶数。

推论 2 如果连通有向图 G 中除两个结点外,其余结点的入度和出度均相等,而只有这两个点,其中一个点的入度比出度大 1,另一个点的入度比出度小 1,则 G 中必存在有向欧拉路径。

【**例 10.1.2**】 图 10.1.5 中给出两个有向图,其中图 10.1.5(a)是有向欧拉图,而图 10.1.5(b)却不是有向欧拉图。对于图 10.1.5(a),如 $1a2b3c4d5e2f4g5h1$ 是它的一条有向欧拉回路,图 10.1.5(b)没有有向欧拉回路,也没有有向欧拉路径。

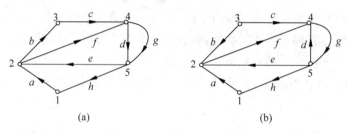

图 10.1.5 例 10.1.2 用图

作为欧拉图的一个应用,下面来介绍**中国邮递员问题**(Chinese Postman Problem)。

一个邮递员从邮局出发,走遍由他负责送信的所有街道,再回到邮局。在这个前提下,如何选择投递路线,以便走尽可能少的路程。我国数学家管梅谷教授于 1960 年发表的一篇论文提出并解决了这个问题,因此国外图论著作将此问题称为"中国邮递员问题"。显然,中国邮递员问题是既与欧拉回路有关,也与最短路径有关的问题。如果把投递区的街道用边表示,邮局、街道的交叉路口用结点表示,结点 v_i 与 v_j 间的街道距离用权 w_{ij} 表示,则一个投递区可以构成一个赋权的连通图 G。因此,中国邮递员问题用图论的术语来描述:在赋权图 G 中从某点 v_i(例如邮局)出发,找一条包含 G 的每条边至少一次,且各边的权总和为最小的一条闭合的回路。这条路程最短的邮递路线称为最佳邮递路线。

显然,若图 G 本身即是个欧拉图,则它具有包含每条边恰好一次的闭合回路(欧拉回路)。由于这个回路中没有重复边,因此它就是一条最佳邮递路线。如果 G 中含有奇结点(奇结点的个数必为偶数个),则 G 的一条邮递路线必定有重复边。设 E_1 是图 $G=\langle V,E \rangle$ 的一个边子集,把它作为重复边加入 G 中,使 G 中的奇结点变为偶结点,偶结点仍为偶结点,这样 G 变为 G',显然 G' 是个欧拉图。一般来说,$E' \subseteq E$ 且将 E' 中的边加入 G 中使 G 成

为欧拉图 G',这样的边集 $E' \subseteq E$ 有很多个。但是至少有一个 $E_1 \subseteq E$,它的边权之和为最小,包含最小权和 E_1 的那条邮局路线就是 G 的最佳邮递路线。

定理 10.1.3 E_1 是最优解的充要条件是下面两个条件都成立。

(1) E_1 中没有重复边。

(2) 在每个回路中,新增边(属于 E_1)的权和不超过该回路权和的一半。

由此定理得出求最优解 E_1 的方法称为"奇偶点图上作业法"。但此种方法较麻烦。近年来又提出了一些改进的算法。限于篇幅,这里不再介绍。

与欧拉回路非常类似的另一个问题是**哈密顿回路**(Hamilton circuit)。1857 年,爱尔兰数学家威廉·罗万·哈密顿(Willian Rowan Hamilton)发明了一种叫作周游世界的游戏(图 10.1.6)。即把图 10.1.6 中的 20 个结点看成地球上的 20 座城市,把其中的边看成连接这些城市的道路。问能否从其中某座城市出发经过每个城市一次且仅一次,最后回到出发地?

哈密顿周游世界游戏是一个图论问题。首先给出以下定义。

定义 10.1.3 给定无向图 G。若存在一条经过 G 中所有结点一次且仅一次的路径,称为**哈密顿路径**(Hamilton walk);若存在一条经过 G 的所有结点一次且仅一次的回路,称为**哈密顿回路**(Hamilton circuit);具有哈密顿回路的图称为**哈密顿图**(Hamilton graph)。

显然,周游世界问题即是在图 10.1.6 中是否能找到一条哈密顿回路的问题。

【例 10.1.3】 图 10.1.7 中给出的图是个哈密顿图,如 $5d4c3b2a1e5$ 是它的一条哈密顿回路。但图 10.1.8 中给出的图不存在哈密顿回路,故不是哈密顿图。

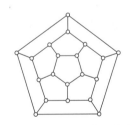

图 10.1.6 周游世界游戏

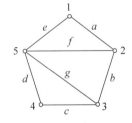

图 10.1.7 哈密顿图

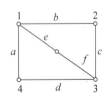

图 10.1.8 非哈密顿图

现在的问题是,判断一个连通图是否为哈密顿图的充要条件是什么? 哈密顿早在 1857 年就提出了这个问题,但至今仍未得到很好的解决。在近百年来,经过很多学者的研究,发现了不少必要条件,也发现了不少充分条件。有了必要条件可以确定某些图不是哈密顿图,有了充分条件可以确定某些图是哈密顿图。下面仅介绍其中的两个。

定理 10.1.4 若 $G = \langle V, E \rangle$ 是一个哈密顿图,则对于 V 的任一非空真子集 S,均有 $W(V-S) \leqslant |S|$ 成立。其中 $|S|$ 表示子集 S 的结点数,$V-S$ 表示从图 G 中去掉 S 中的点与其所关联的边后剩下的图,$W(V-S)$ 是 $V-S$ 的支的数目。

证 设 C 是图 G 的一个哈密顿回路(它必包含 G 的所有结点),在 V 中删除 S 中任一结点 v_1,则 $C-\{v_1\}$ 是一个连通的非回路,若再删去 S 中另外的任一结点 v_2,则 $W(C-\{v_1, v_2\}) \leqslant 2$,利用归纳法可得 $W(C-S) \leqslant |S|$。因为 C 是图 G 的子图,所以 $C-S$ 也是 $V-S$ 的一个子图,所以 $W(V-S) \leqslant W(C-S)$,由此可得 $W(V-S) \leqslant |S|$。

此定理只是判别哈密顿图的必要条件而非充分条件，因此可用它去判断一个图不是哈密顿图，即如果不满足上述不等式的图一定不是哈密顿图（但是满足也未必是哈密顿图）。

【**例 10.1.4**】 在图 10.1.9 给出的连通图 G 中。取它的一个非空子集 $S=\{v_1,v_4\}$，在 G 中去掉 S 中的结点及其所关联的边后，所剩下的图如图 10.1.10 所示。此时 $|S|=2$，$W(V-S)=3$。显然，不满足 $W(V-S)\leqslant|S|$，故 G 不是哈密顿图。

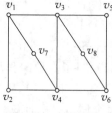

图 10.1.9　连通图 G

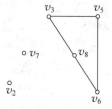

图 10.1.10　$V-S$ 图

定理 10.1.5　设 $G=\langle V,E\rangle$ 是具有 $n(n\geqslant 3)$ 个点的简单无向图。

(i) 若对每对结点 $v_i,v_j\in V$，均有 $d(v_i)+d(v_j)\geqslant n-1$，则在 G 中存在一条哈密顿路径。

(ii) 若对每对结点 $v_i,v_j\in V$，均有 $d(v_i)+d(v_j)\geqslant n$，则 G 是哈密顿图。

证明从略。

此定理中的条件(i)给出了一个图存在哈密顿路径的充分条件，(ii)给出了一个图是哈密顿图的充分条件。但它们都不是必要条件。为说明这个问题，再看例 10.1.5。

【**例 10.1.5**】 图 10.1.11(a)中任意两点的度之和均为 4，小于 5，显然不满足定理条件(i)和条件(ii)，但图 10.1.11(a)存在哈密顿路径和哈密顿回路，故是个哈密顿图。图 10.1.11(b)也不满足定理的条件，但此图也是个哈密顿图。

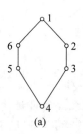

(a)

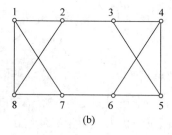

(b)

图 10.1.11　例 10.1.5 用图

类似于判断哈密顿回路是否存在的问题是**旅行商问题**（traveling salesman problem）。旅行商欲去某些城镇售货，他面临一个如何规划最短旅程的问题。显然，可以用图论方法来分析这个问题。用结点表示要去售货的城镇，用边表示连接各城镇之间的道路，并在每条边上标上一个数字（该边的权）表示道路的长度。于是，就可以把问题归结为：在加权图中确定一个结点不重复的回路，它经过每个结点一次且仅一次，而使行程的总长度又最短。对于这个问题，目前还没有一个较为有效的方法，而这个问题在运筹学中有很多用处。现在也有几个直接推断解法，可以给出接近于最短的行程，但都不能保证是最短的。

习题 10.1

(1) 分别构造一个欧拉图,满足下列条件。

① 结点数 n 和边数 m 的奇偶性相同。

② 结点数 n 和边数 m 的奇偶性相反。如果不可能,说明理由。

(2) 确定 n 取怎样的值,完全图 K_n 有一条欧拉回路。

(3) 试画一个图,使它满足以下几点。

① 有一条欧拉路径但无哈密顿路径。

② 有一条哈密顿路径但无欧拉路径。

③ 既无欧拉路径也无哈密顿路径。

(4) 对于图 10.1.12(a)～图 10.1.12(d),分别指出哪些是欧拉图,哪些是哈密顿图。

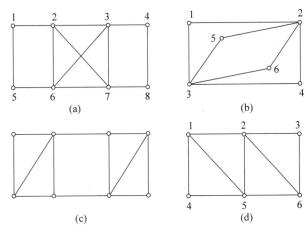

图 10.1.12　无向图

　(5) 如图 10.1.13 所示,4 个村庄下面各有一个防空洞甲、乙、丙、丁,相邻的两个防空洞之间有地道相通,并且每个防空洞各有一条地道与地面相通。问:能否每条地道恰好走过一次,既无重复也无遗漏?

　(6) 某展览会共有 36 个展室,布置如图 10.1.14 所示。有阴影的展室陈列实物,没有阴影的展室陈列图片。邻室之间都有门可以通行。有人希望每个展室都参观一次且仅一次,请替他设计一条参观路线。

　(7) 试应用定理 10.1.3,求图 10.1.15 所示的图的一条最佳邮递路线,其中邮局设在点 a。

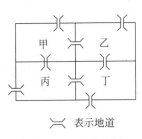

图 10.1.13　防空洞

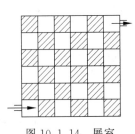

图 10.1.14　展室

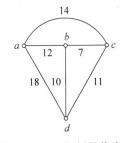

图 10.1.15　规划最佳路线

(8) 证明：具有 n 个结点的完全图 K_n，共有 $(n-1)!/2$ 个哈密顿回路。

(9) 证明：在一个具有 n 个结点的完全图 K_n 中，若 n 为奇数，则 K_n 有 $(n-1)/2$ 个边不相交的哈密顿回路。

(10) 证明：若一个无向图 G 中有一结点 v 的度 $d(v)=1$，那么 G 一定不是哈密顿图。

(11) 在一次国际会议中，由 7 人组成的小组 $\{a,b,c,d,e,f,g\}$ 中，a 会英语、阿拉伯语；b 会英语、西班牙语；c 会汉语、俄语；d 会日语、西班牙语；e 会德语、汉语和法语；f 会日语、俄语；g 会英语、法语和德语。问如果将他们安排在一个圆桌上吃饭，能否做到每个人都可以和他旁边的两个人直接交谈？

10.2　平面图与欧拉公式

在实际应用中，人们常常要画一些图形，希望边与边之间没有任何交叉或尽量减少边与边之间的交叉，如印制电路板上的布线、交通道路的设计等。

定义 10.2.1　设 $G=\langle V,E \rangle$ 是一个无向图，如果能够把 G 的结点和边均画在一个平面上，而使任何两条边除在端点外没有任何交叉，则称 G 为**平面图**（planar graph）；否则称 G 为**非平面图**（nonplanar graph）。

应该注意，在前面曾提过一个图用几何图形表示时，各结点的位置及边的长度、形状均不加任何限制，我们所关心的是边与结点之间的关联关系。因此，有些图从表面上看有几条边是相交的，但是不能肯定它就是个非平面图。例如，图 10.2.1(a) 从表面上看有两条边相交，但是经过重新改画后就没有任何边相交了，如图 10.2.1(b)，故它是一个平面图。

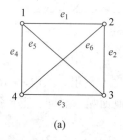
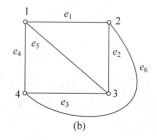

图 10.2.1　平面图

而有些图不论怎样改画，除结点外总是有边相交，如图 10.2.2(a) 所示，记这一图为 $K_{3,3}$，不论如何改画至少有两条边是相交的，如图 10.2.2(b) 所示，故它是一个非平面图。

定义 10.2.2　设 G 是个连通平面图，由图中的边所包围的区域，其内部既不含图的结点，也不含图的边，这样的区域称为 G 的**区**（regions）或**面**（faces）。

为讨论方便，把一个平面图 G 的外部区域也当作一个区，称为**外区**或**无限区**（unbounded region），其他区称为**内区**或**有限区**（bounded region）。围成一个区的边的数目称为该区的**度**（degree）或**次数**。一个区中的边在计算该区的次数时作为边界重复计算两次。

【例 10.2.1】　图 10.2.3 所示的平面图有 5 个区，R_1,R_2,R_3,R_4 是内区，次数均为 3。R_0 是外区，边 e 在该区内，故 R_0 次数为 10。

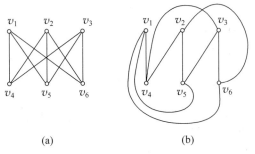

图 10.2.2　非平面图

需要指出的是,同一个图的不同画法,它的区也不同。例如,图 10.2.4(a)和图 10.2.4(b)是同构的,它们的区是不同的。例如,在图 10.2.4(a)中 R_0 是外区,R_2 是内区,将图 10.2.4(a)改画为图 10.2.4(b)后,R_0 是内区,而 R_2 是外区了(但它们所含区的总数是相同的)。

定义 10.2.3　若两个区的边界至少有一条公共边,则称这两个区是**相邻的**(adjacent),否则,称为**不相邻的**(nonadjacent)。

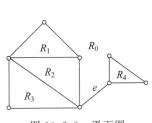

图 10.2.3　平面图

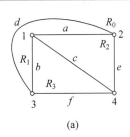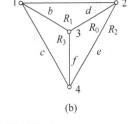

(a)　　　　　(b)

图 10.2.4　同构不同区

例如,在图 10.2.3 所示的平面图中,R_1 和 R_2 是相邻区,而 R_1 和 R_3 不是相邻区。

如何确定一个给定的图 G 是一个平面图还是非平面图是一个重要问题。只靠改画图形来确定平面性显然不是个好办法。下面就来讨论图的平面性检验问题。

定理 10.2.1(欧拉公式,Euler's Formula)　设 G 是连通的平面图,则
$$f + n - m = 2$$
其中 f 是 G 的区数(包括外区),n 为 G 的结点数,m 为 G 的边数。

证　利用数学归纳法,对边数 m 进行归纳。

(1) 若 G 的边数为 0,因为 G 连通,所以 G 只有一个孤立的结点,即得 $f=1,n=1,m=0$,故 $f+n-m=2$ 成立。

(2) 若 G 为一条边,即 $f=1,n=2,m=1$,故 $f+n-m=2$ 成立。

(3) 设 G 有 m_k 条边时成立,即 $f_k+n_k-m_k=2$。下面来考查 G 有 m_k+1 条边时的情况。在具有 m_k 条边的连通图 G 上增加一条边,使它仍为连通图,只有以下两种情况。

① 加上一个新结点 v_2,v_2 与图 G 上的一点 v_1 相连,如图 10.2.5(a)所示。此时 n_k 和 m_k 都增加 1,而区数 f_k 未变,故

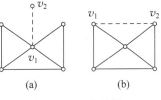

(a)　　　(b)

图 10.2.5　连通图 G

$$f_k + (n_k+1) - (m_k+1) = f_k + n_k - m_k = 2$$

273

第10章

特殊图与应用

结论成立。

② 用一条边连接图 G 上的两个已有结点 v_1 和 v_2,如图 10.2.5(b)所示。此时 m_k 和 f_k 都增加 1,而点数 n_k 未变,故

$$(f_k+1)+n_k-(m_k+1)=f_k+n_k-m_k=2$$

由归纳假设原理知,结论成立。

需要指出的是,欧拉公式只适用于连通平面图的情况,即任何一个连通平面图均满足欧拉公式,不满足欧拉公式的图则不是平面图。但因为其区数 f 不容易从图上直接看出,直接使用欧拉公式具有一定的困难,所以利用欧拉公式推导几个有用的不等式。

> **推论** 设 G 是一个简单连通平面图,它有 n 个结点、m 条边。
>
> (i) 若每个区至少由 3 条边围成,则 $m \leqslant 3n-6$。
>
> (ii) 若每个区至少由 4 条边围成,则 $m \leqslant 2n-4$。
>
> (iii) 若每个区至少由 5 条边围成,则 $3m \leqslant 5n-10$。
>
> (iv) 若每个区至少由 6 条边围成,则 $2m \leqslant 3n-6$。
>
> ⋮

证 (i) 因为平面图中的任一条边,或者是两个区的公共边,或者是在一个区内计算该区的次数时被重复计算两次,所以,若每个区的次数至少为 3,则有

$$3f \leqslant 2m, \quad f \leqslant \frac{2}{3}m$$

由欧拉公式,得

$$\frac{2}{3}m+n-m \geqslant f+n-m=2$$

整理,得

$$m \leqslant 3n-6$$

(ii) 若每个区的次数至少为 4,则有

$$4f \leqslant 2m, \quad f \leqslant \frac{1}{2}m$$

由欧拉公式,得

$$\frac{1}{2}m+n-m \geqslant f+n-m=2$$

整理,得

$$m \leqslant 2n-4$$

其余不等式证明与此类似,留作练习,请读者自己完成。

欧拉公式及其推论给出的条件只是平面图的必要条件而非充分条件,因而可用本推论判定某些图不是平面图。判别平面图的不等式,要随着平面图围成的区的次数的改变而改变。若不根据情况而套某个不等式,可能会导出错误的结论。

【**例 10.2.2**】 如图 10.2.6(a)所示(该图是 5 阶完全图 K_5),因为每个区的次数至少为 3,有 5 个结点(即 $n=5$),10 条边(即 $m=10$),$3n-6=9<m$,不满足推论中的不等式(i),故该图是个非平面图,如图 10.2.6(b)所示。

图 10.2.2(a)所示的图 $K_{3,3}$,它有 6 个结点($n=6$),9 条边($m=9$),$3n-6=12 \geqslant m$,它

满足不等式(i),但该图也是个非平面图。这是因为这个图的每个区的次数至少为4,所以判别它不能使用不等式(i),而应使用不等式(ii),$m>2n-4=8$,它不满足不等式(ii),故该图是个非平面图。

结合推论和上述例题可知,凡是平面图一定满足相应的不等式,不满足相应不等式的图肯定不是平面图。但是,满足某个不等式的图未必都是平面图。

虽然欧拉公式基本上解决了某个图是否为非平面图的判定问题,但是还没有一个简便有效的方法可以确定某个图是平面图。1930年,波兰数学家卡兹米尔兹·库拉托夫斯基(Kazimierz Kuratowski)找到了一个判别平面图的充要条件,在叙述此定理之前,先来说明图的一个性质:如果在图的一条边上插入一个新的度为2的结点,使一条边分成两条边(这一过程称为**插入2度结点**,见图10.2.7(a)),或者对关联于一个度为2的结点的两条边,去掉这个结点,使两条边化成一条边(这一过程简称为**移除2度结点**,见图10.2.7(b)),即在一个图中反复插入或移除2度结点,不会影响图的平面性。

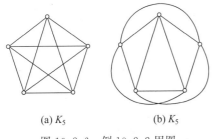

(a) K_5 (b) K_5

图 10.2.6　例 10.2.2 用图

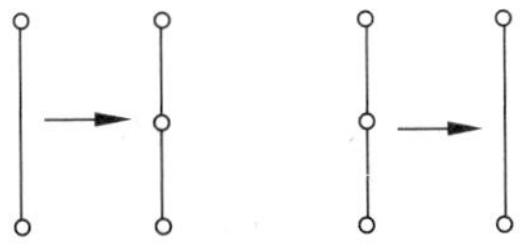

（图 10.2.7 插入2度结点与移除2度结点部分）

(a)   (b)

图 10.2.7　插入2度结点与移除2度结点

定义 10.2.4　给定两个图 G_1 和 G_2,如果它们是同构的,或者通过反复插入或移除2度结点后,使 G_1 和 G_2 同构,则称 G_1 和 G_2 是**同胚**(homeomorphic)。

例如,图10.2.8(a)和图10.2.8(b)是同胚。

定理 10.2.2(库拉托夫斯基定理,Kuratowski's Theorem)　一个图是平面图,当且仅当它不含与 $K_{3,3}$ 或 K_5 同胚的子图。

这个定理的证明冗长,故证明从略。

【**例 10.2.3**】　图10.2.9(a)所示的图——**彼得森图**(Peterson graph),删去结点5及其关联的边,得到它的一个子图,该子图与图10.2.9(b)所示的图同构。在图10.2.9(b)中通过删除2度结点1、4和10,可知该子图与 $K_{3,3}$ 同胚,故彼得森图是个非平面图。

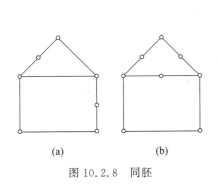

(a)   (b)

图 10.2.8　同胚

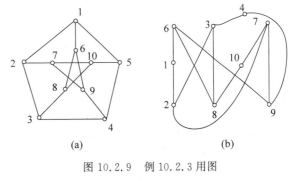

(a)   (b)

图 10.2.9　例 10.2.3 用图

特殊图与应用

习题 10.2

(1) 如果可能,画出图 10.2.10 的每个图的平面表示;否则,证明它有同构于 K_5 或 $K_{3,3}$ 的子图。

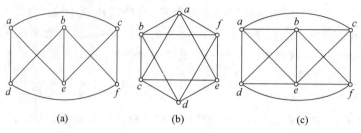

(a)   (b)   (c)

图 10.2.10 平面图

(2) 证明:若 G 是每个面至少由 $k(k \geqslant 3)$ 条边围成的连通平面图,则 $m \geqslant \dfrac{k(n-2)}{k-2}$,这里 m 和 n 分别是 G 的边数和结点数。

(3) 证明:少于 30 条边的平面简单图有一个结点度数不大于 4。

(4) 证明:有 7 个结点、15 条边的简单平面图中,每个面由 3 条边围成。

(5) 对于图 10.2.11(a)～图 10.2.11(c),验证欧拉公式。

(6) 证明:具有 6 个结点、12 条边的简单平面图,它的每个面都是由 3 条边围成的。

(7) 试用库拉托夫斯基定理证明图 10.2.12 所示的图是个非平面图。

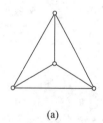 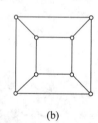 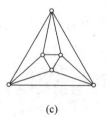 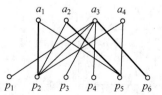

(a)   (b)   (c)

图 10.2.11 平面图   图 10.2.12 非平面图

10.3 二部图与匹配

许多实际问题可以转换为图论中的匹配问题,如任务分配问题就是个典型的例子。

设有 4 名学生 a_1、a_2、a_3 和 a_4,有 6 项任务 $p_1,p_2,\cdots,p_6$。每人能胜任其中的某项或某几项任务。例如,学生 a_1、a_2 都能胜任任务 p_2 和 p_5,学生 a_3 能胜任任务 p_1、p_2、p_3、p_4 和 p_6,学生 a_4 能胜任任务 p_2 和 p_5。如果令

$$V_1 = \{a_1, a_2, a_3, a_4\}, \quad V_2 = \{p_1, p_2, \cdots, p_6\}$$

则上述胜任关系可用图 10.3.1 来表示。

现在的问题是:能否使所有学生都有一项能胜任的任

图 10.3.1 胜任关系图

务？如果不能，如何安排才能使尽可能多的学生有任务可做？这就是所谓的**匹配问题**（matching problem）。用图论的术语来说，所谓匹配问题就是要从图 G 中找出一个边的子集 M，使得每个结点最多只和 M 中一条边相关联，如图 10.3.1 中的粗线所示便是一个匹配。下面给出匹配的一般化定义。

定义 10.3.1 设图 $G=\langle V,E\rangle$，任取子集 $M\subseteq E$，如果 M 中的任何两条边都不相邻，则称边集 M 为 G 的一个**匹配**（matching）。

（i）对任意的 $v\in V$，若存在边 $e\in M$，使 e 与 v 关联，则称 v 为 M **匹配点**（matched vertex）；否则称 v 为 M **非匹配点**（unmatched vertex）。若 G 中的每个结点都是 M 匹配点，则称 M 为 G 的一个**完美匹配**（perfect matching）。

（ii）若在 M 中再加任意一条边，所得到集合就不再是匹配，则称 M 为 G 的一个**极大匹配**（maximal matching）。边数最多的极大匹配称为 G 的一个**最大匹配**（maximum matching），其边数称为**匹配数**（matching number），记为 $\beta_1(G)$ 或简记 β_1。

【例 10.3.1】 在图 10.3.1 中，$M_1=\{(a_1,p_2),(a_2,p_5),(a_3,p_6)\}$ 即是一个匹配，并且是一个极大匹配；$M_2=\{(a_1,p_5),(a_2,p_2),(a_3,p_6)\}$ 也是一个极大匹配，但 $M_3=\{(a_1,p_5),(a_2,p_2)\}$ 是个匹配，但不是极大匹配；$M_4=\{(a_1,p_2),(a_2,p_5),(a_4,p_2)\}$ 不是匹配。

关于极大匹配须注意以下几点。

（1）一个图可以有多个不同的极大匹配，而且这些极大匹配可以有不同的边数。

（2）边数最多的极大匹配称为最大匹配，最大匹配中的边数称为图 G 的匹配数。

（3）极大匹配、最大匹配都是不唯一的。

（4）匹配是对任意无向图定义的。

【例 10.3.2】 在图 10.3.2(a)中，$\{e_1\}$、$\{e_1,e_7\}$、$\{e_5\}$、$\{e_4,e_6\}$ 等都是图中的匹配；$\{e_1,e_7\}$、$\{e_5\}$、$\{e_4,e_6\}$ 是极大匹配；$\{e_1,e_7\}$、$\{e_4,e_6\}$ 是最大匹配，匹配数 $\beta_1=2$；因为对图 10.3.2(a)中的任何一个匹配都存在 M 非匹配点，不存在完美匹配。

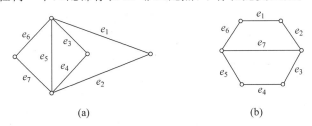

(a)   (b)

图 10.3.2　例 10.3.2 用图

在图 10.3.2(b)中，$\{e_2,e_5\}$、$\{e_3,e_6\}$、$\{e_1,e_4,e_7\}$、$\{e_2,e_4,e_6\}$ 和 $\{e_1,e_3,e_5\}$ 都是极大匹配；$\{e_1,e_4,e_7\}$、$\{e_2,e_4,e_6\}$ 和 $\{e_1,e_3,e_5\}$ 都是最大匹配，也都是完美匹配，匹配数 $\beta_1=3$。

下面主要讨论二部图的匹配问题。

定义 10.3.2 设无向图 $G=\langle V,E\rangle$。

（i）如果图 G 的结点集 V 被分成两个子集，即 V_1 和 V_2，并且只允许 V_1 中的结点与 V_2 中的结点间有边相连，则称图 G 为**二部图**或**二分图**（bipartite graph），记为 $G=\langle V_1,V_2,E\rangle$。

（ii）V_1 中的每个结点均与 V_2 中的每个结点都邻接的二部图称为**完全二部图**（complete bipartite graph），记为 $K_{|V_1|,|V_2|}$。

例如,图 10.3.3(a)~图 10.3.3(c)都是二部图,其中图 10.3.3(b)与图 10.3.3(c)为完全二部图,分别记为 $K_{3,2}$ 和 $K_{3,3}$。

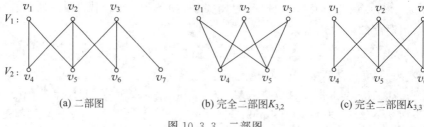

(a) 二部图　　　　　(b) 完全二部图$K_{3,2}$　　　　　(c) 完全二部图$K_{3,3}$

图 10.3.3　二部图

由二部图的定义可知,$V_1 \cap V_2 = \varnothing$ 且 $V_1 \cup V_2 = V$,称 V_1 和 V_2 是 G 的两个互补结点子集。显然,二部图中的每条边所关联的两个结点一定分别属于两个互补结点子集 V_1 和 V_2,且 V_1(或 V_2)中的任意两个结点均互不邻接。

> **定理 10.3.1**　设无向图 G 至少有两个结点,G 是二部图的充要条件是 G 的所有回路的长度均为偶数。

证　(必要性)如果图 $G = \langle V, E \rangle$ 是二部图。设 $P = (v_0, v_1, v_2, \cdots, v_{l-1}, v_0)$ 为 G 的任意一个回路,其长度为 l,下证 l 为偶数。因为 G 是二部图,所以可将结点集 V 划分为两个互补的子集 V_1 和 V_2,使 G 中任意一条边连接的两个结点分属于 V_1 和 V_2。对于回路 P,不妨设 v_0 在 V_1 中,这样可知,下标为偶数的结点 $v_0, v_2, v_4, \cdots$ 都在 V_1 中,下标为奇数的结点 $v_1, v_3, v_5, \cdots$ 都在 V_2 中。因而该回路的终点 v_0 在 V_1 中,可知它的上一个结点 v_{l-1} 在 V_2 中,故为 $l-1$ 奇数,即 l 为偶数。

(充分性)如果图 $G = \langle V, E \rangle$ 中每个回路的长度都是偶数。现假设 G 是连通的,任意选定 G 的一个结点 v_d,将 G 的结点集合 V 按以下定义分成两个子集,即

$$V_1 = \{v_i \mid v_i \text{ 与 } v_d \text{ 之间的距离为偶数}\}, \quad V_2 = V - V_1$$

现在利用反证法来证明 V_1 和 V_2 是二部图的互补结点子集。若不然,假设 G 中存在一条边 $e = (v_i, v_j)$,它的两个端点 v_i, v_j 都在 V_1 中,根据 V_1 的定义可知,v_i 与 v_d 之间存在一条距离为偶数的路径,记为 P_i;同样,v_j 与 v_d 之间也存在一条距离为偶数的路径,记为 P_j。这样,从 v_i 出发,通过路径 P_i 到达 v_d,再从 v_d 通过路径 P_j 到达 v_j,最后通过边 $e = (v_j, v_i)$ 到达 v_i。从而得到从 v_i 到 v_i 的一条长度为奇数的回路,这与假设矛盾,即知 V_1 中的任何两个结点都互不邻接;同理可证,V_2 中的任何两个结点也都互不邻接。

倘若 G 不连通,可对 G 的各个支采用同样的方法证明。从而根据二部图的定义知,图 G 是二部图。　∎

> **定义 10.3.3**　在二部图 $G = \langle V_1, V_2, E \rangle$ 中,如果 V_1 中的所有结点都匹配到 V_2 中的某些结点,称这种匹配为从结点集 V_1 到 V_2 的**完备匹配**(complete matching)。

由完备匹配的定义可知,一个二部图存在完备匹配的必要条件是 $|V_1| \leqslant |V_2|$,但这不是充分条件。在图 10.3.4 所示的二部图中粗线所示的匹配是一个完备匹配;但在图 10.3.1 所示的二部图中,虽然也满足条件 $|V_1| \leqslant |V_2|$,但并不存在完备匹配。因为 a_1、a_2、a_4 这 3 个学生都只能胜任任务 p_2 和 p_5,所以必有 1 人不能匹配(没有任务)。

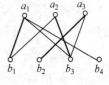

图 10.3.4　完备匹配

显然,一个完备匹配是一个最大匹配,但其逆不真。

> **定理 10.3.2**(赫尔定理,Hall's Theorem) 设 $G=\langle V_1,V_2,E\rangle$ 是个二部图,且 $|V_1|\leqslant$
> $|V_2|$。当且仅当 V_1 中任意 r 个结点至少邻接 V_2 中 r 个结点时,二部图 G 存在从 V_1 到
> V_2 的完备匹配,其中 $r=1,2,\cdots,|V_1|$。

定理的证明从略。

这一定理首先由英国数学家菲利浦·赫尔(Philip Hall)于 1935 年证明的,也称为**婚姻**
定理(Marriage Theorem)。此定理是判断一个二部图是否存在完备匹配的充要条件。

【例 10.3.3】 (特别委员会问题)现有 5 个委员 S_1,
S_2,S_3,S_4,S_5 和 3 个委员会 C_1,C_2,C_3,委员和委员会的
隶属关系如图 10.3.5 所示。现在要从每个委员会中各推
选一个委员组成特别委员会,问是否可能?

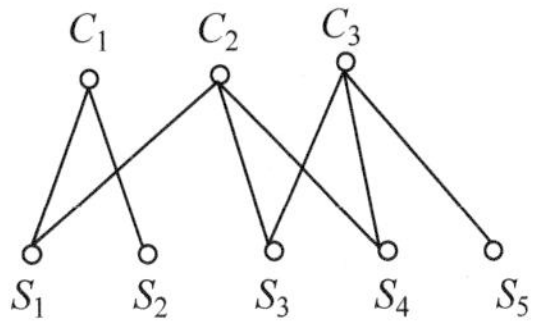

图 10.3.5 例 10.3.3 用图

解 这个问题是在二部图中求 $V_1=\{C_1,C_2,C_3\}$ 到
$V_2=\{S_1,S_2,S_3,S_4,S_5\}$ 的一个完备匹配问题。应用定
理 10.3.2 所提供的方法,检查 V_1 中的任意 r 个结点是否至少邻接 V_2 中的 r 个结点,把结
果列在表 10.3.1 中。表中最后一列的具体意义稍后说明。

表 10.3.1 在二部图中求完备匹配问题结果

r	V_1	V_2	$r-q$
$r=1$	$\{C_1\}$	$\{S_1,S_2\}$	-1
	$\{C_2\}$	$\{S_1,S_3,S_4\}$	-2
	$\{C_3\}$	$\{S_3,S_4,S_5\}$	-2
$r=2$	$\{C_1,C_2\}$	$\{S_1,S_2,S_3,S_4\}$	-2
	$\{C_1,C_3\}$	$\{S_1,S_2,S_3,S_4,S_5\}$	-3
	$\{C_2,C_3\}$	$\{S_1,S_3,S_4,S_5\}$	-2
$r=3$	$\{C_1,C_2,C_3\}$	$\{S_1,S_2,S_3,S_4,S_5\}$	-2

由表 10.3.1 中所得结果可知,满足定理 10.3.2 的条件,从而在图 10.3.5 所示的二部
图中存在完备匹配,如 $\{(C_1,S_1),(C_2,S_3),(C_3,S_4)\}$,$\{(C_1,S_2),(C_2,S_4),(C_3,S_5)\}$ 等,
即从每个委员会中各选一名委员组成特别委员会是可能的。

根据定理 10.3.2 来检查完备匹配,对于较大的图是不适宜的。因为 V_1 有 $|V_1|$ 个结
点,则需要取遍 $2^{|V_1|}-1$ 个非空子集,同时还要求出它们至少邻接 V_2 中的结点数目,判断
过程较复杂。下面给出判断一个二部图是否存在完备匹配的充分条件。

> **定理 10.3.3** 如果存在一个正整数 m,使得二部图 V_1 中每个结点的度不少于 m,而
> V_2 中每个结点的度不大于 m,则存在从 V_1 到 V_2 的完备匹配。

证 考虑 V_1 的任意 r 个结点,这 r 个结点至少关联 $m\cdot r$ 条边,而这些边又与 V_2 中的
某些结点相关联。由于 V_2 中每个结点的度不大于 m,故这 $m\cdot r$ 条边至少和 V_2 中的 $mr/$
$m=r$ 个结点相关联,即 V_1 中任意 r 个结点至少和 V_2 中的 r 个结点相邻接。由定理 10.3.2
可知,必存在从 V_1 到 V_2 的完备匹配。

需要指出的是,由于定理 10.3.3 所给出的条件是个充分条件,因此,若一个二部图满足

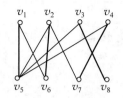

图 10.3.6 二部图

此定理的条件必存在完备匹配,若不满足也可能存在完备匹配(因为不是必要条件)。例如,在图 10.3.6 所示二部图中存在从 V_1 到 V_2 的完备匹配,如 $\{(v_1,v_5),(v_2,v_6),(v_3,v_8),(v_4,v_7)\}$,但却不满足定理 10.3.3 的条件,因为 V_1 中每个结点的度不小于 2,而 V_2 中结点的最大度为 4。

在二部图中,如果不存在完备匹配,人们往往希望寻找最大匹配,即希望尽可能多地把 V_1 中的结点和 V_2 中的结点匹配。在任务分配问题中,也就是希望使更多的人有任务可做。为此,再来介绍二部图中亏数的概念。

定义 10.3.4 设二部图 $G=\langle V_1,V_2,E\rangle$。$V_1$ 中任意 r 个结点和 V_2 中的 q 个结点相邻接,取遍 $r=1,2,\cdots,|V_1|$,则把 $r-q$ 的最大值称为二部图 G 的**亏数**(deficiency),记为 $\delta(G)$。

例如,图 10.3.5 所示的二部图,表 10.3.1 中最后一列给出了 $r-q$ 的值,最大值是 -1,即 $\delta(G)=-1$。用同样的方法可求得图 10.3.1 的亏数 $\delta(G)=1$。

下面不加证明地给出两个利用亏数的匹配的判定定理。

定理 10.3.4 当且仅当 $\delta(G)\leqslant 0$ 时,二部图 G 中存在完备匹配。

在图 10.3.5 中,$\delta(G)=-1\leqslant 0$,故存在完备匹配;图 10.3.1 中 $\delta(G)=1>0$,故不存在完备匹配。对于具有正的亏数的二部图,下列定理给出了最大匹配的匹配数。

定理 10.3.5 能够匹配到 V_2 中的 V_1 中点的最大数目等于 $|V_1|-\delta(G)$。

如图 10.3.1 所示的二部图,V_1 中的点能够匹配到 V_2 的最大数目为 $|V_1|-\delta(G)=3$。

【例 10.3.4】 设有 4 个工人和 4 台机床。已知工人 a_1 会操作机床 b_3 和 b_4,工人 a_2 会操作机床 b_1 和 b_2,工人 a_3 会操作机床 b_2 和 b_4,工人 a_4 会操作机床 b_1 和 b_3。问能否给每个工人分配一台他所会操作的机床?若能,问有几种分配方案?

解 令结点集 $V_1=\{a_1,a_2,a_3,a_4\}$,$V_2=\{b_1,b_2,b_3,$ $b_4\}$。当 a_i 会操作机床 $b_j(1\leqslant i,j\leqslant 4)$ 时,则连接结点 a_i 和 b_j,得到一条边 (a_i,b_j)。于是可得工作分配问题的二部图,如图 10.3.7 所示。根据定理 10.3.3 可知,存在完备匹配,且有以下分配方案,即

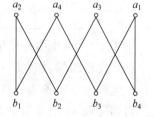

图 10.3.7 工作分配问题的二部图

$$M_1=\{(a_2,b_1),(a_4,b_3),(a_3,b_2),(a_1,b_4)\}$$
$$M_2=\{(a_2,b_2),(a_4,b_1),(a_3,b_4),(a_1,b_3)\}$$

这表明能够给每个工人分配一台他所会操作的机床,并且有两种分配方法。根据完备匹配 M_1 可知,工人 a_1,a_2,a_3,a_4 分别操作机床 b_4,b_1,b_2,b_3;根据完备匹配 M_2 可知,工人 a_1,a_2,a_3,a_4 分别操作机床 b_3,b_2,b_4,b_1。这说明,利用图论方法可迅速找出正确和可行的分配方案。

习题 **10.3**

(1) 考查图 10.3.8 是否为二部图? 如果是,找出其互补结点子集。

(2) 如何由无向图 G 的邻接矩阵判断图 G 是否为二部图?

（3）举一个二部图的例子，它不满足定理 10.3 的条件，但存在完备匹配。

（4）证明：若 G 是一个具有 n 个结点、m 条边的二部图，则 $m \leqslant \dfrac{1}{4} n^2$。

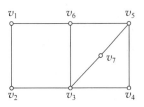

图 10.3.8　示意图

（5）某计算机专业有王、李、张、陈 4 名教师，需要承担离散数学、数据结构、操作系统、数据库系统 4 门课程的教学任务，其中王能教操作系统和离散数学，李能教数据结构、操作系统和数据库系统，张能教数据库系统，陈能教离散数学和数据结构。问怎样分配才能使每名教师不教自己不熟悉的课程？

（6）设我国安全部门捕获 6 个不同国籍的间谍 a,b,c,d,e,f。他们各自懂的语言如表 10.3.2 所示。是否可将这 6 个人锁在两个房间内，使得每个房间的人不能直接对话？

（7）在某次团建活动中，把一组留学生分成两个人的小队，要求同队的两个成员能够讲同一种语言。已知编号 $a \sim f$ 的 7 位留学生会的语言如表 10.3.3 所示，求分队方案。

表 10.3.2　各国间谍所会的语言

间　谍	语　言
a	汉语、法语、日语
b	德语、日语、俄语
c	英语、法语
d	汉语、西班牙语
e	英语、德语
f	俄语、西班牙语

表 10.3.3　7 位留学生会的语言

留　学　生	语　言
a	法语、德语、英语
b	西班牙语、法语
c	德语、韩语
d	葡萄牙语、德语、俄语
e	西班牙语、俄语
f	汉语、韩语
g	葡萄牙语、汉语

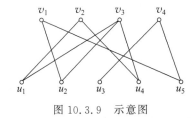

图 10.3.9　示意图

（8）图 10.3.9 是否存在 $\{v_1, v_2, v_3, v_4\}$ 到 $\{u_1, u_2, u_3, u_4, u_5\}$ 的完备匹配？如果存在，指出它的一个完备匹配。

（9）验证图 10.3.9 是否满足定理 10.3.2 中的条件，并求亏数 $\delta(G)$。

10.4　对偶图与着色

与平面图有密切关系的一个图论应用是图着色问题（graph coloring）。1852 年，英国人弗朗西斯·古思瑞（Francis Guthrie）就提出了用 4 种颜色即可对地图着色，使得任何两个相邻的国家着不同的颜色。这就是图论中的又一个著名的难题，称为"四色猜想"问题。100 多年来的探求证明的过程，推动了图论和拓扑学的发展。直至 1976 年，美国的肯尼思·阿佩尔（Kenneth Appel）和沃尔夫冈·哈肯（Wolfgang Haken）借助高速计算机的帮助，用了 1200 小时"证明"了这个猜想。为了叙述图着色的有关定理，下面先介绍对偶图的概念。

定义 10.4.1　设平面图 G 有 n 个结点、m 条边和 f 个区，G 的每个区用 $R_i (i = 1, 2, \cdots, f)$ 表示。在 G 的每个区中放置一个结点，记 R_i 中的点为 v_i。如果 R_i 和 R_j 相邻，则用边

(v_i,v_j)连接v_i和v_j,使边(v_i,v_j)和区R_i与R_j的公共边只相交一次,且与图的其他边界无公共点。这样得到一个具有f个结点、m条边的图G^*,则称G^*为G的**对偶图**(dual graph)。

【例 10.4.1】 图 10.4.1 中实线所示的平面图G,其对偶图G^*如该图中的虚线所示。观察G与G^*可得以下结论。

(1) G中的自环(也是G中的一条边),在G^*中产生一条悬挂边。

(2) G中的一条悬挂边,在G^*中产生一个自环。

(3) G中R_i的次数等于G^*中对应结点v_i的度数(若R_i区周界中有桥或悬挂边,则每边应算两次)。

(4) G与G^*都是平面图,它们互为对偶。由对偶图的定义可知,G与G^*的边数相同,但G^*的结点数等于G的区数,G^*的区数等于G的结点数。一般来说,G与G^*是不同构的。

定义 10.4.2 若一个平面图G与它的对偶图G^*是同构的,则称G为**自对偶图**(self-dual graph)。

【例 10.4.2】 图 10.4.2 中实线所示的平面图G,它的对偶图G^*如虚线所示,不难看出G与G^*是同构的,故G为自对偶图。

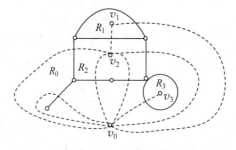
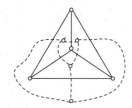

图 10.4.1 平面图 G 图 10.4.2 平面图 G

从上面的讨论可知,一个平面图的区与其对偶图的点是一一对应的。因此,对地图的着色问题,可归结为对点的着色问题,也就是说,四色问题可以归结为要证明对任何一个平面图,一定可以用 4 种颜色对它的结点进行着色,使得邻接结点都有不同的颜色。

定义 10.4.3 对于图$G=\langle V,E \rangle$用最少颜色来涂染它的结点,使相邻的结点不同色,所需最少颜色的种数,称为图G的**着色数**(chromatic number),简称**色数**,记为$\chi(G)$。

若$\chi(G)\leqslant k$,则k种颜色总可以用来涂染它的结点,使之满足要求,则称图G是**可k-着色的**(k-colorable)。

根据色数的定义,可得下列结果。

(1) 仅含有孤立结点的图是可 1-着色的。

(2) n个点的完全图K_n,因为任何两个点都相邻,所以K_n是可n-着色的。

定理 10.4.1 至少有一条边的图可 2-着色的充要条件是图中每条回路的长度均为偶数。

证 (必要性)假设G是可 2-着色,令V_1是着第 1 种颜色的结点集合,V_2是着第 2 种颜色的结点集合。因为 V_1 中的结点着相同的颜色,所以 V_1 中的结点互不邻接,同理 V_2 中的结点也互不邻接,即 V_1 和 V_2 构成一个二部图。由定理 10.3.1 可知,G 的每条回路的长度均为偶数。

(充分性)假设 G 的每条回路的长度均为偶数,来证 G 是可 2-着色的。为此,任取 G 的一个结点,着上第 1 种颜色(如红色),其他各结点的着色按以下方法进行。

若一个结点着了红色,则与该结点相邻的各结点着第 2 种颜色(如绿色);若一个结点着了绿色,则与该结点相邻的各结点着红色。因为每个回路的长度是偶数,所以没有相邻的结点着同样的颜色。因此,G 是可 2-着色的。■

> **定理 10.4.2** 对任意图 $G=\langle V,E\rangle$ 都有
> $$\chi(G)\leqslant \Delta+1$$
> 其中 Δ 为 G 中结点的最大度数。

证 利用数学归纳法,对结点个数 n 归纳。

当 $n=1$ 时,$\Delta=0$,$\chi(G)=1$,命题成立。

假设当结点个数不多于 $n-1$ 时结论成立,证明结点个数等于 n 时也成立。设 v 为图 G 的任一结点,由归纳假设可知,$\chi(G-\{v\})\leqslant \Delta_1+1$,其中 Δ_1 为主子图 $G-\{v\}$ 中结点的最大度数。显然 $\Delta_1\leqslant \Delta$,故有 $\chi(G-\{v\})\leqslant \Delta+1$,即用 $\Delta+1$ 种颜色对 $G-\{v\}$ 着色,可使各邻接结点不同色。设与 v 邻接的结点是 $v_{i1},v_{i2},\cdots,v_{ik}$,用 $C_1,C_2,\cdots,C_k$ 分别表示 v_{i1},$v_{i2},\cdots,v_{ik}$ 所着的颜色,$k=d(v)\leqslant \Delta$,故从 $\Delta+1$ 种颜色中必可找到一种颜色 C_{k+1}($C_{k+1}\neq C_j$,$j=1,2,\cdots,k$),对结点 v 着颜色 C_{k+1}。

由归纳假设原理知,定理得证。■

对平面图的结点着色法有一个简单的算法,步骤如下。

(1)首先将 G 的结点按度数的递减次序排列(因为可能有相同度数的结点,所以排序不一定唯一)。

(2)用一种颜色先着在序列的第一个结点上,然后将这种颜色依次着在这个序列中不相邻的后继结点上(这里的不相邻指的是结点在图 G 中不邻接)。

(3)余下未着色的结点构成一个子序列,换一种颜色按第(2)步相似方法在这个子序列的结点上着色。如此进行,直至各结点均着色为止。

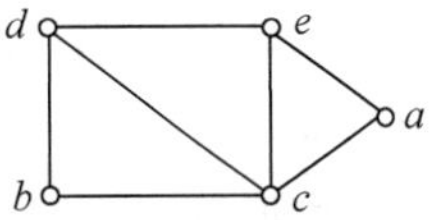

【**例 10.4.3**】 设有一个平面图 G 如图 10.4.3 所示。试给这个图的点着色。

图 10.4.3 平面图

解 因为 $d(a)=2$,$d(b)=2$,$d(c)=4$,$d(d)=3$,$d(e)=3$,所以将各结点按度数大小次序排列为 c,d,e,a,b。

用第 1 种颜色着在结点 c 上(用颜色□表示),因为 c 与其余结点都邻接,所以只有结点 c 着颜色□,从而得到序列

$$\boxed{c}\,,\;d\,,\;e\,,\;a\,,\;b$$

用第 2 种颜色对余下的空白子序列着色,因为 d、a 在 G 中不邻接,对其着同一颜色(用颜色◇表示),得到序列

$$\boxed{c}\,,\;\diamondsuit\!\!\!\!d\,,\;e\,,\;\diamondsuit\!\!\!\!a\,,\;b$$

用第 3 种颜色对余下的空白子序列着色,因为 e、b 在 G 中不邻接,对其着同一颜色(用颜色○表示),得到序列

$$\boxed{c} , \langle d \rangle , e , \langle a \rangle , \langle b \rangle$$

至此,每对邻接的结点着了不同的颜色。显然,这个结点序列只用 3 种不同的颜色就够了,因此 G 的色数是 3,即 $\chi(G)=3$。

定理 10.4.3(四色定理,The Four Color Theorem) 每个平面图是可 4-着色的。

前面曾提到"四色猜想"问题已借助计算机得到了证明,故"四色猜想"称为四色定理。但这个定理的证明并不理想,其证明思路是:若四色定理不成立,则存在一个反例,但通过逐一检查 1900 多种不同类型的可能反例,均不存在反例,从而证明四色猜想成立。数学家们仍然希望不依靠计算机给出证明。四色问题是著名难题,但五色问题较易证明,为此先给出下面的引理。

引理 设 G 为一个至少具有 3 个点的简单连通平面图,则 G 中必有一个结点 u,使得 $d(u) \leqslant 5$。

证 利用反证法证明。令 $G=\langle V,E \rangle$,$|V|=n$,$|E|=m$。若 G 的每个结点 u,都有 $d(u) \geqslant 6$。由握手定理,知

$$\sum_{i=1}^{n} d(v_i) = 2m$$

所以,$2m \geqslant 6n$,有 $m \geqslant 3n > 3n-6$,即 $m > 3n-6$。这与 10.2 节中的推论(i)的结论 $m \leqslant 3n-6$ 矛盾,故命题得证。 ∎

定理 10.4.4(五色定理,the five color theorem) 任何平面图,只要用 5 种颜色就足够把图中所有相邻的区着不同颜色。

证 因为平面图有对偶图,对偶图也是平面图,所以原图中的区着色问题就转换为对偶图的结点着色问题,即对每两个相邻接的结点着不同的色。为此,对平面图 G 的结点数 n 用归纳法。

当 $n \leqslant 5$ 时,显然成立。

当 $n>5$ 时,假设 $n=k$ 时结论成立,来证 $n=k+1$ 时结论也成立。由上述引理知,必存在结点 v_0,使 $d(v_0) \leqslant 5$。在图 G 中删去结点 v_0 得主子图 $G-\{v_0\}$。由归纳假设知,此时定理结论成立。现将结点 v_0 及其删掉的边均加入 $G-\{v_0\}$ 中使其恢复为 G。

(1) 若 $d(v_0)<5$,即与 v_0 邻接的结点个数最多为 4 个,即使这 4 个点用了不同的 4 种颜色,v_0 可用第 5 种颜色着色,故命题成立。

(2) 若 $d(v_0)=5$,即与 v_0 邻接的结点个数为 5 个,此时若这 5 个结点只用了少于 5 种不同的色,定理结论成立。为此,只需考虑这 5 个点用了 5 种不同颜色的情况,这种情况可用图 10.4.4(a)来表示,其中 C_i 表示颜色($i=1,2,3,4,5$)。

令 H 是 $G-\{v_0\}$ 中所有着 C_1 或 C_3 颜色的结点所导出的子图,当然 v_1 和 v_3 在 H 中。下面分两种情况来考虑。

① 若 v_1 和 v_3 属于 H 的不同支,则在 H 的含 v_1 的支 H_1 中,将 C_1 和 C_3 两种颜色对调,并不影响图 $G-\{v_0\}$ 的正常着色,然后在结点 v_0 上着 C_1 色,便得到 G 的一个可 5-着色。

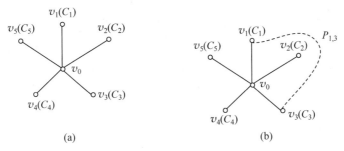

图 10.4.4　用 5 种不同颜色的情况

② 若 v_1 和 v_3 属于 H 的同一个支,则在 G 中存在一条从 v_1 到 v_3 的路径 $P_{1,3}$,且 $P_{1,3}$ 上的各结点都是着 C_1 或 C_3 颜色。路径 $P_{1,3}$ 与边 (v_0, v_1) 和 (v_3, v_0) 一起构成一个回路 C,如图 10.4.4(b)所示。它包围了 v_2 或 v_4,但不能同时包围 v_2 和 v_4。如果令 F 是 $G - \{v_0\}$ 中所有着 C_2 或 C_4 颜色的结点所导出的子图,则 v_2 和 v_4 分别属于 F 的两个不同的支。因此,在包含 v_2 的支中将 C_2 和 C_4 颜色对调并不会影响 $G - \{v_0\}$ 的正常着色,这样 v_2 和 v_4 都着了 C_4 色,故对 v_0 着 C_2 色,便得到 G 的一个 5-着色。

综上,由归纳假设原理知,定理成立。　　　　　　　　　　　　　　　　■

习题 10.4

(1) 画出图 10.4.5 所示平面图的对偶图。

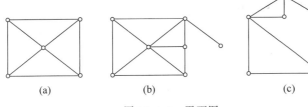

图 10.4.5　平面图

(2) 证明:若 G 是自对偶图,则 $m = 2n - 2$,这里 m 和 n 分别是 G 的边数和结点数。

(3) 证明:同构的平面图的对偶图必有相同的区数。

(4) 对图 10.4.5(b)进行点着色,并求出所需要的最少颜色。

(5) 某化工厂需要存放 6 种原料,记为 v_i ($i = 1, 2, \cdots, 6$)。出于安全考虑,v_1 不能与 v_2、v_3 或 v_4 放在一个仓库,v_2 不能与 v_3 或 v_5 放在一个仓库,v_3 不能与 v_4 放在一个仓库,v_5 不能与 v_6 放在一个仓库。试确定该化工厂为了存放这 6 种原料,至少需要几个仓库?

10.5　树

本节讨论一种重要类型的图,通常称为树。1847 年,德国物理学家古斯塔夫·罗伯特·基尔霍夫(Gustav Robert Kirchhoff)在他的关于电流的欧姆定律的一个推广的论文中首次用到树的直观概念。1857 年,英国数学家阿瑟·凯莱(Arthur Caylay)研究饱和碳氢化合物的同分异构体时,引入了树的概念。此后树得到广泛应用,如在计算机的算法分析、数据结构及编译理论等方面,它都有着广泛的应用。

定义 10.5.1 一个连通且无回路的无向图称为**树**(tree),通常用 T 表示。

在树 T 中,度为 1 的结点(悬挂点)称为**树叶**(leaf),度大于 1 的结点称为**分支结点**(branch vertex)或**内结点**(internal vertex),T 中的边称为**树枝**(branch)。根据树的定义可知,一个平凡图也是连通且无回路,因此平凡图也是树,把这种树称为**平凡树**(trivial tree)。如无特殊说明,以下所讨论的树均指非平凡树。

图 10.5.1(a)和图 10.5.1(b)都是树;图 10.5.1(c)不是树,因为它有回路;图 10.5.1(d)不是树,因为它不连通。

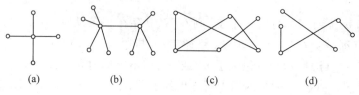

$$\text{(a)} \qquad \text{(b)} \qquad \text{(c)} \qquad \text{(d)}$$

图 10.5.1 树与非树

设 G 是一个连通图,如果从 G 中去掉任何一条边均可使图 G 变为不连通的,则称 G 为**最小连通图**(minimum connected graph)。下面给出的树的 6 个等价定义刻画了树的性质。

定理 10.5.1 给定图 $G=(n,m)$,以下关于树的定义是等价的。

(i) G 连通且无回路。

(ii) G 无回路且 $m=n-1$。

(iii) G 连通且 $m=n-1$。

(iv) G 连通且每条边都是割边。

(v) G 是最小连通图。

(vi) G 中每对结点间有唯一的一条路径。

证 让我们按(i)$\Rightarrow$(ii) $\Rightarrow$(iii)$\Rightarrow$(iv)$\Rightarrow$(v)$\Rightarrow$(vi)$\Rightarrow$(i)的次序证明。

(i)$\Rightarrow$(ii)

利用归纳法证明,对 n 进行归纳。

当 $n=1$ 或 2 时,命题显然成立。

假设当 $n=k-1$ 时结论成立,来证明 $n=k$ 时结论也成立。当 $n=k$ 时,因为 G 无回路且连通,所以至少有一个结点的度为 1(即只与一条边相关联)。在 G 中删去该结点及与其相关联的边,得到一个具有 $k-1$ 个结点的连通且无回路的图 G'。由归纳假设可知,$m=(k-1)-1=k-2$ 成立。再将删去的结点与边加入到 G' 中得到原图 G,此时 G 的边数 $m=k-2+1=k-1$,结点数 $n=(k-1)+1=k$,故 $m=n-1$ 成立。

由归纳法原理知,$m=n-1$ 成立。

(ii)$\Rightarrow$(iii)

若条件(ii)成立,只要证明 G 连通。假设 G 是非连通的,设 G 有 k 个支,记为 $G_1=(n_1,m_1),G_2=(n_2,m_2),\cdots,G_k=(n_k,m_k)$,其中 $n_1+n_2+\cdots+n_k=n$,$m_1+m_2+\cdots+m_k=m$。由 G 无回路知,每个支连通且无回路,所以有 $m_i=n_i-1(i=1,2,\cdots,k)$,从而有

$$m=m_1+m_2+\cdots+m_k=(n_1-1)+(n_2-1)+\cdots+(n_k-1)$$
$$=n_1+n_2+\cdots+n_k-k=n-k$$

如果 $k \geq 2$，则 $m = n - k < n - 1$。这与条件(ii)矛盾，故 $k = 1$，G 只有一个支，即 G 是连通的。

(iii)$\Rightarrow$(iv) 因为 G 是 n 个点、$n-1$ 条边的连通图，在 G 中去掉任何一条边将使 G 变成分离的(不连通)，所以 G 的每条边都是割边。

(iv)$\Rightarrow$(v) 根据最小连通图的定义可知，若 G 的每条边都是割边的连通图，则 G 一定是最小连通图。

(v)$\Rightarrow$(vi) 若 G 连通，则 G 中任意两点间至少有一条路径。现假设 G 中有两个点间存在两条以上的路径，则 G 中必有回路，在该回路上删去任何一条边，G 仍是连通的，这与条件(v)矛盾。

(vi)$\Rightarrow$(i) 因为 G 中任意两个结点间都存在唯一的路径，所以 G 是连通的。其次，假设 G 中有回路，则回路上任何两点间的路径有两条，与条件(vi)矛盾。 ■

【例 10.5.1】 在具有 n 个结点的完全图 K_n 中删去多少条边才能得到树？

解 n 个结点的完全图 K_n 是连通的，它共有 $n(n-1)/2$ 条边，而 n 个结点的树应有 $n-1$ 条边，于是，删去的边数为 $n(n-1)/2 - (n-1) = (n-1)(n-2)/2$。

定理 10.5.2 任意一棵非平凡树至少有两片树叶。

证 设树 $T = (n, m)$，$n \geq 2$，则 $m = n - 1$。假设 T 中有 k 片树叶，即有 k 个结点的度为 1，其余 $n - k$ 个结点的度数至少为 2，则

$$\sum_{i=1}^{n} d(v_i) \geq k + 2(n - k) = 2n - k$$

又由握手定理，得

$$\sum_{i=1}^{n} d(v_i) = 2m = 2(n-1) = 2n - 2$$

从而得

$$2n - 2 \geq 2n - k$$

即 $k \geq 2$，该非平凡树至少有两片树叶。 ■

【例 10.5.2】 设树 T 具有 n 个结点，如果 T 中结点的最大度数 $\Delta(T) \geq k$，则 T 中至少有 k 个度为 1 的结点。

证 (反证法)设 $T = (n, m)$，则 $m = n - 1$。假设 T 中度为 1 的结点个数为 t，$t < k$。由题设可知 T 中至少有一个结点的度为 $\Delta(T)$，其余 $n - t - 1$ 个结点的度均不小于 2，且不大于 $\Delta(T)$，则

$$\sum_{i=1}^{n} d(v_i) \geq \Delta(T) + t + 2(n - t - 1) = 2(n-1) + (\Delta(T) - t)$$

又由握手定理，知

$$\sum_{i=1}^{n} d(v_i) = 2m = 2(n-1)$$

有 $2(n-1) \geq 2(n-1) + (\Delta(T) - t)$，即 $\Delta(T) \leq t$，与 $\Delta(T) \geq k > t$ 矛盾。所以，T 中至少有 k 个度为 1 的结点。

定义 10.5.2 如果非连通无向图 G 的每个支都是树，则称 G 为**森林**(forest)。

若森林 F 是由 k 棵树组成,设其为

$$T_i = (n_i, m_i) \quad (i = 1, 2, \cdots, k); \quad n = \sum_{i=1}^{n} n_i; \quad m = \sum_{i=1}^{k} m_i$$

则由定理 10.5.1 知,$m_i = n_i - 1$,从而得 $m = n - k$。

定义 10.5.3 若无向图 G 的生成子图 T 是一棵树,则称 T 为 G 的**生成树**或**支撑树**(spanning tree)。T 中的边称为**树枝**(branch),属于 G 但不属于 T 的边称为**弦**(chord)。

例如,图 10.5.2 描述了一个连通图和它的一棵生成树(图中的粗线所示)。

定理 10.5.3 图 G 有生成树的充要条件是 G 连通。

证 (必要性)利用反证法。假设 G 不连通,那么它的任何生成子图都不连通,因此 G 不可能有生成树,与条件矛盾,因此 G 连通。

(充分性)如果 G 连通且没有回路,则 G 本身就是一棵生成树。如果 G 至少有一个回路,删去该回路上的一条边而得到生成子图 G_1。如果 G_1 没有回路,则 G_1 就是一棵生成树;如果 G_1 有回路,重复上述过程,直至没有回路为止,此时得到 G 的一个生成子图 T,T 没有回路且连通,T 即是 G 的一棵生成树。∎

定理 10.5.4 设 T 是连通图 G 的一棵生成树,并且 e' 是一条弦,则 $T + e'$ 含有一条唯一的回路。

证 因为生成树也是树,故 T 中任意两点间存在唯一的路径。如果在 T 中再加入边 $e' = (v_i, v_j)$,这条边与 T 中连接 v_i 和 v_j 的唯一路径构成一条回路(图 10.5.3)。因为这条路径是唯一的,所以这条回路也必是唯一的。∎

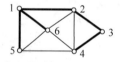

图 10.5.2 生成树

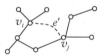

图 10.5.3 回路

下面介绍如何求一个连通图 G 的生成树的两种方法,即避回路法(避圈法)和破回路法(破圈法)。

避回路法的思想:任取图 G 的一条边 e_1,再取一条边 e_2,使得 e_1 和 e_2 不构成回路,然后再取一条边 e_3,使得 e_3 和 e_2、e_1 不构成回路。如此继续下去,最后得到的不含回路的连通的生成子图即是 G 的一棵生成树。

例如,在图 10.5.4(a)所示的连通图 G 中,依次取 $e_1 = a$,$e_2 = b$,$e_3 = d$,$e_4 = f$,那么由边集 $\{a, b, d, f\}$ 组成的子图即是 G 的一棵生成树,如图 10.5.4(b)所示。

破回路法的思想:在 G 中任取一回路,去掉该回路中的一条边,然后再取另一个回路,去掉该回路中的一条边。如此继续下去,最后得到的连通、无回路的生成子图即是 G 的一棵生成树。

例如,在图 10.5.4(a)所示的连通图 G 中,

(a) 连通图 G

(b) G 的一棵生成树

图 10.5.4 连通图及生成树

先取回路(a,b,c),去掉c边,再取回路(a,b,g,e),去掉e边,最后取回路(d,f,g),去掉g边,剩下的由a,b,d,f组成的生成子图即是G的一棵生成树,如图 10.5.4(b)所示。

由上面的讨论可知,一个连通图的生成树不是唯一的,如图 10.5.4(a)中连通图G所示,$\{a,c,g,f\}$和$\{a,b,g,f\}$都是G的生成树。一个连通图的全部互异的生成树的个数通常是一个很大的数目。大家知道,对于具有n个点、m条边的连通图G,它的任一棵生成树有$n-1$条边。因此,要确定G的一棵生成树,如果用避回路法,必须从G中取$n-1$条边且不构成回路;如果用破回路法,必须从G中删掉$m-n+1$条边,且保证该生成子图连通。

在 9.1 节中,曾介绍过赋权图的概念。显然,若一个赋权图G是个连通图,那么它也有生成树T,生成树T的权是指T中各条树枝的权之和,用$W(T)$表示。一般来说,G的不同生成树将有不同的权,由此引进最小树的概念。

定义 10.5.4 设T^*是赋权图G的一棵生成树,若对G的任一棵生成树T都有$W(T^*)\leqslant W(T)$,则T^*为G的**最小生成树**(minimum spanning tree),简称**最小树**。

许多实际问题可归结为寻求连通赋权图的最小树问题。例如,在若干个城市之间建立连接这些城市的铁路网、输电网或通信网,已知城市v_i和v_j间的直通线的造价为w_{ij}(权),要求给出一个总造价最小的设计方案。这类问题的实质就是求赋权图G的一棵最小树。

寻找一个连通赋权图的最小树可采用的算法有很多种,这里只介绍两种常用的算法。这两种算法与前面介绍的求连通图G的生成树的"避回路法"和"破回路法"十分类似。

1956 年,美国数学家约瑟夫·伯纳德·克鲁斯卡尔(Joseph Bernard Kruskal)推广了生成树的"避回路法",给出了求最小树的一个有效算法,称为 Kruskal 算法,这一算法为通信系统的网络设计开创了新的方法。

Kruskal 算法的思想:首先把赋权图$G=(n,m)$的边$a_i(i=1,2,\cdots,m)$按权的递增顺序排列为

$$w(a_1)\leqslant w(a_2)\leqslant\cdots\leqslant w(a_m)$$

取$e_1=a_1,e_2=a_2$,检查a_3,如果a_3与e_1,e_2不构成回路,则令$e_3=a_3$;否则放弃a_3,检查a_4。如果a_4与e_1,e_2不构成回路,则令$e_3=a_4$;否则放弃a_4,检查a_5。如此继续下去,直至找出$e_1,e_2,\cdots,e_{n-1}$条边的连通图为止,那么$\{e_1,e_2,\cdots,e_{n-1}\}$就是所要求的一棵最小树。

【例 10.5.3】 设图 10.5.5 所示的赋权图G表示 7 个城市$v_1,v_2,\cdots,v_7$及预先测算出的它们之间的一些直接通信线路的造价。利用 Kruskal 算法,试给出一个既使各城市之间能够通信又使总造价最小的设计方案。

首先将G的各条边按权的递增次序排列,如表 10.5.1 所示。

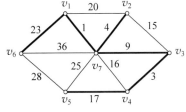

图 10.5.5 赋权图

表 10.5.1 G 的各条边按权的递增次序排列

边　　名	权	选　定　边	边　　名	权	选　定　边
$e_1=(v_1,v_7)$	1	√	$e_4=(v_3,v_7)$	9	√
$e_2=(v_3,v_4)$	3	√	$e_5=(v_2,v_3)$	15	
$e_3=(v_2,v_7)$	4	√	$e_6=(v_4,v_7)$	16	

特殊图与应用

续表

边　　名	权	选　定　边	边　　名	权	选　定　边
$e_7=(v_4,v_5)$	17	√	$e_{10}=(v_5,v_7)$	25	
$e_8=(v_1,v_2)$	20	√	$e_{11}=(v_5,v_6)$	28	
$e_9=(v_1,v_6)$	23	√	$e_{12}=(v_6,v_7)$	36	

首先选定边 e_1 和 e_2，并在相应列打上"√"号，同时用色笔将边 e_1 和 e_2 描粗；然后检查边 e_3，因 e_3 与 e_1，e_2 不构成回路，故在相应列打上"√"号，并用色笔将边 e_3 描粗；再检查 e_4，e_4 与先前选定边不构成回路，故在相应列打上"√"号，并用色笔将边 e_4 描粗；继之检查 e_5，因 e_5 与先前选定边 (v_2,v_7) 和 (v_3,v_7) 构成回路，故放弃边 e_5，再检查 e_6 等。因该图有 7 个结点，故按照前述方法选定 6 条边，即得到一棵最小树（图 10.5.5 中粗线）。这棵最小树是连通 7 座城市造价最低的通信网，其总造价为

$$w(e_1)+w(e_2)+w(e_3)+w(e_4)+w(e_7)+w(e_8)=57$$

下面介绍求最小树的另一种算法——"破回路法"。这一算法是我国数学家管梅谷教授于 1975 年提出来的，是求生成树的"破回路法"的推广，其算法的基本思想如下。

首先令赋权图 $G=G_0$，在 G_0 中任取一回路，去掉该回路中权最大的一条边，得一子图 G_1。在 G_1 中再任取一回路，去掉该回路中权最大的一条边，得一子图 G_2。如此继续下去，直至剩下的子图不再含有回路为止，那么这个子图就是 G 的一棵最小树。

【例 10.5.4】 用"破回路法"求图 10.5.6 中 G 的一棵最小树。

首先取回路 (v_1,v_5,v_4,v_1)，去掉边 (v_1,v_4) 得子图 G_1。在 G_1 中取回路 (v_4,v_5,v_3,v_4)，去掉边 (v_3,v_4) 得子图 G_2。在 G_2 中取回路 (v_1,v_5,v_2,v_1)，去掉边 (v_1,v_2) 得子图 G_3。在 G_3 中取回路 (v_2,v_5,v_3,v_2)，去掉边 (v_3,v_5) 得子图 G_4。因为 G_4 中再没有任何回路，所以子图 G_4 即是图 G 的一棵最小树。上述过程如图 10.5.6 所示。

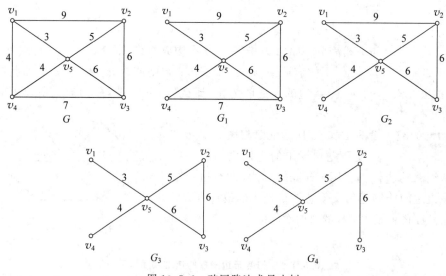

图 10.5.6　破回路法求最小树

从上面两个例子中不难看出，一个赋权图的最小树也不是唯一的。但不同的最小树的权却是相同的。

习题 10.5

(1) 证明：具有 m 条边的连通图最多有 $m+1$ 个结点。

(2) 一棵树有 2 个结点的度为 2，1 个结点的度为 3，3 个结点的度为 4，其余结点的度为 1。问该树有多少度为 1 的结点？

(3) 证明有 n 个结点的树，结点度数之和为 $2n-2$。

(4) 设 T_1 和 T_2 是连通图 G 的两棵生成树，a 是在 T_1 中但不在 T_2 中的一条边，证明存在边 b，它在 T_2 中但不在 T_1 中，使 $(T_1-\{a\})\bigcup\{b\}$ 和 $(T_2-\{b\})\bigcup\{a\}$ 都是 G 的生成树。

(5) 设 $G=\langle V,E\rangle$ 为连通无向图，且 $e\in E$。证明：当且仅当 e 是 G 的割边时，e 才在 G 的每棵生成树中。

(6) 分别用避回路法和破回路法求图 10.5.7 中的一棵生成树。

(7) 分别用 Kruskal 算法和破回路法求图 10.5.8 中的一棵最小树。

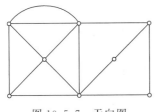

图 10.5.7　无向图

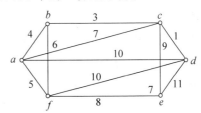

图 10.5.8　无向图

(8) 某边防缉毒大队在一跨境贩毒团伙中潜伏了 5 名线人，为此缉毒大队队长需要作出安排，使得线人能够直接地或者通过他人相互联络，但绝不能有超过两个人在一起。出于安全考虑，接头地点的数目必须尽可能少。此外，每对线人都已经被赋予了一个危险等级，如表 10.5.2 所示，数字越大，危险等级越高，两名线人在一起越容易暴露。问缉毒大队队长应该怎样安排联络以使危险最小？

表 10.5.2　危险等级

等　　级	A	B	C	D	E
A	—	3	4	5	2
B	3	—	3	1	4
C	4	3	—	2	3
D	5	1	2	—	4
E	2	4	3	4	—

10.6　根树及其应用

前面讨论的树都是无向图中的树。本节讨论有向图中的树，并进一步介绍有关树的一些概念和术语。

定义 10.6.1　如果一个有向图在不考虑边的方向时是一棵树，则称这个有向图为**有向树**（directed tree）。

例如,图 10.6.1 所示有向图是一棵有向树。

定义 10.6.2 在一棵有向树中,如果恰有一个结点的入度为 0,其余所有结点的入度都为 1,则称这种有向树为**根树**(rooted tree),其中入度为 0 的结点称为**根**(root),出度为 0 的结点称为**树叶**(leaf),出度不为 0 的结点称为**分支结点**(branch vertex)或**内结点**(internal vertex)。

例如,图 10.6.2 所示的有向树是一棵根树,其中 v_0 为根,v_1,v_2,v_3,v_9 为分支结点,其余结点均为叶。

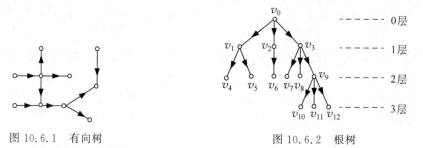

图 10.6.1　有向树　　　　　　图 10.6.2　根树

在根树中,从根到结点 v 的距离称为该点的**层**(level),从根到树叶的最大距离称为树的**高度**(height)。如图 10.6.2 所示的根树,v_0 的层为 0,v_1,v_2,v_3 的层为 1,v_4,v_5,$\cdots$,v_9 的层为 2,v_{10},v_{11},v_{12} 的层为 3。该树的高度为 3。一般地,把同一层上的结点画在同一水平线上。

对于同一棵根树,可以把根画在最下方或画在最上方,如图 10.6.3 所示。

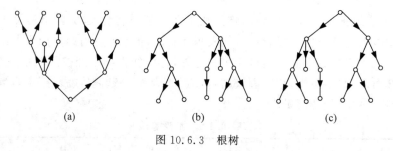

(a)　　　　　　　　(b)　　　　　　　　(c)

图 10.6.3　根树

图 10.6.3(a)是根树的自然表示法,即树从它的根向上生长(边的方向均向上),称这种树为自然树。图 10.6.3(b)和图 10.6.3(c)都是由树根向下生长(边的方向均向下),称这种树为倒置树。在实际应用中人们往往习惯上采用后者。为方便起见,今后省去根树中的箭头。

在上面讨论的根树中,没有考虑同一层次上的结点次序,如图 10.6.3(b)和图 10.6.3(c)表示同一棵根树。但在许多具体问题中(如编码理论和计算机程序)常常要考虑同一层次上结点的次序。

定义 10.6.3 如果在一棵根树中规定了每一层次上的结点次序,则称这样的根树为**有序树**(ordered rooted tree)。

在有序树中规定同一层次的结点次序从左至右。在此意义下,图 10.6.3(b)和图 10.6.3(c)表示了两棵不同的有序树。

有时为了方便,在根树或有序树中,常常引用家族树中的一些术语。由结点 v 出发可达的每个结点,都称为 v 的**子孙**或**后裔**(descendant);由结点 v 出发,经一条边就可达的结点 v',称 v' 为 v 的**儿子**(son),称 v 为 v' 的**父亲**(father);所有由结点 v 出发,经一条边就可达的结点间的关系称为**兄弟**(sibling),在有序树中规定排在最左边的为最大。

定义 10.6.4　在根树中,由任一结点 v 及 v 的所有子孙和从 v 出发的所有有向路径中的边所构成的子图,称为以 v 为根的**子树**(subtree)。根树中的结点 v 的子树是以 v 的儿子为根的子树。

在树的实际应用中,经常研究 m 叉树和完全 m 叉树,也称为 m 元树和完全 m 元树。

定义 10.6.5　在根树中,若每个分支结点的出度均不大于 m,则称这棵树为 m **叉树**(m-ary tree)。如果每个分支结点的出度恰好等于 m,则称这棵树为**完全 m 叉树**(full m-ary tree)。

特别地,当 $m=2$ 时,相应的称为**二叉树**(binary tree)或**完全二叉树**(full binary tree)。显然,对于二叉树,每个结点至多有两个儿子,分别称为**左儿子**(left son)和**右儿子**(right son),以左儿子和右儿子为根的子树分别称为**左子树**(left subtree)和**右子树**(right subtree)。

定理 10.6.1　在完全 m 叉树中,若树叶数为 t,分支结点数为 k,则 $(m-1)k=t-1$。

证　由假设可知,该树有 $k+t$ 个结点,故该树有 $k+t-1$ 条边。又由握手定理,知

$$\sum_{i=1}^{k+t} d(v_i) = 2(k+t-1)$$

再由完全 m 叉树的定义知,根结点度为 m,$k-1$ 个非根的分支结点度数均为 $m+1$,及 t 个度均为 1 的叶子结点,从而有

$$\sum_{i=1}^{k+t} d(v_i) = m + (k-1)(m+1) + t$$

因此由 $m+(k-1)(m+1)+t=2(k+t-1)$,得 $(m-1)k=t-1$。∎

对于完全二叉树有下面两个定理所展示的结论。

定理 10.6.2　完全二叉树的结点数 n 总是奇数。

证　因为完全二叉树只有一个结点(根)的度为偶数,其他 $n-1$ 个点的度均为奇数(叶子结点度数为 1,非根的分支结点度数为 3),而一个图中奇结点的个数总是偶数,所以 $n-1$ 必为偶数,故 n 为奇数。∎

【例 10.6.1】　设 T 是具有 n 个点、m 条边的一棵完全二叉树,则有:

(i) $p=\dfrac{1}{2}(n+1)$,p 是 T 的悬挂点数;

(ii) 非悬挂点数 $q=p-1$,即分支结点个数比树叶数少 1。

证　(i) 由握手定理知,$\sum_{i=1}^{n} d(v_i)=2m=2(n-1)$。又因为 T 有一个 2 度结点(根结点)、p 个 1 度结点(叶子结点)、$n-p-1$ 个 3 度结点(非根的分支结点),所以有

$$1 \times p + 3(n-p-1) + 2 \times 1 = 2(n-1)$$

整理,得 $p=\dfrac{1}{2}(n+1)$。

（ii）分支结点数为

$$q=n-p=n-\frac{1}{2}(n+1)=\frac{1}{2}(n-1)=\frac{1}{2}(n+1)-1=p-1$$

即分支结点个数比树叶数少 1。

在 m 叉树中，应用最广泛的是二叉树。因为二叉树在计算机中最易处理，所以常常要把一棵有序树用二叉树表示。有序树转换为二叉树的一般步骤如下。

（1）从根开始，只保留最左面的一个分枝，删除它的其余分枝（儿子），以此类推。

（2）兄弟之间从左至右画在同一水平线上，并用边将其连接起来。

（3）对于任何特定结点，用下列方法选定它的左儿子和右儿子。

① 直接处于给定结点之下的结点作为左儿子。

② 处于同一水平线上与给定点的正右方邻接的结点作为右儿子。

【**例 10.6.2**】 将图 10.6.4(a)所示的有序树转换为相应的二叉树表示。

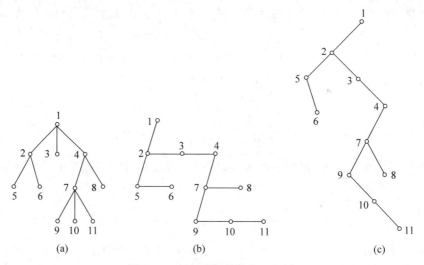

图 10.6.4 有序树转换为二叉树

解 对于图 10.6.4(a)进行步骤(1)和(2)得图 10.6.4(b)，再进行步骤(3)得图 10.6.4(c)，图 10.6.4(c)即为所求。

一个森林也可表示成二叉树，下面通过例子来说明。

【**例 10.6.3**】 将图 10.6.5(a)所示的森林表示成二叉树。

解 首先将森林中的每棵树使用上述的步骤(1)和(2)，然后用水平连线将每棵树的根从左至右连接起来，得到图 10.6.5(b)。对于图 10.6.5(b)再用步骤(3)选定每个结点的左儿子和右儿子，得到图 10.6.5(c)即为所求。

反过来，也可以将一棵二叉树转换为相应的有序树或森林，其步骤请读者归纳。

对于二叉树，一个十分重要的问题是要找到一些方法，能够系统地访问树的结点，使得每个结点恰好访问一次。这就是二叉树的**遍历问题**（traversal problem）。下面介绍 3 种常用的遍历方法。

（1）**前序遍历**（preorder traversal，DLR 遍历）。在访问儿子之前访问父亲，在访问右儿子之前访问左儿子（这一点对二叉树的所有结点都成立），即

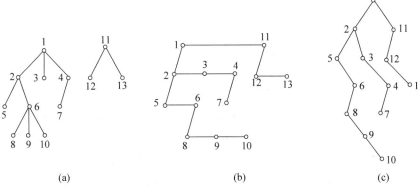

(a)   (b)   (c)

图 10.6.5   例 10.6.3 用图

步骤 1   访问树根 v_1。

步骤 2   如果 v_1 有左子树,则前序遍历 v_1 的左子树;否则进行下一步。

步骤 3   如果 v_1 有右子树,则前序遍历 v_1 的右子树;否则终止,并输出前序遍历结果。

(2) **中序遍历**(inorder traversal,LDR 遍历)。在访问父亲之前访问左儿子,访问父亲之后访问右儿子(这一点对二叉树的所有结点都成立),即

步骤 1   如果树根 v_1 有左子树,则中序遍历 v_1 的左子树;否则进行下一步。

步骤 2   访问树根 v_1。

步骤 3   如果 v_1 有右子树,则中序遍历 v_1 的右子树;否则终止,并输出中序遍历结果。

(3) **后序遍历**(postorder traversal,LRD 遍历)。在访问父亲之前,访问儿子,在访问右儿子之前访问左儿子(这一点对二叉树的所有结点都成立),即

步骤 1   如果树根 v_1 有左子树,则后序遍历左子树;否则进行下一步。

步骤 2   如果树根 v_1 有右子树,则后序遍历 v_1 的右子树;否则进行下一步。

步骤 3   访问树根,并输出后序遍历结果。

【**例 10.6.4**】   对于图 10.6.6 所示的二叉树,写出 3 种遍历树方法的结果。

解   前序遍历:先访问树根 v_1,再前序遍历 v_1 的左子树,即依次访问 $v_2 v_4 v_6 v_7$,最后前序遍历 v_1 的右子树,即依次访问 $v_3 v_5 v_8 v_9 v_{10} v_{11} v_{12}$,所以前序遍历结果为 $v_1 v_2 v_4 v_6 v_7 v_3 v_5 v_8 v_9 v_{10} v_{11} v_{12}$。

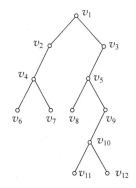

中序遍历:先中序遍历 v_1 的左子树,即依次访问 $v_6 v_4 v_7 v_2$,再访问树根 v_1,最后中序遍历 v_1 的右子树,即依次访问 $v_8 v_5 v_{11} v_{10} v_{12} v_9 v_3$,所以中序遍历结果为 $v_6 v_4 v_7 v_2 v_1 v_8 v_5 v_{11} v_{10} v_{12} v_9 v_3$。

图 10.6.6   例 10.6.4 用图

后序遍历:先后序遍历 v_1 的左子树,即依次访问 $v_6 v_7 v_4 v_2$,再后序遍历 v_1 的右子树,即依次访问 $v_8 v_{11} v_{12} v_{10} v_9 v_5 v_3$,最后访问树根 v_1,所以后序遍历结果为 $v_6 v_7 v_4 v_2 v_8 v_{11} v_{12} v_{10} v_9 v_5 v_3 v_1$。

对于一棵树的遍历有两种方法,即前序遍历和后序遍历。下面以图 10.6.4(a)和相应的二叉树(图 10.6.4(c))为例,给出采用两种遍历方法的结果如下。

(a) 的前序遍历结果为 1 2 5 6 3 4 7 9 10 11 8。

(c) 的前序遍历结果为 1 2 5 6 3 4 7 9 10 11 8。

(a) 的后序遍历结果为 5 6 2 3 9 10 11 7 8 4 1。

(c) 的中序遍历结果为 5 6 2 3 9 10 11 7 8 4 1。

比较以上结果可知,树的前序遍历正是相应二叉树的前序遍历;树的后序遍历正是相应二叉树的中序遍历。

下面介绍二叉树的两个重要应用,即最优树和前缀码。首先介绍最优树的有关内容。

给定一组权 $w_1,w_2,\cdots,w_t$,不妨设 $w_1 \leqslant w_2 \leqslant \cdots \leqslant w_t$。设有一棵二叉树,共有 t 片树叶,分别带权 $w_1,w_2,\cdots,w_t$,该二叉树称为**带权二叉树**(weighted binary tree)。

定义 10.6.6 在带权二叉树中,若带权为 w_i 的树叶的路径长度为 $L(w_i)$,把 $w(T)=\sum_{i=1}^{t} w_i L(w_i)$ 称为带权二叉树的权。在所有带权 $w_1,w_2,\cdots,w_t$ 的二叉树中,$w(T)$ 最小的那棵树称为**最优二叉树**(optimal binary tree),简称**最优树**(optimal tree)。

假若给定一组权 $w_1,w_2,\cdots,w_t$,为了求得最优树,先证明下面两个定理。

定理 10.6.3 设 T 为带权 $w_1 \leqslant w_2 \leqslant \cdots \leqslant w_t$ 的最优树,则:

(i) 带权 w_1,w_2 的树叶是兄弟;

(ii) 以树叶 v_{w_1},v_{w_2} 为儿子的分支结点是路径最长的分支结点。

证 设在带权 $w_1,w_2,\cdots,w_t$ 的最优树中,v 是路径最长的分支结点,v 的儿子分别带权 w_x 和 w_y,则有

$$L(w_x)=L(w_y), \quad L(w_x) \geqslant L(w_1), \quad L(w_y) \geqslant L(w_2)$$

若 $L(w_x)>L(w_1)$,将 w_x 与 w_1 对应的结点对调,得到新树 T'。因为仅对调了 w_x 与 w_1 对应的结点,其余结点未调整,所以

$$w(T')-w(T)=[L(w_x) \cdot w_1 + L(w_1) \cdot w_x] - [L(w_x) \cdot w_x + L(w_1) \cdot w_1]$$
$$=L(w_x)(w_1-w_x)+L(w_1)(w_x-w_1)$$
$$=(w_x-w_1)(L(w_1)-L(w_x))<0$$

即 $w(T')<w(T)$,这与 T 是最优树的假设矛盾,故 $L(w_x)=L(w_1)$,即 w_x 与 w_1 对应的结点在同一层,且均为路径长度最长的叶子结点。

同理可证,$L(w_y)=L(w_2)$,即 w_y 与 w_2 对应的结点在同一层,且均为路径长度最长的叶子结点。分别将 w_1,w_2 与 w_x,w_y 对调,得到一棵最优树,其中带权 w_1 和 w_2 的树叶 v_{w_1} 和 v_{w_2} 是兄弟。 ■

定理 10.6.4 T 是带权 $w_1 \leqslant w_2 \leqslant \cdots \leqslant w_t$ 的最优树的充要条件是:若将 T 中带权 w_1、w_2 的树叶 v_{w_1} 和 v_{w_2} 的父亲结点,改为带权 w_1+w_2 的树叶 $v_{w_1+w_2}$,得到一棵带权 $w_1+w_2,w_3,\cdots,w_t$ 的新树 T',则 T' 也是最优树。

证 (必要性)若 T 是最优树,来证 T' 也是最优树。

现假设 T' 不是最优树,则必有另一棵带权 $w_1+w_2,w_3,\cdots,w_t$ 的最优树 T'',且 $w(T'')<w(T')$。在 T'' 中将叶结点 $v_{w_1+w_2}$ 改为带有两个儿子 v_{w_1} 和 v_{w_2} 的分支结点,这样可得到

一棵新的二叉树 $\hat{T}$。于是

$$w(T) = w(T') + w_1 + w_2 \qquad (10.6.1)$$

$$w(\hat{T}) = w(T'') + w_1 + w_2 \qquad (10.6.2)$$

由式(10.6.1)、式(10.6.2)和 $w(T'') < w(T')$ 得, $w(\hat{T}) < w(T)$,这与 T 是最优树矛盾。故 $w(T'') = w(T')$,即 T' 是带权 $w_1 + w_2, w_3, \cdots, w_t$ 的最优树。

充分性的证明留给读者。■

基于定理 10.6.3 和定理 10.6.4,1951 年,美国的大卫·赫夫曼(David. A. Huffman)给出了一个求解最优树的算法,因此最优树也称为 Huffman 树。**Huffman 算法**描述如下。

给定一组实数 $w_1, w_2, \cdots, w_t$,不妨设 $w_1 \leqslant w_2 \leqslant \cdots \leqslant w_t$。

(1) 连接以 w_1, w_2 为权的两片树叶,得到一个分支结点,其权为 $w_1 + w_2$。

(2) 在 $w_1 + w_2, w_3, \cdots, w_t$ 中选出两个最小权,连接它们对应的结点(不一定都是树叶,如 $w_1 + w_2$ 对应的结点就不是树叶,而是分支结点),得到分支结点及所带的权。

(3) 重复(2),直到形成 $t-1$ 个分支结点、t 片树叶为止。

【**例 10.6.5**】 求带权 1,3,4,5,6 的最优树。

解 图 10.6.7 给出了利用 Huffman 算法求解最优树的过程,其中图 10.6.7(d)即是所求的一棵最优树 T,最优树的权 $W(T) = 42$。

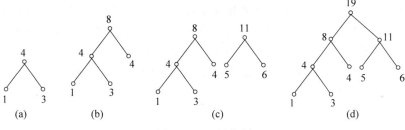

图 10.6.7 最优树

Huffman 算法说明,构造一棵具有 t 片树叶的最优树问题,可归结为构造具有 $t-1$ 片树叶的最优树问题;而构造具有 $t-1$ 片树叶的最优树问题,又可归结为构造具有 $t-2$ 片树叶的最优树问题。以此类推,最后简化为构造具有两片树叶的最优树问题。下面给出另一种构造最优树的书写形式,它实质上仍是 Huffman 算法。

【**例 10.6.6**】 设有一组权 2,3,5,7,11,13,17,19,20,求相应的最优树。

解 首先组合 $2+3$,并寻找 $5,5,7,\cdots,20$ 的最优树;然后再组合 $5+5$,以此类推。这个过程综合为

初　始	**2**	**3**	5	7	11	13	17	19	20
第一步	<u>5</u>	5	7	11	13	17	19	20	
第二步	<u>10</u>	7	11	13	17	19	20		
第三步	<u>17</u>	11	13	17	19	20			
第四步	17	<u>24</u>	17	19	20				

第五步	24	**34**	**19**	**20**
第六步	24	**34**		<u>39</u>
第七步		<u>58</u>		**39**
第八步				<u>**97**</u>

它所对应的最优树如图 10.6.8 所示。

接下来介绍二叉树的另一个应用,就是前缀码问题。

众所周知,在计算机中,所有的数据在存储和运算时都要使用二进制数表示,如像 a、b、c、d 这样的 52 个字母(包括大写)以及 0、1 等数字,还有一些常用的符号(如%、*、@等)在计算机中存储时也要使用二进制数来表示,如美国信息交换标准码(American Standard Code for Information Interchange,ASCII),每个符号都用某个 8 位的 0、1 符号串表示,如用 01000001 表示 A,用 01000010 表示 B,用01000011 表示 C……利用这些编码标准就可以对信息进行编码,然后进行传输、存储和解码等。例如,对编码01000011010000100100001,其解码过程是先找出前 8 位

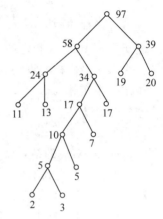

图 10.6.8　最优树

所表示的 ASCII 符号,再找出第二个 8 位所表示的 ASCII 符号,最后找出第三个 8 位所表示的 ASCII 符号,从而知道该 24 位的 0、1 符号串应解码为 CBA。对许多应用,这种方法运行较好。但在某些情况下,如需要存储、传输大量数据时,这种表示方法效率不高。考虑到所有字母、数字和符号出现的频繁程度并不相同,为了缩短传输时间、节省存储空间,人们希望用长度较短的序列去表示频繁使用的字母,不频繁使用的字母则可以用长度较长的序列表示。当使用不同长度的序列表示字母时,需要考虑的另一个问题是如何对字符串进行合理编码和正确解码。

定义 10.6.7　给定一个序列的集合,若没有一个序列是另一个序列的前缀,则称该序列集合为**前缀码**(prefix codes)。

【**例 10.6.7**】　(1) 序列集合{01,10,11,000,001}是前缀码。假设该序列集合中的元素(称为**码字**,codeword)分别对应字母 A,E,I,O,U,在解码序列 10001 时,一次读入一个数字,直到读入的数字串对应一个码字,接着从下一个数字开始重复这个过程,直到解码完成:读入第一位的 1,对照序列集合,不是码字;再读入第二位的 0,得到 10,对照序列集合,是一个码字,对应 E;再读入第三位的 0,得到 0,对照序列集合,不是一个码字;再读入第四位的0,得到 00,对照序列集合,不是码字;再读入第五位的 1,得到 001,对照序列集合,是一个码字,对应字母 U,解码结束,并且得到该序列对应的字母串为 EU。

(2) 序列集合{1,00,001,100}不是前缀码。假设该序列集合的元素分别对应字母 A,E,I,O。如字母串 AI,AEA 和 OA 被编码成 1001,在解码时,便会出现解码错误。

由此可见,保证一个序列集合是一个前缀码对合理编码和正确解码尤为重要。下面的定理说明如何构造前缀码。

定理 10.6.5　任何一棵二叉树的树叶可对应一个前缀码。

证 给定一棵二叉树,对从每个分支结点引出的两条边,左侧的边标以 0,右侧的边标以 1。此时任取一片树叶,则从树根到该树叶的唯一路径上各边标号组成一个 0、1 序列,将该序列标定为该树叶的序列。易知,没有一片树叶的标定序列是另一片树叶标定序列的前缀,所以任何一棵二叉树所标定的序列构成的集合即为前缀码。 ■

反之,任何一个前缀码都可以对应一棵二叉树,请读者自行证明。

【例 10.6.8】 图 10.6.9 所示的二叉树,它所对应的前缀码为 $\{00,01,10,110,111\}$。

【例 10.6.9】 前缀码 $\{00,10,11,010,011\}$ 所对应的二叉树如图 10.6.10 所示。

【例 10.6.10】 如果有两部电台,事先约定用图 10.6.11 所示的一棵二叉树的树叶所组成的一套编码进行通信,现有一方发出 011100100000011110 的信息,问另一方从这个信息中识别出哪些码?

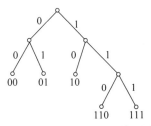

图 10.6.9 例 10.6.8 用图

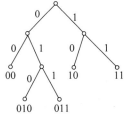

图 10.6.10 例 10.6.9 用图

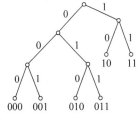

图 10.6.11 例 10.6.10 用图

解 从根开始下行走到树叶就识别出一个码,然后再从根开始下行走到另一片树叶识别出第二个码,如此进行下去便可识别出下面 7 个码,即

$$011,10,010,000,001,11,10$$

显然,如果事先不知道这棵二叉树,那么把这个信息中的码识别出来就比较困难了。

最后看一个例子。它将二叉树的两个应用——最优树和前缀码——结合起来了,即利用最优树构造前缀码,由此构造的前缀码称为 **最优前缀码**(optimal prefix code)。通过这个例子可以更好地理解二叉树的应用价值。

【例 10.6.11】 假设在通信中,十进制数字出现的频率 $p_i(i=0,1,2,\cdots,9)$ 为

0: 20%, 1: 15%, 2: 10%, 3: 10%, 4: 10%,
5: 5%, 6: 10%, 7: 5%, 8: 10%, 9: 5%

(1) 求传输它们的最优前缀码。

(2) 用最优前缀码传输 10000 个按上述频率出现的数字需要多少个二进制码?

(3) 它比用等长的二进制码传输 10000 个数字节省多少个二进制码?

解 (1) 利用各数字出现的频率构造最优树的树叶的权 $w_i=100p_i(i=0,1,2,\cdots,9)$,即

$w_0=20$, $w_1=15$, $w_2=10$, $w_3=10$, $w_4=10$,
$w_5=5$, $w_6=10$, $w_7=5$, $w_8=10$, $w_9=5$

利用 Huffman 算法,构造一棵带权 $w_i(i=0,1,2,\cdots,9)$ 的最优树,树叶的权与最优前缀码(方框内的 0、1 符号串)的对应关系见图 10.6.12,从而最优前缀码为

$$\{10,001,010,111,110,0001,0110,0111,00000,00001\}$$

(2) 用上述最优前缀码传输 10000 个按所给频率出现的数字需要二进制码的个数为

$$[2\times20\%+3\times(10\%+15\%+10\%+10\%)+4\times(5\%+10\%+10\%)+5\times(5\%+$$

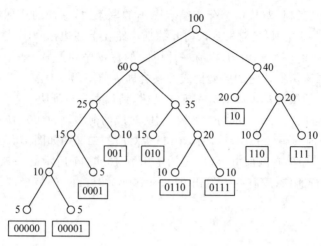

图 10.6.12　树叶的权与最优前缀码的对应关系

5%)]$\times 10000 = 32500$

即传输 10000 个数字需 32500 个二进制码。

(3) 因为用等长码传输 10 个数字的码长最短为 4,即从 0000～1111 这 16 个中选择 10 个作为码字,即用等长的码字传输 10000 个数字需 40000 个二进制码,故用最优前缀码传输时节省了 7500 个二进制码。

由例题可见,利用变长度的最优前缀码进行编码,所需要的字节数要低于等长编码所需要的字节数,从而可以实现对数据的压缩。需要注意的是,在得到最优树的过程中,如果有多个树叶或者分支结点的权重相同时,所得的最优树可能不唯一,因而所得的最优前缀码也可能不唯一,但这些不同的最优前缀码对数据的压缩效果是相同的。

习题 10.6

(1) 根据简单有向图的邻接矩阵,如何确定它是否为根树? 如果它是根树,如何确定它的根和叶?

(2) 求出对应于图 10.6.13 所给出的有序树的二叉树。

(3) 对于图 10.6.14 所示的二叉树,分别写出前序、中序和后序遍历结果。

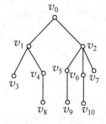

图 10.6.13　有序二叉树

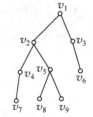

图 10.6.14　二叉树

(4) 对权 1,4,9,16,25,36,49,64,81,100 构造一棵相应的最优二叉树。

(5) 对权 1,2,3,4,5,6,7,8,9 构造一棵最优二叉树。

(6) 给出与前缀码{000,001,01,1}对应的最优二叉树。

(7) ① 如何将 10.6 节中构造最优二叉树的方法扩充到构造最优 m 叉树？

② 对权为 1,2,3,4,5,6,7,8,9,构造一棵最优三叉树。

(8) 在通信中,设八进制数字出现的频率为

| 0：25％, | 1：20％, | 2：15％, | 3：10％, |
| 4：10％, | 5：10％, | 6：5％, | 7：5％ |

① 请设计传输数字按以上比例出现的信息的一种最佳前缀码。

② 计算传输 10000 个按照上述比例出现的数字时,需要的二进制数字的个数。

10.7 运 输 网 络

信息、能量或物质等由一站点传输到另一些站点的中介物常构成网,如通信网、电力网和运输网等。它们均可以表示成图,其中结点代表站点,边代表传输信息或物质的中介物。在运输问题中,目的是找一个从起点到终点的运输物质最多的运输方案。为此,先介绍网络及流的概念。

10.7.1 网络的流

定义 10.7.1 设 $N=\langle V,E\rangle$ 是一个弱连通有向图,若 N 满足下列条件:

(i) V 中有两个结点子集 X 和 Y,X 中任一点的入度为 0,Y 中任一点的出度为 0;

(ii) 在边集 E 上定义一个非负函数 C。

则称 N 为**网络**(network)。

X 中的点称为**源**或**起点**(source),Y 中的点称为**汇**或**终点**(sink),其他点称为**中间结点**或**中转站**(intermediate vertices)。函数 C 称为 N 上的**容量函数**(capacity function),容量函数 C 在边 $\langle i,j\rangle$ 上的值称为边 $\langle i,j\rangle$ 的**容量**(capacity),记为 c_{ij} 或 $c(i,j)$。一般来说,$c(i,j)\neq c(j,i)$。网络 N 中的每条边 $\langle i,j\rangle$ 上都有一个容量 c_{ij}。此外,对于每条边 $\langle i,j\rangle$ 还有一个非负数值,称为该边上的**流**(flow),记为 f_{ij} 或 $f(i,j)$。

只有一个源和一个汇的网络,称为**运输网络**(transportation network)或**流网络**(flow network),简称为**网络**。如无特殊说明,接下来研究的网络均为运输网络。

【**例 10.7.1**】 图 10.7.1 表示具有一个源 x 和一个汇 y 及 4 个中间结点的网络。每条边 $\langle i,j\rangle$ 上标记的第 1 个数字为该边上的容量 c_{ij},第 2 个数字为该边上的流 f_{ij},如边 $\langle x,v_3\rangle$ 上标记的数字 5 和 1 分别表示该边上的容量和流。

如果把边看作水管,则容量 c_{ij} 表示通过水管的最大限度,而流 f_{ij} 看作通过水管的水的实际流量。显然,边 $\langle i,j\rangle$ 上的流 f_{ij} 不会超过该边上的容量 c_{ij},即

$$0\leqslant f(i,j)\leqslant c(i,j) \qquad (10.7.1)$$

为讨论问题方便,引入下面一些记号。

设 V_1 和 V_2 是 V 的子集,用 (V_1,V_2) 表示起点在 V_1 中、终点在 V_2 中的那些边所构成的集合,即

$$(V_1,V_2)=\{\langle i,j\rangle \mid \langle i,j\rangle \in E \land i\in V_1 \land j\in V_2\}$$

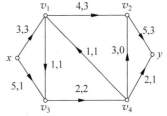

图 10.7.1 例 10.7.1 用图

用 $f(V_1,V_2)$ 表示 (V_1,V_2) 中边上的流之和,即

$$f(V_1,V_2) = \sum_{\langle i,j \rangle \in (V_1,V_2)} f(i,j) = \sum_{i \in V_1, j \in V_2} f(i,j)$$

特别地,$f(i,V)$ 表示从结点 i 流出的流之和,即 $f(i,V) = \sum_{j \in V} f(i,j)$;$f(V,i)$ 表示流入结点 i 的流之和,即 $f(V,i) = \sum_{j \in V} f(j,i)$。当结点 i 为中间结点时,应有 $f(i,V) - f(V,i) = 0$。

设从源 x 流出的流之和为 $f_{x,y}$,从汇 y 流出的流之和为 $-f_{x,y}$(即流入 y 的流之和)。于是有下面的等式,即

$$f(i,V) - f(V,i) = \begin{cases} f_{x,y}, & i=x \\ 0, & i \neq x, i \neq y \\ -f_{x,y}, & i=y \end{cases} \qquad (10.7.2)$$

定义 10.7.2 设网络 $N = \langle V,E \rangle$,则:

(i) N 的每条边上流的集合 $\{f_{ij} \mid \langle i,j \rangle \in E\}$ 称为网络 N 的**流**(flow),记为 F;

(ii) 如果网络 N 满足式(10.7.1)和式(10.7.2),则称 F 是网络 N 上的**可行流**(feasible flow),$f_{x,y}$ 称为流 F 的**值**(value);

(iii) 如果一条边上的流等于该边上的容量,即 $f_{ij} = c_{ij}$,则称边 $\langle i,j \rangle$ 为**饱和边**(saturated edge),否则称为**非饱和边**(unsaturated edge)。

显然,若所有 $f_{ij} = 0$,它显然满足式(10.7.1)和式(10.7.2)中的条件,称它为**零流**(zero flow)。因此,每一个网络 N 至少有一个可行流(零流)。

例如,图 10.7.1 所示的网络,不难验证网络 N 满足式(10.7.1)和式(10.7.2),因此网络 N 的流 F 是可行的,流 F 的值 $f_{x,y} = f(x,v_1) + f(x,v_3) = 3+1 = 4$。

运输网络的一个主要问题是在满足式(10.7.1)和式(10.7.2)的条件下,寻找出它的**最大流**(maximum flow),记为 $\max\{f_{x,y}\}$。因为式(10.7.1)是个不等式,所以这个问题是一个典型的线性规划问题。但是,对于这个具体问题来说,用图论的方法更为简洁、有效。

10.7.2 割及割量

为寻求运输网络的最大流,首先介绍割及割量的概念。

定义 10.7.3 设 $N = \langle V,E \rangle$ 是一个单源 x 和单汇 y 的运输网络,V_1 是 V 的一个子集,且 $x \in V_1$,令 $\bar{V}_1 = V - V_1$,且 $y \in \bar{V}_1$,则称集合 $(V_1,\bar{V}_1)$ 为网络 N 的一个**割**(cut),所有从 V_1 中的结点通往 $\bar{V}_1$ 中结点的边的容量之和称为**割** $(V_1,\bar{V}_1)$ **的割量**(capacity of the cut),记为 $C(V_1,\bar{V}_1)$。

如图 10.7.2 所示的网络,取 $V_1 = \{x,v_1,v_3\}$,$\bar{V}_1 = \{v_2,v_4,y\}$,则 $(V_1,\bar{V}_1) = \{\langle v_1, v_2 \rangle, \langle v_3,v_4 \rangle\}$ 为 N 的一个割,$C(V_1,\bar{V}_1) = c(v_1,v_2) + c(v_3,v_4) = 4+2 = 6$ 为该割的割量。注意,在考虑这个割和它的割量时,不考虑边 $\langle v_4,v_1 \rangle$,因为它不是从 V_1 中的结点通往 $\bar{V}_1$ 中的结点,而是从 $\bar{V}_1$ 中的结点通往 V_1 中的结点。

关于割的概念注意以下两个问题。

（1）割的直观意义是：割中的有向边是从 x 到 y 实现运输的必经之路，如果把一个割从网络 N 中删除，则从 x 到 y 就没有有向路径（断开运输路径）。但是，N 不一定被分离成两个支，这是割与割集的不同之处（割是分离源 x 和汇 y 的边的集合）。

（2）不同的割有不同的割量，任何一个可行流不会超过任何一个割的割量，这是因为从 x 到 y 运输物质必经过割 $(V_1, \overline{V}_1)$ 中的边。

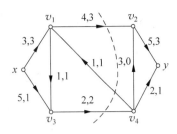

图 10.7.2　网络

> **定理 10.7.1** 设运输网络 N 的一个自源 x 到汇 y 的流是 F，其值为 $f_{x,y}$，且令 $(V_1, \overline{V}_1)$ 为分离 x 和 y 的任何一个割，则
>
> $$f_{x,y} = f(V_1, \overline{V}_1) - f(\overline{V}_1, V_1) \tag{10.7.3}$$

证 根据流的条件式（10.7.2）可知

$$f(x, V) - f(V, x) = f_{x,y}$$
$$f(i, V) - f(V, i) = 0, \quad i \neq x, y$$
$$f(y, V) - f(V, y) = -f_{x,y}$$

所以，对任意的 $X \subseteq V, x \in X, y \in \overline{X}$（因而 $y \notin X$），恒有

$$\sum_{i \in X} [f(i, V) - f(V, i)] = [f(x, V) - f(V, x)] + \sum_{i \in X, i \neq x} [f(i, V) - f(V, i)] = f_{x,y}$$

即

$$f(X, V) - f(V, X) = [f(x, V) - f(V, x)] + \sum_{i \in X, i \neq x} [f(i, V) - f(V, i)] = f_{x,y}$$

将 $V = X \cup \overline{X}$ 代入上式，得

$$f(X, X \cup \overline{X}) - f(X \cup \overline{X}, X) = f_{x,y}$$

注意到 $X \cap \overline{X} = \varnothing$，便有

$$f(X, X \cup \overline{X}) = f(X, X) + f(X, \overline{X}) - f(X, X \cap \overline{X}) = f(X, X) + f(X, \overline{X})$$
$$f(X \cup \overline{X}, X) = f(X, X) + f(\overline{X}, X) - f(X \cap \overline{X}, X) = f(X, X) + f(\overline{X}, X)$$

于是

$$f(X, X) + f(X, \overline{X}) - f(X, X) - f(\overline{X}, X) = f_{x,y}$$

即

$$f(X, \overline{X}) - f(\overline{X}, X) = f_{x,y}$$

由于 $X \subseteq V$ 是任意的，故取 $X = V_1$ 时，上式也成立。 ■

式（10.7.3）表明，运输网络 N 的一个自源 x 到汇 y 的流 F 的值 $f_{x,y}$，等于任何分离 x 和 y 的割中流的净值，即割的自 V_1 到 $\overline{V}_1$ 中边的流之和减去自 $\overline{V}_1$ 到 V_1 的流之和。如图 10.7.2 所示，$(V_1, \overline{V}_1) = \{\langle v_1, v_2 \rangle, \langle v_3, v_4 \rangle\}$ 为它的一个割，显然 $f(V_1, \overline{V}_1) = f(v_1, v_2) + f(v_3, v_4) = 3 + 2 = 5, f(\overline{V}_1, V_1) = f(v_4, v_1) = 1$，而 $f_{x,y} = 4$，满足 $f_{x,y} = f(V_1, \overline{V}_1) - f(\overline{V}_1, V_1)$。

> **推论 1** 对运输网络 N 中的任意流 F 的值 $f_{x,y}$ 和任意割 $(V_1, \bar{V}_1)$,有
>
> $$f_{x,y} \leqslant C(V_1, \bar{V}_1) \tag{10.7.4}$$

证 利用定理 10.7.1 证明中的表示方法,因为 $f(\bar{V}_1, V_1) \geqslant 0$,所以有

$$f_{x,y} = f(V_1, \bar{V}_1) - f(\bar{V}_1, V_1) \leqslant f(V_1, \bar{V}_1)$$

但是任何一条从 V_1 中的结点通往 $\bar{V}_1$ 中的结点的边的流不可能超过该边的容量,因此 $f(V_1, \bar{V}_1)$ 不能超过割 $(V_1, \bar{V}_1)$ 的容量 $C(V_1, \bar{V}_1)$,从而推出 $f_{x,y} \leqslant C(V_1, \bar{V}_1)$。∎

利用推论 1,显然有以下推论 2。

> **推论 2** 最大流值 $f_{x,y}$ 不大于最小割的割量,即
>
> $$\max\{f_{x,y}\} \leqslant \min\{C(V_1, \bar{V}_1)\} \tag{10.7.5}$$

1956 年,小莱斯特·伦道夫·福特(Lester Randolph Ford Jr.)和德尔伯特·雷·福尔克森(Delbert Ray Fulkerson)证明了最大流最小割定理。这个定理是图论的重要核心,关于图的许多问题,在适当地选择网络之后,应用这个定理往往能够容易地获得解决。下面证明这个定理。

为了获得增加网络流的方法,先介绍以下一些概念。

定义运输网络 N 中从 x 到 y 的路径是网络流的通路。路径中可能有和定向相反的有向边,如图 10.7.3 所示。

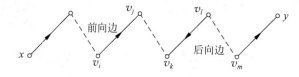

图 10.7.3 网络流通路

在图 10.7.3 所示的路径即是从 x 到 y 的一条通路(略去边的方向),其中边 $\langle v_i, v_j \rangle$ 称为**前向边**(forward edge),边 $\langle v_l, v_k \rangle$ 称为**后向边**(backward edge)。若从 x 到 y 的路径中,所有的前向边都未饱和,所有后向边都是正值流,则称此条路径为**可增广路径**(augmenting path);否则,称为不可增广路径。

如果从 x 到 y 存在可增广路径,因为每一前向边都有差值 $c_{ij} - f_{ij}$,取其中最小一个,并记之为 δ_1;每一后向边都有相应的正值流,取其中最小的一个,并记之为 δ_2。再令 $\delta = \min\{\delta_1, \delta_2\}$,于是,在这条增广路径上,每一前向边的流均可增加 δ,而每一后向边的流均可减少 δ。这样可使网络流的值增大,同时保证每条边的流不会超过该边的容量,且保证为正流值,也不会影响其他边上的流。可见,可增广路径的存在可使网络流得以增大(增大了 δ)。如图 10.7.4 中的粗线所示的一条可增广路径,前向边取 $\delta_1 = \min\{(5-1), (2-1)\} = 1$,后向边取 $\delta_2 = \min\{1, 1\} = 1$,所以 $\delta = \min\{\delta_1, \delta_2\} = 1$。这样,所有前向边的流均增加 1,所有后向边的流均减 1,就可得到一个新的可行流,结果如图 10.7.5 所示。

由此可见,如果网络中存在从 x 到 y 可增广路径,则网络流值 $f_{x,y}$ 达不到最大;如果网络中不存在从 x 到 y 可增广路径,则网络流值 $f_{x,y}$ 达到最大。

采用上述方法来逐渐增大网络流,直至不存在任何一条可增广路径时,网络流值 $f_{x,y}$ 达到最大值。

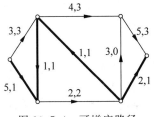

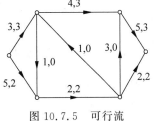

图 10.7.4　可增广路径　　　　　　　图 10.7.5　可行流

定理 10.7.2（最大流最小割定理，max-flow min-cut theorem）　在任何运输网络中，最大流的值等于最小割的割量，即

$$\max\{f_{x,y}\}=\min\{C(V_1,\bar{V}_1)\}$$

证　假设流 F 的值已经达到最大，并按此流定义一个割 $(V_1,\bar{V}_1)$。由式（10.7.5）可知，$\max\{f_{x,y}\}\leqslant\min\{C(V_1,\bar{V}_1)\}$。现在来证明 F 的最大流的值等于割的割量 $C(V_1,\bar{V}_1)$。这个证明分两步进行。

（1）按下列递归定义 $V_1\subseteq V$。

① $x\in V_1$。

② 若 $i\in V_1$，且 $f(i,j)<c(i,j)$，则 $j\in V_1$；若 $i\in V_1$，且 $f(j,i)>0$，则 $j\in V_1$。

根据 V_1 的定义可知，必有 $y\in\bar{V}_1$；否则，按 V_1 的定义将有一条从 x 到 y 的路径 $x=v_1,v_2,\cdots,v_n=y$。此路径的全部前向边满足 $f(v_i,v_{i+1})<c(v_i,v_{i+1})$，全部后向边满足 $f(v_{j+1},v_j)>0$，这样，此路径是一条可增广路径，这与 $f_{x,y}$ 为最大流矛盾。因此，必有 $y\in\bar{V}_1$。于是，$(V_1,\bar{V}_1)$ 是分离 x 和 y 的一个割，并且由 V_1 的定义可知

若 $\langle v,\bar{v}\rangle\in(V_1,\bar{V}_1)$，则 $f(v,\bar{v})=c(v,\bar{v})$；若 $\langle\bar{v},v\rangle\in(\bar{V}_1,V_1)$，则 $f(\bar{v},v)=0$。所以，必有

$$f(V_1,\bar{V}_1)=\sum_{v\in V_1,\bar{v}\in\bar{V}_1}f(v,\bar{v})=\sum_{v\in V_1,\bar{v}\in\bar{V}_1}c(v,\bar{v})=C(V_1,\bar{V}_1)$$

$$f(\bar{V}_1,V_1)=\sum_{\bar{v}\in\bar{V}_1,v\in V_1}f(\bar{v},v)=0$$

从而有

$$f_{x,y}=f(V_1,\bar{V}_1)-f(\bar{V}_1,V_1)=C(V_1,\bar{V}_1)-0$$

即

$$f_{x,y}=C(V_1,\bar{V}_1) \tag{10.7.6}$$

（2）利用反证法，当式（10.7.6）成立时，证明 $f_{x,y}$ 值最大，且割量 $C(V_1,\bar{V}_1)$ 为最小。

① 若 $f_{x,y}$ 不是最大值，由推论 2 可知，$f_{x,y}<\max\{f_{x,y}\}\leqslant\min\{C(V_1,\bar{V}_1)\}\leqslant C(V_1,\bar{V}_1)$，与式（10.7.6）矛盾。

② 若 $C(V_1,\bar{V}_1)$ 不是最小割的割量，$f_{x,y}\leqslant\max\{f_{x,y}\}\leqslant\min\{C(V_1,\bar{V}_1)\}<C(V_1,\bar{V}_1)$，同样与式（10.7.6）矛盾。

故定理得证。

从定理证明中可以看到，利用逐渐增大流值的方法可以达到寻求最大流的目的。但是，

这种方法实际做起来是有困难的,因为没有解决如何寻找可增广路径的方法。下面介绍的标记法将解决这个问题。

10.7.3　确定最大流的标记法

确定最大流的标记法分为两个过程,即标记过程和增广过程。标记过程用来寻找可增广路径,同时可以确定定理 10.7.2 中的 V_1,这个过程只需对每个结点检查一次,就能找到一条可增广路径;增广过程则是沿增广路径增大流值的。

在标记过程中,对每个结点给以下 3 个标号。

第 1 个标号是下标 i,即所要检查的点 $i \in V_1$ 的下标。

第 2 个标号是"+"或"-":若 $c_{ij} - f_{ij} > 0$,用"+"号;若 $f_{ji} > 0$,用"-"号。

第 3 个标号是边上可增加的流值 $\delta(j)$。

下面给出上述两个过程的算法。

1. 标号过程

A_1. x 标 $(x, +, \infty)$,表示 x 被标记,未细查。

A_2. 任选一个已标记未细查的点 i,若 j 与 i 邻接,点 j 未标记,则:

(a) 若 $\langle i, j \rangle \in E, c_{ij} > f_{ij}$,则将 j 标 $(i, +, \delta(j))$,其中 $\delta(j) = \min\{\delta(i), c_{ij} - f_{ij}\}$,表示 j 已标记,未细查。

(b) 若 $\langle j, i \rangle \in E, f_{ji} > 0$,则将 j 标 $(i, -, \delta(j))$,其中 $\delta(j) = \min\{\delta(i), f_{ji}\}$,表示点 j 已标记,未细查。

(c) 与点 i 邻接的点 j 都被标记后,将点 i 中的"+"或"-"加圈成 $\oplus$ 或 $\ominus$,表示 i 已标记,已细查。

A_3. 重复 A_2,直至汇 y 被标记,转向增广过程;否则(若不再有点被标记),不存在可增广路径算法结束。

2. 增广过程

B_1. 令 $z = y$,转 B_2。

B_2. 若 z 标记为 $(s, +, \delta(y))$,则把 f_{sz} 增大 $\delta(y)$;若 z 的标记为 $(s, -, \delta(y))$,则把 f_{zs} 减小 $\delta(y)$。

B_3. 若 $s = x$,把网络中全部点上的标记去掉,转 A_1;否则令 $z = s$,回到 B_2。

下面举例说明上述的两个过程。

【例 10.7.2】　求图 10.7.6 所示的网络的最大流。

解　(1) 标记过程。对图 10.7.6 进行标记过程所得结果如图 10.7.7 所示。

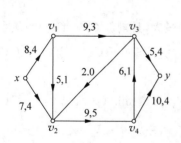

图 10.7.6　例 10.7.1 的标记

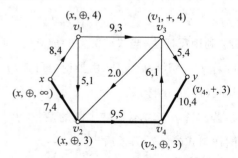

图 10.7.7　例 10.7.1 标记结果

（2）增广过程。

由标记过程找到一条可增广路径：x, v_2, v_4, y（图 10.7.7 中粗线），其可增广值 $\delta(y)=3$，增广结果如图 10.7.8 所示。

对图 10.7.8 再重复上述的标记过程和增广过程，可分别得到图 10.7.9 和图 10.7.10 所示的结果。

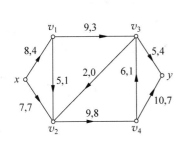

图 10.7.8　增广结果

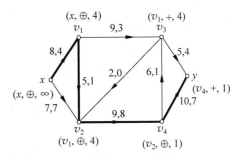

图 10.7.9　增广过程结果 1

对图 10.7.10 再重复标记过程和增广过程，可分别得到图 10.7.11 和图 10.7.12 所示的结果。

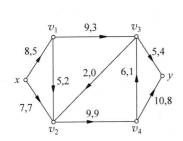

图 10.7.10　增广过程结果 2

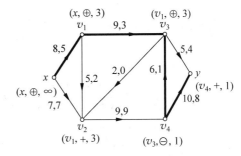

图 10.7.11　再次增广过程结果 1

对于图 10.7.12 再重复标记过程和增广过程，可分别得到图 10.7.13 和图 10.7.14 所示的结果。

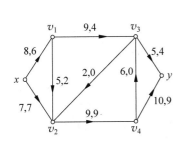

图 10.7.12　再次增广过程结果 2

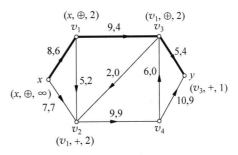

图 10.7.13　又再次增广过程结果 1

最后得到图 10.7.15 所示的网络。

令 V_1 是那些被标记过的结点集合，即 $V_1=\{x, v_1, v_2, v_3\}$，则 $\overline{V}_1=\{v_4, y\}$，于是 $(V_1, \overline{V}_1)=\{\langle v_2, v_4\rangle, \langle v_3, y\rangle\}$ 即是所求的最小割。$C(V_1, \overline{V}_1)=9+5=14$，故网络 N 的最大流值 $f_{x,y}=14$。

特殊图与应用

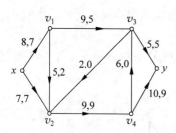

图 10.7.14　又再次增广过程结果 2

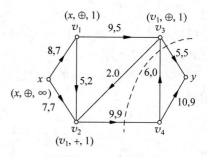

图 10.7.15　所得网络

习题 10.7

（1）证明：对于网络 $N = \langle V, E \rangle$ 中的任一流 F，$S \subseteq V$，均有

$$\sum_{v \in S}\left[f(v, V) - f(V, v)\right] = f(S, \bar{S}) - f(\bar{S}, S)$$

（2）若 (V_1, V_2) 和 (V'_1, V'_2) 都是网络 N 的最小割，证明：$(V_1 \cup V'_1, \overline{V_1 \cup V'_1})$ 和 $(V_1 \cap V'_1, \overline{V_1 \cap V'_1})$ 均为 N 的最小割。

（3）求图 10.7.16(a) 和图 10.7.16(b) 所示网络的最大流和最小割，并验证定理 10.7.2 的结论。

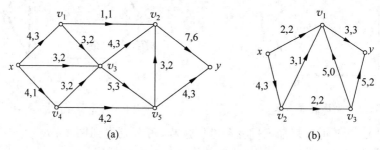

(a)　　　　　　　　(b)

图 10.7.16　最大流和最小割

参 考 文 献

[1] 左孝凌.离散数学[M].上海：上海科技文献出版社,1982.

[2] DOSSEY J A,OTTO A D. Discrete Mathematics[M]. 5th ed. Boston：Addison Wesley,2005.

[3] 王树禾.图论[M].2 版.北京：科学出版社,2009.

[4] 冯克勤,李尚志,章璞.近世代数引论[M].4 版.合肥：中国科学技术大学出版社,2018.

[5] 王元元.离散数学教程[M].2 版.北京：高等教育出版社,2019.

[6] 徐俊明.图论及其应用[M].4 版.合肥：中国科学技术大学出版社,2019.

[7] ROSEN K H. Discrete Mathematics and Its Applications[M]. 7th ed. New York：The McGraw-Hill Companies, Inc. ,2012.

[8] 耿素云,屈婉玲,张立昂.离散数学[M].6 版.北京：清华大学出版社,2021.

[9] 胡世华,陆钟万.数理逻辑基础[M].北京：科学出版社,2015.

[10] 丘维声.近世代数[M].北京：北京大学出版社,2015.

图书资源支持

感谢您一直以来对清华版图书的支持和爱护。为了配合本书的使用，本书提供配套的资源，有需求的读者请扫描下方的"书圈"微信公众号二维码，在图书专区下载，也可以拨打电话或发送电子邮件咨询。

如果您在使用本书的过程中遇到了什么问题，或者有相关图书出版计划，也请您发邮件告诉我们，以便我们更好地为您服务。

我们的联系方式：

清华大学出版社计算机与信息分社网站：https://www.shuimushuhui.com/

地　　址：北京市海淀区双清路学研大厦 A 座 714

邮　　编：100084

电　　话：010-83470236　010-83470237

客服邮箱：2301891038@qq.com

QQ：2301891038（请写明您的单位和姓名）

资源下载： 关注公众号"书圈"下载配套资源。

资源下载、样书申请

图书案例

书圈

清华计算机学堂

观看课程直播